STRUCTURAL DESIGN
OF WOMEN'S WEAR

# 女装结构设计

（上）（第三版）

主　编　章永红
副主编　何　瑛　阎玉秀　郭杨红

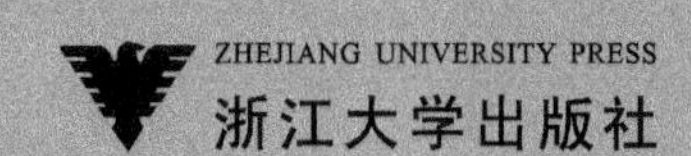
ZHEJIANG UNIVERSITY PRESS
浙江大学出版社

## 内容提要

本书作为现代服装设计与工程专业的系列教材之一，必须与《女装结构设计(下)》结合才能形成完整的女装结构设计体系。作为上册本书着重介绍服装结构设计的基础知识和服装单品中的下装。

介绍基础知识的章节，主要阐述了服装生产流程、人体体型构造及其特征、人体的测量方法和工具、制板所需的工具和服装专业术语、规范等，并在深入分析女性体型特征的基础上详尽地阐述了女装衣身、袖片和裙子的结构设计原理，结合女装的设计讲解了女装衣身的结构设计变化。

单品中的裙装部分阐述了裙子的变化规律，并以大量的图例讲述了各种不同类型裙子的结构处理方法。裤装部分从人体体型入手，图文并茂地分析了裤子的结构设计原理，并以具体的款式为例阐述了各种裤子的结构设计变化。

本书注重基础理论，联系实际，以大量款式为例，讲解深入，图文并茂，不仅可为服装院校的师生所用，而且也适合服装从业人员和爱好者。

**图书在版编目（CIP）数据**

女装结构设计．上／章永红主编．—3版．—杭州：浙江大学出版社，2021.8

ISBN 978-7-308-21673-9

Ⅰ．①女… Ⅱ．①章… Ⅲ．①女服—结构设计—高等学校—教材 Ⅳ．①TS941.717

中国版本图书馆 CIP 数据核字（2021）第 162177 号

**女装结构设计(上)（第三版）**

章永红　主编

**责任编辑**　王　波

**责任校对**　吴昌雷

**封面设计**　春天书装

**出版发行**　浙江大学出版社

（杭州市天目山路 148 号　邮政编码 310007）

（网址：http://www.zjupress.com）

**排　　版**　杭州好友排版工作室

**印　　刷**　广东虎彩云印刷有限公司绍兴分公司

**开　　本**　787mm×1092mm　1/16

**印　　张**　18

**字　　数**　449 千

**版 印 次**　2021 年 8 月第 3 版　2021 年 8 月第 1 次印刷

**书　　号**　ISBN 978-7-308-21673-9

**定　　价**　54.00 元

# 第三版前言

“服装结构设计”一词或许过于学术化，如果以“服装裁剪”或者“服装制图”取代就简单易懂，但是实际上这样的名称无法精确表达服装结构设计的真实内涵。服装结构设计所涉及的内容远比服装裁剪或者服装制图复杂，它是涉及人体工效学、服装款式设计、服装工艺设计和服装面辅料知识的一门综合性学科，需要技术和艺术的完美结合。一直以来，服装结构设计课程都是国内各大院校中服装设计与工程专业、服装艺术设计专业的专业基础课，课时多、学习难度大、持续时间长，需要学生课内外投入大量时间和精力才能掌握。对于女装来说，更是由于女性体型曲线变化大，省道结构复杂、款式多变、流行节奏快而凸显结构设计的困难。

本教材最早成形于2005年，当时由浙江大学出版社和浙江省纺织工程学会服装专业委员会共同组织省内有服装专业的相关院校教师编写“现代服装设计与工程专业系列教材”，《女装结构设计》作为系列教材之一首次出版。由于本教材不仅涉及服装结构设计的基础知识，更有针对女装单品的内容，知识点多而杂，故分为上下两册，需要合并使用才能完成所有女装结构设计教学。上册着重在服装结构设计的基础知识论述、女装单品中的下装——女裙和女裤的结构设计的原理理论阐述和实践。本人作为上册教材的主编写了第四章、第五章内容，之外还负责全书的统稿和修改，具体分工在第一版前言里面皆有交待。随着教材的使用，陆续发现一些错误，故教材在2012年作过修订，主要是订正已知错误，同时做了极小部分内容的补充和调整，总体上保留原有结构、文字和图片。

本次是教材的第二次修订，此次再版笔者花费了大量的时间和精力，亦是过去十几年承担女装结构设计课程的经验积累和总结。上册教材上半部关于服装结构设计的基础知识和理论是服装结构的经典内容，不作变动，而下半部分涉及结构设计的运用，则作了部分修订或全新编写。具体来说，梳理了第五章的衣身结构和省道转移，修订了教学中难以理解的部分内容；第六章和第七章的女裙和女裤单品两章则完全摒弃前两版内容，从结构框架、理论叙述、原理规律以及平面样板设计技巧等几个维度切入，甄选有代表性的案例，试图通过对这些案例的解析将课程内涉及的知识点由点及面再串成线，从而帮助学生理解服装结构设计的原理、规律和方法技巧，培养学生举一反三、融会贯通、学以致用的独立解决问题的能力,而不是仅仅停留在依葫芦画瓢、一知半解的境地。

在多年的结构设计课程教学实践中,笔者深深感到期末综合大作业练习的重要性。上册教材第六章中裙子的综合设计里有许多案例就来自多届学生的优秀大作业,摘录了部分具有典型结构处理技巧的款式加以解析。事实上,一方面只有通过期末大作业才能真正检验学生掌握课程知识的成色,另一方面也只有通过课程大作业的训练才能加深巩固课堂知识,培养学生解决实际问题的能力。在完成期末大作业的过程中,学生必须面对由服装款式图发展到成衣的各个环节:服装款式设计、款式结构分析、成衣及样板尺寸、平面样板设计、面辅料选择、工艺流程设计与实现等,乃至完成成衣后的效果评价和如何根据效果来修正平面样板。无疑以上服装成衣的生产流程需要调动学生的所有知识储备,对提升学生综合专业素养大有裨益。从每次完成大作业后的反馈来看,同学们的收获不仅在专业知识上,更有专业知识之外的能力锻炼,比如时间管理、发现问题、解决问题以及总结问题的能力,而这些正是学生日后走入社会无论从事何种职业都会受益的综合素养,亦是大学教育所注重培养的最宝贵素质。

由于个人能力、水平和思维的局限,难免有错误和疏漏之处,欢迎专家、同行和广大读者批评指正。

章永红<br>2021 年 8 月

# 第二版前言

女装结构设计是服装专业教育中不可或缺的主干专业基础课程，在服装结构设计教学中有着举足轻重的地位。由于女装结构设计涵盖的内容繁杂、品种类型多，故《女装结构设计》在出版之初就确定为上、下两册，上册着重在服装结构设计的基础知识和服装单品中的下装，而下册则侧重在服装单品中的上装。两本教材共同结合使用才能形成完整的女装结构设计体系。

本书作为“现代服装设计与工程专业系列教材”之一，自2005年9月出版以来共印刷8次，一直作为浙江理工大学服装学院多个专业的女装结构设计教材。除此之外，本教材还被浙江、山东、湖北、四川、湖南、江西、福建、广东和贵州等多个省市的几十所相关院校服装专业师生采用，受到了广大师生、服装爱好者的厚爱，在此表示衷心感谢。

在第一版的应用过程中，对在应用教材中发现的部分错误有过陆续的修改和补充。此次修订沿用了第一版的章节设置、结构框架，总体上保留了原有的文字和图片，对部分章节中有些内容根据目前的服装行业的发展进行了更新，对部分名称、图表进行了完善。

浙江理工大学服装学院
章永红
2012年8月

# 第一版前言

服装结构设计一词或许过于术语化，如果说成服装裁剪可能更容易使人明白，但实际上服装的结构设计远没有裁剪那样简单。它是一门涉及人体工效学、服装款式设计、服装工艺设计和服装面辅料知识的一门综合性学科，需要技术和艺术的完美结合。一直以来服装结构设计课都是各大院校服装设计与工程专业、服装艺术设计专业的专业基础课程，需要同学们花大量的时间和精力来学习掌握。而对于女装来说更由于女性体型复杂，款式变化大、流行快而凸显结构设计的不易。

本书作为现代服装设计与工程专业的系列教材之一，必须与《女装结构设计(下)》结合才能形成完整的女装结构设计体系。作为上册，本书着重在服装结构设计的基础知识和服装单品中的下装。在这两册书的章节编排过程中，我们摒弃了大部分服装书把领子和袖子的结构设计归到基础篇单独论述的做法，而把这些相关内容按照造型特征分别融入具体的款式之中进行讲解。这是因为十多年的教学实践经验告诉我们，这样更方便学生理解、掌握和应用，能起到事半功倍的效果；另外这样的编排也和服装设计与工程专业现行的教学计划更加协调一致。

本教材由于要兼顾到几个不同的办学层次，除了选用大量的服装款式作为例子讲解之外，部分章节在人体体型和平面结构方面的原理和理论分析得比较多，部分读者可能会觉得太深，建议可以有选择地学习，但应该说正是这部分内容才是结构设计的学习重点，是解决千变万化的女装结构之根本。

本教材由浙江理工大学章永红任主编，负责全书的统稿和修改。温州大学的郭杨红、浙江理工大学的阎玉秀和宁波纺织服装技术学院的曹琼任副主编。全书共分七章，第一章由浙江理工大学阎玉秀编写；第二章由浙江理工大学金艳苹编写；第三章由浙江理工大学何瑛编写；第四章由浙江理工大学章永红编写；第五章由浙江纺织服装职业技术学院曹琼编写；第六章由嘉兴学院林彬编写；第七章由温州大学郭杨红编写。本书的编者们生活在不同的城市，这为编写过程中的交流和沟通增加了不小的难度，庆幸的是现代发达的通信技术帮了大忙，使得本书能在预定时间内顺利出版。

本书在编写过程中得到了杭州职业技术学院潘志峰、浙江理工大学王利君等老师的支持和帮助，在此一并表示感谢。

由于时间仓促、水平有限，难免有错误和疏漏之处，欢迎专家、同行和广大读者批评指正，不胜感谢。

浙江理工大学服装学院
章永红
2005 年 8 月

# 目　　录

# 第一章 绪 论

## 第一节 服装结构设计的基本概念

### 一、服装结构设计的产生与发展

服装结构设计的发展经过了一个漫长的岁月。从它的产生至今，经历了一个从低级阶段向高级阶段发展的过程。它的历史可以追溯到距今约十万年前，当时的人类为了挡风防寒、保护身体，将兽皮、树叶用披挂的方式遮挡人体的某些部位，并且为了符合身体而对其进行适当的分割，然后用动物的筋、骨制成针线缝制成衣服，这便是人类最原始的衣服雏形，也是人类立体裁剪的开始。随着历史的进化，到氏族社会人类发明了纺纱织布，出现了用布帛制成的披挂式宽松服装，这时人类已掌握了在结构上可将立体人体简化为可展曲面的平面结构，由此产生了服装平面结构的雏形。

到公元460年后，欧洲人发明了紧身裤与紧身衣，服装开始向合体、贴身方向发展，其结构理论也发展为将人体体表作为不可展曲面的立体构成阶段。

1589年西班牙出现了由贾·德·奥所著的《纸样裁剪》一书，这是世界上第一本记载复杂结构制图与排料的书籍，他将服装结构理论推向数学推理的规范化阶段。

17世纪数学科学技术的发展以及带形软尺的发明，为人体测量提供了工具，确立了基本纸样的概念。1834年德国数学家亨利·乌本在汉堡首次出版了阐明比例制图法原理的教科书。之后，1871年英国出版了《绅士服装的数学比例和结构模型指南》书籍，将服装结构制图纳入合理、规范、科学的轨道。1862年美国裁剪师伯特尔·理克创造了与服装规格一样大小的服装纸样，并用该纸样进行多件服装的加工，三年后他在纽约开设了时装商店，设计和出售服装纸样。随着加工工具及面料的不断推陈出新，服装成衣工业的生产规模与效率不断扩大和提高。

19世纪初，随着第一台手摇链式线迹缝纫机的问世，服装生产从单纯的手工操作转变为机械操作，并随着缝纫设备的不断革新，服装生产又从机械化向自动化方向发展。而服装材料的不断开发与研制，也推动了成衣工业向现代化方向发展。进入20世纪后，日本重机株式会社、美国格伯公司、意大利内基公司分别制造了数控工业缝纫机，服装工业技术在计算机领域得以迅速发展，如人体体型数据采集、非接触三维人体测量仪、计算机辅助设计、打板、放码、排料等系统工程的引入，使服装结构理论与技术快速发展，从而形成了服装结构设计的科学领域。

## 二、服装结构设计的作用及其研究的内容

服装设计是一项综合工程,它由服装款式设计、服装结构设计与服装工艺设计三大部分组合而成。服装款式设计是把设计师主观构思中的服装形象,用绘画效果图的形式表现出来,它是设计的初级阶段;服装结构设计是款式设计的具体化,即把立体的、艺术性的设计构想,逐步变成服装平面或立体结构图形。结构设计既要实现款式设计的构思,又要弥补其存在的不足;既要忠实于原款式设计,又要在这基础上进行一定程度的再创造,它是集技术性与艺术性为一体的设计。服装工艺设计是根据服装结构图,设计合理可行的成衣制作工艺与工序,并制定相应的质量标准。

因此,服装款式设计、服装结构设计与服装工艺设计三位一体,相互制约、相互促进、相互补充。其中服装结构设计起到了承上启下的作用,它不仅能对款式的美观产生作用,而且对工艺设计有着不可忽视的影响。好的结构能促进工艺的简化,并能降低排料损耗,降低服装的成本,提高经济效益。

服装是人类生活中不可或缺的生活用品,它是为掩护人体各个部位,以穿着美观、舒适为目的的用品总称。服装是为人体服务的,它应表现人,挖掘和体现人体的静态和动态的自然美,弥补和修饰人体的不足。服装结构设计就是为了实现服装以上的目的而设立的重要学科。其研究的内容如下:

**1. 研究人体结构与服装结构之间的关系**

服装结构设计以人体为中心,而人体是由头、躯干与四肢组成,它们的基本形状与尺寸是构成服装衣片的形状与大小的基础。结构理论是以标准人体为基础的,在实际运用中又可根据具体的体型进行一些调整。因此,掌握各种人体结构特点,有助于灵活运用结构理论。俗话说得好,所谓量体裁衣,一针见血地指出了人体结构与服装结构之间的关系。这是因为量体所得尺寸是否准确、合理,对一件服装结构设计的成败起到决定性的作用。

**2. 研究人体运动变化对服装结构的关系**

人的大部分时间处于活动状态,而人体的活动会带来人体各体块之间关系的变化,带来人体各部位尺寸的变化。服装的放松量就是为了适应人体的变化而设置的。掌握人体各部位的活动方式与幅度,对结构设计中放松量的确定有重要作用。例如人体的上、下肢有伸屈、回旋运动,躯干有弯曲、扭动运动等,这些运动都会引起运动表面长度的变化。如果这种表面长度是作伸长变化,则必须在该部位放一定的放松量。

**3. 研究服装各部件及其相互之间的关系,并根据款式进行结构设计变化**

服装是由衣片及其零部件组成,它们都有相应的结构设计原理与方法,如领子结构设计原理与变化规律,领子与领圈的配合关系;袖子结构设计原理与变化规律,袖子与袖笼的配合关系;省道结构设计原理与变化规律,省道与衣片的融合;服装的廓型变化与分割理论;口袋、纽扣等的功能与其结构设计等。

**4. 研究服装材料对服装结构设计的影响**

服装材料的种类繁多,它们有不同的外观与性能,对结构设计的影响较大。所以对服装材料的研究是服装结构设计中不可缺少的环节。例如面料的厚度、悬垂性等不同,其服装的放松量会不同,袖子袖山头上的归缩量也会不一样。

**5. 研究服装结构设计与工艺设计的关系**

服装结构设计是服装工艺设计的前道工序，好的结构设计既能使得排料节省，降低材料损耗，又能便于缝纫工作，提高生产效率。例如两片喇叭裙与四片喇叭裙，其款式效果基本一致，但四片喇叭裙比两片喇叭裙要节省许多用料。而在结构设计中若已了解了工厂的缝纫设备，则可以合理地决定用一些专业设备组织生产。

## 第二节 服装生产加工的方式与工作程序

服装生产加工的方式有量体定做与批量生产两种。

### 一、量体定做

量体定做是指以顾客为确定的制作对象，由顾客与制作者之间产生共识，按照顾客的体型与爱好选定款式与面料，量体裁剪并制作完成的过程。具体包括以下工作程序（如图 1-1 所示）。

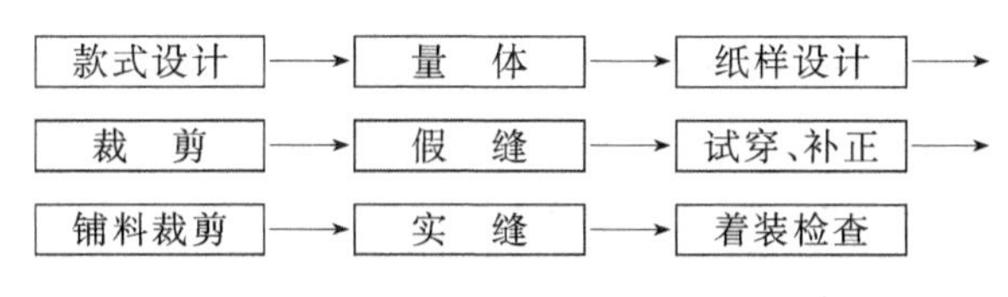


图 1-1 量体定做加工工序

**1. 款式设计**

款式设计应考虑顾客的体型、职业、爱好、年龄、选用的面料、穿着的季节、流行的动向等各种因素。

对于量体定做方式可采用将面料直接披挂于人体的方式，对照镜子观察面料的悬垂状态、色彩图案，结合顾客的体型、爱好、流行等因素设计或选择服装款式效果图。

**2. 量体**

正确的量体是纸样设计的第一步，也是最关键的一步。测量尺寸要客观、科学、可靠。测量部位应依服装款式的不同而有所不同，通常需测量胸围、腰围、臀围、背长、肩宽等，具体详见第二章人体测量部分。

**3. 纸样设计**

根据服装款式特点，纸样设计师选用适当的方法制作样板。

**4. 裁剪**

在裁剪前应对面料进行适当的校正。用熨斗对面料的经纬向丝缕进行归正，对有缩水率的面料进行预缩水。然后以面料最节省为原则，符合设计要求，进行适当的排料，最后裁剪成所需的裁片。

**5. 假缝**

假缝是为了使服装样板修改得更准确而设定的工序。可根据服装的档次与难易程度以及纸样设计师技术情况决定是否需要该工序。假缝与实缝不同，为了便于修正，采用一片压住另一片简单绷缝后把缝头倒向一边再绗缝。原则上领、袖、袋、扣等局部都要缝上，也可用替代品代替,但要使假缝样与成品样有相同的感觉,否则试样就无意义。

**6. 试穿、补正**

将假缝好的服装进行试穿,测试服装的设计、样板等是否符合顾客的要求,并根据试穿效果,进行样板补正。

**7. 铺料裁剪**

根据修正的面料样板制作铺料样板,并进行铺料裁剪。

**8. 实缝**

按照实际的缝制工艺流程,通过缝纫、熨烫等工序的合理配合完成整件服装的加工。

**9. 着装检查**

该工序由制作者与顾客共同完成。由顾客穿着完成的服装,在镜子前检查服装是否符合原定的设计效果,穿着是否舒适合体,做工是否精致美观等。

## 二、批量生产

批量生产是以特定的人群作为服装的销售对象,根据这一人群的需求进行商品的企划,用规范化的标准尺寸进行样板设计,并进行标准化、系列化、规模化的分工序批量生产和管理。因此,批量生产中一件衣服要经过各种人员的严格操作与检验,各种工序的严格管理与控制。

批量生产的加工工序过程,如图 1-2 所示。

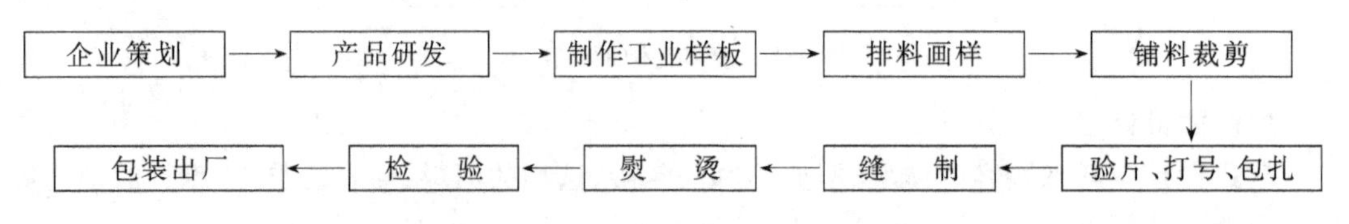


图 1-2　批量生产加工工序

具体包括以下工作程序和工作内容:

**1. 企业策划**

策划阶段要根据市场调研,进行企业的产品定位,并根据企业的经济实力等决定企业的销售目标、产品的价格、材料档次、消费层次等等,并由此决定生产部门生产什么以及生产多少。

**2. 产品研发**

根据策划方案,企业设计部或技术科对产品进行具体的设计。款式设计应正确掌握产品的定位、市场的流行等,根据设计师的灵感创造并画出款式效果图。根据款式效果图,结合服装销售地区的人体情况,制定相应的服装规格尺寸,然后采用合理的结构设计方法进行样板设计,再采用选定的面辅料试样,由设计师与样板师共同商量并进行修改,以确定最后的款式与样板。

**3. 制作工业样板**

成衣工业样板与服装结构设计样板有较大的区别。成衣工业样板是以服装结构设计样板为基础而完成的样板。服装结构设计样板是指根据服装效果图,研究服装与人体的关系,并对服装结构图解化。它的侧重面在于如何体现服装的美观与舒适,其样板相对简单,只要把握服装款式与尺寸。而成衣工业样板则是为满足服装工业生产用的样板，是一整套供服装大生产用的符合服装款式设计、规格尺寸、面料特性与制作工艺要求等的系列样板。大部分企业的服装结构设计样板和工业样板的制作由不同的样板技术人员来承担，但有些规模较小的企业会由同一个人来完成。样板车间的情形如图 1-3 所示。在样板车间完成的成衣工业样板与服装结构设计样板的主要区别在于以下几方面：

(1)服装结构设计样板是净样板，而成衣工业样板大部分是加放了缝份、折边、放头等的毛样板。

(2)服装结构设计样板是面子样板，里子、衬、挂面、口袋等只要在纸样上用记号或文字标注就可以了，领子也只要做领里，而成衣工业样板则必须考虑服装生产的需要制作出所有的一系列样板，包括里子、衬、领面、领里、挂面等都必须一一画出。

(3)服装结构设计样板不需考虑服装材料的理化指标，而成衣工业样板则必须根据服装材料的性能加放里外匀、缩水率、热缩率等。

(4)服装结构设计样板是单裁单做的样板，没有样板的标准化、规范化要求，而成衣工业样板则必须考虑服装大生产，在样板上都必须有相应的规范标识，如对位记号、丝缕符号、对条对格记号等。

(5)服装结构设计样板是指一个规格(系列号型规格中的一个尺寸)的净样板，又称母板，而成衣工业样板是以母板为基准，按照规定的档差进行计算、推放，绘制出各规格系列成套样板，又称样板推放。

图 1-3 服装企业的样板车间

**4. 排料画样**

排料是指对面料如何使用及用料的多少所进行的有计划的工艺操作；画样是将排料的结果画在纸或面料上的工艺操作。

排料画样是铺料和裁剪的前道工序,它是一项技术性很强的工艺操作,它的好坏对面料消耗的多少,服装的尺寸与质量等都会带来直接的影响。随着计算机技术飞速发展,计算机排料画样运用不断推广,它比手工操作更准确、效率更高。

在保证设计制作工艺的前提下,排料的最重要原则是尽量节约用料。另外要注意面料的正反面与方向性。对有条格及有色差的面料,还应考虑这两方面的因素进行合理的排料。

**5. 铺料裁剪**

铺料是按照裁剪方案所确定的板长与层数,将面料重叠平铺在裁床上,用于裁剪。而裁剪是用裁剪工具按照排料画样图对面料进行分割。

铺料时应注意布面平整,对齐铺料长度与布边,减少布面张力,对有条格与方向的面料,应达到对正条格与方向的要求。

表面看,铺料裁剪是一项简单的操作工作,但实际上它包含了许多技术知识,如果操作不当,则会影响整个服装生产的顺利进行与服装的质量。裁剪车间的情形如图 1-4 所示。

图 1-4　裁剪车间

裁剪工序对产品质量至关重要,保证裁剪精度是该工序的最重要与最基本的要求。裁剪精度包括裁出的衣片与样板之间的误差大小,以及各层衣片之间误差的大小。要做到好的裁剪必须达到最小的裁剪误差。

**6. 验片、打号、包扎**

验片是对裁剪质量的检验。其目的是将裁剪之后不符合质量要求的裁片挑出,避免残次衣片进入缝制车间,影响生产的顺利进行与产品的质量。

打号是为了避免服装上出现色差而将裁好的衣片按照铺料的层次由第一层至最后一层打上顺序数码,以保证同一层面料的裁片能缝合在同一件衣服上。

包扎是将裁片根据生产的需要合理地进行分组,然后将裁片进行包扎,输送到缝制车间。

**7. 缝制**

批量生产的缝制不是指单纯地将衣片进行拼合，它是要经过对服装的款式、采用的面辅料、缝纫工艺等进行缝制工序分析，对各个工艺阶段和工序在时间上进行合理安排，使产品在整个缝制生产过程中处于运动状态，达到生产过程的连续性、比例性、平行性与节奏性。为此，要合理地安排人员与设备，在保证产品质量的基础上，最大限度地提高生产效率。目前大部分的服装生产都是以流水线加工的方式来组织生产的，服装的缝制车间的流水作业情形见图 1-5。

图 1-5　缝制车间

**8. 熨烫**

服装熨烫按其在生产工艺流程中的作用可分为产前熨烫、粘合熨烫、中间熨烫和成品熨烫四种。产前熨烫是在裁剪之前对服装的面辅料进行预处理，使面辅料通过熨烫除去皱褶，获得热湿回缩，以保证裁片尺寸的稳定性。粘合熨烫是对需用粘合衬的衣片进行粘合处理。中间熨烫是在缝纫生产过程中进行的熨烫，它包括部件熨烫、分缝熨烫与归拔熨烫。部件熨烫是对服装的各部件进行的熨烫；分缝熨烫是将缝头烫开、烫平；归拔熨烫是使平面衣片通过归拢与拔开塑型成三维立体。成品熨烫是对缝制完成的服装作最后的定型与保型处理，是对服装进行最后的美容处理。它的技术要求是整件服装线条流畅，外观丰满、平服，有较好的服用性能。图 1-6 所示的熨烫车间的整烫是指成品包装出货之前的最后烫整。

**9. 检验**

检验是为了保证产品的质量而在生产过程中设置的一道工序。检验按照工作过程的顺序来分有投产前检验、生产过程中检验、成品检验三种。投产前检验是加工前对投入的原材

图 1-6　熨烫车间

料进行的检验;生产过程中检验是对某道工序的半成品进行的检验;成品检验是对服装成品进行出厂的检验。图 1-7 所示的是最后把关的成品检验。

图 1-7　检验包装车间

**10. 包装出厂**

包装是为了在运输、储存、销售等过程中保护服装产品，且起到识别与方便销售的功能。

## 第三节 服装结构设计的方法

服装结构设计的方法可分为立体裁剪法、平面结构设计法及平面与立体相结合法三种。

### 一、立体裁剪法

立体裁剪是直接在人体或人台上塑造服装。它是用三维空间的概念，将面料依据人体体型进行裁剪的一种方法。正像雕塑师进行雕塑一样，它要求操作者具有较高的审美眼光，根据服装款式的需要，一边裁剪操作，一边添加修改，直至满意为止。它不仅能有效地表现出设计师的才华和风格，还能弥补平面裁剪的某些不足。有些用平面裁剪难以达到的微妙的曲线弧度及波浪效果，通过立体裁剪就可以直观、准确地加以把握。

立体裁剪的主要工具是人体模型，简称人台。人台必须是软体，且各部位比例适当，能体现标准理想人体的线条美。我国的人台是按照国家的号型标准制作的。对于工业化生产的成衣，可以直接采用标准人台，但对于个体裁剪，则必须根据款式造型或实际人体与标准人台存在的差异，用棉花垫补修正人台。然后还必须在人台上拉标示线，以保证在立体裁剪中各部位的尺寸与丝缕准确。标示的部位主要有：前后中心线、胸围线、腰围线、臀围线、领围线、后横背宽线、左右侧缝线、肩线、袖笼线、前后公主线等。另外，除了人台外，还要用棉花与棉布制作一只手臂模型，以供裁剪衣袖时用。做好的手臂可以和人台缝合，也可以做成可装卸式。如果要裁剪装有假肩的服装，则必须在人台上装上假肩。最后完成的人台如图 1-8 所示。

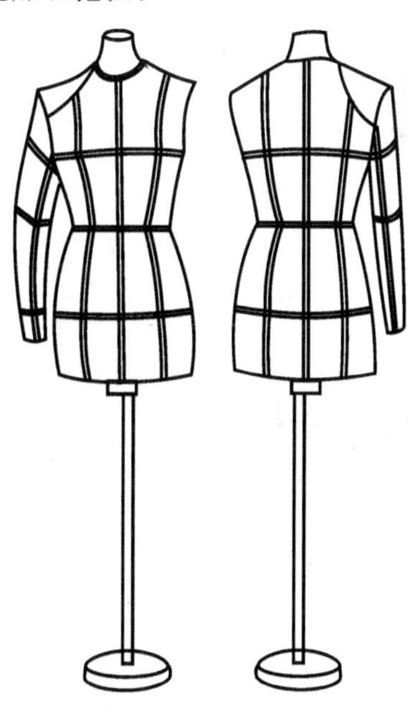

图 1-8 人体模型

立体裁剪一般很少直接用实际面料，而是先用白坯布代替裁剪操作。

白坯布的长短宽窄应根据款式的实际需要截取，并在白坯布上标出经纬方向线。然后将坯布按照经纬丝缕披覆在人台上，根据款式逐段裁剪，并用大头针将裁片与人台贴合固定，遇到人体高低起伏处，如胸部、腰部等，则取省道或折裥处理；若需要进行分割，则可先用标示线确定分割部位，然后进行裁剪。整件衣服的白坯布别好后(一般对称部位只要做一半)，还要在相关部位做出对缝记号和缝头，然后将坯布取下，摊在案板上，作必要的修正与检验，修理缝头，最后将坯布再次别合，检验衣片是否服贴，与款式是否吻合，直至符合设计师的要求为止。立体裁剪获得的最后坯布还要取下，按它的形状制作样板，并裁剪实际面料。

立体裁剪是一种以人体模型为依据，用立体找形、局部处理的方法，使得服装裁剪直观、准确，尤其适用于高级时装、礼服等小批量生产的服装中。但立体裁剪是一项艺术与技术相结合的产物，它要求操作者既要有一定的艺术素养，又要有一定的操作技艺，所以要经常实践与摸索，不断总结经验，方能得心应手。另外，立体裁剪的过程比较长、工作效率不高，需要投入的物力也较多，在服装的成衣生产中较少使用。

## 二、平面结构设计法

平面结构设计法是将纸或布料平放，先在上面作图，然后按照所画的线条，将纸或布料裁剪成一块块衣片的设计方法。平面结构设计法可分为比例法与原型法。

**1. 比例法**

比例法是中国传统的服装结构设计方法。它是以人体基本部位的尺寸(胸围、腰围、臀围、肩宽等)根据款式的需要加放适量的松份作为服装的规格尺寸，依据该尺寸作为变量进行各其余部位的比例计算，定出衣片各部位尺寸的结构设计方法，如图 1-9 所示。

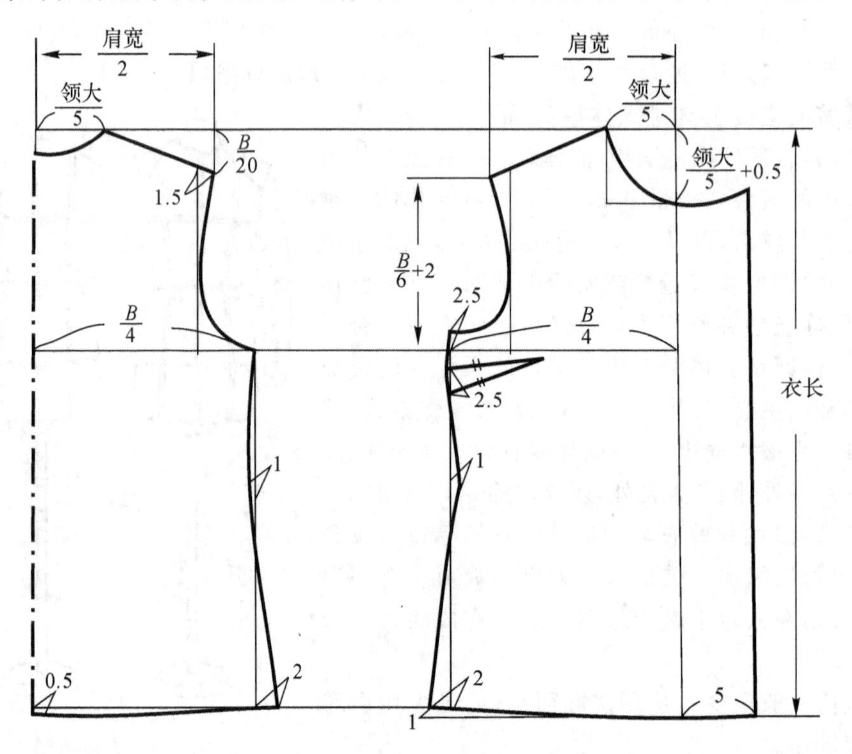


图 1-9 比例法的结构设计

比例法的优点是部位尺寸精确度较高且简单易于掌握，不论穿着者的体型尺寸怎样，都能按比例公式进行分配计算。缺点是适合于已定型的服装款式，对新的款式较难确定其比例公式，所以不太适合变化的款式，且比例法中的分数式分母的确定，各人、各地都有一套，互不统一，没有准确的数学依据，准确性差。

**2. 原型法**

原型法是 20 世纪 80 年代初由国外传入中国的一种服装结构设计方法。所谓原型就是人体的基本形象，它是人体外形轮廓的平面展开，是裁剪各式服装款式的基础样板。用原型法进行结构设计的过程为：先根据人体必要尺寸绘制服装原型，然后根据款式效果图与服装规格尺寸对原型加以放缩和结构线设计，并配置领子、袖子等零部件，如图 1-10 所示。

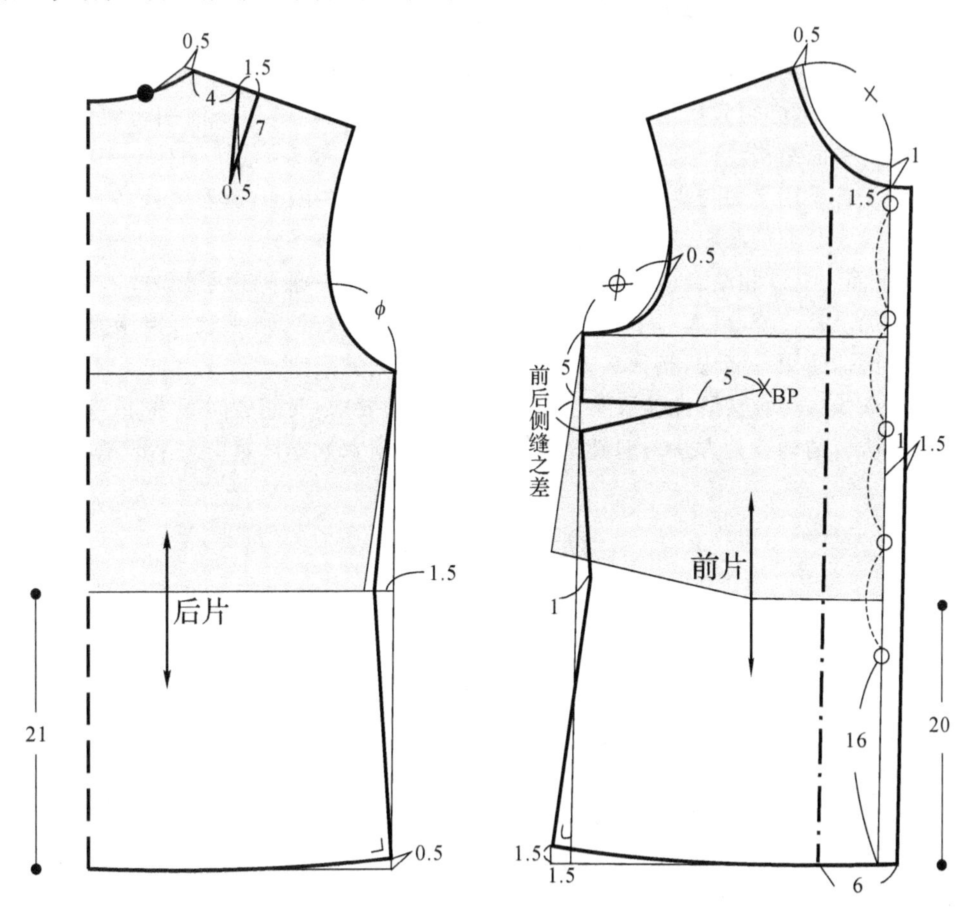


图 1-10 原型法的结构设计

原型法主要有以下三方面的优点：

(1)准确可靠。服装原型各部位的公式及数据尺寸是通过大量的调查并经过数据分析而确定的。它是根据人体的体型特点及人体各部位在生活、工作中的各种运动规律，结合服装结构设计原理及工艺技术要求，采用数学运算方法，并经反复实践研制而成。因此原型法具有较好的准确性和可靠性，制作出来的服装也合体、美观及舒适。

(2)简便易学，省时省力。原型是服装结构设计中的基础样板。有了原型，就可以根据款式的需要，应用加放、收缩、分割等手段，完成不同类型服装的样板设计。尤其是在工厂的批量生产中，可按照国家号型做出服装原型，长期使用。利用它可迅速准确地绘制各种款式的服装结构设计，能较大程度地提高工作效率。

(3)适应性广。服装原型可适用于春夏秋冬一年四季各式服装中，适应面非常广泛。

由于原型法具有以上的优点，所以在世界各国被广泛使用。我国人体体型与日本的体型基本相同，故常借鉴日本的原型法。日本原型有较多流派，最常用的有文化式与登丽美式，其中文化式被我国较多选用。

### 三、平面与立体相结合法

立体裁剪能达到美观的服装效果,但人台是静止的,所以它往往容易忽视人体的动态舒适性,而且立体裁剪必须先用白坯布进行裁剪,较为费时费料,所以一般用于创意服装及礼服设计中。而平面结构设计则较难确定服装做成后的立体效果,尤其是对于一些变化幅度较大的时装。若采用平面与立体相结合法则可以克服各自的缺点,充分发挥各自的优点,因此它是一种最为合理的服装结构设计方法。所谓平面与立体相结合的方法是根据服装款式的特点,将平面与立体相结合。在日常服装的结构设计中,一般先用平面方法,然后用立体裁剪的方法加以补正修改;而对于较为合体或造型特别的服装,则一般直接用立体裁剪,在裁剪过程中穿插使用平面法,例如基本袖片、领片等的裁剪。

平面与立体相结合法既能使服装达到美观、舒适的要求,又能省时省力,效率高,所以是一种理想的服装结构设计方法。但其条件是操作者必须掌握立体裁剪与平面结构设计。

## 练习思考题

1. 了解服装结构设计的产生与发展过程。
2. 简述服装结构设计的研究内容。
3. 简述服装量体定做的加工过程。
4. 简述服装批量生产的加工过程。
5. 简述服装结构设计的方法以及各自的优缺点。

# 第二章　人体结构、人体测量与服装号型

一件衣服最终是要穿在人身上的，而人是复杂的立体且具有一定的活动量。服装结构设计作为服装由平面到立体的重要技术手段，是立体服装的平面展开，是人的体型和基本机能的高度集中，它蕴含了设计者对人体动静态造型的理解和对服装内在结构与外部造型的创造。因此，人体动静态结构是服装设计、服装样板制作的唯一根据。本章先从人体的静态尺寸入手，着重讲述有关人体的结构、人体相关尺寸的测量以及服装号型。这些是服装结构设计的理论基础，也是每个结构设计者必须掌握的基本知识。然后再讨论人体在各种动态中，人体各部位所需要考虑的松量。只有同时掌握了人体静态和动态的相关理论知识，才能从根本上理解服装结构设计的原理和规律，并运用这些原理和规律准确、快捷地进行服装结构设计。

## 第一节　人体测量的意义

随着生产技术的发展，人们越来越深刻地认识到在进行产品设计时，必须重视人的因素，应把人和产品作为一体来考虑，只有这样，才能使设计的产品具有最佳的效用。而服装最初就是作为人体的着装而逐渐发展起来的，是根据人体的立体构造利用柔软的材料制作而得的，因此服装与人体有着极为密切的关系。首先，服装设计和服装结构设计人员都必须知道人体的大小、比例和形态。人体的大小即长度和围度决定了服装制作的规格尺寸，而人的形态则是服装结构的依据；人体体表的起伏决定服装收省、打褶的位置和程度；人体的运动形变和舒适性要求决定服装放松量的大小。另外，服装着装评价时也应非常了解服装与人体之间的关系。因为，服装产品的优劣都是通过人体进行检验和评价的，服装应该“合体”，要与人体体型和活动相一致，使人穿后感到非常舒适，且要突出或增加人体的美感，达到服装修身的基本功能。

要知道人体的大小、比例和形态以及人体活动后产生的运动形变等就必须先对人体各部位进行测量和研究。因此，对人体基本构造与体型特征的了解研究以及掌握人体测量方法就显得非常重要。

## 第二节　人体的基本结构与体型特征

人体的基本结构决定了人体的体型特征，因此，要制作适合人体且便于运动的服装，就

必须先了解人体基本构造的各个要素及体型特征。

## 一、人体的基本结构

骨骼、肌肉和皮肤是人体基本结构的三大构成要素。骨骼是人体的支架，决定了人体的外部形体特征，制约着人体外形的体积和比例。而连接各个固定骨骼的是关节，这对于服装结构设计和运动结构设计有着重要的指导意义。骨骼的外面是肌肉，其作用是把各个具有不同功能的骨骼在关节的作用下作屈伸运动。皮肤则是作为保护层覆盖人体形成人体的体表。在了解人体各基本构造前，我们先介绍人体区域划分和区域之间的连接。

### 1. 人体区域划分

由于服装结构学中的体表区分不同于医学上的人体解剖学，因此必须先清楚服装结构设计中人体的区域划分。图 2-1 和图 2-2 为服装结构学的区域划分图，根据人体的形态区域表面，人体主要划分为头部、颈部、肩部、胸背部，乳房部、腹部、腰部(臀部)、上肢部和下肢部。

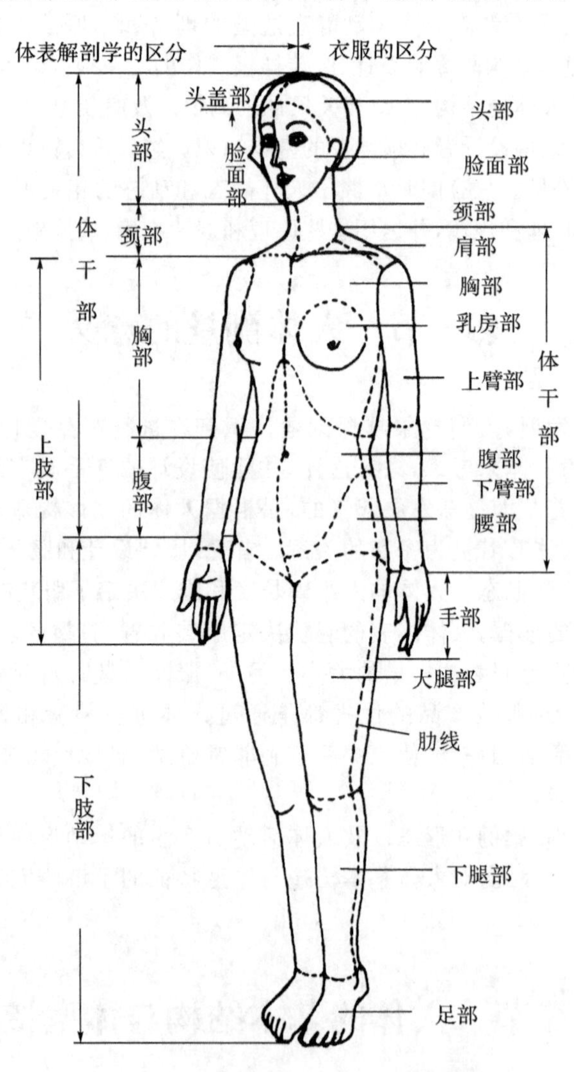


图 2-1　服装结构学中人体正面区域的划分

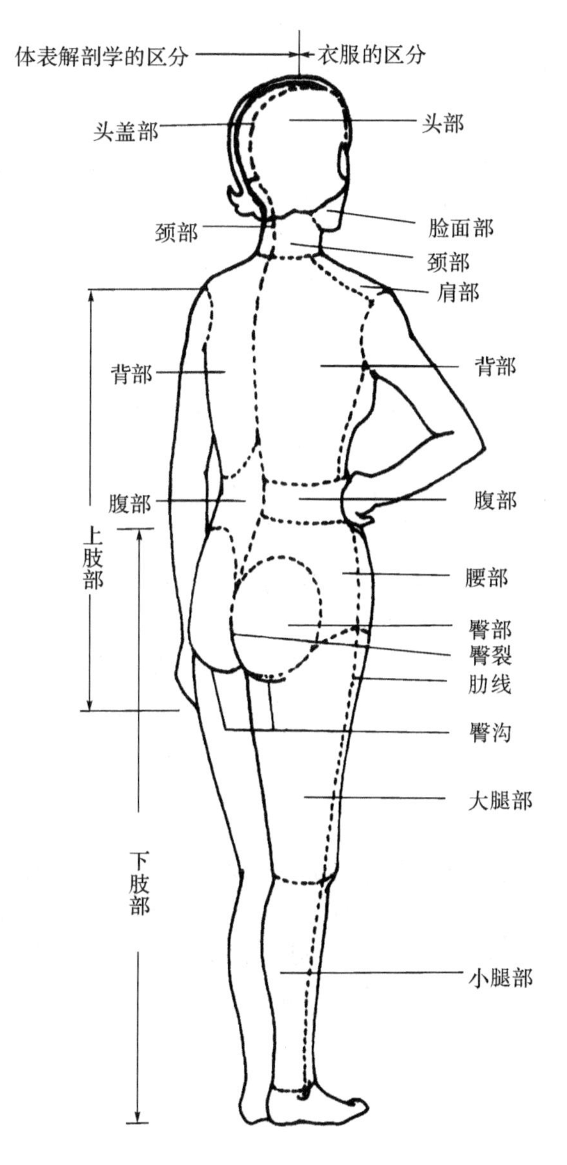


图 2-2 服装结构学中人体背面区域的划分

(1)头部 头部在服装结构设计中比较特殊,只有在功能性很强的风衣、羽绒服、防寒服、雨衣等带帽子服装的结构设计中考虑,一般均可忽略。

(2)颈部 颈部是头部与躯干部位的连接部位。颈部与躯干的连接部位是颈围线(NL),在服装结构设计中具有十分重要的作用,呈现前低后高的形态特征。但颈部的活动范围较小,因此领型设计更注重静态结构。

(3)肩部 肩部在躯干部的上面,但并无明显的界线,一般以颈部的粗细或胳膊的厚度为基准划定。在解剖学上没有这个区域名称,但在服装结构设计中却是非常重要的人体部位之一,因为这个部位是服装的支撑部位。

(4)胸背部、乳房部 胸背部是位于肩部以下腹部以上的部位,与腹部的分界线在前正中线上,从剑状突起附近开始到胸部的下线,一直与背部的水平线相连接的线。胸背部为前后向形体,即在服装构成学中,把解剖学中胸部的后面称作“背部”,以与前面的胸部相区别。

区分前胸后背的分界线是从腋窝中央点下垂的肋线。乳房部根据人种、年龄的不同,差别非常大,在女装中,无论是在前身的造型上还是在审美的角度中,乳房部都是服装结构设计的重要因素之一。

(5)腹部　腹部位于胸背部下面,上端与胸部肋线相连,下缘则从耻骨联合开始沿着髋骨线通过髋骨突出点向后背作水平线。腰线位于腹上部最细处,一般高于腹部的脐眼。由于每个人着装的感觉不同,腰线的定位往往也因人而异,一般会比视觉腰位略低,称自然腰线。

(6)腰部(臀部)　腰部上端与腹部相连接,下缘以腹股沟为界限与下肢相连。腰部的后面是臀部。

(7)上肢部　上肢是指从臂根到手尖部分,由上臂、下臂和手组成。上臂是指从与躯干的界线开始到肘围的部位,下臂又称前臂,是指从肘围开始到手腕的部位;手部是指从手腕到指尖的部分。

上臂与下臂由肘关节相连接。当人体直立,上肢自然下垂时,从人体侧面观察下臂向前略有倾斜。

(8)下肢部　下肢是指前面以腹股沟为界,后面以臀股沟为界的大腿根部以下部分,由大腿、小腿、足三部分组成。从与躯干部的界线到膝围是大腿部位,从膝围到脚腕是小腿部位,从脚腕到脚尖是足部,中间分别由膝关节和踝关节连接。

以上就是人体各区域的划分及其各体块间的连接,对这些知识的了解和学习对服装结构设计原理的理解极其重要,特别有助于对服装造型结构的认识。

**2. 人体骨骼**

骨骼是人体的支架,决定着人的高低、各部位的比例以及基本形态等。成年人体全身有220多块骨头,这些骨骼大多成对排列,组成人体各部位的骨骼系统。而人体的运动机能是由这些固定的骨与骨之间的连接关系而产生的,其连接枢纽或者说是连接点就是关节。由于人体的运动使人体各部位产生不同的外形变化,因此人体的关节对服装造型和运动结构的设计有重要的影响。下面我们对服装结构产生影响的骨骼和骨系进行说明(见图2-3和图2-4)。

(1)头骨

头骨与服装的关系不大,这里从略。

(2)脊柱

脊柱是人体躯干的主体骨骼,由颈椎、胸椎、腰椎三部分组成。颈椎接头骨,腰椎接髋骨。整体型成背部凸起腰部凹陷的"S"形。由于脊椎是由若干个骨节连接而成,故其整体都可屈动。对服装结构产生影响的主要部位:一是颈椎,颈椎共有7块,其中第七颈椎骨(从上往下)是头部和胸腔的连接点,在颈椎中最为突出,在服装结构设计学中被称为后颈点,是原型的后身中线的顶点,也是测量衣长、背长的起点;二是腰椎,腰椎共有5块,其中第三块为腰节,是胸部和臀部的交界点,常作为确定腰围线、背长的基准点。

(3)胸部骨系

胸部骨系是构成胸廓骨架的骨骼系统,主要由锁骨、胸骨、肋骨和肩胛骨构成。

1)锁骨位于颈和胸的交接处,成对,其内端和胸锁乳突肌相接形成颈窝,是服装结构设计中前颈点的所在位置。锁骨的外端与肩胛骨、肱骨上端会合成肩关节并形成肩峰,也就是服装结构中的肩点位置。

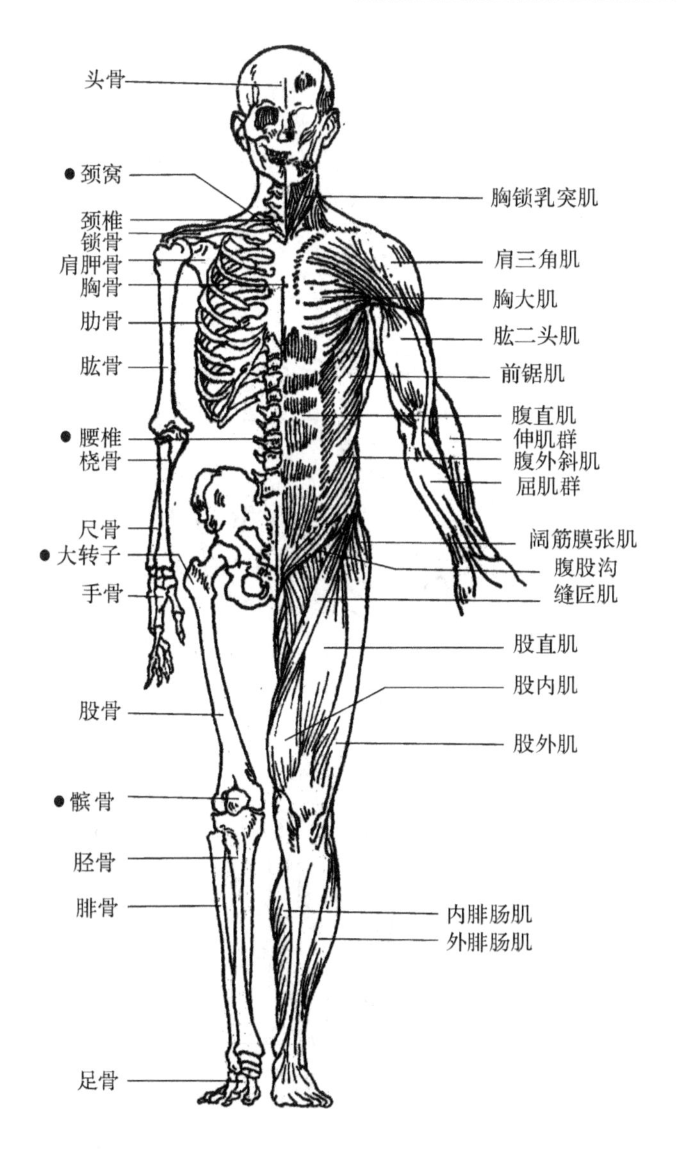


图 2-3 人体的骨骼与肌肉(正视)

2)胸骨是肋骨内端会合的中心区,位于两乳中间的狭长部位,是人体中线的位置,也是前衣片原型的中心线。在女性中由于其胸乳隆起而下坠,造成胸骨微伏的特殊状态。

3)肋骨有 12 对共 24 根,后端全部与胸椎连接,前端与胸骨连接形成完整的胸廓,其形状如竖起的蛋形,这一特点是实现服装胸背部造型的重要体型依据。

4)肩胛骨成对,位于背部上缘、形为倒三角形,上部凸起,称为肩胛岗,是肩与背部的转折点,是服装结构设计中后衣片肩省和过肩结构线设计的依据。

(4)骨盆

骨盆由两侧髋骨、耻骨、骶骨和坐骨构成。髋骨与下肢股骨连接的关节,称为大转子,是测定臀围线的基准点。由于骨盆介于躯干和下肢之间,因此无论是上衣还是下装,其大身造型都会覆盖骨盆,所以它的结构设计都应考虑穿着时的合体性和功能性。

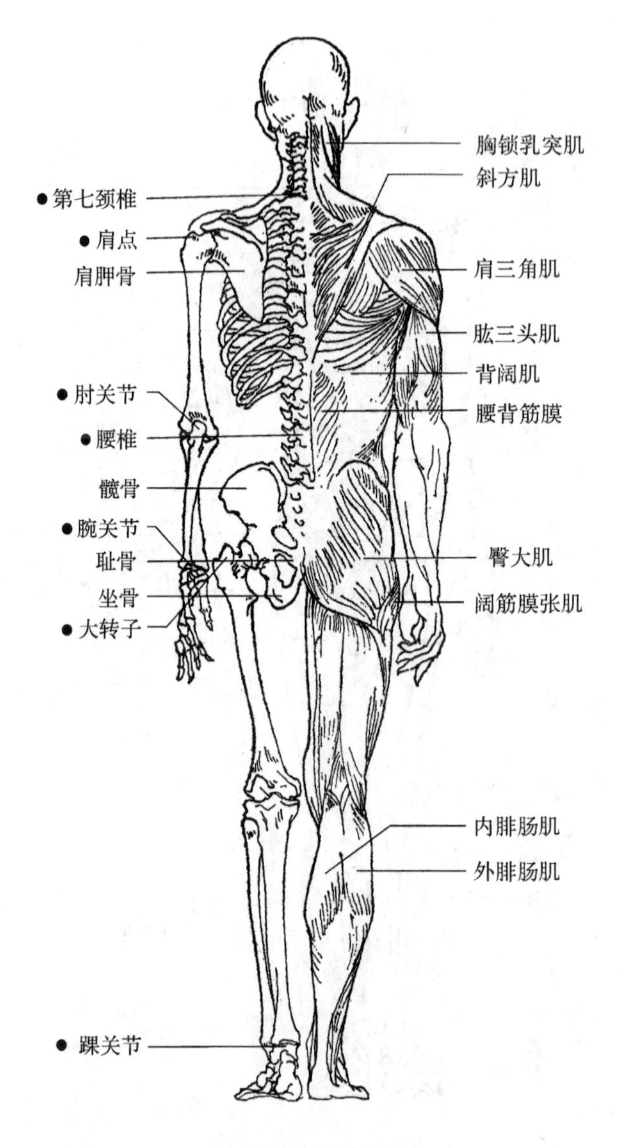


图 2-4　人体的骨骼与肌肉(背视)

(5)上肢骨系

上肢骨系由左右对称的肱骨、尺骨、桡骨和掌骨构成。

1)肱骨为上臂骨骼,上端与锁骨、肩胛骨相接形成肩关节,并形成肩凸。是上衣肩部造型的依据。

2)尺骨与桡骨是下臂的骨骼。当人体手掌向前自然直立时,用内尺外桡来确定两骨位置。它们的上端与肱骨下端相接形成肘关节,下端与掌骨相接形成腕关节。它们是确定袖肘线和袖长的基准点。另外,肘关节只能前屈,整个上肢也因此向前倾斜,如袖子的造型向前弯曲,袖省等都以此为依据来确定。腕关节的凸点也就是尺骨头,是袖长设计的基本依据。

(6)下肢骨系

下肢骨系由股骨、膝盖骨(也叫髌骨)、胫骨、腓骨和足骨构成。

1)股骨又称大腿骨,其下端通过膝关节与膝盖骨、胫骨、腓骨相连。膝关节是连接大小腿的枢纽,只能后屈,在下衣结构变化设计中常以此作为依据进行设计,如裤长、裙长、中长外套的衣长等都可以依据膝关节的高度来确定。

2)胫骨、腓骨的生长类似于下臂的尺骨与桡骨,也有内胫外腓之说。它们的下端与足骨在踝关节处会合,凸起的腓骨骨端点是裤长、裙长等设计的基准点。

综上所述,由于人体骨骼各部分之间的相互连接,构成了人体的基本骨架,基本骨架的运动特征构成了与服装结构设计相关的基准点。即

躯干:
- 前颈点(衣片原型前领口中心)
- 后颈点(衣片原型后领口中心)
- 腰　节(腰围线的基准)

上肢:
- 肩　点(衣身与袖子的界点)
- 肘关节(袖子肘线的基准)
- 尺骨头(袖长的基准)

下肢:
- 大转子(臀围线的基准)
- 膝关节(裙长、裤长以及外套、连衣裙长度的基准)
- 腓骨头(裤长的基准)

**3. 人体的肌肉**

肌肉附着于骨骼之上,使体表趋于丰满圆润。人体的骨骼肌总数约为500多块,且基本成对生长。人体肌肉结构极为复杂,但直接影响服装结构设计的人体肌肉结构和形态,主要是对外形有影响的浅层肌和少数对服装造型有作用的深层肌,因此本节也就主要对上述的肌肉进行说明和分析(见图2-3和图2-4的肌肉部分)。

(1)头颈部肌系

头颈部肌系主要是胸锁乳突肌,左右对称生长,上起头部颞骨乳突(耳根后部),下至锁骨内端形成颈窝,是人体测量时的前颈点位置。胸锁乳突肌同时与锁骨构成的夹角在肩的前面形成凹陷,对应的,后肩的肩胛骨是向外突起,两者的配合就导致了前肩短、后肩长的人体肩部特殊构造。因此在合体服装的技术处理时,把靠近侧颈点前肩线的三分之一处作"拔"的处理,后肩则利用省道或吃势归拢,这样通过工艺手段就能使服装形成吻合人体肩部前凹后凸的立体型态。

(2)躯干部肌系

1)胸大肌,位于胸骨两侧,外侧与三角肌会合形成腋窝。女性胸大肌被乳房覆盖显得更加突出,是测量胸围尺寸的依据。同时,胸大肌位于烘托脸部的位置,正是服装领子的设计部位,因而它的形态构造对领子的结构设计有影响,对女装尤其如此。

2)腹直肌,它是覆盖腹部的肌肉,上与胸大肌相连,下与耻骨相连,呈壑状,并与大腿的骨直肌会合,称腹股沟。由此得到腰凹(测量腰围的依据)、腹凸(测量腹围的依据)和腹股壑状的外部形态。腹直肌对服装外形不构成影响,但腰凹和腹凸的形体对服装的结构设计却是很重要的。

3)腹外斜肌和前锯肌,其分别位于腹直肌两侧和侧肋骨的表层。由于腹外斜肌靠下生长,前身上接前锯肌,后身上接背阔肌,其两者的会合处正好位于腰节线上,形成躯干中最细的部位,因此是测量人体腰围线的地方。

4)斜方肌,它是后背较发达的肌肉,上起头部枕骨,向下左右伸至肩胛岗外端,其外缘形成自上而下的肩斜线。斜方肌越发达,肩斜就越斜,肩背部隆起就越明显,影响服装肩和背部的结构造型。男性的斜方肌相比女性更加发达,因此合体男装的肩斜要大于合体女装,同时,后肩斜大于前肩斜,这是与女装完全不同的。斜方肌和胸锁乳突肌的会合点,形成了肩颈转折点,即侧颈点,是服装结构设计中基本领窝线所通过的领口轨迹点。

5)背阔肌,位于斜方肌的侧下方,下与臀大肌相会合,其中间相夹的是腰背筋膜。由于腰背筋膜不是肌肉组织,是一种很有韧性的薄纤维组织,位于腰部。因此,背阔肌与腰部构成上凸下凹的体型特征,背部一般作收腰处理正是由于体型的这种要求。

6)臀大肌,位于腰背筋膜的下方,是臀部最丰满的部位,它对应的前身为耻骨联合的三角区,由于臀大肌的"巅峰"与大转子凸点在同一截面上,因此无论从哪个角度看都呈"S"形,女性更是如此。

总之,躯干肌肉的形体状态对服装结构的认识非常重要,有助于理解许多关于服装结构设计和修正的原理,如结构设计中前后省的确定,前后裙片的腰围线不在同一水平线上,腹省短臀省长等。

(3)上肢肌系

1)三角肌,覆盖在肩端,与锁骨外端会合成肩头,与胸大肌相接形成腋窝,下与肱二头肌,肱三头肌相连。

2)肱二头肌,肱三头肌,肱二头肌位于上臂的前侧,而肱三头肌位于上臂的后侧,两者上方均以三角肌会合。

3)伸肌群和屈肌群,前臂的伸肌群和屈肌群组成前臂的主要肌肉。特别是屈肌群,直接影响了人体曲臂之后的手臂围度,这在设计紧身袖袖肥时是要考虑到的。

上肢肌系对于非特殊功能的服装结构来说,一般只作为模糊状态下的圆柱体认识,而不考虑其细部特征。

(4)下肢肌系

1)大腿肌系。大腿的前中是骨直肌,内侧细长状的是缝匠肌,其下内侧是骨内肌。骨直肌的外侧是骨外肌,在大转子的外层是阔筋膜张肌,这些是构成大腿前部隆起的关键肌肉。大腿肌系发达的体型,如短跑运动员,服装的臀围尺寸就必须考虑大腿前部的突出,适当地加大臀围的松量。大腿后部肌肉对下身服装结构影响不大。

2)小腿肌系。小腿主要有影响的肌肉在后部,即外侧腓肠肌和内侧腓肠肌,这两块肌肉就是俗称的小腿肚。

由此产生的下肢体型特征是:大腿前侧肌隆起和小腿后侧肌发达的"S"形柱体。

**4.脂肪和皮肤**

除了上面所述部分,影响人体表面状态的还有两个因素,即皮下脂肪和皮肤。

人体的皮肤是作为保护层生长的,对外形影响不是很大。而皮下脂肪则根据人体的部位,人们的生活习惯、地域、性别和年龄的差异而有所不同,使外部体型发生变化。脂肪容易堆积的部位有臀部、腹部、大腿部、乳房、背部和上臂等处,如图2-5中的阴影部分。

肥胖体型种类很多,但一个共同的特征是肥胖程度主要表现在身体厚度的增加上,即厚度增加的比例要大于宽度增加的比例,而且腹部的增加量特别大。但是,男女胖体腹部的脂肪分布又有所不同:男性在整个腰腹部都堆积脂肪,因而腰围尺寸较大;女性则是在脐部以下和臀肌上端积聚脂肪，因此腹部和臀部围度尺寸较大，但腰部的曲线还能显示出来（如图 2-6 所示）。

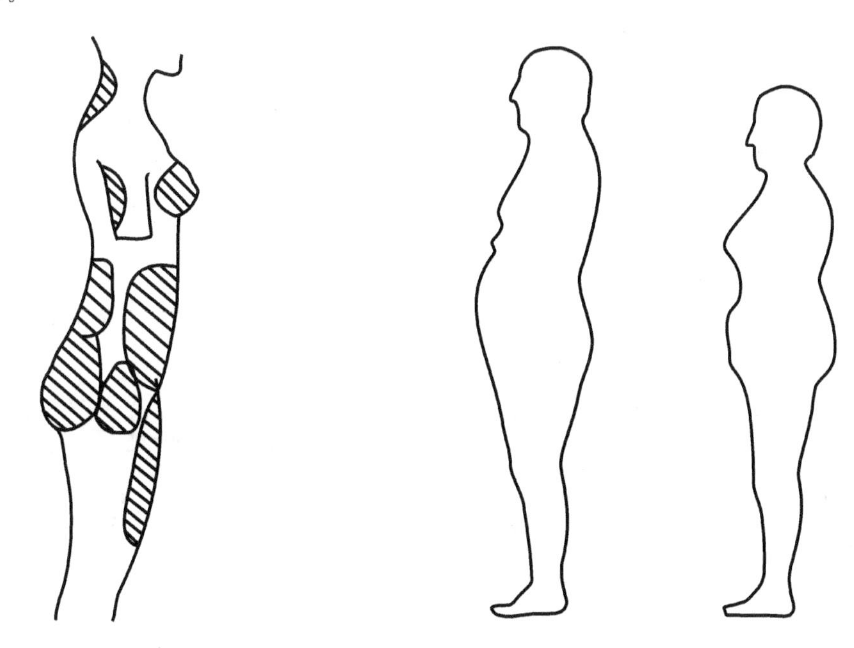

图 2-5　人体中容易堆积脂肪的部位　　　图 2-6　男女胖体腹部的不同脂肪分布

另外男性的肌肉较发达，而女性的皮下脂肪较多，因而女性体表平滑、柔和而富有弹性，而男性体表则显得棱角分明。女性的胸乳部、臀部相较其他部位脂肪较多。如果体内脂肪超出正常的量就会出现肥胖。由于脂肪最容易在肌肉少或无骨处堆积，如人体的腰腹部、关节等处，故肥胖者腰腹较粗，向外突出，甚至大于胸围，恰好与肌肉发达者的体型相反。所以肥胖型体型整体呈菱形，肌健型体型呈“X”形（如图 2-7 所示）。

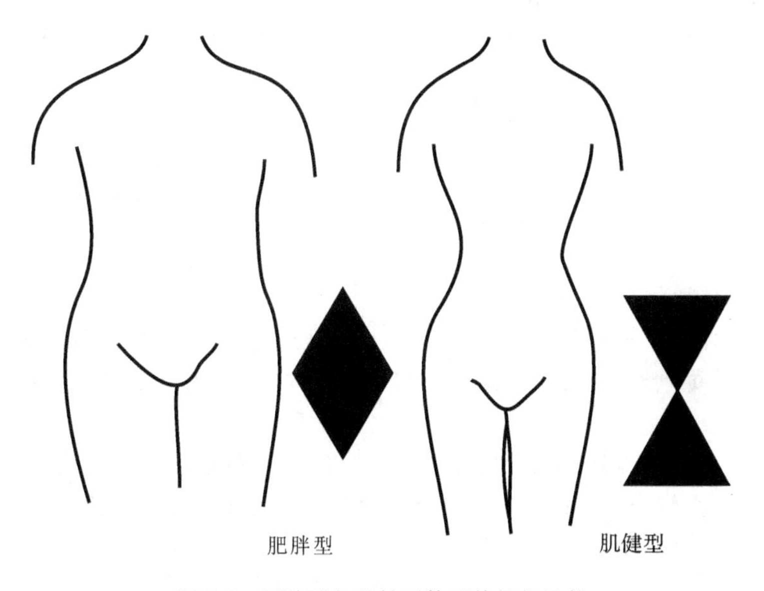


图 2-7　肥胖型与肌健型体型特征的比较

## 二、人体的比例

人体各部分比例，一般以头高为单位计算，因种族、性别、年龄的不同而有所差异。我国女子的身高一般以 7 个或 7.5 个头高的比例计算。在日常服装中，可以以此作为人体比例的参考。欧美地区的人体结构与我们亚洲人种存在差异，他们一般比较高大魁梧，在进行日常服装设计时通常采用 8 个头高标准，增加部分是人体下肢的长度。若为时装表演的服装设计，则还可再增加，为 8.5 个头高，甚至 9 个头高，目前有很多时装设计师喜爱用 10 个头高的比例来表达设计意图，当然这种比例具有较强烈的视觉效果。

**1. 七头高的人体比例**

七头高人体比例关系是黄种人的最佳人体比例，但因地域、种族的不同稍有差异。如日本和我国南方沿海地区的人相对较矮，而我国东北地区的人则相对较高。

七头高的人体比例划分，从上到下依次为：头部长度；颌底到乳头连接线；乳头连接线到肚脐眼；肚脐眼到臀股沟；臀股沟到髌骨；髌骨到小腿中部；小腿中部到足底（如图 2-8 所示）。以上这种比例作为成人的标准人体比例是最有价值、应用范围也最广泛的一种比例。

在七头高比例中，当人体直立，两臂向两侧水平伸直时，两指之间的间距约等于身高，即为七头高的距离；而两臂自然下垂时，肘点和腕点正好分别与腰围线和臀围线处于同一水平线上，因此也可以依照肘点、腕点的位置来确定腰围线和臀围线的水平位置。另外，肩宽有两个头高的宽度，即人体的全肩宽等于两头长；前腋点（胸宽的界点）到中指尖约为三头长；下肢从臀股沟到足底为三头长。

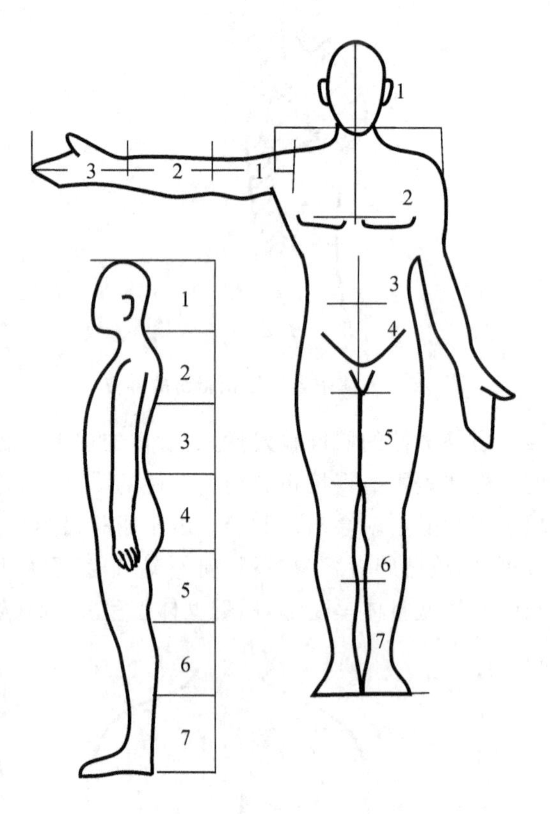


图 2-8　七头高人体比例图

**2. 八头高人体比例关系**

八头高的人体比例是欧洲人的比例标准，是最理想、最美的人体比例。因为八头高比例接近黄金比例，而黄金比例在美学上是最美的一种比例。黄金比值为 1∶1.618，约等于 5∶8 或 3∶5。

八头高人体比例的划分，从上到下依次为：头部长度；颌底到乳头连接线；乳头连接线到肚脐眼；肚脐眼到大转子连线；大转子连线到大腿中部；大腿中部到膝关节；膝关节到小腿中部；小腿中部到足底（如图 2-9 所示）。

对比七头高比例人体，可以发现八头高人体比例并不是在七头高比例的基础上平均追加比值的，而只是在腰节以下范围内增加了一个头的长度，也就是说不管哪种比例，人体肚

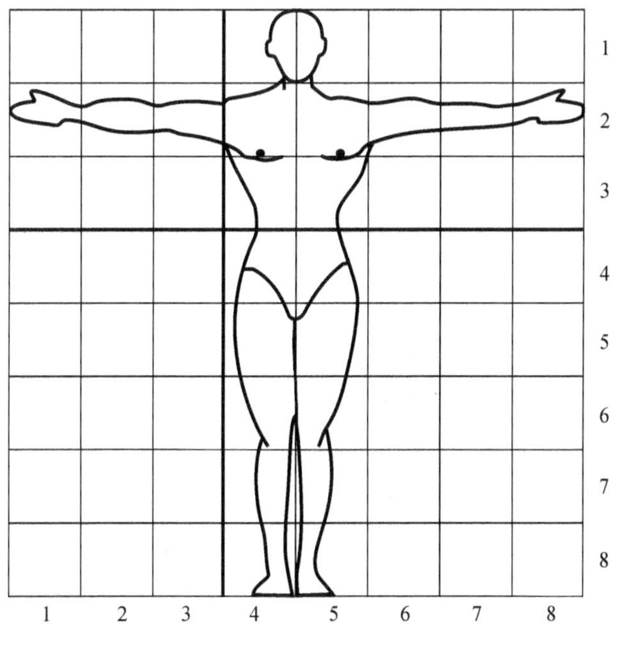


图 2-9　八头高人体比例关系

脐眼以上部分都刚好是三个头长度，因此，若以腰节为界，上下身的比例：七头高人体是 3∶4，而八头高人体则刚好是 3∶5，属于黄金比例。而且还可发现八头高人体的下身与人体总高之比是 5∶8，又与黄金比吻合。所以，在亚洲型体型中为了有效地美化人体，在外衣结构设计中通常以提高腰线来达到上下身接近黄金比的修正。

## 三、人体体型特征

### 1. 男女体型差异

男女体型从外表上看，一般来说男性体表脂肪少，皮肤较粗，肌肉起伏显著，显得强健有力；而女性脂肪较多，皮肤细腻，肌肉起伏缓和，显得丰满圆润。具体各部位体型的差异见表 2-1。

**表 2-1　男女体型差异对比**

| 部　位 | 男　　性 | 女　　性 |
|---|---|---|
| 颈部 | 颈部较粗，其横截面略呈桃形 | 颈部较细且显长，其横截面略呈扁圆形 |
| 肩部 | 肩宽而平，锁骨弯曲度较大，肩宽大于臀宽 | 肩窄而倾斜，锁骨曲度较缓，肩宽与臀宽相当 |
| 胸部 | 胸廓较长而宽阔，胸肌健壮，凹窝显著，但乳腺不发达 | 胸廓较窄而短小，乳腺发达呈圆锥状隆起，青年女性因胸前及乳部脂肪特别多而更显丰满，中年以后乳部逐渐松弛下垂 |
| 背部 | 背部较宽阔，背肌丰厚 | 背部较窄，体表较圆厚，但一般易显肩胛骨 |

续表

| 部位 | 男性 | 女性 |
| --- | --- | --- |
| 腹部 | 虽因腹肌的起伏变化易显露,但仍较为扁平,侧腰较女性宽直,随着人们生活水平的提高,中年男性的腹部越来越隆起,甚至腹围大于胸围 | 腹部较圆厚宽大,中年以后会出现小肚子,侧腰较狭窄,吸腰明显 |
| 腰部 | 脊柱曲度较小,腰节较低,凹陷稍缓,较女子腰部平、宽,其胸围与腰围的差值较小,通常为12～18cm | 脊柱曲度较大,腰节较高,凹陷明显,其胸围与腰围的差值较大,通常为16～24cm |
| 胯、臀部 | 骨盆浅而窄,髋骨外凸不明显,臀肌健壮,脂肪较少,其侧胯、后臀皆不及女性丰厚发达,胸围略大于臀围或与臀围相当 | 骨盆深而宽,髋骨外凸明显,体表丰满,臀肌发达,脂肪多,故臀部宽大丰满而向后突出,臀围比胸围大6～10cm |
| 上肢部 | 较女性略长,一般垂手时,中指尖可到大腿中部,上臂肌肉强健,手较宽厚粗壮 | 上肢稍短,垂手时中指尖到大腿中段偏上,手较窄小,手臂自然下垂时,垂线较男性偏后 |
| 下肢部 | 略显长,腿肌强劲。膝、踝关节凹凸起伏显著,两足并立时,大腿内侧可见缝隙 | 小腿略短,腿肌圆厚,大小腿弧度较小,小腿亦较圆滑,两足并立时,大腿内侧不见缝隙 |

上述男女体型差异,决定了女装结构设计主要在于褶和省的变换运用,可以说省道、褶裥的变化是女装设计的灵魂。不仅外形设计大起大落,加上省、分割、打褶的广泛设计,使得内容与形式的结合活泼多变。而男装的结构设计则主要运用材料的性能和分割的技术处理,即运用织物伸缩性的物理处理(归拔处理),形成男装简洁庄重的特征。

**2. 女体横截面的特征分析**

由以上男女体型差异分析可知,女性体表形态复杂,因此,分析和掌握女体横截面特征有助于对女装结构设计原理的充分理解。

如果说骨架决定了人体的冠状面特征,那么肌肉则决定了人体的侧面特征。而对人体横截面的分析就是对人体的骨骼系统和肌肉系统形成的外部特征进行综合的观察和研究,从而得到人体的三维形态。其中,冠状面人体的最高点在肩部和髋部,分别由人体骨系和肩关节及大转子构成;侧面人体的最高点是胸部和臀部,由人体肌系的胸大肌和臀大肌组成。下面就与女装结构设计密切相关的女体横截面部位进行分析说明,可为服装结构线的确定提供依据(见图2-10)。

(1)颈部截面　以前、后、侧颈点为准的截面。其形状呈桃形,桃尖部为喉结。

(2)肩部截面　以肩端连线为准的截面。此部位肩胛骨和肩端突出,是人体宽度和厚度差距最大的区域。

(3)胸部截面　以乳点连线为准的截面。是女体上身最为丰满的部位,因此其宽度和厚度趋于平衡接近正方形,是决定上身服装结构的关键。此截面结合正侧体图解还可以正确判断乳点的空间位置。

(4)肋背截面　是在肋骨和背廓肌对应连接处的截面。处在胸围线和腰围线之间。此截面柱形特点最强,可以判断从腰部到胸部的体型变化趋势,以确定上衣结构的设计方式。

(5)腹部截面　是位于腰围线和臀围线之间的截面。通过此截面可以观察人体腰部到

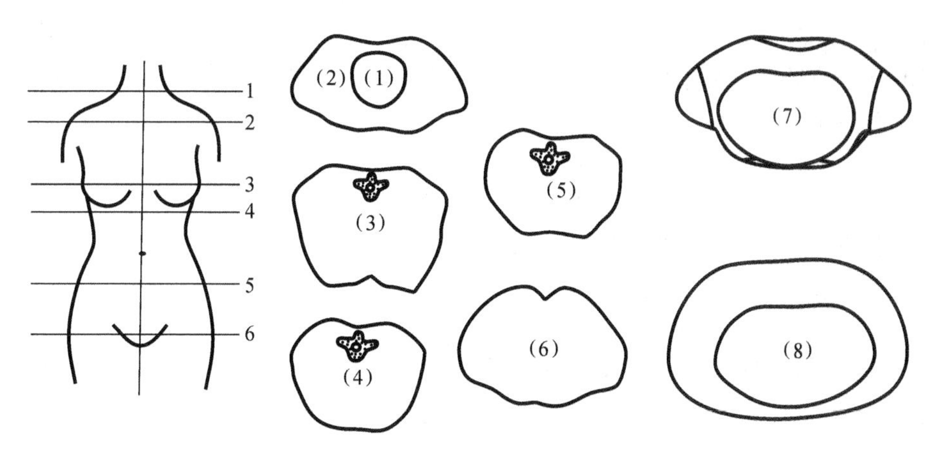


图 2-10　女体横截面分布图

臀部的过渡情况。

(6)臀部截面　以大转子连线为基准的截面。通过观察此截面可以知道大转子点和臀大肌凸点的位置以及凸点的高低，从而判断大转子、臀大肌与腰部的差量大于腹部与腰部的差量。这就是侧体和臀部余缺处理大于腹部余缺处理使用量的人体依据。另外还可知道臀凸点和胸凸点的位置正好相反，即臀凸靠近后中心线，由于大转子后面向外伸展，因此该截面呈金字塔形。

(7)胸背部和腰部的叠合截面　从图 2-10(7)中可以看出，胸部和腰部截面的中心并不处在同一个竖直面上，而是腰部明显前倾，即腰部的中心位置提前于胸背部。这就说明在女上装的结构设计中处理胸腰差量的腰省分布并不是前后等量的，而是后面的腰省量应该大于前面才合理，这在后面的原型结构分析中还会涉及。

(8)腰部和臀部叠合截面　观察腹、臀部叠合截面，可以知道类似于上半身的人体结构，人体下半身的腰部和臀部横截面的中心也不处在同一个竖直面上，而是腰部提前于臀部，这样的关系可以使人体在纵向取得平衡。同理，在处理女下装的结构时，前后腰省的省量大小也是不同的，前片小于后片可以使服装的结构更加合体、平整。当然这些结构关系是针对标准女性体型而言的，具体的个体体型差异会有不同的省道处理方式。

通过以上对女体重要部位横截面的观察和分析可知：女体型态复杂，从肩到胸、腰到臀形成了由扁变圆又变扁的变化特点。从侧面看，整个躯干起伏较大，呈现优美的“S”形。因此，平面的衣料要形成与体表曲面相吻合的结构，就必须进行剪切和收省处理。而决定服装结构线的部位在于具有凸点的人体截面，凸点越确定，结构设计的范围就越窄，结构线及省的指向就比较明确，如胸凸、臀凸、大转子、肩端、肩胛凸等。相反就越宽，如腹部、臀部、背部，因此腹部的省尖可在腹围线上平行排列、选择，立体效果却同样。

总之，人体的横截面可以清楚地反映出人体凸点的三维特征和位置，可以在进行服装结构设计时更加准确、合理、美观地把握服装的造型。

**3. 女性体型分类**

人的体型就像人的面孔一样，也存在着个体差异，几乎不存在胸围、腰围、臀围等尺寸完全相同的人体。但在服装结构设计中，我们可以按照一定的方式，对人体进行分类，同一分类的人可以使用相同的样板。服装行业对人体体型的分类主要有下面两种：

(1)国家标准

我国颁布的最新服装号型国家标准 GB/T 1335.2—2008 规定,以人体的胸围与腰围的差数为依据将体型分为四类。体型分类代号分别为 Y,A,B,C。其中:

Y 体型表示胸围与腰围的差数为 19～24cm,为瘦体;

A 体型表示胸围与腰围的差数为 14～18cm,为标准体;

B 体型表示胸围与腰围的差数为 9～13cm,为较胖体;

C 体型表示胸围与腰围的差数为 4～8cm,为胖体。

GB/T 1335.2—2008 的统计数据显示,我国女性体型以 A 体型所占比例最大,为 44.13%,这就意味着我国将近一半的女性的体型在忽略局部的细微差异后是标准体,但实际上人体还存在着许多局部的细微差别,只不过在日常的服装结构设计中可以忽略这样的差异而已。

(2)特殊体型

以上国家标准体型划分是为工业化生产中对大众体型的划分,若要针对个人定做服装,则可以从三个角度观察并分析体型,见表 2-2。

表 2-2 体型分类

| 观察角度 | 分类依据 | 体型分类 |
| --- | --- | --- |
| 从整体 | 根据胸围、腰围、躯干断面的前后径与左右径 | 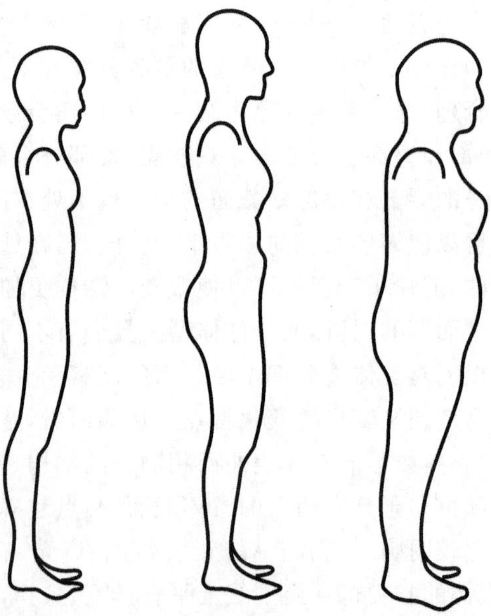 薄　平均　厚 |

续表

| 观察角度 | 分类依据 | 体型分类 |
| --- | --- | --- |
| 从侧面 | 根据胸、背、腹、臀的凸出状态 | 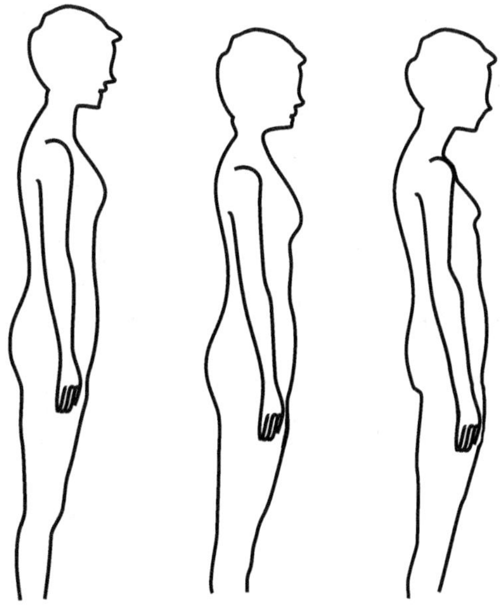 挺身体　屈身体　反屈身体 |
| 从局部 | 颈的斜度 | 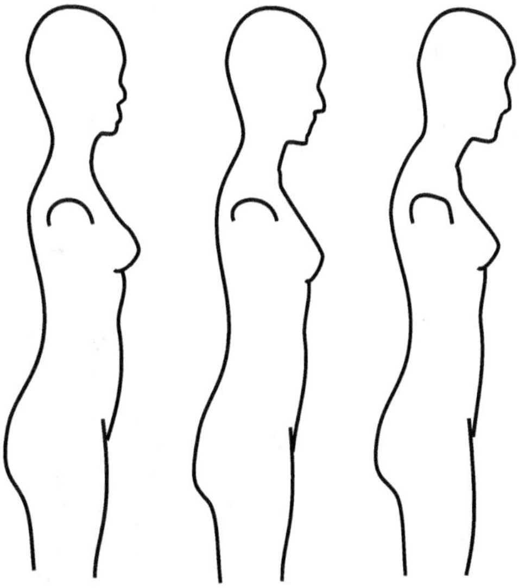 直颈　普通　前倾颈 |

续表

| 观察角度 | 分类依据 | 体型分类 |
| --- | --- | --- |
| 从局部 | 肩的斜度 | 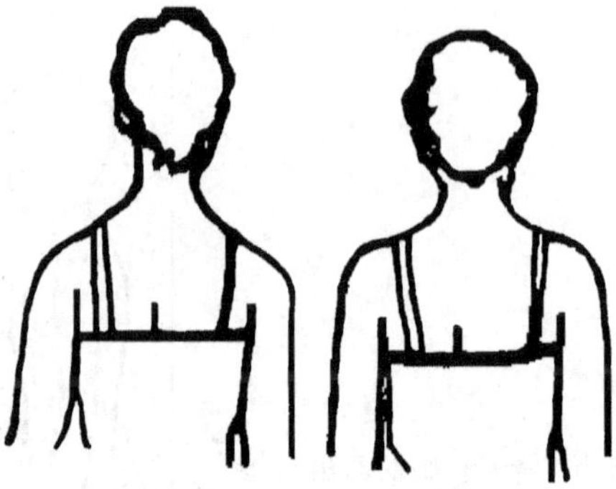 溜肩体　端肩体 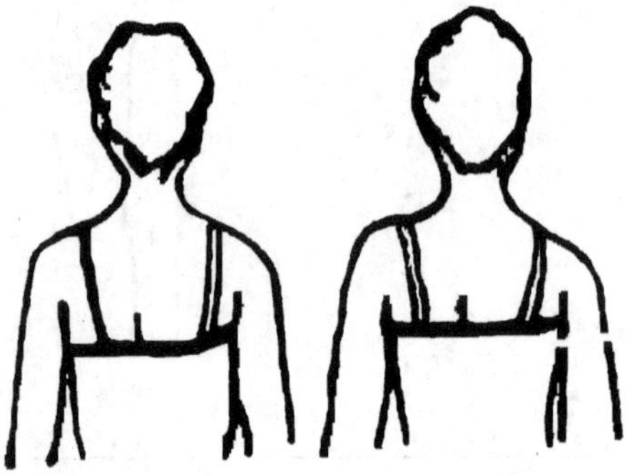<br>普通体　高低肩 |
| 从局部 | 乳房 | 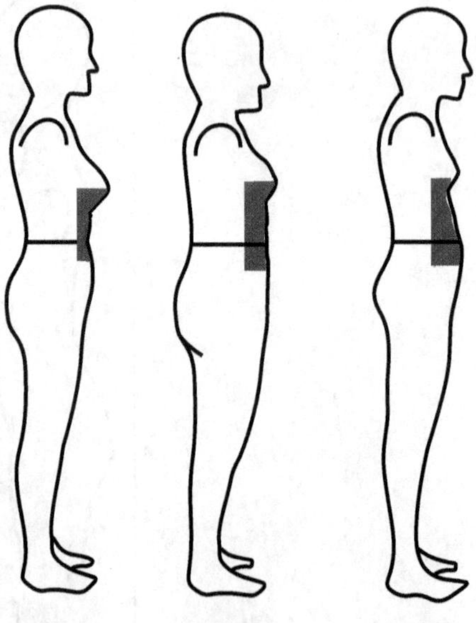 挺胸体　普通体　扁平胸 |

续表

| 观察角度 | 分类依据 | 体型分类 |
| --- | --- | --- |
| 从局部 | 臀部 | 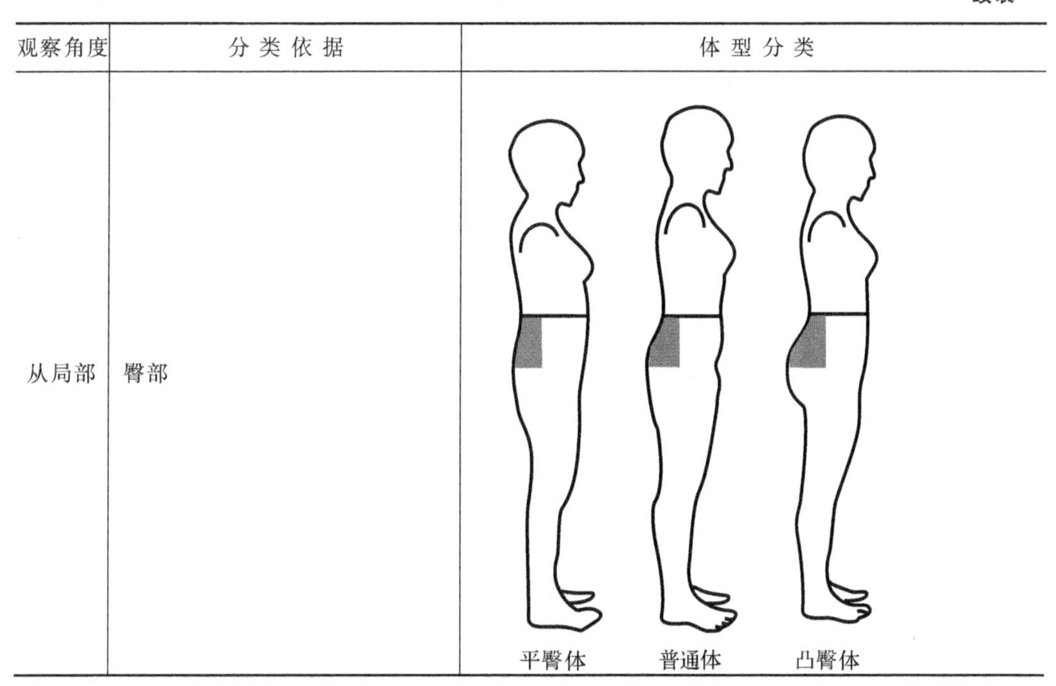 平臀体 普通体 凸臀体 |

## 四、人体体型变化与服装放松量

服装放松量是指服装穿着在人体外面必须具有的余量。决定此余量大小的因素主要有以下三个方面:人体动作时体型的变化、服装的造型轮廓以及服装的穿着层次。其中,人体动作时体型的变化是最根本的,所有的服装设计都必须考虑。下面所讨论的服装放松量主要是由于人体运动导致体型变化而产生的余量。

**1. 体型的变化**

人体在静态和动态时的体型状态不同,身体表面也会发生一些变化,因此,还应了解人体动态时形态变化的特征及增幅大小。人体的动作是复杂多样的,有上肢、下肢和躯体的前屈、后屈、侧向弯曲、旋转、呼吸运动和全身运动等。不同的动作部位会给服装施加不同的压力,要释放这种压力就得给服装对应的部位加上适当的松量。运动松量的大小要依据人体体表的变化来定,即根据静态姿势到动态姿势测量值的差值来决定。研究结果表明,人体主要部位由于运动所产生的体表伸长率见表 2-3。

**表 2-3 人体各部位运动的伸长率**

| 部位及运动 | 伸长率 |
| --- | --- |
| 背宽 | 13%～16% |
| 臀部弯曲 | 20%～30% |
| 坐着时臀部 | 14%～15% |
| 蹲着时膝部(横向) | 12%～14% |
| 蹲着时膝部(纵向) | 35%～40% |
| 肘部弯曲(横向) | 15%～20% |
| 肘部弯曲(纵向) | 35%～40% |

表中数据表明不同的部位、不同的运动方向人体体表的伸展是不同的,它们之间的差异很大,其中上肢的肘部和下肢的膝部是伸长最大的区域。

**2. 随体型变化的服装松量**

一般来说,服装松量越大,身体活动越自由,但当松量过大,超过一定限度后,服装的造型会走样,影响服装的美观性。因此,服装的松量要给得既能保持服装的良好造型,又能满足服装穿着者的运动特性,即服装的机能性。下面就针对各个具体部位进行分析。

(1)颈部松量

人体颈部是头部和躯干部的连接部位,也是服装上领子所处的部位。人体静态的颈斜度(颈向与垂直线形成的夹角),通过成人女子实例测定,平均为19°。但颈部由颈椎支撑,颈椎又是脊柱中最容易弯曲的部分,因此可以做各种各样的运动,其运动幅度随各运动形式变化,表2-4是根据资料统计的各具体运动幅度。

**表2-4　人体颈部的运动形式和幅度**

| 运动形式 | 运动幅度 |
|---|---|
| 做回旋运动 | 左、右两边最大均为74.2° |
| 做侧屈运动 | 左边最大为43.0°、右边为41.9° |
| 做前屈运动 | 最大为49.5° |
| 做后屈运动 | 最大为69.5° |

以上这些运动导致颈部肌肉的形态变化,伴之部位尺寸变化以及皮肤的伸展收缩,使颈围线发生变化,但其变化量较小,一般在结构设计时给予2.0～3.5cm的松量,由于女的运动量一般少于男的,所以女装的颈部松量可取小一些。

(2)肩部松量

肩部在静止状态下由颈侧根部斜向肩峰外缘,与颈基部水平线构成约20°夹角。由于体型的差异,肩部有正常体、溜肩体和端肩体,所以其夹角范围约为10°～30°。肩部对服装设计、造型的影响很大,如果其结构设计与肩部高低不相适应,则不仅影响服装和人体的外观,也影响人体的舒适性和上肢的活动。

肩头是决定肩部形状的基准点,肩头上的肩头点是服装结构设计的重要测定点之一,其变化范围为上下2～3cm,前后1～2cm,与肩峰点不同。利用这个幅域可以把肩幅变宽变窄,背显高显低,从侧面也能显示肩线的前后移动。

(3)上肢松量

上肢是人体肢体中最为灵的比例,而增大肋宽的比例时的手臂状态为0°开始,其各部位各运动形式对应的运动幅度见表2-5。

**表2-5　上肢的运动形式和运动幅度**

| 运动部位 | 运动形式 | 运动幅度 |
|---|---|---|
| 肩关节 | 由前上举 | 最大为180° |
| | 后振 | 最大为60° |
| | 外展 | 最大为180° |
| | 内收 | 最大为75° |
| 肘关节 | 前屈 | 最大为150° |
| | 伸 | 0° |

从表 2-5 中可以看出，人体的上肢以向前运动为主，因此，在服装结构设计时应增加对应活动部位的向前量，如增加后背部袖窿与对应袖子的结构设计量。

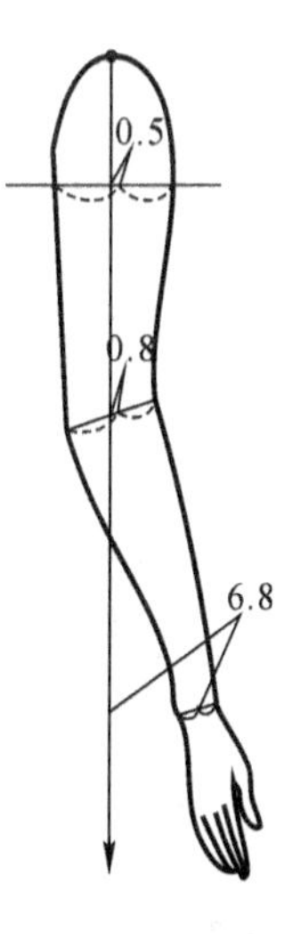

图 2-11　上肢下垂时的方向性

另外，从表 2-5 中还可看出，肘关节只能前屈，不能后屈，因此静态下垂时手臂呈现自然向前弯曲的形态，如图 2-11 所示。手臂自然向前弯曲的形状是决定袖子形状的要素之一。由肩头点的下垂线域手腕部中心点之间的平均值为 6.8cm，标准偏差 2.29cm，向前最大约为 12cm，向后为－5cm，标准偏差为 2.53cm。

(4)胸围松量

胸围松量主要考虑两方面的因素，一是生理放松量，再是运动放松量。

1)生理放松量：据相关资料测得成人(胸围为 85cm)作深吸气时，胸围变化量为 0.9～4.8cm，平均为 2.1cm；作深呼气时，胸围变化量为－1.0～0.2cm，平均为－0.8cm，两者相加为 3cm。再考虑皮肤弹性因素，得出胸围的最小松量应该在 4cm 左右。

2)运动放松量：当人体手臂向前运动时，男女背部体表均有 28%的伸长率；人体屈背手臂向前交叉抱于胸部时，胸部有 47%的伸长率；平时一些日常生活中的无意识小动作如吃饭、读报等也有 10.3%左右的伸长率，所以考虑到日常活动服装的背部松量约为 3.5cm。

因此，既能满足生理需求又能满足运动需求的服装胸围的放松量通常取 8～10cm，这也是基本样板胸围所采用的基本放松量。

(5)腰围松量

腰部是下装裙子或裤子的支撑部位。人体的各种动作也会使腰围的体表产生变化，见表 2-6。

**表 2-6　人体腰部的运动形式和运动增量**

| 运动形式 | 平均增量 |
|---|---|
| 席地而坐 90°前屈 | 2.9cm(最大变形量) |
| 坐在椅子上 | 1.5cm |
| 坐在椅子上并前屈 90° | 2.7cm |
| 呼吸和进餐前后 | 1.5cm |

但实际上，医学测试表明，腰围缩小 2cm 在腰部产生的压力并不会对身体产生影响，而且腰部松量过大会影响造型外观，因此，腰围放松量一般为 0～2cm。

(6)臀围放松量

臀部是人体下部最丰满的部位。实验表明，人体的各种动作也使臀围体表尺寸发生变化，如表 2-7 所示。

表 2-7　人体臀部的运动形式和运动增量

| 运动形式 | 平均增量 |
| --- | --- |
| 席地而坐并 90°前屈 | 4.0cm(最大变形量) |
| 坐在椅子上 | 2.6cm |
| 坐在椅子上前屈 | 3.5cm |

因此,在不考虑面料弹性的情况下臀围的最小放松量为 4cm。当然,也可以由款式造型加大其放松量。

(7)下肢放松量

人体下肢运动形态变化较大,人在正常行走时,其膝围的变化是进行各种裙子结构设计时的必要参数。正常行走主要包括步行、上楼梯或上车等动作。实验表明:一个净臀围为 90cm 的中号女性,在一般步行时,膝围约净增臀围的 10%,即有 99cm;上楼时,增 20%,有 108cm;上高台阶时,增 50%,达 135cm;上自行车时,增 65%,达 148cm。因此,设计裙子时在膝围处应考虑 100cm 以上的松量,具体看款式造型决定;当小于 100cm 时,则需借助开衩或打活褶等功能性工艺设计,以满足其基本活动机能。但在一些特殊的服装结构设计中如礼服类,因重视其造型特点,而功能性设计相对较弱,则可适当调整设计数据。

# 第三节　人体的测量方法

无论采用何种方法来进行服装的结构设计,必然就要牵涉到制版尺寸。获得制版尺寸主要有两种方式:一是测量现有服装的成品规格,然后再照搬此尺寸或稍加变动而获得新款式的制版数据,此法的优点是简单、快捷、准确,不需要太多的测量技巧,缺点是死板,缺乏变化。二是人体测量。人体测量又有净体测量和加放松量的测量。进行加放松量的测量的松量的多少因人而异,太过主观,以往常见于个体裁缝店定做时的测量方法。净体测量测得的是不包含松量的人体尺寸,它具有极其重要的意义。首先它是国家标准的制定依据,而国家的号型标准又是服装工业化大生产的前提,其次人体测量也是制作现今高档、精良的个性化服装的前提保证。

## 一、人体测量点

如前所述,为了制作样板就必须获得正确的人体尺寸,而这些测定尺寸的依据就是人体的测量点,即测量时的基准点。前面我们已知道,成人的骨骼是由 200 多块骨头组成的,相互之间又以关节相连,这些关节又是人体运动的转折点。因此,测量点多以骨骼或关节点为基础,这样测得的数据具有准确性和稳定性的特点。下面就对照图 2-12 依次进行分析。

(1)头部顶点　人体直立时头顶最高点是测量身高的基准点。

(2)下颚点　人体面部中线下颚合骨的下端点。它与头部顶点的间距为头长尺寸,是功能性上衣帽子设计的参考尺寸之一。

(3)前颈点　左右锁骨在前中线的汇合点,又称锁骨窝。

(4)侧颈点　颈根正侧中点稍后处。是颈部到肩部的转折点,所以也被看作是肩线的

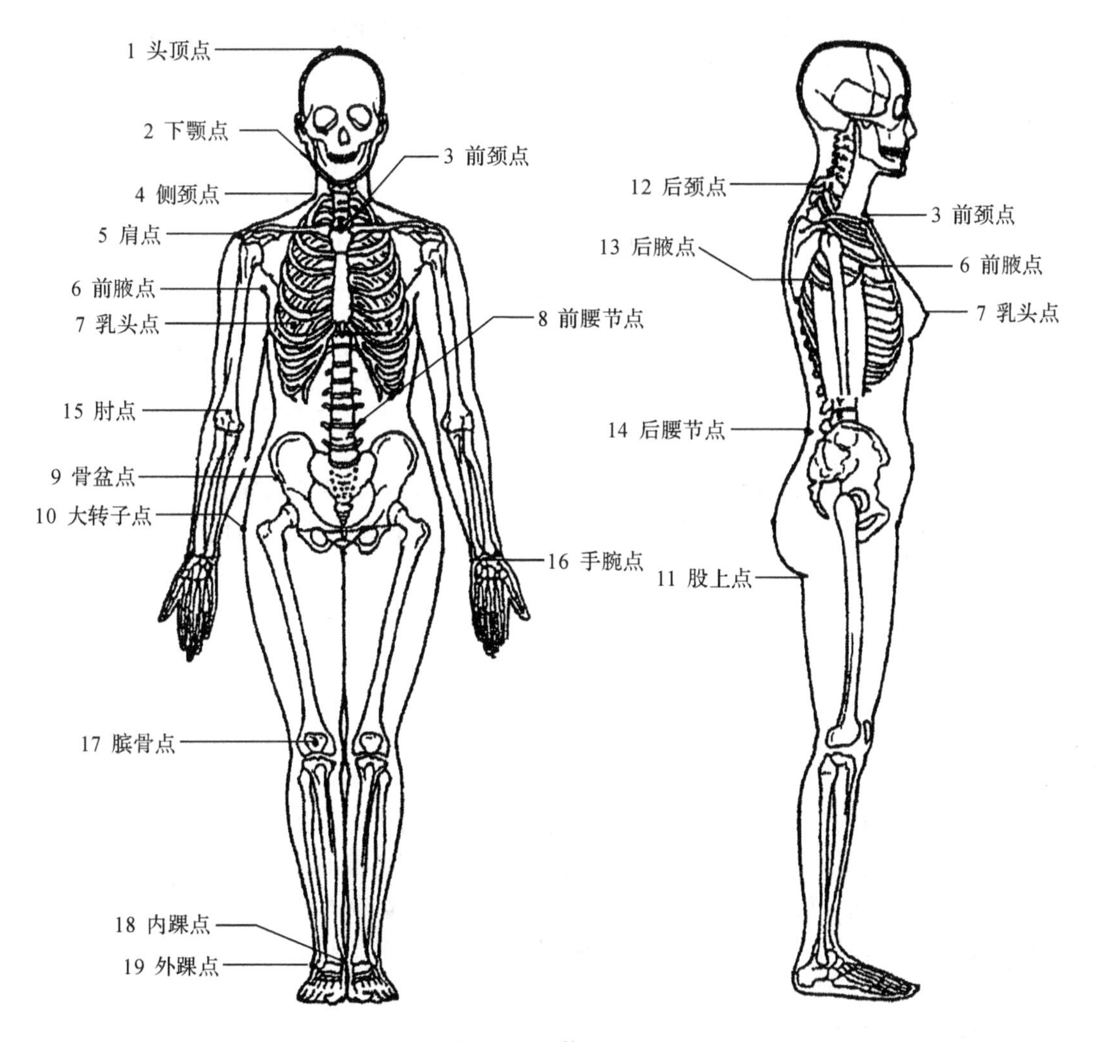


图 2-12　人体测量点

基点。

(5)肩点　上臂肩端点，位于正侧肩端中点稍前处，是测量肩宽、袖长等尺寸的基准点。

(6)前腋点　手臂自然下垂时，臂根与胸部形成纵向褶皱的起始点，是测量人体胸宽的基准点。

(7)乳头点　胸部最高的乳点，即制图时的 BP 点，也叫胸点，是决定胸围的基准点，也是女装结构设计中胸省凸点的基准，是非常重要的基准点。

(8)前腰节点　前中心线与腰部最细处水平线的交点，是测量腰围和前中心长的基准点。

(9)骨盆点　处于骨盆凹进处。刚好处于中臀部位，所以也就是测量人体腹围的基准点。

(10)大转子点　股骨与骨盆连接的最高点。此点刚好与臀部最丰满处水平线相贯通，所以是测量臀围尺寸的参照点。测取该点时，可作“稍息”状，大腿侧臀部明显的凸起点就是该点。

(11)股上点　人体后部臀与腿部肌肉的分界处，即臀股沟的位置。是决定股上长(立裆)的下端点，该点到后腰节点的距离就是股上长的尺寸，此点也同时是测量股下尺寸的基准，该点到脚踝的距离就是股下尺寸。

(12)后颈点　头部低下时后颈根部最为凸起的点，即第七颈椎点。是测量背长的基点。

(13)后腋点　手臂自然下垂时，臂根与背部形成纵向褶皱的起点。是测量人体背宽的基准点，并与前腋点、肩点构成袖窿围的基本参数。

(14)后腰节点　后中心线与腰部最细处水平线的交点，与前腰节点构成腰围线，也是测量人体背长的基准。

(15)肘点　肘关节的突起点，决定服装样板中肘线的水平位置以及肘省的突起部位。

(16)手腕点　前臂尺骨端点。小拇指一侧手腕部的明显凸起点，是测量袖长的基准点，也是测量腕围尺寸的基准点。

(17)髌骨　膝关节的髌骨处。是确定裤子中裆位置、裙长、衣长的重要基准点。

(18)内踝点　内踝胫骨下端点。是测量裤长、裙长等的重要基准点，同时也是测量人体足围的基准。

(19)外踝点　外踝胫骨下端点，与内踝点具有同样的意义。

从以上的测量点来看，这些测点大多作用于对应的运动部位，如颈部、肩部、肘部、腰部、臀部和膝部等，所以实际应用这些测点时要正确理解测点与测量尺寸、运动机能的关系。

## 二、人体测量

为了服装制作的测量主要是测量人体的胸围、背长、肩宽等。根据已测得的数据再加上一定的松量就形成了服装的成品尺寸。不同的服装类型所注重的测量项目也有所不同。

因此，人体的基本构造、体型特征、运动特性对人体测量都非常重要，而且，其测量的精确性还取决于测量时的姿势、测量点的正确把握、合适的测量工具、正确的测量方法等。

**1. 人体测量的要领**

测量时选取内限尺寸(净尺寸)定点(人体测量点)测量，最大限度地减少误差，提高精确度。虽然在工业服装结构设计和工艺要求中，只需几个具有代表性的尺寸就够用了，其他细部结构均由理想化的比例公式推算获得，使得工业化成衣生产更规范化、理想化。但测量作为服装技术的基本技能还是需要每个服装结构设计者所掌握的，何况定做的个体裁衣时量体是必不可少的，所以详细了解并掌握各个部位尺寸的量取方法及要领对每一个测量者都是非常重要的。下面是被测者和测量者所要注意的测量要领：

(1)被测者

进行人体测量时，要求被测量者穿着贴身轻薄内衣自然站立，不要过于内束或外挺，这样所测得的尺寸是不含放松量的净体尺寸。

(2)测量者

测量者在测量时首先要明确所测得数据采用的法定计量单位，一般以厘米为单位。再就是要求定点测量，即以人体骨骼为参照确定测量点，测量时将其作为皮尺经过的轨迹点。这是因为人体骨骼相对肌肤而言，具有相对的准确性和稳定性，易于测量时精确把握。水平测量时测量者站在被测者的侧面，以保证软尺能稳定在同一水平面上，软尺的松紧应该适度，以附贴在人体的表面、不扎紧不脱落为宜。读数时应使测量者的目光与被测点在同一个水平面上。最后，测量时测量者还应在仔细记录所测尺寸的同时，观察比较被测者的体型特征与数字的关系，如驼背体型者一般后衣长值大于前衣长值，而挺腹体型者则刚好相反。

**2. 常用人体测量的方法**

人体尺寸测量的方法有很多，下面介绍的方法是服装结构设计中最常用的测量方法，采用最基本、最常用的测体工具——卷尺（也叫软尺，一般由保形性好的玻璃纤维加塑料制成，

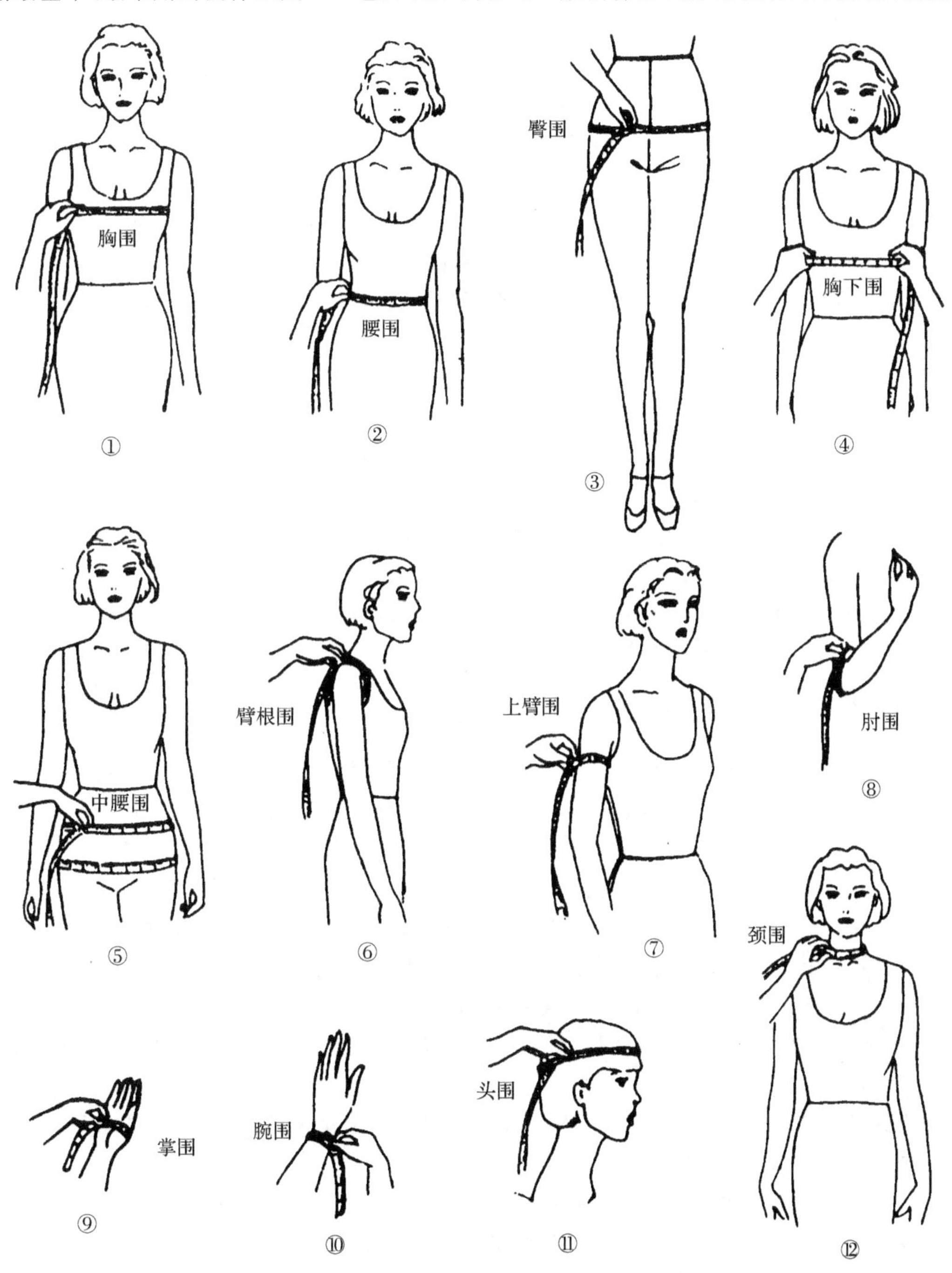


图 2-13 围度测量

柔韧性能好),可沿体表测量。这种测量方法简单实用,不需要复杂的机器设备辅助,随时随地都可以实施,但是这种测量方法仅仅能够判断人体的高矮、大致的胖瘦等简单的人体特性,而对人体体表的局部细致特征如人体的厚度、胸凸、腹凸、臀凸的大小,肩斜角度等等却无能为力,属于简单的一维测量范畴。

(1)围度测量

围度测量指需水平测量一周的尺寸,其中最重要的是三围,即胸围、腰围和臀围,它们是服装结构设计的基本参数。其他尺寸则可以作为辅助性测量数据或特别服装的参数。具体可参照图 2-13。

1) 胸围(*B*) 以乳点(BP 点)作为测量点,水平测量胸部最丰满处一周所得的尺寸,注意不要使尺子过紧或过松。

2) 腰围(*W*) 以前后腰节点为测量点,水平测量腰部最细处一周所得的尺寸。

3) 臀围(*H*) 以大转子点为测量点,水平测量臀部最丰满处一周所得的尺寸。碰到臀部突出和大腿部较发达的人,可以在腹部或臀部垫上塑料薄膜后再测量,这样就可以将肥胖量考虑在内,否则测量的尺寸会不够。

4) 乳下围 也叫胸下围,经乳房的下端水平测量一周所得的尺寸。该尺寸为紧身胸衣类如女性文胸等特殊服装所必需的尺寸。

5) 中腰围 在腰围到臀围的中间位置水平测量一周所得的尺寸。该位置正处腹凸,又叫腹围,它是确定腰位设计的下限尺寸。

6) 臂根围 经肩端点和前后腋点,紧贴皮肤测腋窝一周所得尺寸。该尺寸对于确定无袖类服装的袖窿大小有重要的意义。

7) 上臂围 将皮尺紧贴腋下,水平测量上臂最丰满(最粗)处一周所得尺寸。该尺寸是袖子袖肥尺寸和短袖袖口围度的设计依据。

8) 肘围 曲臂后,经肘点测量一周所得尺寸。该尺寸对于确定紧身袖的袖肥大小有着重要的意义。

9) 腕围 将皮尺紧贴皮肤,经手腕点测量一周所得尺寸。该尺寸为紧袖口设计依据。

10)掌围 拇指稍向手心并拢,将皮尺紧贴皮肤,在手掌最丰满处测量一周所得的尺寸。该尺寸是袖口、口袋等尺寸设计的依据。

11)头围 经前额中央和脑后枕骨(后脑突出部位)测量一周所得尺寸。该尺寸是帽子和功能性风帽的设计依据。这个尺寸对于套头一类服装的开领大小有着重要的意义,尤其是儿童服装。由于儿童的体型特征是头大、四肢短小,与成人的比例感觉完全不同,如果考虑不周就会造成童装的开领不够大,使得穿脱困难。

12)颈围 将皮尺立起经前、侧、后颈点测量一周所得尺寸。该尺寸是领口内限尺寸。

(2)宽度测量

宽度测量是指测量左右两点之间横向距离的尺寸。主要有肩宽、背宽、胸宽和乳间距四个尺寸,具体见图 2-14。

1) 肩宽 经过后颈点测量左右肩点之间的距离。

2) 背宽 测量背部左右后腋点之间的距离。

3) 胸宽 测量前胸左右前腋点之间的距离。

4) 乳间距 测量左右两个乳点之间的距离。

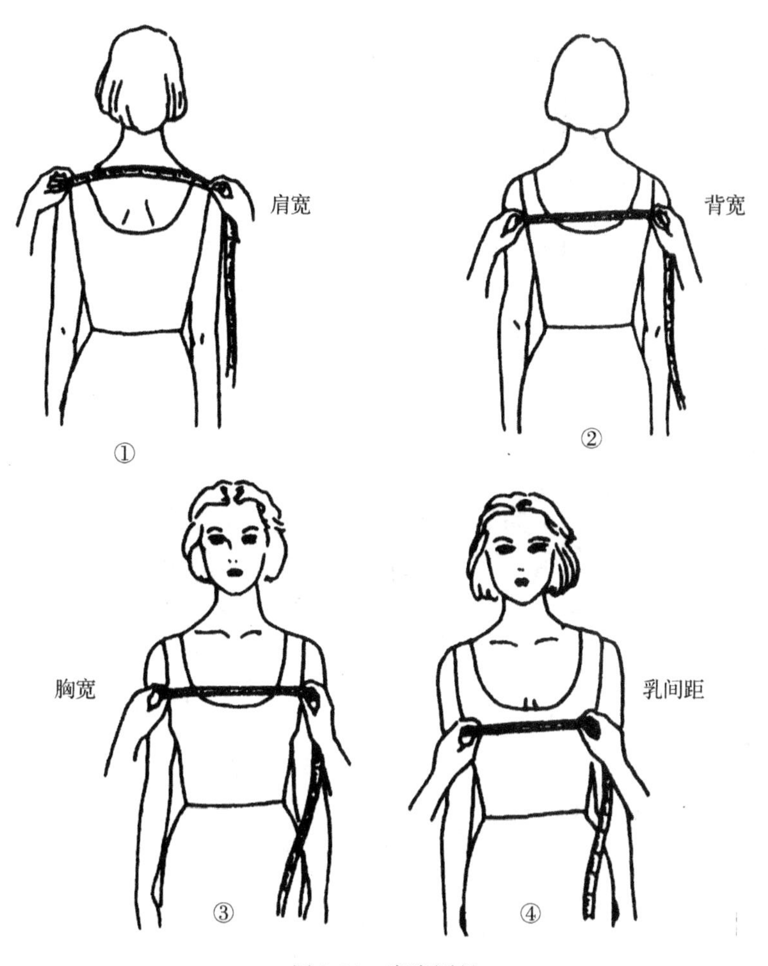


图 2-14　宽度测量

(3)长度测量

长度测量指测量两点之间纵向距离的尺寸。其中主要有背长、袖长和股上长,其他则为辅助性参数,具体见图 2-15。

1）背长　从后颈点即第七颈椎点,沿背形量到后腰节点的长度。实际应用中,通常将测量值再减掉 0～4cm,以改善服装上下身的比例关系,使总体造型显得修长。一般规格表中的背长稍小也是根据这个做的调整。

2）总长　从后颈点向下垂放皮尺,量至地面的长度。

3）后长　从侧颈点开始经过肩胛骨垂直量到腰围线的长度。

4）前长　从侧颈点开始经过乳点垂直量到腰围线的长度,它与后长都为参考数据。通过前后长的差,就可以了解胸部、背部等的体型特征。例如:若后长比前长长,则该体型是胸部较低,背部弧度较强的体型,男性大多属于这种体型;反之,若前长长于后长,则该体型的胸部较挺,女性大多属于这种体型,并且随着生活水平的提高、审美意识的变化,这种前后差有加大的趋势。

5）胸高　从侧颈点到胸点的长度,此尺寸又称为乳下度,是测量乳房下垂程度的参考尺寸。

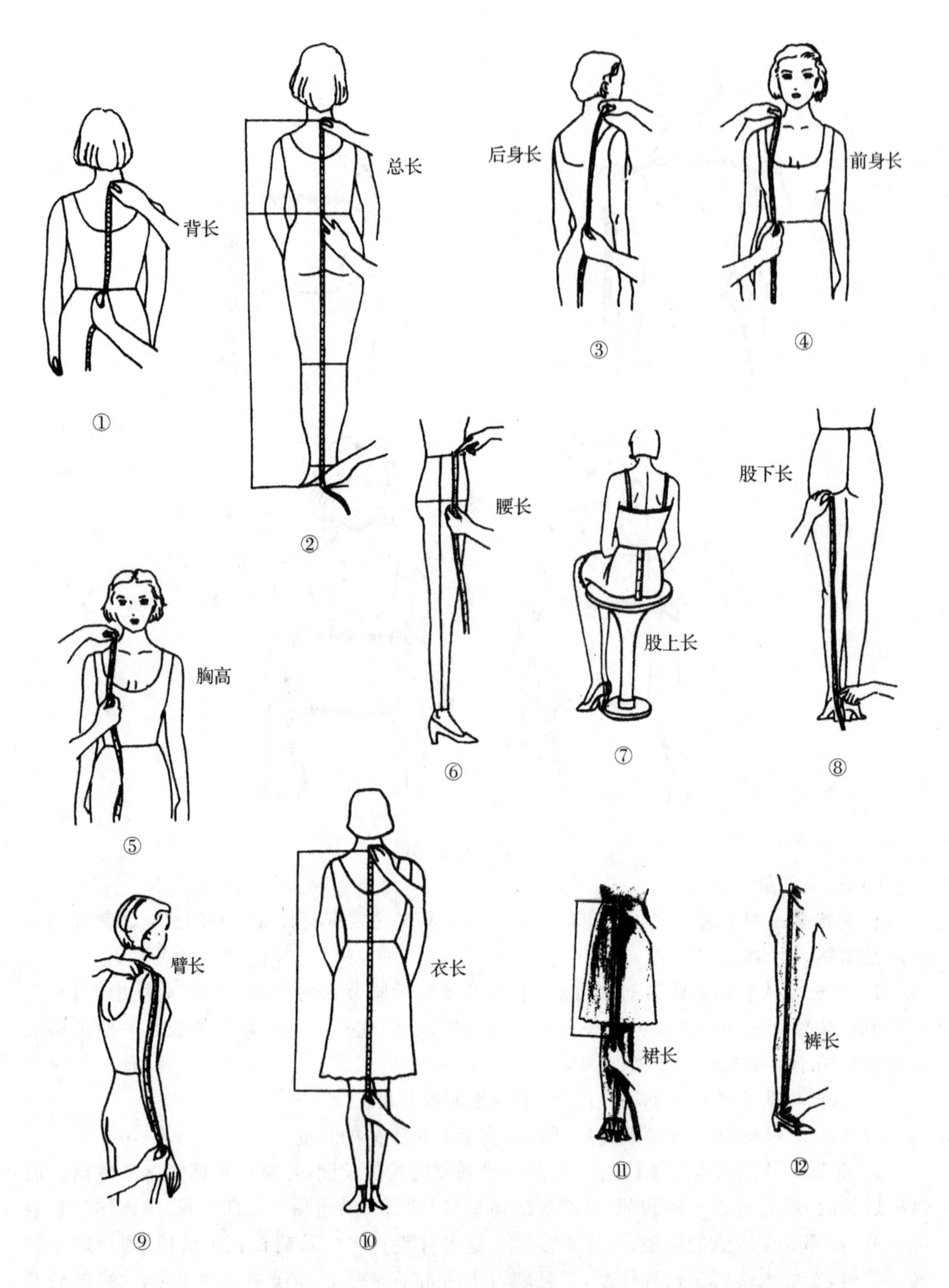


图 2-15　长度测量

6) 腰长　从腰围线到臀围线的长度,要在靠近侧缝的位置测量。测量时可先在腰、臀系细绳以标明位置。

7)股上长　也叫上裆长,由腰线到臀股沟(股上点)之间的距离。测量时,被测者坐在硬面椅子上挺直坐姿，从腰围线到椅面的垂直距离。也可由裤长尺寸减去股下长尺寸得到。该尺寸是裤子立裆设计的依据。

8)股下长　也叫下裆长，指从股上点量至内踝点之间的距离。也可由裤长尺寸减去股上长尺寸得到。

9)肩袖长、袖长、肘长　肩袖长也叫连身袖长，是从后颈点开始，经肩端点、肘点，量至手腕点的长度。袖长是从肩端点，经肘点到手腕点的长度。也是肩袖长减去1/2肩宽的尺寸。肘长是从肩端点到肘点的长度。

10)衣长　指制作外套或连衣裙的长度。从后颈点量至所需衣服的底摆线。一般以背长加放一定的尺寸来确定。另外，衣长会根据服装种类、个人爱好和流行因素等的不同而有变化。

11)裙长　从腰围线向下量至设计裙子底摆线的长度，一般以到膝盖骨中间的长度为基本裙长。裙长尺寸是一个设计值，会因个人爱好和流行因素而有较大变化。

12)裤长　在人体侧部从腰围线到外踝点的长度，与裙长尺寸一样，该尺寸也是基本长度，具体的设计中可以根据需要上下浮动。

上述测量尺寸均为人体的净尺寸，是服装结构设计的基础数据，并非是某种特定服装的个性尺寸。除几个关键尺寸外，多数是参考数据或特殊服装的补充尺寸。

**3. 马丁人体测量法**

另一种一维测量法主要是马丁人体测量法，是当今用得最广泛，且得到国际承认的一种人体计测方法。该方法除胸围、头围等周长以外，全是用线把点与点之间连接起来。马丁测量法使用的工具有：

(1)测高器(也叫身长计)(anthropometer)　这是一根与地面垂直的带刻度的竖尺，一端有一与竖尺相垂直且可以上下滑动的水平臂，用来测量身高。

(2)直脚规(sliding caliper)　这是一把卡尺，有两脚和一主干，其中一只脚固定，另一只可沿主干移动。用来测量两点之间的直线距离(见图2-16(a))。

(3)大型滑规(rod compass 或 large sliding caliper)　这是大型的、主干是圆的直脚规，用来测量直脚规不能测量的较大距离。

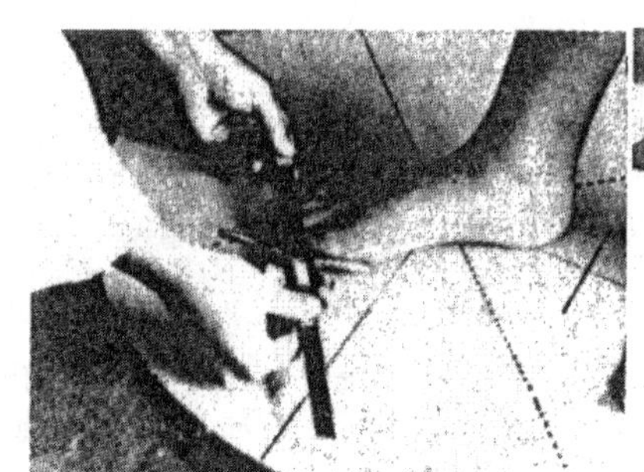
(a) 滑动游标卡尺(直脚规)

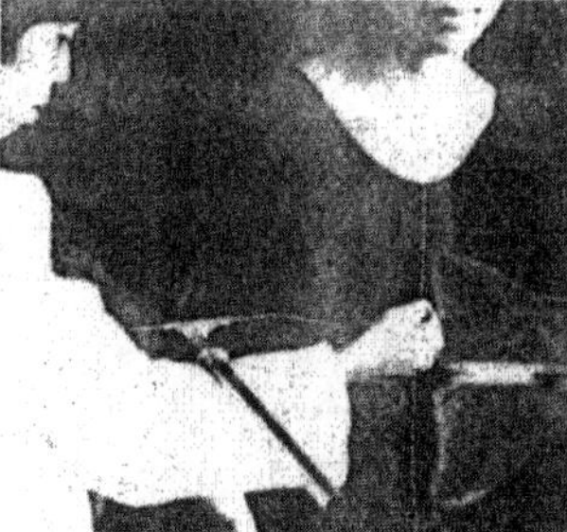
(b) 体位厚度触规(触角规)

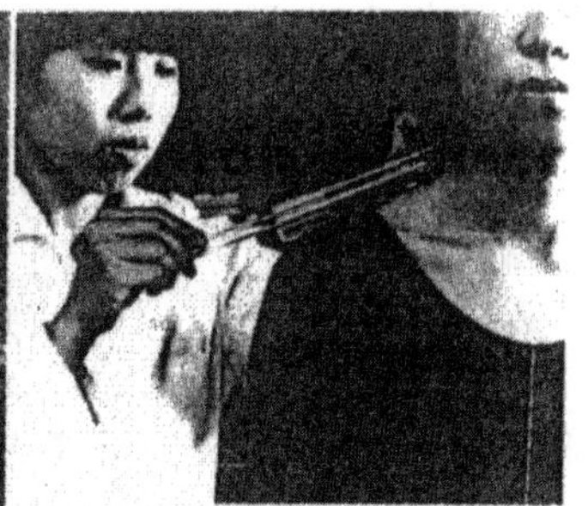
(c) 角度计

图2-16　马丁测量法的三种工具

(4)弯脚规(spreading caliper)　也叫触角规，两弯脚中有一带有刻度的横臂，用来测量立体上两点的距离(见图2-16(b))。

(5)卷尺(measuring tape)　用伸缩性很小的钢、塑料等材料制成，用来测量胸围、腰围、臀围等尺寸。

(6)皮脂厚度计(skinfold caliper) 也叫角度计,可用来测量人体脂肪厚度。

此外还有附着式量角器,量角器套在直角规的固定脚上,可以测量角度(见图 2-16(c))。

马丁测量仪由于是用各种刚性的仪器进行测量,因此不仅比软尺测量的精度要高,而且还可以根据不同的测量部位选择不同的测量工具。另外,可测量内容也比软尺要多,如皮脂厚度计可测量出人体的脂肪厚度,附着式量角器可测量各种角度等,而这些尺寸是没法用软尺测量得到的。但是,由于马丁测量法操作相对复杂,因此,一般用于人体测量的研究方面。

**4. 二维测量法**

二维测量法主要有:拍摄法、投影法、立体裁剪法和石膏法。

(1)拍摄法 用摄像机拍摄出人体前面、侧面、后面等方位的照片,再根据照片进行人体测定,如人体比例、体表角度、肩斜度等(如图 2-17 所示)。

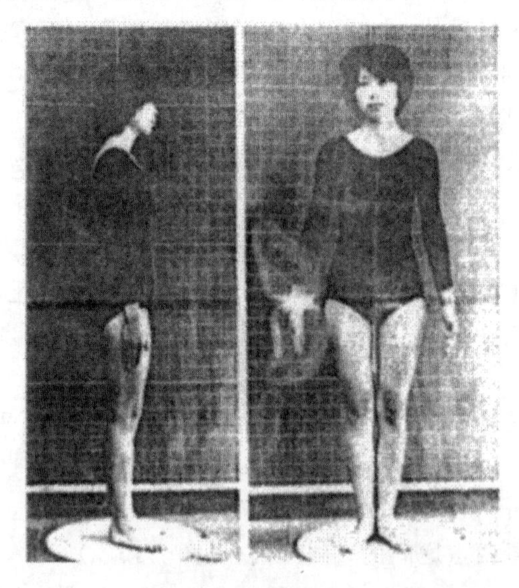

图 2-17 拍摄法

(2)投影法 用大型摄像机将人体的侧面、正面的投影图摄下,再在照片上进行测量的方法(如图 2-18 所示)。

(3)立体裁剪法 直接在人体上进行立体裁剪,得到人体的三维构造特性,再将其转换成平面样板的方法(如图 2-19 所示)。

(4)石膏法 利用涂上石膏粉的纱布取得人体三维模型的方法(如图 2-20 所示)。

**5. 三维测量法**

三维测量法即非接触式三维自动人体测量法,是一种现代化人体测量技术,是以现代光学为基础,融光电子学、计算机图像学、信息处理、计算机视觉等科学技术为一体的测量技术。

目前大多数三维人体测量仪的工作原理都是以非接触的光学测量为基础,通过光照射系统,使用视觉设备来捕获物体的外形,然后通过系统软件来提取扫描数据。人体扫描系统主要分为激光扫描和白光扫描系统。此外还有表面追踪系统,但并不用于捕获人体的形状。白光和激光扫描系统的流程都分为四个主要的步骤(见图 2-21)。

第一步:通过机械运动的光源照射和扫描物体;

图 2-18 投影法

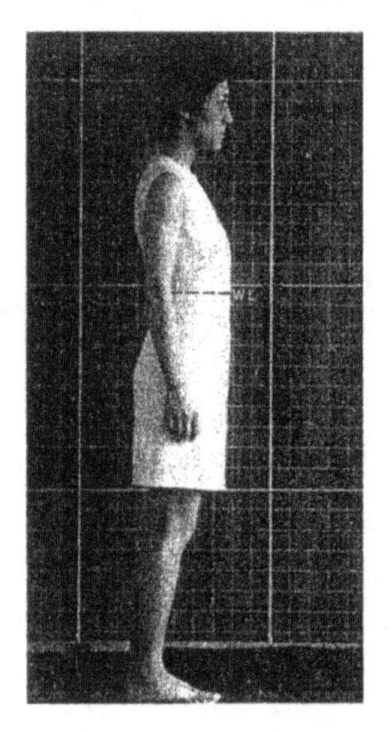


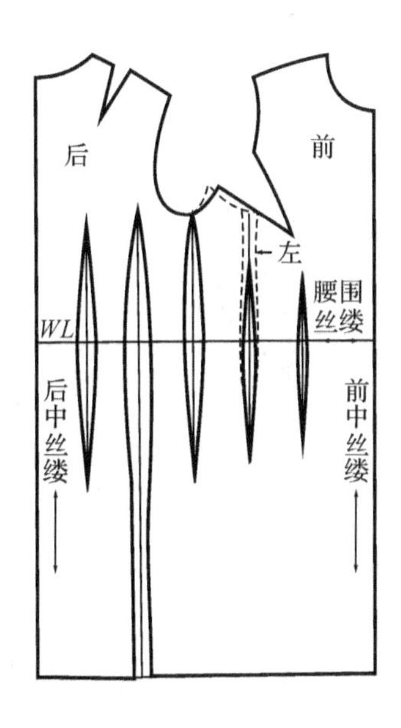


图 2-19 立体裁剪法

第二步:CCD 摄像头探测来自扫描物体的反射图像;

第三步:通过反射图像计算人与 CCD 摄像头的距离;

第四步:通过软件转换距离数据产生三维图像。

目前美、英、德、日本等发达国家已研制开发了一系列三维人体测量系统,其中[TC]²,Telmat,Wicksand Wilson,Hamamatsu,Cyberware,Hamano,Vitronic 以及 TecMath 等公司的产品都适用于服装业的人体测量。

(1)美国[TC]² 三维人体测量仪

美国[TC]² 公司的三维人体测量仪使用光扫描技术,拥有 3T6,2T4,2T4s 三种型号。其中型号中的第一个数字(3,2,2)表示塔架数目,第二个数字(6,4,4)表示传感器数目,s 则

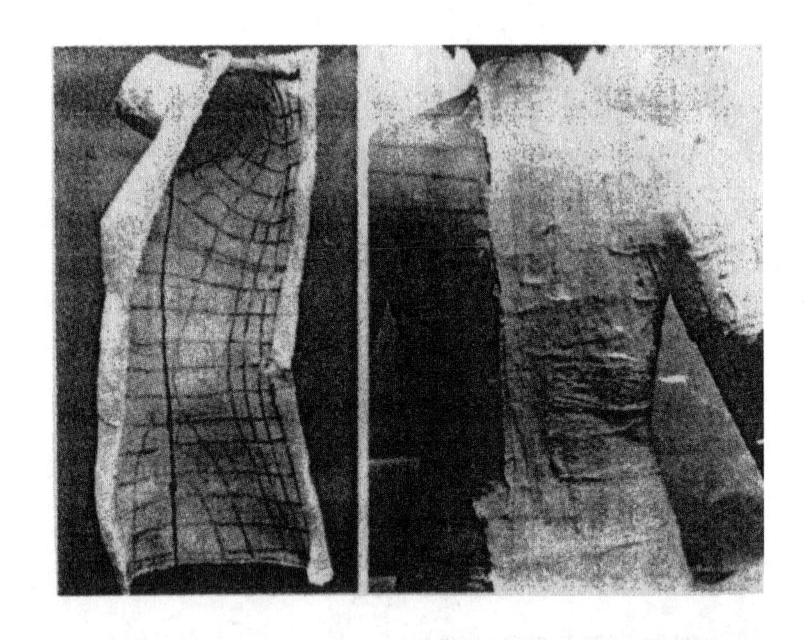

图 2-20 石膏法

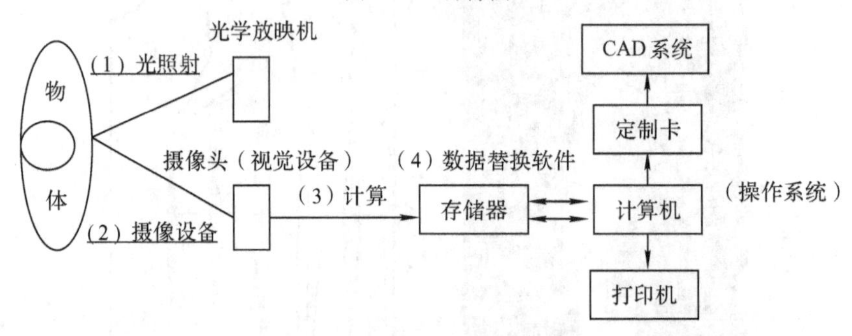


图 2-21 三维人体扫描系统的流程

表示有较矮的外形。[TC]² 系统是利用了白光相位测量轮廓技术(PMP)作为商业化用途,即利用白色光源来投射正弦曲线在物体表面,当物体不规则的形状令投射的光栅变形,产生的图像将可以表示其物体表面的轮廓,通过多部摄像机进行检测,然后将所有的图像合成一完整的人体轮廓。

该测量仪主要由扫描室、摄像头以及计算机数据处理软件系统(见图 2-22)等三部分组成。其中系统软件 BMS 是整个测量系统的数据处理和光电测量装置控制的核心。

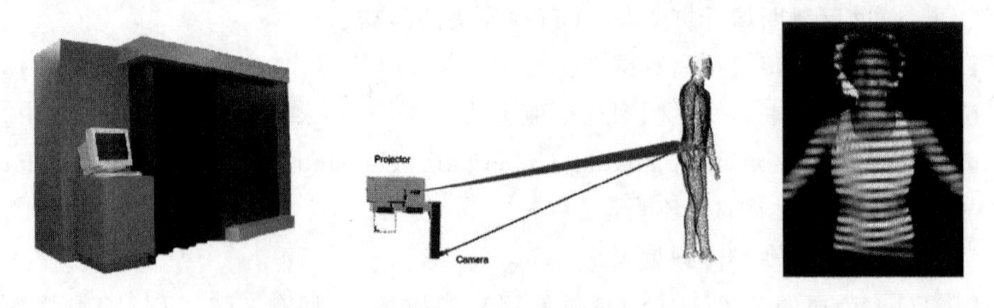


图 2-22 美国[TC]² 三维人体测量系统

该系统通过扫描、成像、三维测量编辑等操作可方便快捷地得到平面人体图像(Images)、三维人体网格图(3D Point Cloud)(如图 2-23(a))所示、三维人体模型(Body Models)(如图 2-23(b))所示以及三维测量数据(Extracted Measurements)(如图 2-23(c))所示。整个测量过程在 40 秒之内完成,其中扫描的时间为 10 秒,数据处理时间为 30 秒。

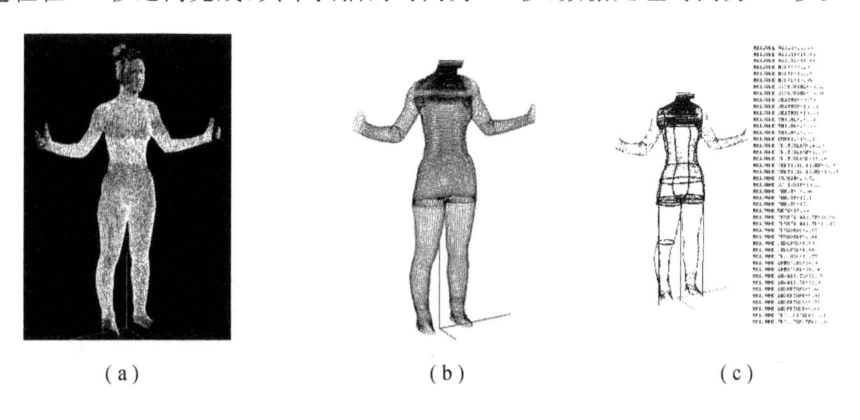

(a) (b) (c)

图 2-23 美国[TC]² 三维人体的测量过程

(2)Cyberware 全身 3D 扫描仪

Cyberware 的全身扫描仪有两个型号:WB4 和 WBX。其中 WBX 是一个封闭的 3D 全身扫描仪,目前还在研制阶段。WB4 则是彩色的全身扫描仪(如图 2-24 所示),扫描仪由两个塔架组成,在两塔架中有一个圆形平台。每个塔架有一条配置马达的轨道来移动两个扫描头。WB4 上的四个扫描头分别为 75° 和 105° 的角度,扫描头的设计是为最大的覆盖提供适当的重叠(如图 2-25 所示)。

图 2-24 Cyberware 全身 3D 扫描仪

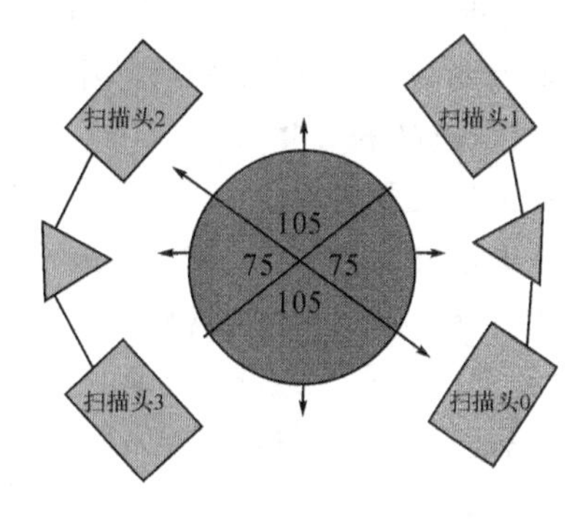


图 2-25 Cyberware 扫描位置

该系统用激光扫描三角测量技术来获取三维影像,通过工作站的软件来控制整个扫描及移动过程,使用者可以用工作站上的图像工具来看扫描结果,把多个扫描图像结合起来就构成一完整人体模型。扫描时,实验对象站在扫描仪的站台上,扫描头从头部开始,向下扫描整个身体。一次典型的扫描 47 秒以内就可以完成,通常在 17 秒内完成扫描,数据处理的时间为 30 秒。

目前,Cyberware 全身 3D 扫描仪和软件已经在产品设计、CAD/CAM、动画、电影、医疗器械设计、人体测量、人机工程等方面得到了应用。

从以上介绍不难看出,三维人体测量技术要比传统的人体测量技术更准确、更快、更一致,对于传统方法无法测量的人体型态、曲线特征等也可以进行准确的测量,而且测量时只需简单操作，不需要传统测量方法的专业知识。另外，测量结果还可通过计算机直接输送到纸样设计和自动裁剪系统，实现人体测量、纸样设计和排料裁剪的连续自动化。三维人体测量技术通过快速的人体扫描和数据分析能够准确得出一系列尺寸，既节约了时间和费用，又减少了误差。

## 第四节　服装号型与参考尺寸

在服装结构设计中，标准的参考尺寸和规格是不可少的重要内容，它既是样板师制版的尺寸依据，同时又决定了后期推板放缩及相应品质管理的准确性和科学性。为了使我国成衣产品适应国际市场的流通环境，我国有关部门根据服装行业的国际惯例和对照日本 JIS 服装工业规格的模式，制定并颁布了服装号型的国家标准。

### 一、我国女装规格与参考尺寸

我国最新颁布的女装号型国家标准是 2009 年 8 月 1 号实施的 GB/T 1335.2—2008，标准规定了女子服装的号型定义、号型标志、号型应用和号型系列等内容，适合成批生产的女子服装。

**1. 号型定义**

此标准采用 GB/T 15557—2008 的定义对号型进行了定义：

- 号：指人体的身高，以厘米为单位表示，是设计和选购服装长短的依据；
- 型：指人体的胸围和腰围，以厘米为单位表示，是设计和选购服装肥瘦的依据。

这里需注意的是，服装“号型”中所指的尺寸都是人体的净尺寸，而规格则是服装的尺寸，即成衣或成品的尺寸。

**2. 号型标注及应用**

号型表示方法为号与型之间用斜线分开，后接体型分类代号。如，若标注号型为 160/84A，则是上装号型，表示：身高在 158～162cm 之间，胸围在 82～85cm 之间及胸腰差量在 14～18cm 之间的女性穿着。若标注为 160/68A，则是下装标注号型，表明腰围和胸腰差的数值。在服装上必须严格按照以上标注方法进行，套装的上下装还应分别标明，方便消费者的购买。

**3. 号型系列**

号型系列以各体型中间体为中心，向两边依次递增或递减组成。其中身高以 5cm 分档组成系列；胸围以 4cm 分档组成系列；腰围以 4cm 或 2cm 分档组成系列。所以身高与胸围搭配组成 5·4 号型系列；身高与腰围搭配组成 5·4 或 5·2 号型系列。表 2-8 至表 2-11 是各体型的号型系列表。如表 2-8 为 Y 体型号型系列表，“号”即身高以 5cm 为一档，从 145cm 开始，直至175cm。“型”即胸围或腰围，分别以 4cm 为一档，从 72cm 开始，到 96cm；腰围以 2cm 为一档，从 50cm 开始到 76cm。

**表 2-8 5·4,5·2Y 号型系列** (单位:cm)

| 胸围 | 身高 | | | | | | | | | | | | | |
|---|---|---|---|---|---|---|---|---|---|---|---|---|---|---|
| | 145 | | 150 | | 155 | | 160 | | 165 | | 170 | | 175 | |
| | 腰围 | | | | | | | | | | | | | |
| 72 | 50 | 52 | 50 | 52 | 50 | 52 | 50 | 52 | | | | | | |
| 76 | 54 | 56 | 54 | 56 | 54 | 56 | 54 | 56 | 54 | 56 | | | | |
| 80 | 58 | 60 | 58 | 60 | 58 | 60 | 58 | 60 | 58 | 60 | 58 | 60 | | |
| 84 | 62 | 64 | 62 | 64 | 62 | 64 | 62 | 64 | 62 | 64 | 62 | 64 | 62 | 64 |
| 88 | 66 | 68 | 66 | 68 | 66 | 68 | 66 | 68 | 66 | 68 | 66 | 68 | 66 | 68 |
| 92 | | | 70 | 72 | 70 | 72 | 70 | 72 | 70 | 72 | 70 | 72 | 70 | 72 |
| 96 | | | | | 74 | 76 | 74 | 76 | 74 | 76 | 74 | 76 | 74 | 76 |

**表 2-9 5·4,5·2A 号型系列** (单位:cm)

| 胸围 | 身高 | | | | | | | | | | | | | | | | | | | | |
|---|---|---|---|---|---|---|---|---|---|---|---|---|---|---|---|---|---|---|---|---|---|
| | 145 | | | 150 | | | 155 | | | 160 | | | 165 | | | 170 | | | 175 | | |
| | 腰围 | | | | | | | | | | | | | | | | | | | | |
| 72 | | | | 54 | 56 | 58 | 54 | 56 | 58 | 54 | 56 | 58 | | | | | | | | | |
| 76 | 58 | 60 | 62 | 58 | 60 | 62 | 58 | 60 | 62 | 58 | 60 | 62 | 58 | 60 | 62 | | | | | | |
| 80 | 62 | 64 | 66 | 62 | 64 | 66 | 62 | 64 | 66 | 62 | 64 | 66 | 62 | 64 | 66 | 62 | 64 | 66 | | | |
| 84 | 66 | 68 | 70 | 66 | 68 | 70 | 66 | 68 | 70 | 66 | 68 | 70 | 66 | 68 | 70 | 66 | 68 | 70 | 66 | 68 | 70 |
| 88 | 70 | 72 | 74 | 70 | 72 | 74 | 70 | 72 | 74 | 70 | 72 | 74 | 70 | 72 | 74 | 70 | 72 | 74 | 70 | 72 | 74 |
| 92 | | | | 74 | 76 | 78 | 74 | 76 | 78 | 74 | 76 | 78 | 74 | 76 | 78 | 74 | 76 | 78 | 74 | 76 | 78 |
| 96 | | | | | | | 78 | 80 | 82 | 78 | 80 | 82 | 78 | 80 | 82 | 78 | 80 | 82 | 78 | 80 | 82 |

**表 2-10 5·4,5·2B 号型系列** (单位:cm)

| 胸围 | 身高 | | | | | | | | | | | | | |
|---|---|---|---|---|---|---|---|---|---|---|---|---|---|---|
| | 145 | | 150 | | 155 | | 160 | | 165 | | 170 | | 175 | |
| | 腰围 | | | | | | | | | | | | | |
| 68 | | | 56 | 58 | 56 | 58 | 56 | 58 | | | | | | |
| 72 | 60 | 62 | 60 | 62 | 60 | 62 | 60 | 62 | 60 | 62 | | | | |
| 76 | 64 | 66 | 64 | 66 | 64 | 66 | 64 | 66 | 64 | 66 | | | | |
| 80 | 68 | 70 | 68 | 70 | 68 | 70 | 68 | 70 | 68 | 70 | 68 | 70 | | |
| 84 | 72 | 74 | 72 | 74 | 72 | 74 | 72 | 74 | 72 | 74 | 72 | 74 | 72 | 74 |
| 88 | 76 | 78 | 76 | 78 | 76 | 78 | 76 | 78 | 76 | 78 | 76 | 78 | 76 | 78 |
| 92 | 80 | 82 | 80 | 82 | 80 | 82 | 80 | 82 | 80 | 82 | 80 | 82 | 80 | 82 |
| 96 | | | 84 | 86 | 84 | 86 | 84 | 86 | 84 | 86 | 84 | 86 | 84 | 86 |
| 100 | | | | | 88 | 90 | 88 | 90 | 88 | 90 | 88 | 90 | 88 | 90 |
| 104 | | | | | | | 92 | 94 | 92 | 94 | 92 | 94 | 92 | 94 |

表 2-11　5·4,5·2C 号型系列　　(单位:cm)

| 胸围 | 身高 | | | | | | | | | | | | | |
|---|---|---|---|---|---|---|---|---|---|---|---|---|---|---|
| | 145 | | 150 | | 155 | | 160 | | 165 | | 170 | | 175 | |
| | 腰围 | | | | | | | | | | | | | |
| 68 | 60 | 62 | 60 | 62 | 60 | 62 | | | | | | | | |
| 72 | 64 | 66 | 64 | 66 | 64 | 66 | 64 | 66 | | | | | | |
| 76 | 68 | 70 | 68 | 70 | 68 | 70 | 68 | 70 | | | | | | |
| 80 | 72 | 74 | 72 | 74 | 72 | 74 | 72 | 74 | 72 | 74 | | | | |
| 84 | 76 | 78 | 76 | 78 | 76 | 78 | 76 | 78 | 76 | 78 | 76 | 78 | | |
| 88 | 80 | 82 | 80 | 82 | 80 | 82 | 80 | 82 | 80 | 82 | 80 | 82 | | |
| 92 | 84 | 86 | 84 | 86 | 84 | 86 | 84 | 86 | 84 | 86 | 84 | 86 | 84 | 86 |
| 96 | | | 88 | 90 | 88 | 90 | 88 | 90 | 88 | 90 | 88 | 90 | 88 | 90 |
| 100 | | | 92 | 94 | 92 | 94 | 92 | 94 | 92 | 94 | 92 | 94 | 92 | 94 |
| 104 | | | | | 96 | 98 | 96 | 98 | 96 | 98 | 96 | 98 | 96 | 98 |
| 108 | | | | | | | 100 | 102 | 100 | 102 | 100 | 102 | 100 | 102 |

表 2-12 为各体型“女装号型各系列分档数值”,是配合以上 4 个号型系列的样板推档参数。其中中间体是指在人体的调查数据中所占比例最大的体型,而不是简单的平均值,所以不一定处在号型系列表的中心位置。由于地区的差异性,在制定号型系列表时可根据当地的具体情况和目标顾客的体型特征选定中间体。另外,表中的“采用数”是指推荐使用的数据。表 2-12 中 A 体型表格中加灰数据为最常用,即为女性中号体型数据之源头。

表 2-12　服装号型各系列分档数值　　(单位:cm)

| 体型 | Y | | | | | | | |
|---|---|---|---|---|---|---|---|---|
| 部位 | 中间体 | | 5·4 系列 | | 5·2 系列 | | 身高①、胸围②、腰围③每增减 1cm | |
| | 计算数 | 采用数 | 计算数 | 采用数 | 计算数 | 采用数 | 计算数 | 采用数 |
| 身高 | 160 | 160 | 5 | 5 | 5 | 5 | 1 | 1 |
| 颈椎点高 | 136.2 | 136.0 | 4.46 | 4.00 | | | 0.89 | 0.80 |
| 坐姿颈椎点高 | 62.6 | 62.5 | 1.66 | 2.00 | | | 0.33 | 0.40 |
| 全臂长 | 50.4 | 50.5 | 1.66 | 1.50 | | | 0.33 | 0.30 |
| 腰围高 | 98.2 | 98.0 | 3.34 | 3.00 | 3.34 | 3.00 | 0.67 | 0.60 |
| 胸围 | 84 | 84 | 4 | 4 | | | 1 | 1 |
| 颈围 | 33.4 | 33.4 | 0.73 | 0.80 | | | 0.18 | 0.20 |
| 总肩宽 | 39.9 | 40.0 | 0.70 | 1.00 | | | 0.18 | 0.25 |
| 腰围 | 63.6 | 64.0 | 4 | 4 | 2 | 2 | 1 | 1 |
| 臀围 | 89.2 | 90.0 | 3.12 | 3.60 | 1.56 | 1.80 | 0.78 | 0.90 |

续表

| 体型 | A | | | | | | | |
|---|---|---|---|---|---|---|---|---|
| 部位 | 中间体 | | 5·4 系列 | | 5·2 系列 | | 身高①、胸围②、腰围③每增减 1cm | |
| | 计算数 | 采用数 | 计算数 | 采用数 | 计算数 | 采用数 | 计算数 | 采用数 |
| 身高 | 160 | 160 | 5 | 5 | 5 | 5 | 1 | 1 |
| 颈椎点高 | 136.0 | 136.0 | 4.53 | 4.00 | | | 0.91 | 0.80 |
| 坐姿颈椎点高 | 62.6 | 62.5 | 1.65 | 2.00 | | | 0.33 | 0.40 |
| 全臂长 | 50.4 | 50.5 | 1.70 | 1.50 | | | 0.34 | 0.30 |
| 腰围高 | 98.1 | 98.0 | 3.37 | 3.00 | 3.37 | 3.00 | 0.68 | 0.60 |
| 胸围 | 84 | 84 | 4 | 4 | | | 1 | 1 |
| 颈围 | 33.7 | 33.6 | 0.78 | 0.80 | | | 0.20 | 0.20 |
| 总肩宽 | 39.9 | 39.4 | 0.64 | 1.00 | | | 0.16 | 0.25 |
| 腰围 | 68.2 | 68 | 4 | 4 | 2 | 2 | 1 | 1 |
| 臀围 | 90.9 | 90.0 | 3.18 | 3.60 | 1.60 | 1.80 | 0.80 | 0.90 |
| 体型 | B | | | | | | | |
| 部位 | 中间体 | | 5·4 系列 | | 5·2 系列 | | 身高①、胸围②、腰围③每增减 1cm | |
| | 计算数 | 采用数 | 计算数 | 采用数 | 计算数 | 采用数 | 计算数 | 采用数 |
| 身高 | 160 | 160 | 5 | 5 | 5 | 5 | 1 | 1 |
| 颈椎点高 | 136.3 | 136.5 | 4.57 | 4.00 | | | 0.92 | 0.80 |
| 坐姿颈椎点高 | 63.2 | 63.0 | 1.81 | 2.00 | | | 0.36 | 0.40 |
| 全臂长 | 50.5 | 50.5 | 1.68 | 1.50 | | | 0.34 | 0.30 |
| 腰围高 | 98.0 | 98.0 | 3.34 | 3.00 | 3.30 | 3.00 | 0.67 | 0.60 |
| 胸围 | 88 | 88 | 4 | 4 | | | 1 | 1 |
| 颈围 | 34.7 | 34.6 | 0.81 | 0.80 | | | 0.20 | 0.20 |
| 总肩宽 | 40.3 | 39.8 | 0.69 | 1.00 | | | 0.17 | 0.25 |
| 腰围 | 76.6 | 78.0 | 4 | 4 | 2 | 2 | 1 | 1 |
| 臀围 | 94.8 | 96.0 | 3.27 | 3.20 | 1.64 | 1.60 | 0.82 | 0.80 |
| 体型 | C | | | | | | | |
| 部位 | 中间体 | | 5·4 系列 | | 5·2 系列 | | 身高①、胸围②、腰围③每增减 1cm | |
| | 计算数 | 采用数 | 计算数 | 采用数 | 计算数 | 采用数 | 计算数 | 采用数 |
| 身高 | 160 | 160 | 5 | 5 | 5 | 5 | 1 | 1 |
| 颈椎点高 | 136.5 | 136.5 | 4.48 | 4.00 | | | 0.90 | 0.80 |
| 坐姿颈椎点高 | 62.7 | 62.5 | 1.80 | 2.00 | | | 0.35 | 0.40 |
| 全臂长 | 50.5 | 50.5 | 1.60 | 1.50 | | | 0.32 | 0.30 |
| 腰围高 | 98.2 | 98.0 | 3.27 | 3.00 | 3.27 | 3.00 | 0.65 | 0.60 |
| 胸围 | 88 | 88 | 4 | 4 | | | 1 | 1 |
| 颈围 | 34.9 | 34.8 | 0.75 | 0.80 | | | 0.19 | 0.20 |
| 总肩宽 | 40.5 | 39.2 | 0.69 | 1.00 | | | 0.17 | 0.25 |
| 腰围 | 81.9 | 82 | 4 | 4 | 2 | 2 | 1 | 1 |
| 臀围 | 96.0 | 96.0 | 3.20 | 3.20 | 1.66 | 1.60 | 0.83 | 0.80 |

注:①身高所对应的高度部位是颈椎点高、坐姿颈椎点高、全臂长、腰围高。
②胸围所对应的围度部位是颈围、总肩宽。
③腰围所对应的围度部位是臀围。

表 2-13 和表 2-14 是配合 4 个号型系列的“服装号型各系列控制部位数值”。随着身高、胸围、腰围分档数值的递增或递减,人体其他主要部位的尺寸也会相应地有规律变化,这些

人体主要部位就叫控制部位。控制部位数值是净体数值,即相当于量体的参考尺寸,是设计服装规格的依据。但控制部位尺寸与国际通用的参考尺寸还有一定的差距,因此可参考使用日本规格。

表 2-13　5·4,5·2Y 号型系列控制部位数值　　(单位:cm)

| Y | | | | | | | | | | | | | | |
|---|---|---|---|---|---|---|---|---|---|---|---|---|---|---|
| 部位 | 数值 | | | | | | | | | | | | | |
| 身高 | 145 | | 150 | | 155 | | 160 | | 165 | | 170 | | 175 | |
| 颈椎点高 | 124.0 | | 128.0 | | 132.0 | | 136.0 | | 140.0 | | 144.0 | | 148.0 | |
| 坐姿颈椎点高 | 56.5 | | 58.5 | | 60.5 | | 62.5 | | 64.5 | | 66.5 | | 68.5 | |
| 全臂长 | 46.0 | | 47.5 | | 49.0 | | 50.5 | | 52.0 | | 53.5 | | 55.0 | |
| 腰围高 | 89.0 | | 92.0 | | 95.0 | | 98.0 | | 101.0 | | 104.0 | | 107.0 | |
| 胸围 | 72 | | 76 | | 80 | | 84 | | 88 | | 92 | | 96 | |
| 颈围 | 31.0 | | 31.8 | | 32.6 | | 33.4 | | 34.2 | | 35.0 | | 35.8 | |
| 总肩宽 | 37.0 | | 38.0 | | 39.0 | | 40.0 | | 41.0 | | 42.0 | | 43.0 | |
| 腰围 | 50 | 52 | 54 | 56 | 58 | 60 | 62 | 64 | 66 | 68 | 70 | 72 | 74 | 76 |
| 臀围 | 77.4 | 79.2 | 81.0 | 82.8 | 84.6 | 86.4 | 88.2 | 90.0 | 91.8 | 93.6 | 95.4 | 97.2 | 99.0 | 100.8 |

表 2-14　5·4,5·2A 号型系列控制部位数值　　(单位:cm)

| A | | | | | | | | | | | | | | | | | | | | | |
|---|---|---|---|---|---|---|---|---|---|---|---|---|---|---|---|---|---|---|---|---|---|
| 部位 | 数值 | | | | | | | | | | | | | | | | | | | | |
| 身高 | 145 | | | 150 | | | 155 | | | 160 | | | 165 | | | 170 | | | 175 | | |
| 颈椎点高 | 124.0 | | | 128.0 | | | 132.0 | | | 136.0 | | | 140.0 | | | 144.0 | | | 148.0 | | |
| 坐姿颈椎点高 | 56.5 | | | 58.5 | | | 60.5 | | | 62.5 | | | 64.5 | | | 66.5 | | | 68.5 | | |
| 全臂长 | 46.0 | | | 47.5 | | | 49.0 | | | 50.5 | | | 52.0 | | | 53.5 | | | 55.0 | | |
| 腰围高 | 89.0 | | | 92.0 | | | 95.0 | | | 98.0 | | | 101.0 | | | 104.0 | | | 107.0 | | |
| 胸围 | 72 | | | 76 | | | 80 | | | 84 | | | 88 | | | 92 | | | 96 | | |
| 颈围 | 31.2 | | | 32.0 | | | 32.8 | | | 33.6 | | | 34.4 | | | 35.2 | | | 36.0 | | |
| 总肩宽 | 36.4 | | | 37.4 | | | 38.4 | | | 39.4 | | | 40.4 | | | 41.4 | | | 42.4 | | |
| 腰围 | 54 | 56 | 58 | 58 | 60 | 62 | 62 | 64 | 66 | 66 | 68 | 70 | 70 | 72 | 74 | 74 | 76 | 78 | 78 | 80 | 84 |
| 臀围 | 77.4 | 79.2 | 81.0 | 81.0 | 82.8 | 84.6 | 84.6 | 86.4 | 88.2 | 88.2 | 90.0 | 91.8 | 91.8 | 93.6 | 95.4 | 95.4 | 97.2 | 99.0 | 99.0 | 100.8 | 102.6 |

### 4. 我国服装号型的不足

从 1974 年到 1975 年,我国首次制定服装号型标准 GB 1335—1977 以来,到 1989 年进行的 GB 1335—1991,再到 GB 1335—1997,最后到现行的 GB 1335—2008,我国服装号型也经历了一次又一次的更新和发展,使之更加准确地反映我国人体状况,指导服装工业生产向国标化靠拢。但是我国目前的服装号型,还存在某些不足和差距:

(1)缺少在结构设计中常用的但又非常重要的参数,如背长、股上长等,需进一步补充和完善。

(2)对女性重要部位的测量过于简单,如对女装结构影响很大的乳房丰满度的测量就没有体现,因此在测量和研究中应更细化。

(3)缺少动态体型的测量和研究,不能给服装运动的适应性设计提供参考依据。

(4)体型的分类还不能满足市场需求,应该从多个角度对体型进行全面的划分,如可根据年龄来划分,根据肥瘦程度划分等等,以适应越来越细分化的市场。

## 二、日本女装规格与参考尺寸

由于日本与我国人民种族相近、文化相似，且日本和一些欧美国家一样服装工业起步较早，其设计的女装规格参考尺寸更科学、更标准化。因此，在进行服装结构设计时也可参考日本的标准。

表 2-15 即为日本工业规格(Japanese Industrial Standard，JIS)，是日本成人女子规格和参数尺寸表，它将女装划分为小号 S、中号 M、大号 L、特大号 LL 及超大号 EL。表 2-15 除了提供女体主要部位数据之外还提供了女体多个细部规格数据，比我国发布的表 2-12 中的数据要完善很多，考虑到日本与我国同为亚洲人，体型特征相近，可以作为某些合体度高女装结构设计时的尺寸参考。

**表 2-15　日本成人女子规格和参数尺寸表**　　(单位：cm)

| 型号 | | S | | M | | | L | | LL | | EL |
|---|---|---|---|---|---|---|---|---|---|---|---|
| 相当于 JIS 型号 | | 5YP | 5AR | 9YB | 9AT | | 13AR | 13BT | 17AR | 17BR | 21BR |
| 围度尺寸 | 胸围(B) | 76 | | 82 | | | 88 | | 96 | | 104 |
| | 乳下围(UB) | 68 | 68 | 72 | 72 | 72 | 77 | 80 | 83 | 84 | 92 |
| | 腰围(W) | 58 | 58 | 62 | 63 | 63 | 70 | 72 | 80 | 84 | 90 |
| | 中臀围(H) | 78 | 80 | 82 | 86 | 86 | 89 | 92 | 94 | 100 | 106 |
| | 臀围(H) | 82 | 86 | 86 | 90 | 90 | 94 | 98 | 98 | 102 | 108 |
| | 袖　窿 | 35 | | 37 | | | 38 | | 40 | | 41 |
| | 大臂周长 | 24 | | 26 | | | 28 | | 30 | | 32 |
| | 肘　围 | 26 | | 28 | | | 29 | | 31 | | 31 |
| | 手腕周长 | 15 | | 16 | | | 16 | | 17 | | 17 |
| | 手掌周长 | 19 | | 20 | | | 20 | | 21 | | 21 |
| | 头　围 | 54 | | 56 | | | 56 | | 57 | | 57 |
| | 领　围 | 35 | | 36 | | | 38 | | 39 | | 41 |
| 宽度尺寸 | 大肩宽 | 38 | | 39 | | | 40 | | 41 | | 41 |
| | 背　宽 | 34 | | 36 | | | 38 | | 40 | | 41 |
| | 胸　宽 | 32 | | 34 | | | 35 | | 37 | | 39 |
| | 乳峰间隔 | 16 | | 17 | | | 18 | | 19 | | 20 |
| 长度尺寸 | 身　长 | 148 | 156 | 156 | 164 | | 156 | 164 | 156 | | 156 |
| | 总　长 | 127 | 134 | 134 | 142 | | 134 | 142 | 135 | | 135 |
| | 背　长 | 36.5 | 37.5 | 38 | 39.5 | | 38 | 40 | 39 | | 39 |
| | 后　长 | 39 | 40 | 40.5 | 42 | | 40.5 | 42.5 | 41.5 | | 41.5 |
| | 前　长 | 38 | 40 | 40.5 | 42 | | 41 | 43.5 | 43 | | 44.5 |
| | 乳下垂 | 24 | | 25 | | | 27 | | 28 | | 29 |
| | 腰　高 | 17 | | 18 | 19 | | 18 | 19 | 18 | | 19 |
| | 立　裆 | 25 | | 26 | 27 | | 27 | 28 | 28 | | 30 |
| | 下　裆 | 63 | 68 | 68 | 72 | | 68 | 72 | 68 | | 67 |
| | 袖　长 | 50 | | 52 | 54 | | 53 | 54 | 54 | | 53 |
| | 肘　长 | 28 | | 29 | 30 | | 29 | 30 | 29 | | 29 |
| | 膝　长 | 53 | 56 | 56 | 60 | | 56 | 60 | 56 | | 56 |
| 体重(kg) | | 43 | 45 | 48 | 50 | 52 | 54 | 58 | 62 | 66 | 72 |

表2-16和表2-17分别为日本最新文化式和常用女装参考尺寸表,和前面的表2-15一样,都是日本较为典型且在我国得到广泛应用的尺寸参考表。因为它把女子体型简单地分为3～6个号,因此,在生产时只需3～6套样板,大大简化了生产和设计程序,正好符合当前女装多品种、小批量的生产特点,非常适合中、小型服装企业的应用。而我国6万多家服装企业中,绝大多数都属于中、小型服装企业,因此,对我国的服装生产很有借鉴意义。

**表2-16 日本最新文化式女装参考尺寸表** (单位:cm)

| 部位 | 规格 | | | | | |
|---|---|---|---|---|---|---|
| | S | M | ML | L | LL | EL |
| 胸 围 | 78 | 82 | 88 | 94 | 100 | 106 |
| 腰 围 | 62～64 | 66～68 | 70～72 | 76～78 | 80～82 | 90～92 |
| 腹 围 | 84 | 86 | 90 | 96 | 100 | 110 |
| 臀 围 | 88 | 90 | 94 | 98 | 102 | 112 |
| 腰 长 | 18 | 20 | 21 | 21 | 21 | 22 |
| 背 长 | 37 | 38 | 39 | 40 | 41 | 41 |
| 全臂长 | 48 | 52 | 53 | 54 | 55 | 56 |
| 腕 围 | 15 | 16 | 17 | 18 | 18 | 18 |
| 头 围 | 54 | 56 | 57 | 58 | 58 | 58 |
| 股上长 | 25 | 26 | 27 | 28 | 29 | 30 |
| 股下长 | 60 | 65 | 68 | 68 | 70 | 70 |

**表2-17 日本最新女装常用参考尺寸表** (单位:cm)

| 部位 | 代号 | | | | |
|---|---|---|---|---|---|
| | S | M | ML | L | LL |
| 胸 围 | 76 | 82 | 88 | 94 | 100 |
| 腰 围 | 58 | 63 | 69 | 75 | 84 |
| 臀 围 | 84 | 88 | 94 | 98 | 102 |
| 背 长 | 36.5 | 37.5 | 38 | 38 | 39 |
| 腰 长 | 17 | 18 | 18 | 20 | 20 |
| 全臂长 | 50 | 52 | 53 | 54 | 54 |
| 股上长 | 25 | 26 | 27 | 28 | 29 |
| 股下长 | 63 | 67 | 67 | 66 | 70 |
| 身 高 | 150 | 155 | 155 | 155 | 160 |
| 体重(kg) | 45 | 50 | 55 | 63 | 68 |

另外,比较我国的号型系列表,不难发现日本尺寸表设计的先进性、合理性和完善性。首先,我国国标中没有直接给出对女装结构设计非常重要的几个部位尺寸,如背长尺寸、股上长和股下长尺寸、腰长尺寸等(这在前面已有提及)。其次,日本女装各号之间设定的尺寸变化不存在确定的规律性,而是严格按照人体尺寸分布的实际情况来定。因此,在我国服装号型还不十分完备的情况下,参考日本的工业规格和一些常用尺寸表还是很有必要的,毕竟,我国同日本的民族习惯和人体体型特征十分相似。

# 练习思考题

## 一、简答题

1. 了解人体测量的意义。
2. 了解人体的基本构造。
3. 掌握人体的体型特征，尤其是男女体型上的差异。
4. 理解女性体的各个主要横截面结构特征，能联系服装的结构特点思考。
5. 理解人体体型变化和服装松量的关系。
6. 掌握人体测量的手工测量法。
7. 了解人体测量的各种方法并比较它们的优劣。
8. 掌握服装号型的定义及其在生产实践中的应用。

## 二、测量题

参照用软尺进行的一维测量方法进行人体测量练习，每个同学提交一份测量结果报告。

# 第三章　服装结构设计的基本知识

## 第一节　服装结构设计的工具

随着服装工业的发展，服装专业人士根据工作经验开发制作了多种多样的服装结构制图工具，以此来提高服装结构制图的质量和效率。然而，多样化的制图工具并不一定要每样尽用，服装结构的设计者可以根据习惯和需要选用合适的制图工具。这里将介绍服装结构制图过程中常用的一些工具。

**1. 工作台**

工作台是指服装结构设计者专用的桌子，是制作服装样板和裁剪样衣的基本用具。工作台应该桌面平坦，没有拼接的痕迹。工作台不宜过小，一般长度应在120cm以上，宽度在90cm以上，即大于普通绘图用纸的尺寸，高度尺寸可以根据个人习惯，通常情况下为了是绘图者能够上身自由的伸展，以80cm左右为宜，即人体臀围线下（如图3-1所示）。当然，如果条件有限，也可以根据实际情况选用较为平坦的普通桌子代替。

图3-1　工作台

**2. 纸张**

服装的绘图主要分为两种，一种是家庭或是个人行为，例如学生的学习和个人的定制；另一种是工业行为，即设计师根据个人的经验和款式要求在相对廉价的纸张上绘制样板，并将其用于大批量的工业生产，以此来降低生产成本，提高生产效率。个人行为时对绘图纸张要求较低。由于绘图纸通常只能一次性使用，或者重复使用次数较少，所以选用纸张时主要考虑价格便宜、购买方便，常用的为白纸和薄型的牛皮纸。而在工业生产中绘制样板用的纸张则必须具有较强的耐磨性和柔韧性。耐磨性是指纸张在经历了反复使用后，损坏较小，能保持样板原有的规格和品质。柔韧性是指样板是服装材料的替代品，在样板制作过程中常会出现折叠等情况，因此用于绘制样板的纸张必须具有较好的柔韧性，在经过折叠后能够很好地复原。工业生产中常用的绘图纸张为卡纸和厚型的牛皮纸。牛皮纸具有一定的耐磨性和较好的柔韧性，且价格低廉，一般适用于技术部门绘制初样；卡纸较牛皮纸具有更好的耐磨性，质地紧密厚实，且颜色相对多样，但是经历多次折叠后容易断裂，因此卡纸主要用于样板定稿后储存及直接供裁剪车间画样裁剪。

**3. 直尺**

直尺是服装结构设计中使用最频繁的绘图工具之一。因为只要边缘直顺的尺子都可以称为直尺,因而其种类繁多,例如常见的绘图专用直尺、功能全面的三角尺以及专为服装行业设计制作的放码尺、比例尺等(如图 3-2 所示)。由于直尺是直接放置在纸张上绘图的,为了便于总览结构全貌,直尺宜采用透明的塑料质地,方便轻巧。此外,也有合金质地的各种直尺,轻便且不宜磨损。刻度细腻、精确是衡量直尺品质最为主要的标准之一,所以在选用直尺时应保证直尺刻度清晰准确,长度以 50cm 左右为宜,过长过短都不便于使用。

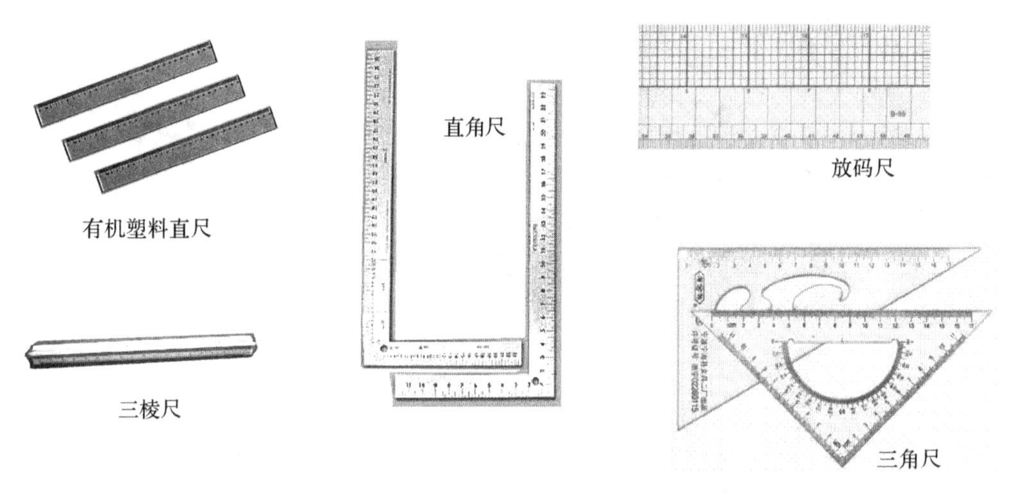


图 3-2　直尺

**4. 曲线尺**

从使用用途来分,曲线尺主要分为两种,一种是便于初学者绘制小样板局部曲线轮廓时使用的小型曲线尺,这种曲线尺一般体积较小,造型多样(如图 3-3 所示);另一种是便于服装结构设计人员在绘制样板时使用的曲线尺,这种曲线尺与一些基本款式的曲线轮廓高度吻合,可以直接应用于轮廓线的绘制(如图 3-4 所示)。

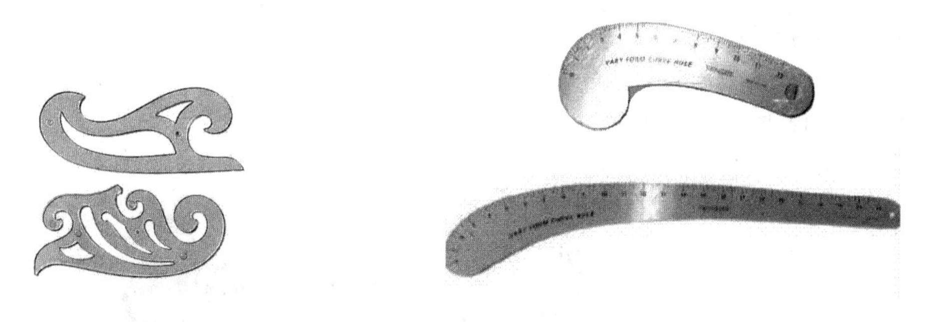

图 3-3　小型曲线尺　　　　图 3-4　曲线尺

**5. 软尺**

软尺也称皮尺,是服装结构设计中最为常用的量度工具。软尺多为质地柔软的塑料或橡胶制品,可以随意折叠,便于携带和使用。还有可塑性较强的软尺,质地坚韧,可以根据样板轮廓随意变形,可以方便准确地测量曲线轮廓。在选用软尺时应注意保证软尺刻度的均匀准确,质地坚韧,不易变形(如图 3-5 所示)。

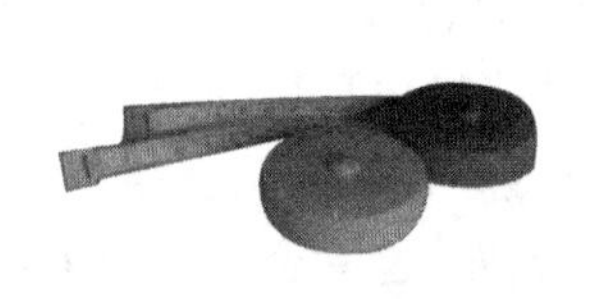

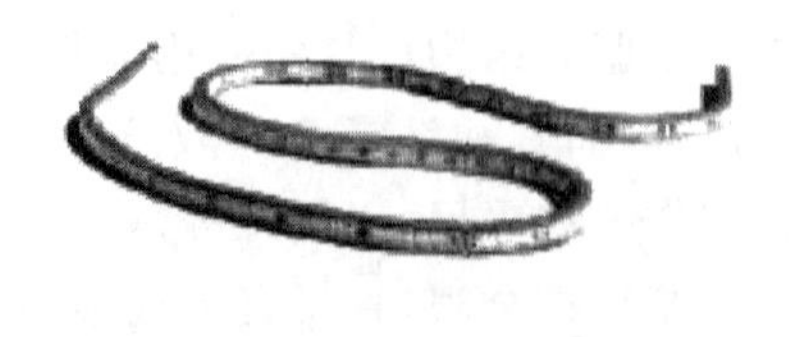

图 3-5　各种软尺

**6. 铅笔和画粉**

铅笔是样板绘制的基本工具之一,绘制样板时宜采用绘图专业铅笔,HB,B,2B 型都是较为常用的型号,其中 H 表示硬度,B 表示软度,且数字越大,程度越高,可以根据需要选择(见图 3-6)。

图 3-6　铅笔

画粉主要用于将样板在服装面料上直接画样。传统的画粉外形质地都类似于粉笔,现在新型画粉通过改良,将制作画粉的粉末装在具有类似于笔的外形的盒子中,通过滚动出口出粉,更为卫生方便,且画粉的笔迹更纤细,画样更准确(如图 3-7 所示)。

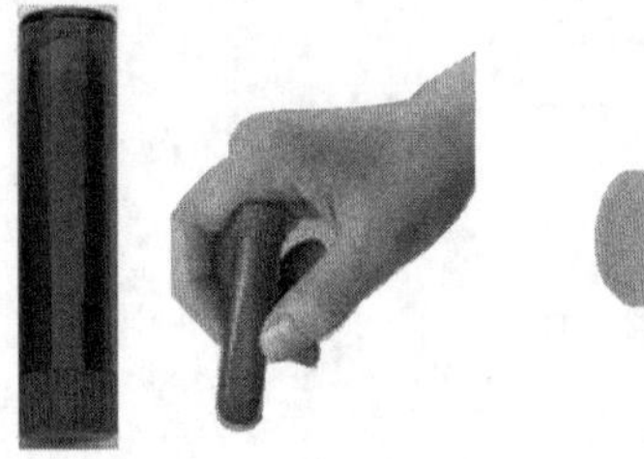

图 3-7　画粉

**7. 剪刀**

在服装结构设计过程中使用的剪刀主要有两种功能——裁布和裁纸。由于面料纤维细腻,裁布用剪要求刀口非常锋利,因而裁布和裁纸往往采用不同的剪刀。裁布剪刀主要用于样衣制作时裁剪面料,这类剪刀一般为缝纫专用剪刀,刀口锋利,规格统一,常见规格为 9～12 英寸,样板设计师可以根据个人习惯选用大小合适的缝纫用剪;裁纸剪刀则主要用于修剪样板,与普通的办公用剪相同(见图 3-8)。

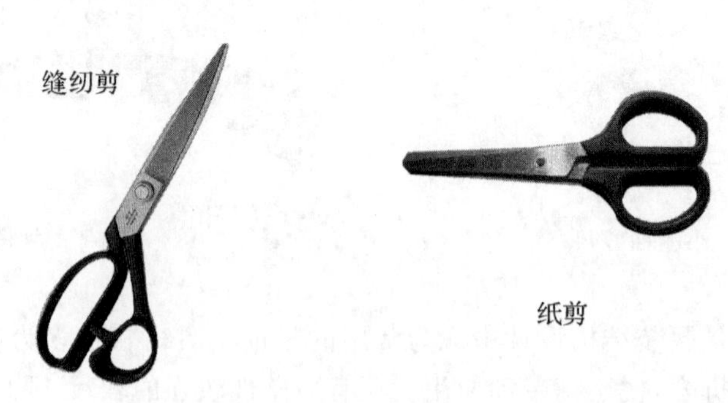


图 3-8　剪刀

**8. 其他辅助用具**

除了以上样板设计中的必备工具外，还有一些其他辅助用具，如点线器、锥子、刀眼钳、打孔器等，这些辅助工具虽然使用不如以上工具频繁，但在样板制作中也必不可少，尤其在工业生产中尤为重要（如图 3-9 所示）。

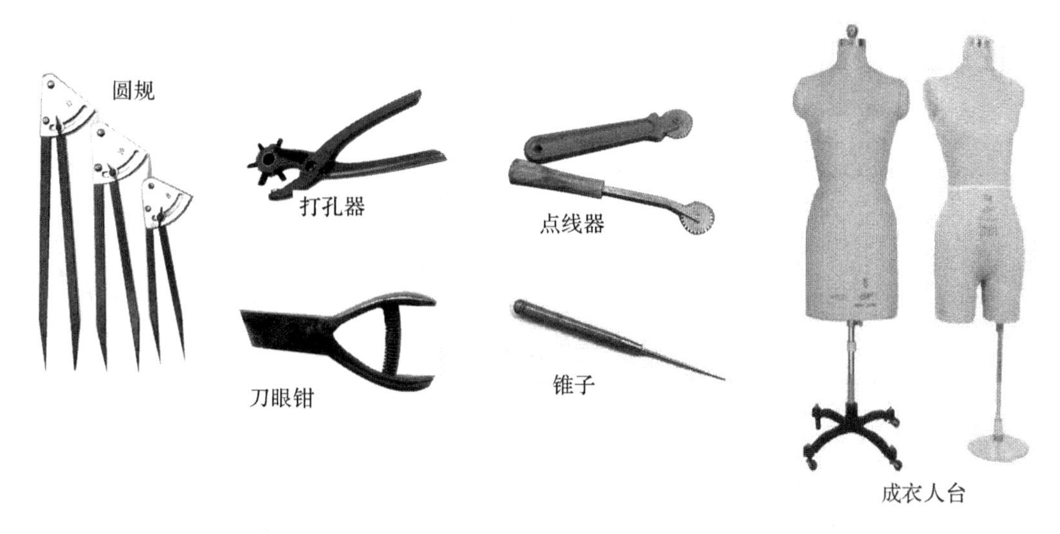


图 3-9　其他辅助用具

（1）点线器　也称描线器，主要用于复制面料及样板上的标识线、轮廓线及各类记号；

（2）锥子　主要用于纸样中间点的定位，例如省尖、口袋、纽扣等的位置；

（3）刀眼钳　主要用于在纸样轮廓做对位记号，便于缝制过程准确便利。

（4）打孔器　主要用于在样板上打孔、统一保存，一般的办公用打孔器均适用。

（5）圆规　主要用于样板中标准圆及弧线的绘制，保证样板的美观和精确，一般的办公用圆规均适用。

（6）人台　在样板完成后往往要验证样板的有效性，最为直截了当的方法就是根据样板制作样衣，人台就是检验样衣好坏的基本工具。人台品种多样，根据使用目的可以分为成衣人台和展示人台；根据性别、年龄可以分成男体模型、女体模型和童体模型，且同种人台根据国家标准又有多种规格尺寸，样衣检验中使用的人台应根据样衣的穿着对象选用相同号型规格的成衣人台。

## 第二节　服装结构的制图符号及常用部位的代号

服装样板是服装结构设计人员对服装结构的理解和表达，由于存在个人经验和习惯等因素的影响，人们在进行服装的结构制图时，往往会应用不同的表达方式。为了加强在服装结构设计方面的交流和发展，服装行业必须形成统一通用的表达方式，也即服装结构制图的一般规范。服装制图的一般规范包括形象的制图符号、部位代号和制图标准。

### 一、服装结构的制图符号

制图符号是进行工程制图时，为了使图纸统一、规范，便于识别，避免识图差错而统一制定的标记。服装结构的制图符号则是结构设计的基本语言,是表达样板各种要求的基本手段。表 3-1 列出了服装制图中常用的制图符号及意义。

表 3-1　服装制图常用符号及意义

| 符　　号 | 名称及意义 |
| --- | --- |
|  | 轮廓线　表示样板的轮廓线或完成线。 |
|   | 辅助线　在完成样板轮廓线过程中所做的各种辅助用线,宽度较轮廓线细,一般为轮廓线的 1/3～1/2。 |
|   | 贴边线　在已经绘制好的样板轮廓线上直接表示贴边的轮廓,例如门襟、领口、袖窿等部位。 |
|  | 翻折线　有两种意义,一是表示裁片连折不可裁断,以此翻折线完全对称,例如后中不破缝时,后片只要绘制半片,但后中线采用翻折线表示左右对称,裁剪时必须连裁;一是表示折痕,例如在绘制翻驳领时,用翻折线表示驳领翻折的位置。 |
| 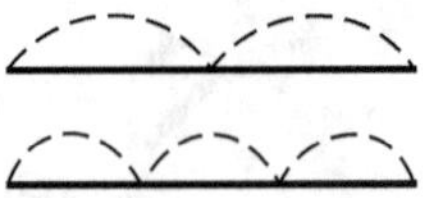  | 等分线　表示将某一部分分成若干等份的符号,图示为二等分、三等分,此外还有四等分等。 |
|   | 经向符号　表示服装材料布纹经向的标记,又称直丝缕符号; |
|  | 顺向符号　表示服装材料表面毛绒顺向的标记,箭头方向与毛绒倒向一致。 |
|   | 明线符号　表示在缝制中装饰性缝线的位置,一般还需标出明线的单位针数(针/cm)及与边缝的间距。 |
|  | 距离符号　标识出裁片各部位起止点之间的距离。 |
|   | 直角符号　表示两轮廓线相交时,交点附近处于垂直的状态,同时用于直线与直线、直线与弧线、弧线与弧线的垂直,例如下摆、肩点附近等位置。 |
| 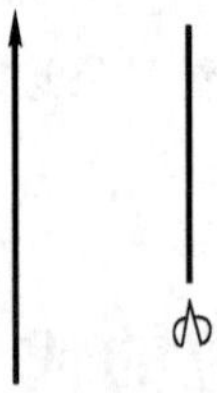  | 剪开符号　表示在样板完成后,还要在有剪开符号的位置做剪开拉开处理,剪开符号有两种形式,意义完全相同,即沿直线剪开,箭头和剪刀刀口的方向表示剪开方向,此外往往还应表明剪开后需要拉开的尺寸。 |
| 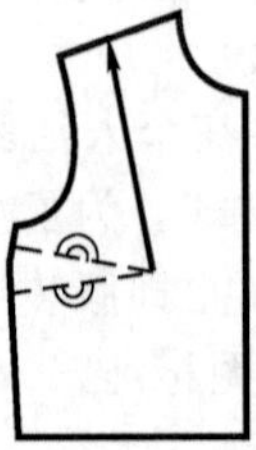  | 省道转移符号　表示在样板完成后,还要在有省道转移符号的位置做省道转移处理,具体的方法是在剪开符号处剪开样板,将虚线表示的省道完全闭合,此时剪开处拉开,其拉开量由需闭合的省道的大小决定。 |

续表

| 符　　号 | 名称及意义 |
| --- | --- |
|   | 拼接符号　表示分开制图的两块裁片，实际样板需要拼合的部位，拼接符号总是成对出现。 |
|   | 重叠符号　表示在制图时两块裁片是重叠的，两条双平行线所在的位置即为两块样板重叠的部分，为两块样板共有。 |
|   | 省道　表示裁片需要收省道的位置及大小。 |
|   | 抽缩符号　表示裁片某部位需要抽缩的标记，在绘制样板时往往与对位符号配合使用，通过对位符号来表示出需要抽缩的位置。 |
| 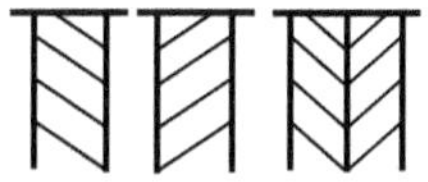  | 褶裥符号　表示裁片需要折叠的部分，裁片依照斜线由高到低方向折叠。 |
|   | 归缩符号　表示裁片某部位需要熨烫归拢的标记。 |
|   | 拔开符号　表示裁片某部位需要熨烫拉伸的标记。 |
|   | 对位符号　俗称刀眼，表示在裁缝制时必须重合的标记；单刀眼用于前片，双刀眼用于后片，以示区别。 |
|   | 眼位符号　表示服装扣眼位置的标记。 |
|  ⊗ | 扣位符号　表示服装纽扣位置的标记，交叉线的交点为钉扣位置。 |
| ×　○ | 孔位符号　表示服装省尖、口袋等部件的位置，交叉线的交点即为实际位置，省尖的标识一般位于实际省尖所在位置上约1cm处。 |
| ▲ △ ◇ ◎ ○ …… | 等长标记符号　表示裁片中出现的相同符号，所对应表示的部位尺寸大小相同。根据使用的要求，可选用各种符号。 |

## 二、服装主要部位的专业术语

统一的专业名称和术语是使服装制图被广泛认知的基础，因而在服装制图中基本服装品种及其各主要部位都有统一的命名。

**1. 服装常用基本部件名称**

服装款式的变化会引起组成服装的各部件因素也发生变化，但是例如领、袖等基本部件是组成服装的必要因素，因此，在服装制图中服装的基本部件名称始终统一，现分别以基本款女西装、短裙及长裤为例，介绍服装结构制图中常用的部件名称(见图 3-10)。

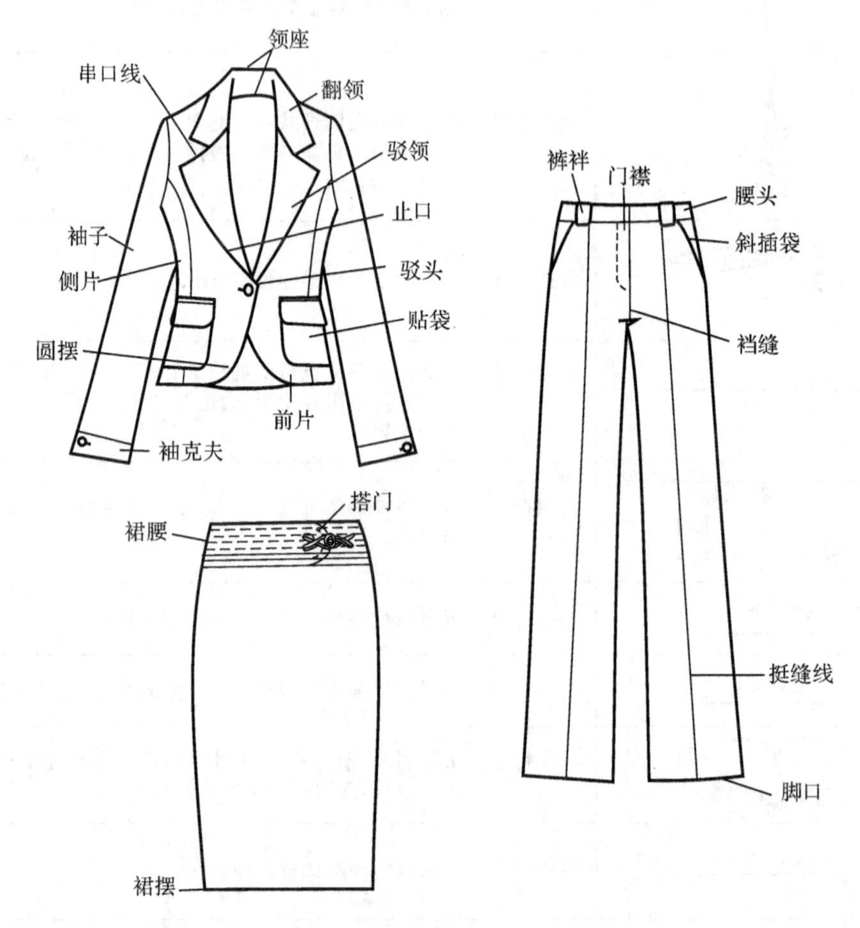


图 3-10 服装基本部件名称

注：止口并不仅限于驳领和下摆，每一块独立的裁片外需要缝合的外轮廓线均可称为止口线，例如翻领，与衣身拼合的轮廓线可以成为内止口线，而翻下部分的轮廓线可以成为外止口线。

**2. 服装制图的常用代号**

在服装制图时，为了简化制图过程，方便书写，一些常见的部位往往应用字面代号简化，这些代号通常是由各部位英文名词的首位字母组成，形象而便于记忆，服装制图中的常用代号如表 3-2 所示。

**表 3-2 服装制图常用代号**

| 人体及服装部位名称 | 英文名称 | 常用代号 |
|---|---|---|
| 前颈点 | front neck point | FNP |
| 后颈点 | back neck point | BNP |
| 肩颈点(侧颈点) | shoulder neck point | SNP |

续表

| 人体及服装部位名称 | 英文名称 | 常用代号 |
|---|---|---|
| 肩点 | shoulder point | SP |
| 乳峰点(胸高点) | bust point | BP |
| 前中心线 | center front line | CFL |
| 后中心线 | center back line | CBL |
| 领围线 | neck line | NL |
| 胸围线 | bust line | BL |
| 下胸围(乳下围) | under bust | UB |
| 腰围线 | waist line | WL |
| 中臀线 | middle hip line | MHL |
| 臀围线 | hip line | HL |
| 肘线 | elbow line | EL |
| 膝线 | knee line | KL |
| 下摆 | hem line | HEM |
| 胸围 | bust | B |
| 腰围 | waist | W |
| 臀围 | hip | H |
| 肩宽 | shoulder width | SW |
| 袖窿 | arm hole | AH |
| 头围 | head size | HS |
| 袖长 | sleeve | S |

## 三、服装结构制图的基本要求和原则

服装结构制图应该以清晰准确、言简意赅为基本要求，具体表现在以下几个方面：

(1)服装结构制图以普遍通用的制图符号和部位名称为基本语言。

(2)制图一律采用公制，以厘米为单位，细小部位精确到0.1cm。

(3)为了精确和直观，制图一律为净缝制图(简单小部件除外)，制样板时按需要再加放缝头。

(4)制图顺序一般先画后身，再画前身；先画大身，后画零部件；先画主料，后画辅料；制图线一般先定基本框架，再定款式轮廓线。

现以基本款女西装的大身制图为例，说明服装结构制图的基本方法和要求，详见图3-11。

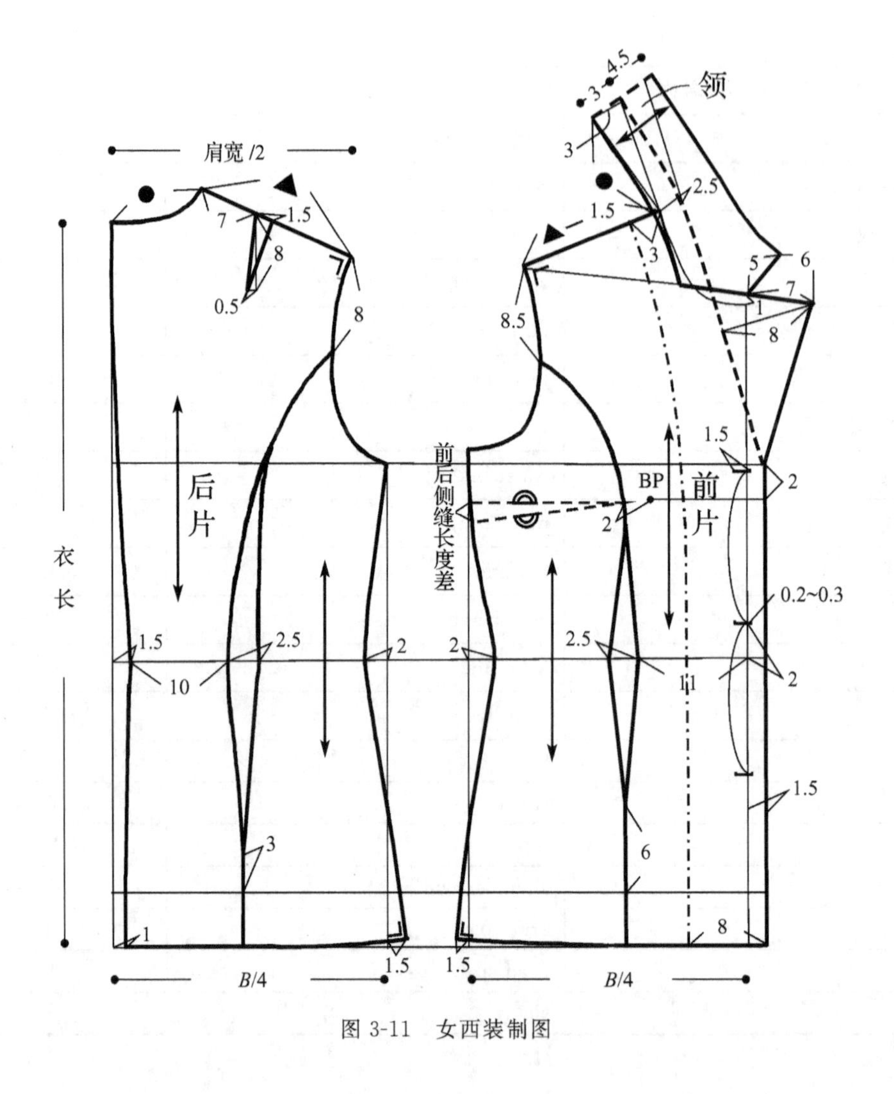


图 3-11　女西装制图

## 第三节　缝头的加放及样板的复核

在服装结构完成后，应根据需要在净样板的基础上加放必要的缝头，并对样板进行复核，确定样板准确无误后，进而进行缝制等各项生产活动。

### 一、缝头的加放

缝头的加放是为了满足衣片缝制的基本要求，样板缝头的加放受多种因素影响，例如款式、部位、工艺及服用材料等，在放缝时要综合考虑。服装样板缝头加放的一般原则是：

(1)根据缝头的大小，样板的毛样线与净样线保持平行，即遵循平行加放原则。

(2)肩线、侧缝、前后中线等近似直线的轮廓线缝头加放 1～1.2cm。

(3)领圈、袖窿等曲度较大的轮廓线缝头加放 0.8～1cm。

(4)折边部位缝头的加放量根据款式不同，数量变化较大，上衣、裙、裤单折边下摆处，一

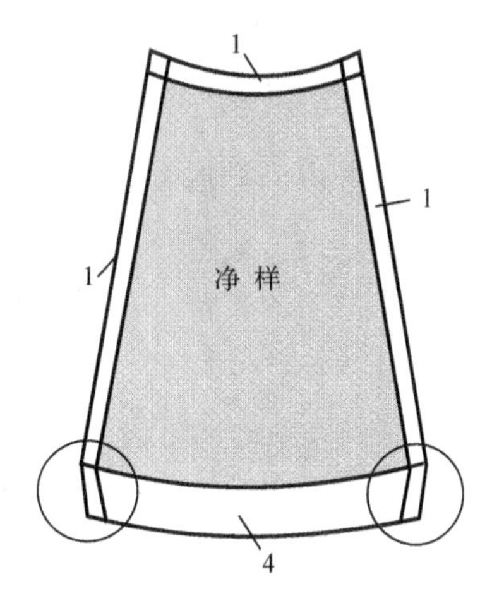

图 3-12　下摆的放缝

般加放 3～4cm。对于近似扇形的下摆，还应注意缝头的加放能满足缝制的需要，即以下摆折边线为中心线，根据对称原理做出放缝线（如图 3-12 所示）。

（5）注意各样板的拼接处应保证缝头宽窄、长度相当，角度吻合。例如两片袖，如果完全按平行加放的原则放缝，在两个袖片拼合的部位会因为端角缝头大小不等而发生错位现象。因此对于净样板的边角均应采用构制四边形法，即延长需要缝合的净样线，与另一毛样线相交，过交点作缝线延长线的垂直线，即可按缝头画出四边形（如图 3-13 所示）。

（6）对于不同质地的服装材料，缝头的加放量要进行相应的调整。一般质地疏松、边缘易于脱散的面料缝份较之普通面料应多放 0.2cm 左右。

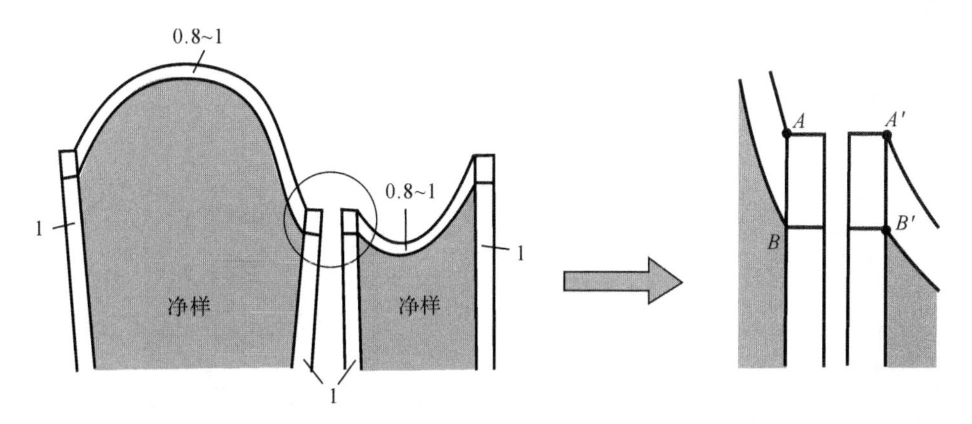

图 3-13　样板边角的放缝

（7）对于配里的服装，面布的放缝遵循以上所述的各原则和方法，里布的放缝方法与面布的放缝方法基本相同，但考虑到人体活动的需要，并且往往里布的强度较面布要差，所以在围度方向上里布的放缝要大于面布，一般大 0.2～0.3cm，长度方向上由于下摆的制作工艺不同，里布的放缝量也有所不同，一般情况下在净样的基础上放缝 1cm 即可。

为了更清晰地介绍样板放缝的方法，现以配里女西装为例说明服装净样放缝的基本方法和缝份，具体见图 3-14。

## 二、样板的复核

虽然结构设计是在充分尊重原始设计资料的基础上完成的，但经过复杂的绘制过程净样板与目标会存在一定的误差，因此应在净样板完成后对样板规格进行复核。此外，服装是由多个衣片组合而成，衣片的取料、衣片间的匹配等因素直接影响服装成品的质量，为了便于各衣片在缝制过程中准确、快捷的缝合，样板在完成轮廓线的同时还应标识必要的符号，以指导裁剪缝制等各工序的顺利完成。样板的复核通常包括以下内容：

### 1. 规格尺寸的复核

实际完成的纸样的尺寸必须与原始设计资料给定的规格尺寸吻合。在通常情况下，原

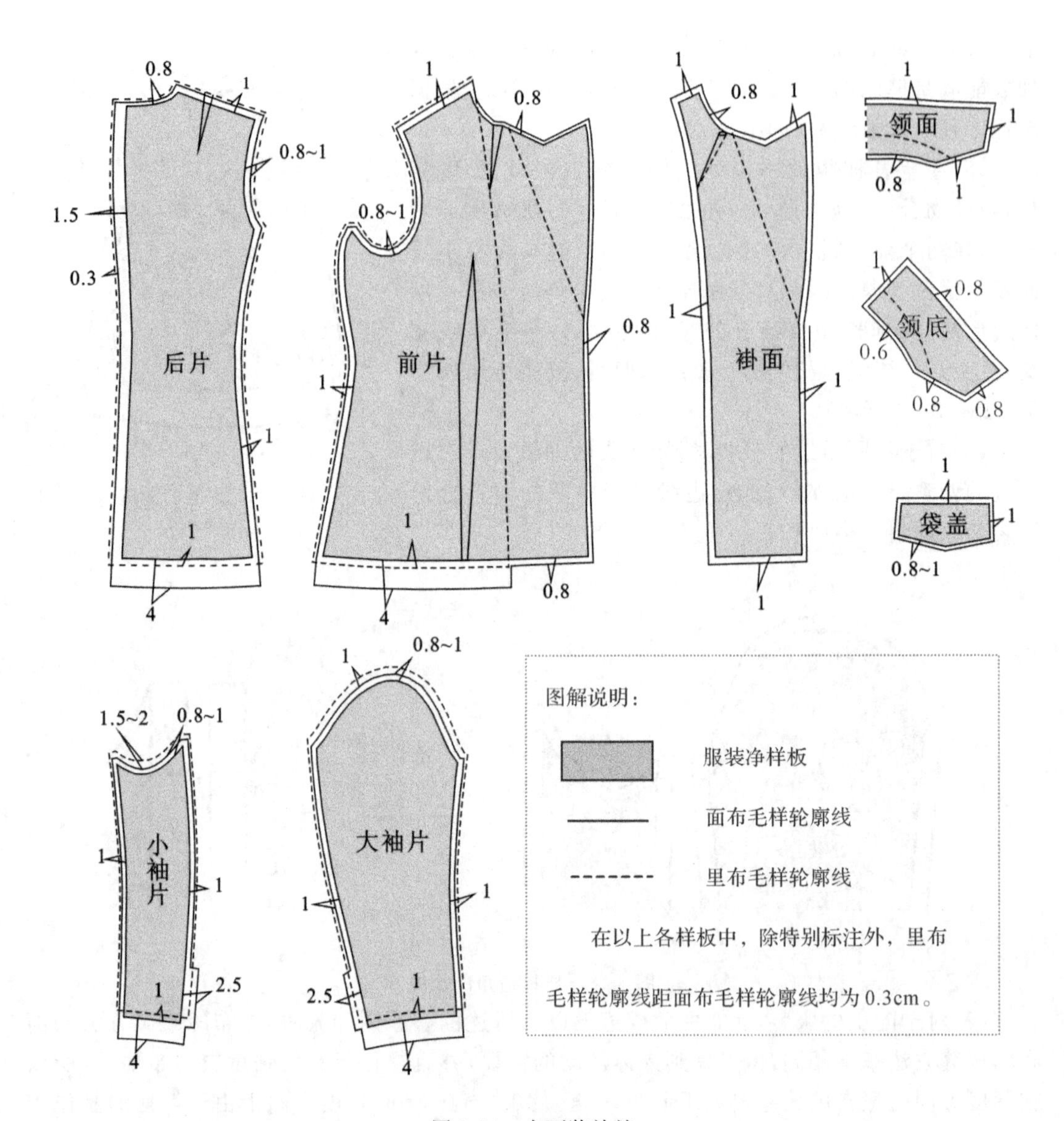


图 3-14 女西装放缝

始设计资料都会给定关键部位的规格尺寸、允许的误差范围及正确的测量方法。这些关键部位因为服装款式的不同而有所不同，例如胸围、腰围、衣长等。净样板完成后必须根据原始设计资料所要求的测量方法对各关键部位进行逐一复核，保证样板尺寸满足于原始设计资料。

**2. 缝合线的复核**

不同衣片缝合时根据款式的造型要求，会做等长或不等长处理。对于要求缝合线等长的情况，净样板完成后，必须对缝合线进行比较复核，保证需要缝合的两条缝合线完全相等。对于不等长的情况，必须保证两条缝合线的长度差与结构设计时所要求的吃势量、省量、褶量或其他造型方式的需求量吻合，以达到所要求的造型效果。

**3. 标识的复核**

制板完成后为了指导后续工作必须在样板上进行必要的标识，这些标识包括对位记号、丝缕方向、面料毛向、样板名称及数量等。对位记号是指为了保证衣片在缝合时能够准确匹配而在样板上用剪口、打孔等方式做出的标记，且对位记号总是成对存在的。一般在款式轮廓线上用垂直轮廓线做剪开的方式标记，例如在明确袖窿线和袖山线的匹配时，在需要做对位记号的地方，分别垂直袖窿线和袖山线绘制对位符号。对于口袋位置、省道位置、纽扣位置等匹配，一般采用直接在样板上打孔的方法。现以女西装为例，介绍样板各标识的复核，如图 3-15 所示。

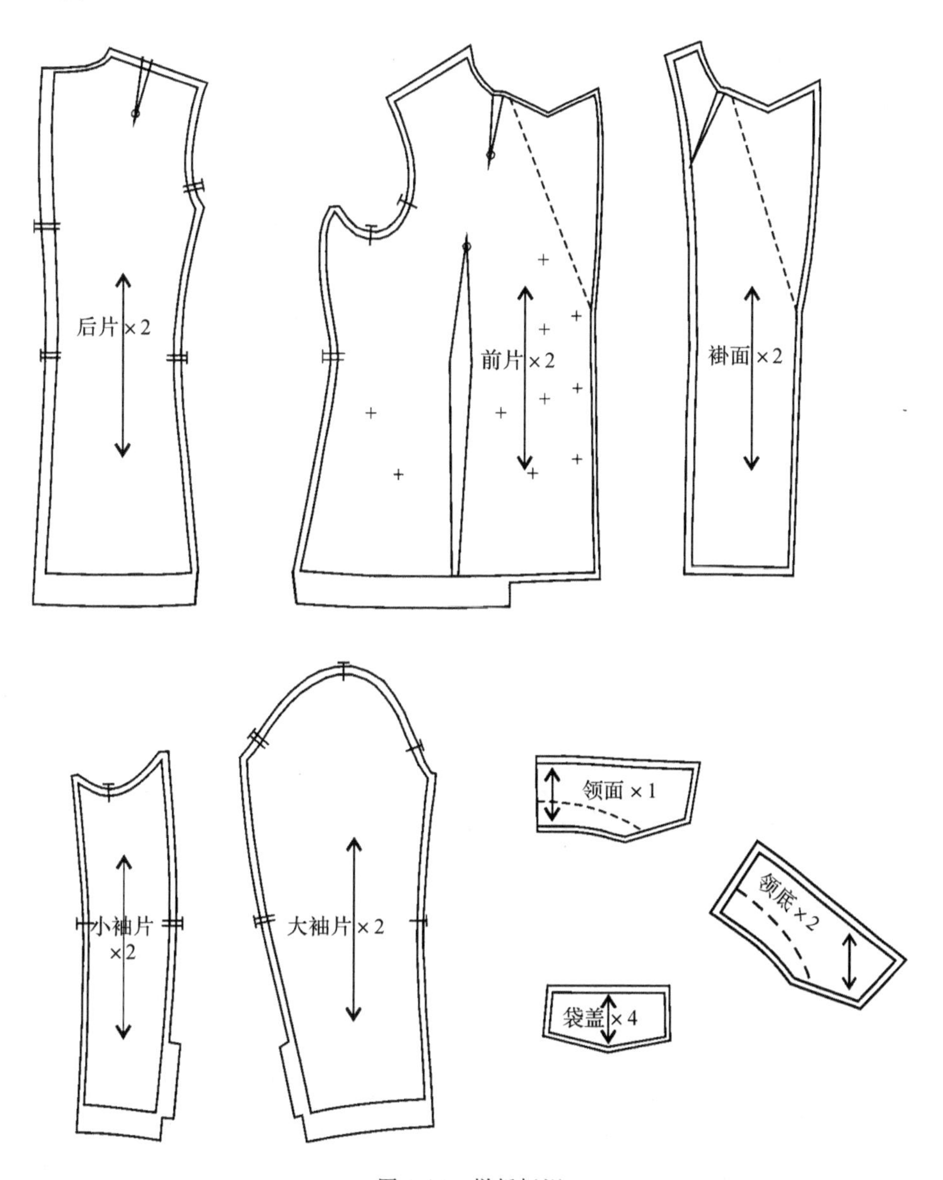


图 3-15 样板标识

**4. 样板数量的确定**

服装款式多种多样，但无论繁简，服装往往都由多个衣片组成。因此在样板完成后，应确认服装各组成部分的样板完整，并对其进行统一的编号。

# 练习思考题

1. 了解服装结构设计中的各种工具及其用途，准备学习服装结构设计所需的工具。
2. 掌握服装结构设计符号的意义，熟记常用的部位代号。
3. 掌握服装结构制图的基本规范和要求。
4. 掌握服装毛样缝头的四边形加放方法和不同部位、里子等对缝头的不同要求。
5. 了解样板复核的内容。

# 第四章　女装原型的结构设计

如第一章所述，服装的结构设计方法不外乎立体裁剪法和平面结构设计法。立体裁剪法简单、直观，它能使初学者快速入门，并且使理解人体与服装之间的关系变得非常容易；平面结构设计法的工作效率高，但需要丰富的经验才能运用自如。本章的重点是介绍女装原型的结构设计。原型又被称为基本样板，利用它进行服装的结构设计，在方法上亦是属于平面样板设计的范畴，但其理论依据却来自立体裁剪法的思路。

利用原型的结构设计方法是指以人体的基本尺寸（一般指不包含放松量的人体净尺寸），再在不同部位加入不同的松量，通过计算公式建立起服装的基本结构图，最后以此结构图作为基本型进行服装样板设计的一种方法。我们可以这样来理解服装的原型，即它就是与人体结构特征相一致的、包含基本放松量之三维人台的二维展开图形。如果将前后衣片的原型样板裁剪后缝合侧缝、肩缝和省道，裁片就会由平面的面料成为三维的立体造型，且这个立体造型与人台的躯干形态相当接近，有与人台高度一致的突出部位、凹陷部位、躯干与颈部、手臂的分界区域等。由此可见建立在原型样板基础上的平面结构设计也就具备了在人台上进行立体裁剪的直观性，那么在进行某一具体服装款式的结构设计时也就有据可依、心中有底了。原型样板裁剪法变化灵活，可以根据不同的款式特征自由地变化，因此用此法对款式丰富多样的女装和童装进行结构设计往往较为便利。另外，原型样板裁剪法易懂易学，还有一套相对系统、阐述透彻的服装结构设计理论，对初学者尤其适用。

## 第一节　原型的类型

### 一、原型的分类

根据不同的目的和需要有许多种不同类型的原型结构，依据不同的划分标准自然就会有不同的原型名称。例如由于性别、年龄的不同有男装、女装和童装原型之分；由于人种的不同导致体型上的差异有日本原型、美国原型或英国原型等不同类型；由于服装品种的不同有衬衫、套装、内衣、裙子、裤子等原型；由于样板设计的侧重点不同，又会有多种流派产生，如日本的文化式原型、登丽美原型都是流行较广的原型；另外同一种原型也需要随着时代的发展不断地更新、改进和优化，如日本的文化式原型经历了两百余年的发展，现今已经产生了第八代。

目前，我国有许多女装原型并存，如除日本文化式、登丽美式外，美国原型近几年也逐渐被服装从业人员接受并应用，除此之外，还有国内服装专业人士自创的各种原型，但其中只有日本文化式原型流行时间最长、范围最广、影响最深，这是由于其具有采寸部位少、结构简单、操作容易等诸多优点，最为重要的是文化式原型配套了系统完备的理论和应用体系，为我国的服装专业人士所熟知。事实上，时至今日，仍有大量的服装专业或服装爱好者在使用日本文化式原型。综合考虑各种因素，本书还是选择文化式原型作为教材样板设计中所用的原型。

## 二、文化式女装原型的各部位名称

**1. 原型的部位名称(见图 4-1)**

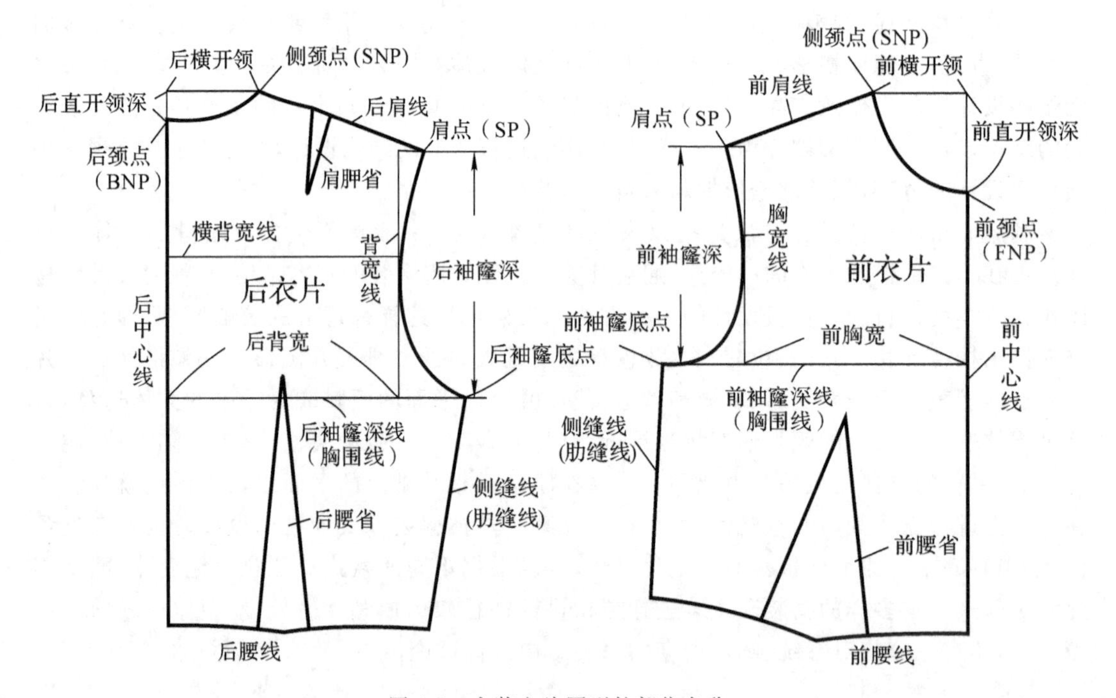


图 4-1　女装衣片原型的部位名称

(1)线　横线包括前肩线、后肩线、前后腰围线（WL）、前后袖窿深线(胸围线)(BL)、横背宽线；竖线包括前后中心线(CL)、胸宽线、背宽线、前后侧缝线(肋线)(SS)；曲线包括前后领口弧线、前后袖窿弧线(AH)。

(2)点　前颈点(FNP)、后颈点(BNP)、侧颈点(SNP)、前后肩点(SP)、前后袖窿底点和胸乳点(BP)。

(3)部位　前后横开领、前后直开领、前胸宽、后背宽和前后袖窿深。

(4)省道　肩胛省、后腰省和前腰省。

**2. 袖片原型的部位名称(见图 4-2)**

(1)线　横线包括袖肥线和袖肘线；竖线包括袖中线和前后袖缝线；斜线包括前后袖山斜线；曲线包括前后袖山弧线和袖口弧线。

(2)点　袖山高点，需要与衣片的肩点对位。

(3)部位　袖山高、前后袖肥。

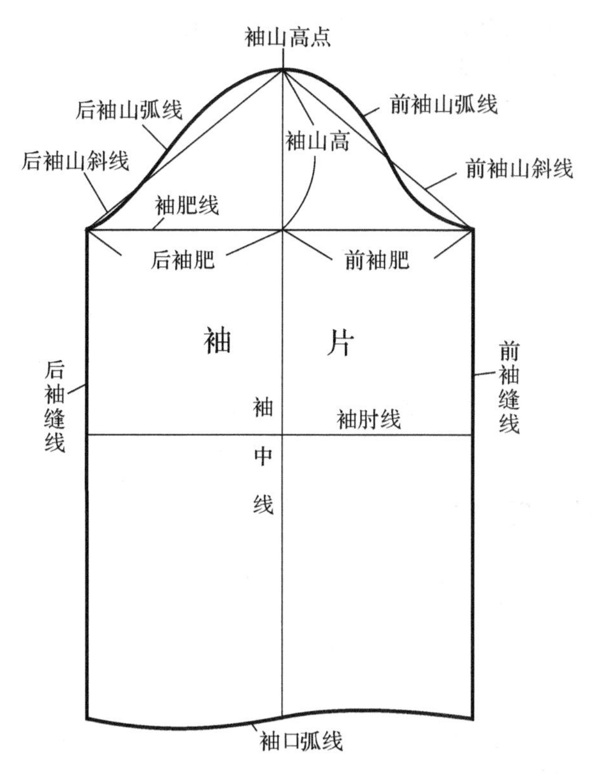


图 4-2　女装袖片原型的部位名称

**3. 裙片原型的各部位名称(见图 4-3)**

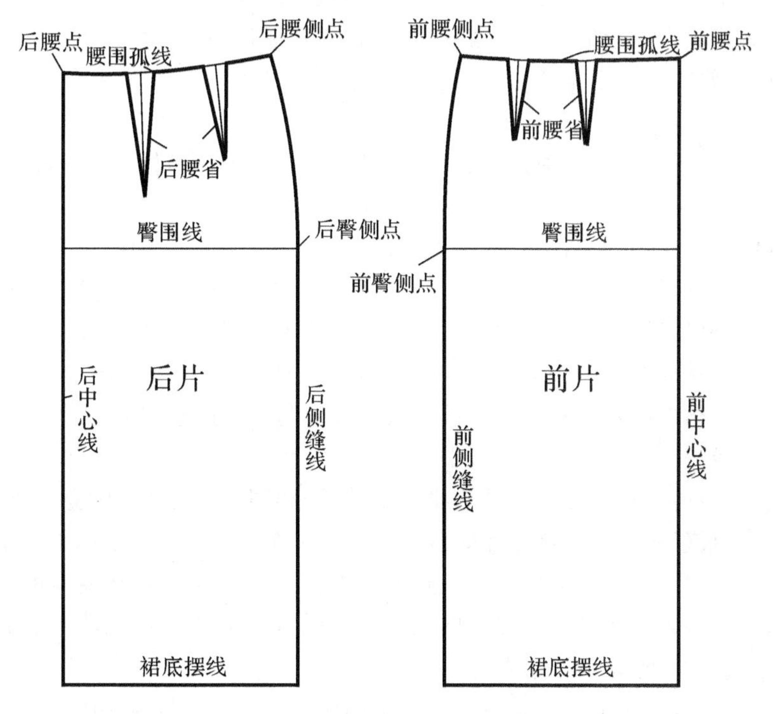


图 4-3　裙片原型的部位名称

(1)线　横线包括前后臀围线(HL)和前后裙底摆线;竖线包括前后中心线(CL)和前后侧缝线(SS);曲线包括前后腰围弧线。

(2)点　前后腰点、前后腰侧点和前后臀侧点。

(3)省道　前后腰省。

## 第二节　女装衣身原型

先从立体裁剪入手获得衣身的样板,可以更加容易地理解衣身的领口、袖窿、胸省以及腰省等服装局部的结构设计原则与依据,充分理解人体的立体结构与平面样板结构之间的关系,这对后续的平面基本样板的学习有很大的裨益。

### 一、立体裁剪法制作女装衣身原型

为了更好地理解女装衣片原型样板结构设计的理论依据,我们借助人台从立体裁剪入手,在人台上进行立体裁剪操作以获得前后衣片的基本样板。袖子从实用的角度来说,不建议采用立体裁剪方法制作样板,故此节不涉及袖片的立裁。

先来看前身原型样板的立体裁剪。如前所述,衣片的原型有多种类型与派别,为了与后面的平面结构设计方法相衔接,这里介绍胸省在肋缝和胸省并入腰省位置的两种前衣身原型样板,它们的立体造型,也即衣身的合体程度是一致的,区别仅在于款式特征上。

**1.胸省为肋省的前身原型样板(如图4-4所示的款式)**

(1)面料准备　立体裁剪用的面料一般都为白坯布,这是因为白坯布是最经济的平纹组织面料,肉眼即能非常清晰地辨认面料的丝缕,在立裁过程中保持丝缕的平顺方正是得到准确样板结构的重要前提。用做裁剪前后衣片原型样板的面料可以采用大小一样的尺寸(如图4-5所示),即:

1)长度(经向)　从人台的侧颈点过人台胸部最凸点(BP点)量至腰围线(BL)的尺寸加上8cm。

2)宽度(纬向)　从人台前中心线经人台的BP点量至侧缝(SS)的尺寸加上8cm。

根据以上采得的尺寸共裁剪两块白坯布。裁剪时在布边先打一剪口,然后沿着剪口用手撕出白坯布。撕好后仔细观察面料的纬斜方向,用双手沿着与纬斜方向相反的方向拉伸面料,直至将面料整理成一个长方形后,再用熨斗熨烫固定。在服装的立体裁剪中,面料整理是非常关键的,整理的好坏将影响后续的裁剪操作与最后所取得的平面样板的结构。

(2)画基准线

女装的立体裁剪一般是在人台的右半身操作的,如图4-5所示标注立裁所需的基准线。

1)画前中心线(CFL)　在整理好的白坯布右侧距布边3cm画一条经纱线。

2)画胸围线(BL)　从面料的上边缘向下量取侧颈点(SNP)至胸围线的距离加上4cm的尺寸找点,过该点画一条纬向线即为胸围线。在胸围线上按人台上前中心到侧缝的距离加上0.3cm松量确定侧缝(SS)位置。

3)画腰省中心线　在胸围线上以人台上乳间距一半的尺寸取到BP点,过BP点作一条竖直向下的经纱线。

图 4-4　胸省为肋省的款式

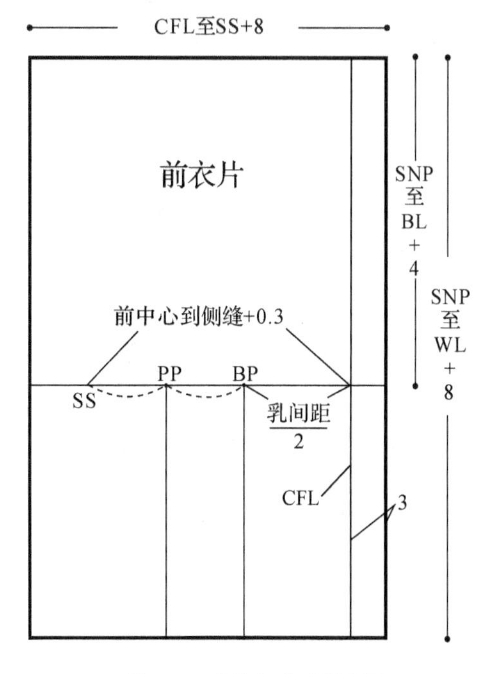


图 4-5　前片的基准线标注

4)画经纱辅助线　在胸围线上将 BP 点和 SS 点之间的距离二等分，等分点记为 PP 点，过此点拉一条经纱辅助线。

(3)立体裁剪的步骤(见图 4-6)

1)固定胸围线与前中心线　对准白坯布与人台上的 BP 点、胸围线和前中心线，然后用别针固定，如图 4-6(a)所示。

2)固定经纱辅助线(PP 线)　从胸围线向下别住 PP 线，注意必须保证此线是竖直向下的，同时在腰围处可以别出约 0.3cm 的松量(如图 4-6(b)所示)。

3)固定侧缝　从胸围线位置往下、经纱辅助线位置往侧面两个方向捋平面料至侧缝与腰围线的交点，用别针固定此交点。

4)别出腰省　在前中心线和经纱辅助线之间产生的多余面料即决定了前腰省的大小，以事先画的经纱线为省道中心线抓别出省道，省尖的位置在白坯布松量的消失处，用以水平方向的别针标示。

5)裁剪前领口　在前颈点用别针固定，从前颈点开始向侧颈点方向用手沿着面料的经纬纱向捋平面料，一边捋一边裁剪掉领口多余的面料，并同时需要在领口的缝头处打剪口，最后别出平整的前领口，如图 4-6(c)所示。

6)固定前肩点　从侧颈点开始轻轻地捋平面料直至人台的肩点，并在肩点用别针固定，把多余的松量推至袖窿以下部位(如图 4-6(d)所示)。

7)别出肋省　将面料由肩点推至腋下，这时应该保证袖窿处的面料平顺，没有漂浮，用别针固定腋下点(以胸围为 84cm 的中号人台为例，腋下点一般定在肩点下方 13cm 的位置)。多余的面料集中到胸围线与侧缝的交点，拔掉此交点处的别针，使多余的面料以胸围线为中心线抓别出一个省道，用别针固定省道的大小，省尖的位置在多余面料的消失处以别针标示。

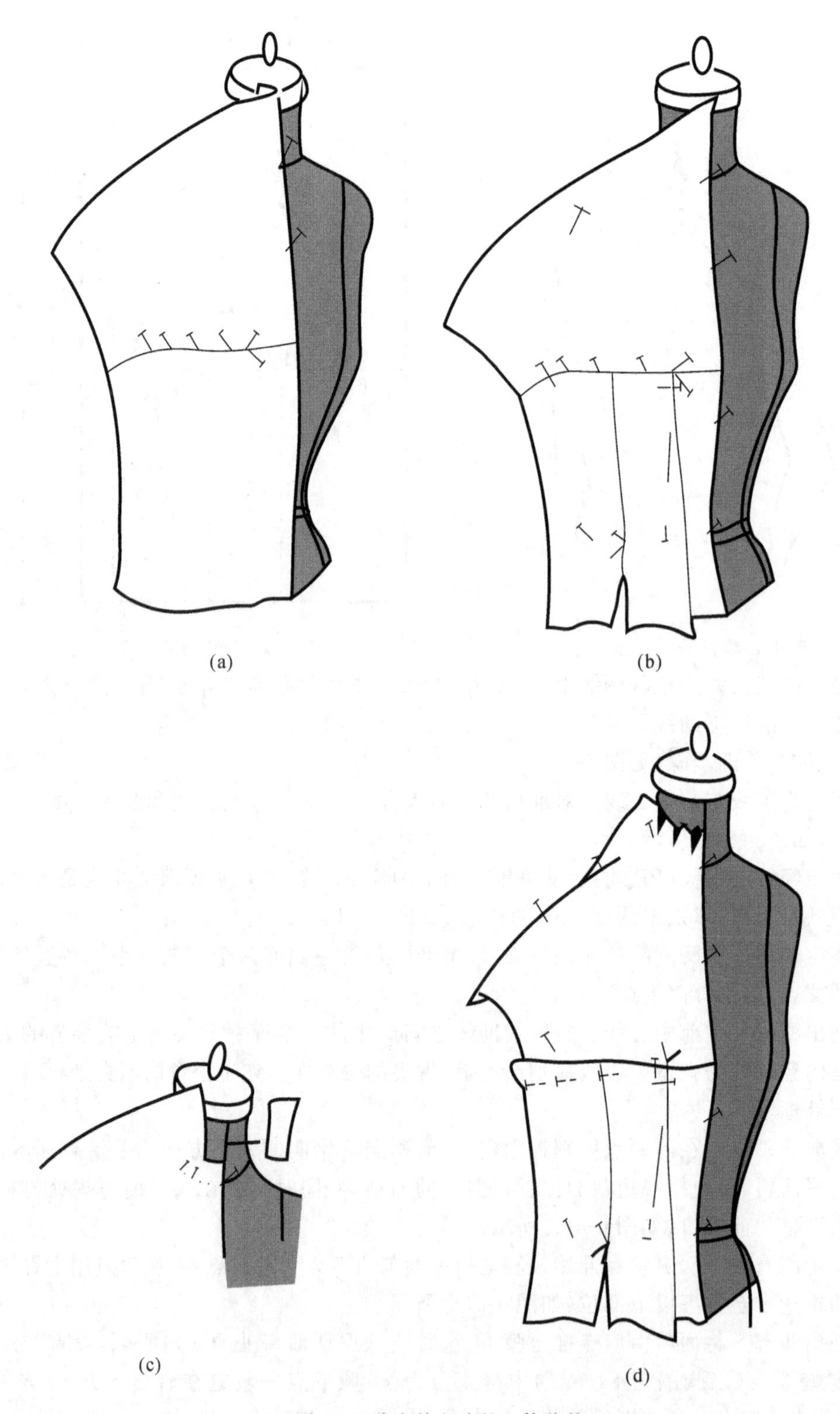


图 4-6　肋省前衣片的立体裁剪

(4)做标记

根据人台上各交点与线条的位置在白坯布上描出相应的点，一些关键点如前颈点、肩点、腋下点等交点用“＋”表示，其余线条就用“・ ”表示，需要标记的位置可见图 4-7。

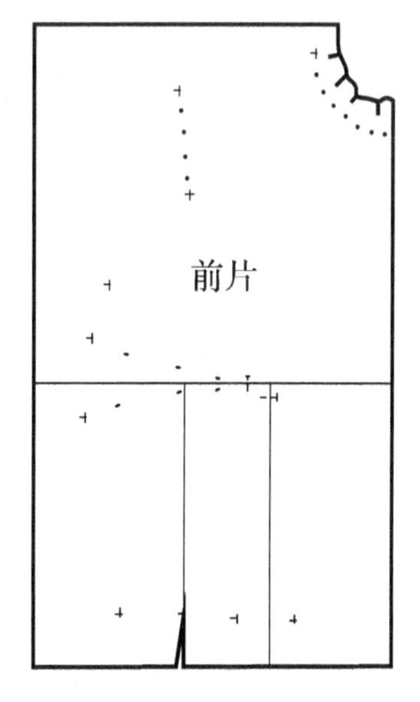


图 4-7 做标记

(5)画线

如图 4-8(a)，(b)，(c)所示连接各个辅助点，画出前衣片带肋省的原型样板的结构线。如果衣片要装领子，前颈点可以下降 0.6cm。

**2. 胸省在腰围线处的前身原型样板(如图 4-9 所示的款式)**

(1)面料准备

与胸省在肋缝处的面料准备方法一致。

(2)基准线

具体参照图 4-5，但仅需要画出前中心线、胸围线即可。

(3)立体裁剪的步骤(如图 4-10)

如图 4-10 所示，立体裁剪步骤与前面所述的胸省在侧缝处的裁剪步骤基本一致，这里仅叙述不同的地方。用别针固定腋下点之后，接着固定侧缝与腰围线的交点，将多余的面料一直推至 BP 点下方的腰围处，在此位置抓别出包含有胸省量的腰省，注意观察此样板的腰省比上一个原型样板的腰省量要大许多。

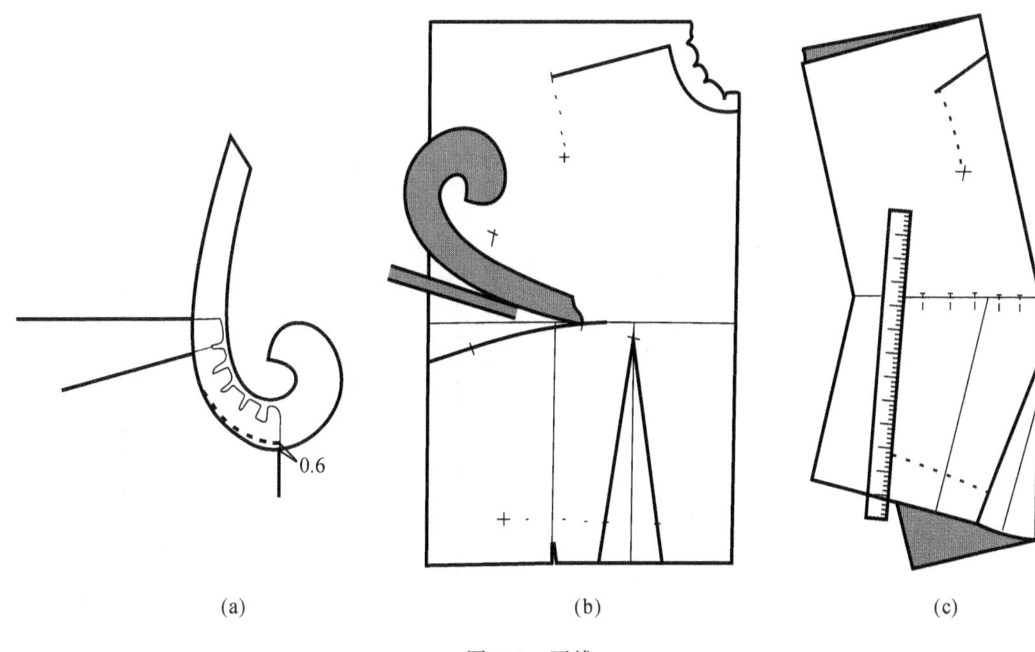


图 4-8 画线

(4)做标记

如图 4-11 所示。

(5)画线

如图 4-12 所示。

图 4-9　胸省并入腰省的款式

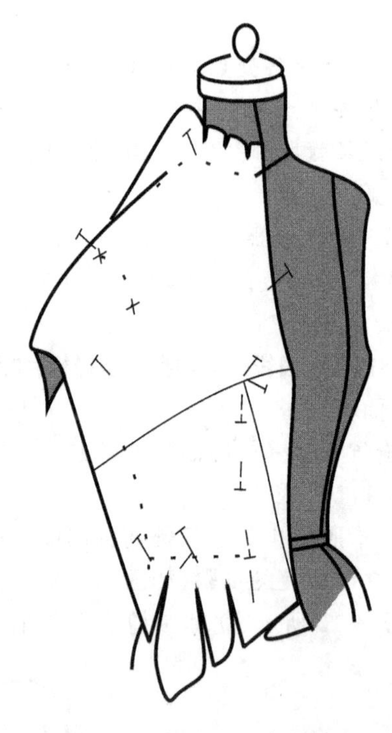

图 4-10　胸省并入腰省的基本样板的立体裁剪

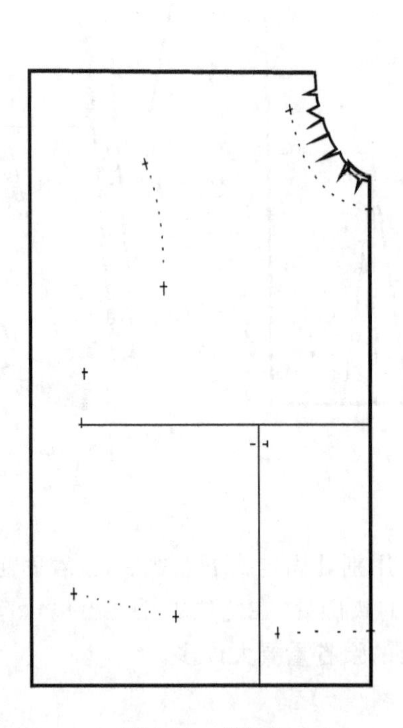

图 4-11　做标记

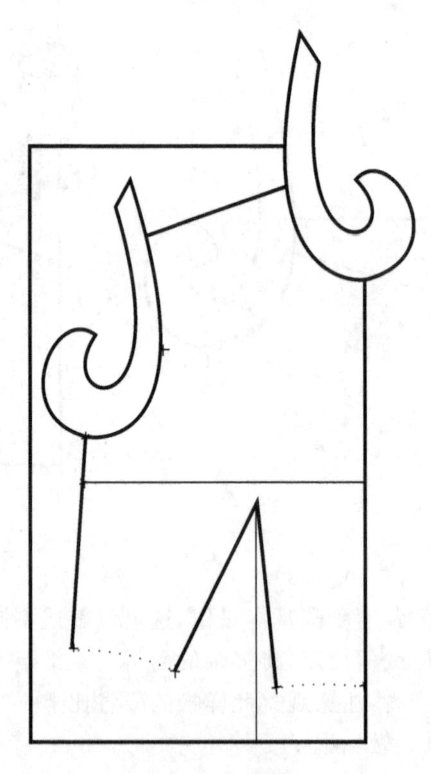

图 4-12　画线

**3. 后身原型样板的立体裁剪(如图 4-13 所示的款式)**

(1)面料准备

面料的尺寸大小与前衣片的面料准备一致。

(2)画基准线

如图 4-14 所示标注立裁所需的基准线。

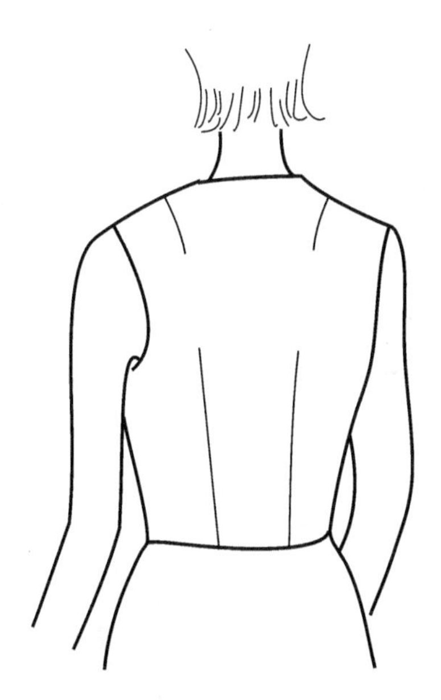

图 4-13 后衣片的立体裁剪

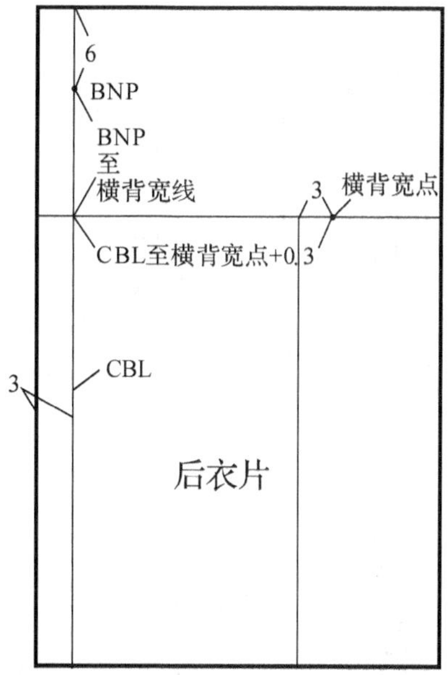

6
BNP
BNP至横背宽线
3 横背宽点
CBL至横背宽点+0.3
CBL
3
后衣片

图 4-14 后衣片的基准线标准

1)画后中心线(CBL) 在整理好的白坯布左侧距布边 3cm 画一条经纱线。

2)画横背宽线 在后中心线上从面料的上边缘向下取 6cm 找点即为后颈点(BNP),从此点起始量取人台上 BNP 点到横背宽线的距离画一纬纱线。在纬纱线上按人台上后中心到后背人台边缘的距离加上 0.3cm 松量取横背宽点。

3)画经纱辅助线 垂直于横背宽线并距横背宽点 3cm 作一条竖直线,此线即为经纱辅助线。

(2)立体裁剪的步骤(见图 4-15)

1)在进行后衣片的立体裁剪之前,先将前衣片的胸省和腰省别好,再符合到人台上,用别针固定。如果需要,则进行适当的修正以确保样板的准确。后衣片的立裁是需要在前片的基础上操作的(如图 4-15(a)所示)。

2)固定横背宽线与后中心线 对准白坯布与人台上的横背宽线和后中心线,然后用别针固定,用几枚别针使横背宽线上的松量均匀分布(如图 4-15(b)所示)。

3)别出后侧缝 将面料由横背宽点推至腋下,用别针在腋下点与前衣片的固定在一起,然后平衡前后衣片的丝缕,前后片一起别出侧缝(如图 4-15(c)所示)。

4)别出腰省 从横背宽线起始固定经纱辅助线,在腰围处掐出适当的松量。在后中心线和经纱辅助线之间产生的多余面料即决定了后腰省的大小,在适当的位置抓别出省道,在人台背部松量消失的位置用别针标示省尖的高低位置。

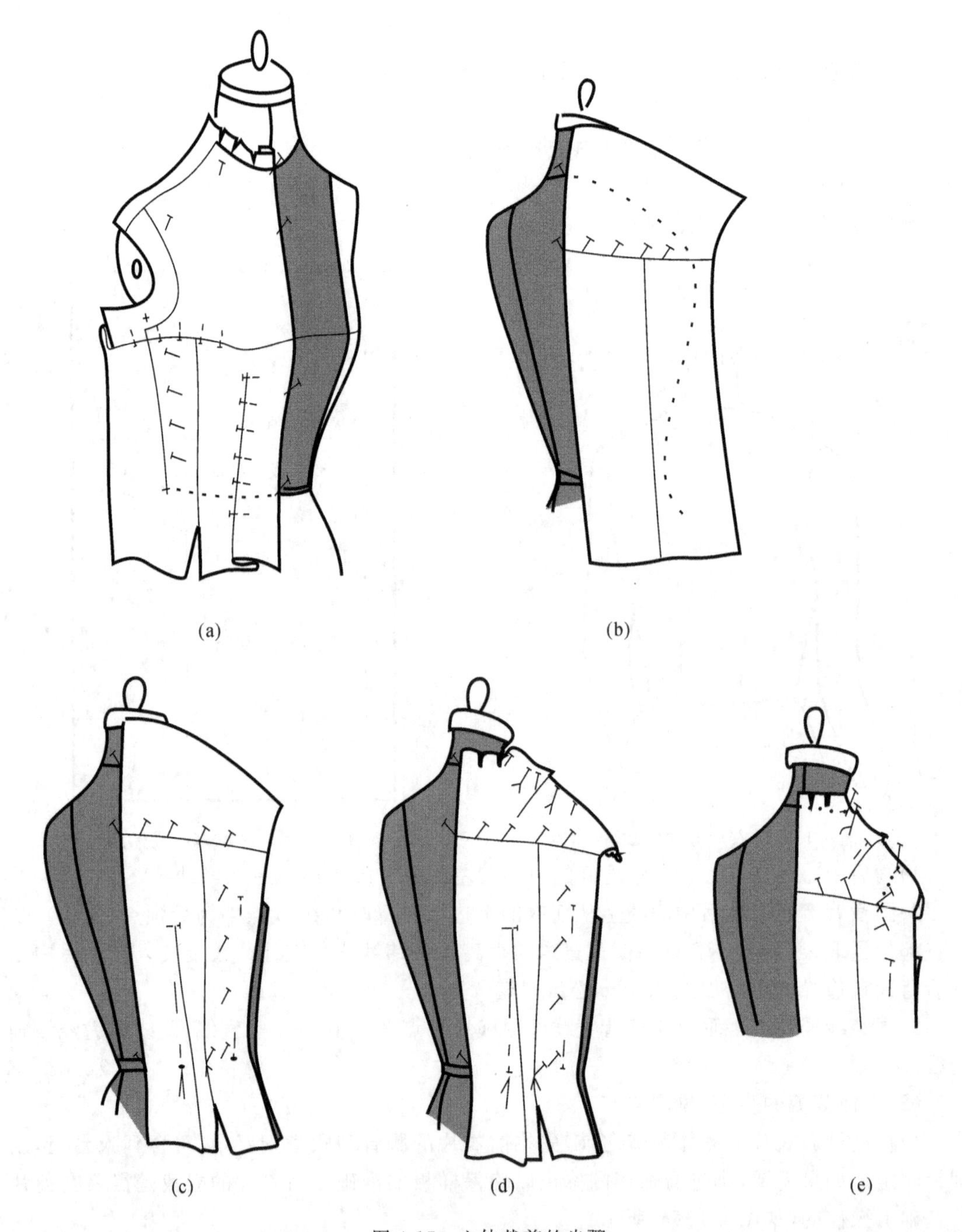


图 4-15　立体裁剪的步骤

5)裁剪后领口　在后颈点用别针固定,从后颈点开始向侧颈点方向裁剪,在缝头上适当打几个剪口,最后别出平整的后领口(如图 4-15(d)所示)。

6)别出后肩省　从横背宽点开始轻轻地捋平面料直至人台的肩点,使多余的面料大约集中在人台肩部的中心位置。在肩省的两侧先各自掐出约 0.3cm 的松量,然后将多余的量作一个肩省,在人台肩胛部松量消失的位置以别针标示省尖的高低位置,这个肩省一般不大于 1.2cm(如图4-15(e)所示)。

(3)作标记

需要标记的位置如图 4-16 所示。

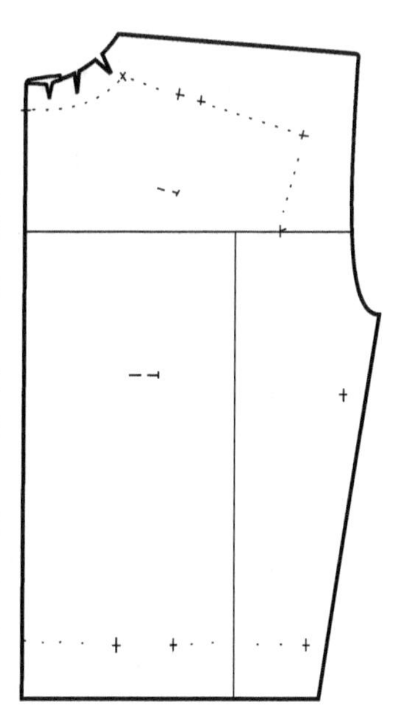

图 4-16　标记后衣片

(4)画线

如图 4-17 所示，用曲线尺画出后领口弧线、后袖窿弧线。前后片在侧缝处用别针缝合后再将前后袖窿的底部用曲线尺圆顺，同样缝合肩线后，也应将侧颈点处的领口弧线用曲线尺圆顺。

以上通过立体裁剪方法所得的白坯布最后还需要加放缝头，缝头的大小依据部位的不同也略有区别，肩线、侧缝和下摆这些直线部位可视情形适当多放一些，如加放 1.5～2cm，而领口、袖窿等曲线部位宜少放一些，如加放 1cm 的缝头。前面获得的两个前衣片和一个后衣片的白坯布展开成平面，就是如图 4-18 所示的形状，它们就叫前后衣身的原型。

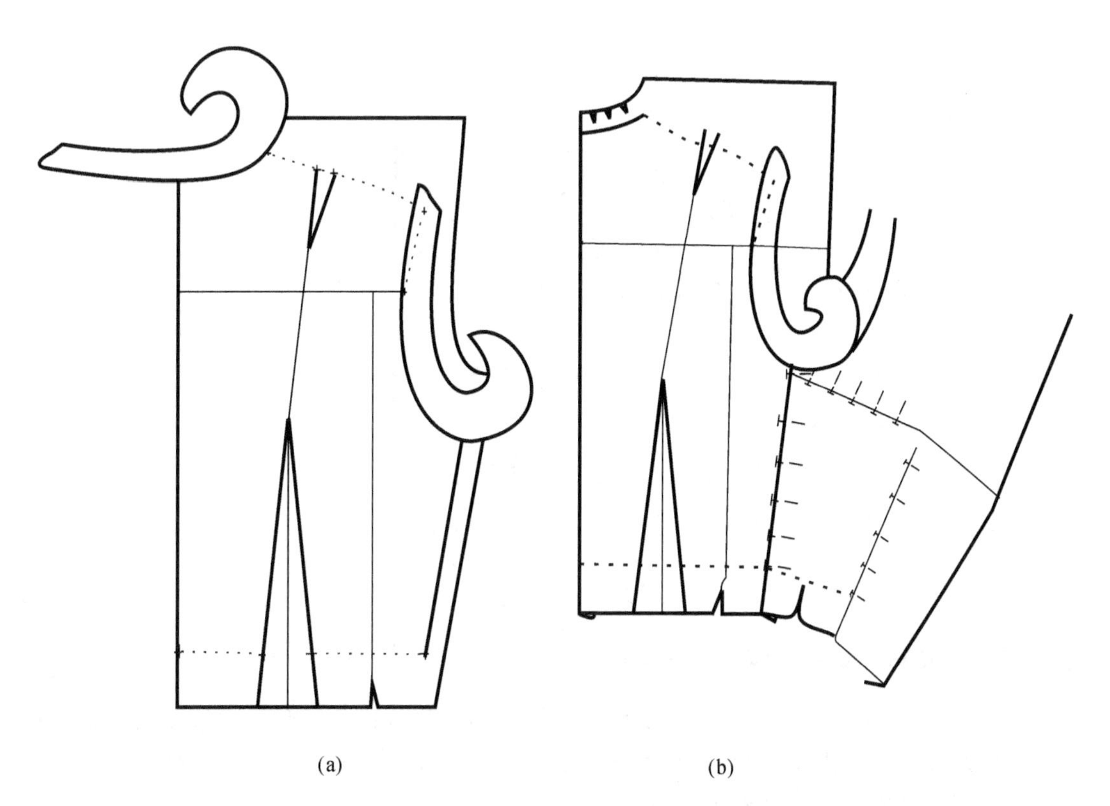


图 4-17　后衣片画线

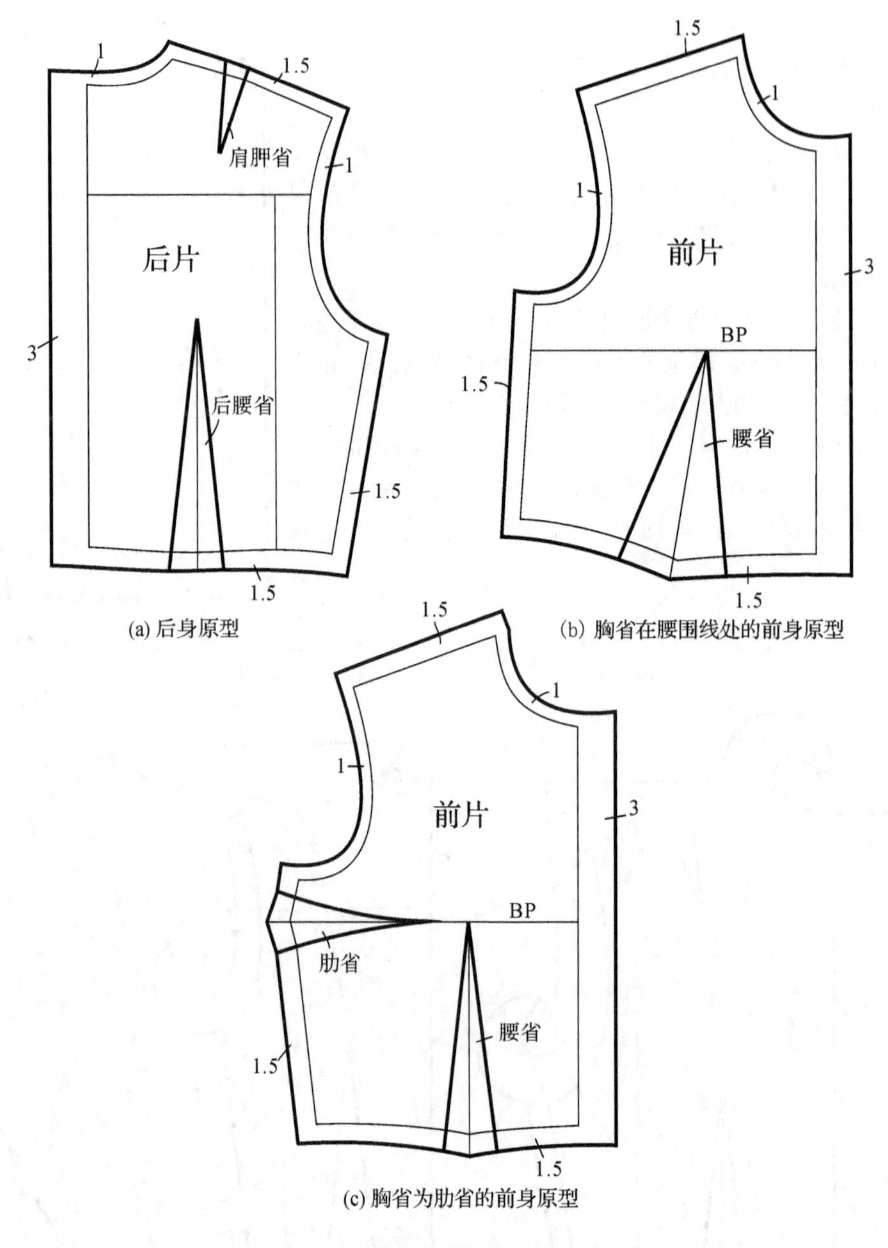

(a) 后身原型

(b) 胸省在腰围线处的前身原型

(c) 胸省为肋省的前身原型

图 4-18　立裁制得的前后衣片原型

## 二、平面法绘制女装衣身原型

本节从平面制图方法入手直接获得女装衣身的原型样板，其过程比较迅速、便捷。无论哪种类型的原型都是根据人体的必要尺寸，通过比例计算公式直接在平面纸张上制图而得的。

**1. 绘制衣身原型的必要尺寸**

日本文化式女装原型制图所需的尺寸比较简单，衣身只需人体的净胸围、背长。本书选取了我国现行国家标准的中号(M)规格，即胸围 $B$ 为 84cm、背长为 38cm 作为 M 号原型样板的制图尺寸。通过第二章的学习可知，我国国标中更多地涉及了人体主要部位的尺寸，而一些细部尺寸如上臂围、腕围、胸宽、背宽等却都没有提及，这势必会为样板设计带来很大的困难。一直以来，日本服装工业在对人体进行测量统计的基础上制定了详尽的服装号型标准（简称 JIS），这个标准涉及的部位较多，考虑到我们两国同为亚洲人种，体型特征较为接近，有时也可以将 JIS 标准作为样板设计时尺寸选择的重要参考。

**2. 衣身原型的平面制图步骤（见图 4-19）**

与立体裁剪所获得的样板相一致，平面制图也是仅考虑服装的右半身。制图是以人体的净胸围尺寸为基数，用比例公式来推导出其余各部位的。

如图 4-19(a)所示：

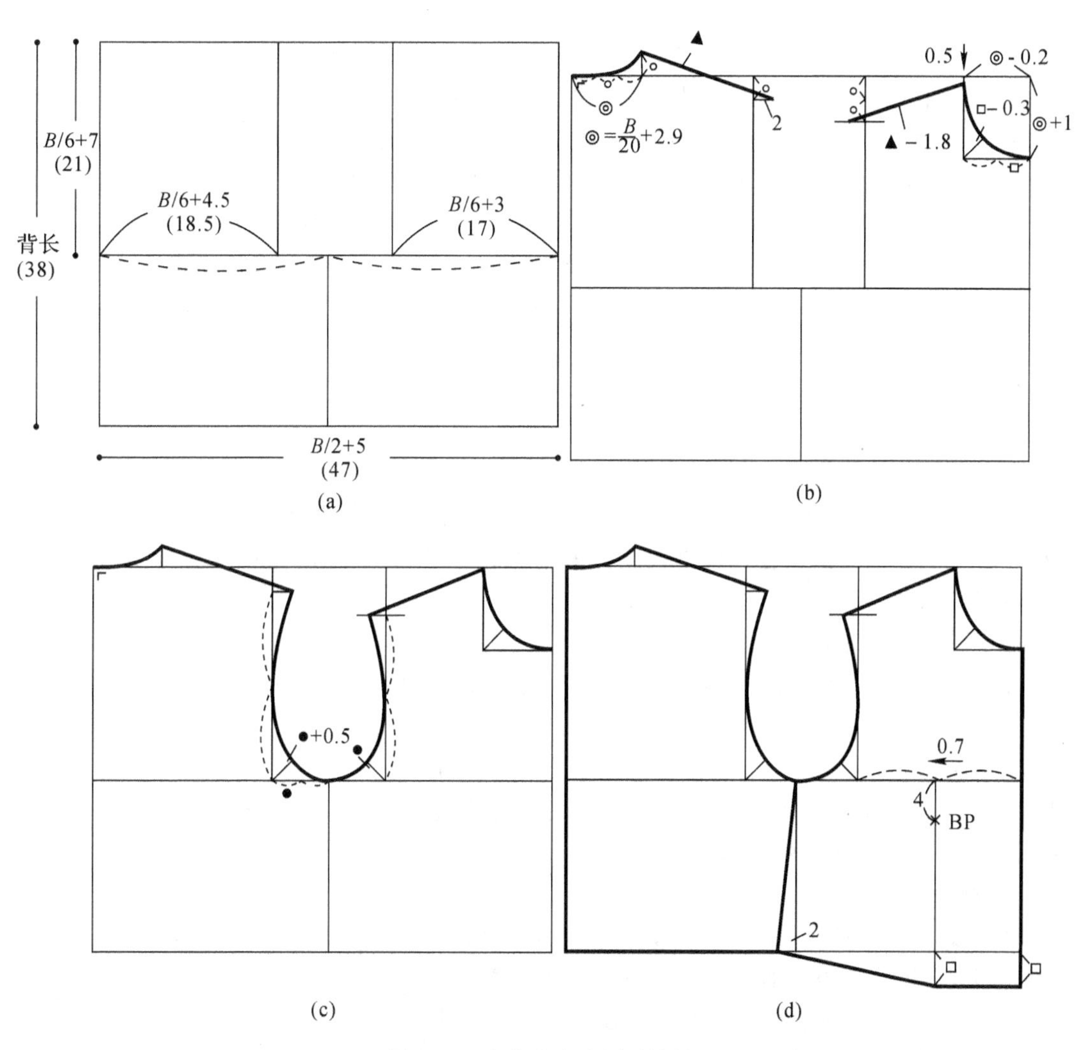


图 4-19　文化式衣片原型绘制

1）基础线　以人体的背长尺寸为长、以 $B/2+5$cm 为宽作一个长方形。5cm 是半身的原型在胸围部位的放松量，全部放松量是 10cm。

2）作袖窿深线　从长方形的上平线向下取 $B/6+7$cm 找点，过该点作一条水平线。

3）作侧缝辅助线　将长方形的宽二等分，过等分点在袖窿深线以下部位作一条竖直线。

4)作背宽线　在袖窿深线上,距后中心线 $B/6+4.5$cm 作一条竖直线。

5)作胸宽线　在袖窿深线上,距前中心线 $B/6+3$cm 作一条竖直线。

如图 4-19(b)所示:

6)后横开领　在上平线上,距后中心线 $B/20+2.9$cm 找点,此点与后颈点之间的距离即为后横开领。后横开领的大小依据人体胸围尺寸的不同而变化,为后续制图的方便以代尺寸符号"◎"来代替。

7)取后直开领　将后横开领进行三等分,所得尺寸的大小以符号"○"来代替,"○"的距离即是后直开领的深度。一般来说,服装的直开领深度都可以按横开领的三分之一来取值。

8)画后领口弧线　过后侧颈点和后横开领靠近后中线的等分点画一光滑、圆顺的弧线,注意弧线在后中必须与后中心线成直角。

9)作后肩线　在后背宽线上距上平线"○"的距离找点,过该点向右取定尺寸 2cm(不随胸围的大小而变化),其右端点就是样板的肩点,最后以直线连接肩点和侧颈点,即得后肩线。

10)取前横开领　在上平线上,距前中线"◎－0.2cm"的位置。一般来说,服装的前后横开领可以相等或前横开领略小,尤其是当服装为关门领的款式时。

11)取前直开领　在前中线上,距上平线"◎＋1cm"的点即是样板的前颈点。

12)画前领口弧线　先二等分前横开领,其长度以符号"□"代替,然后依据前横开领和直开领的尺寸作一个长方形,在该长方形的竖直线距上平线 0.5cm 的点是样板的前侧颈点、在长方形左下角的角平分线上取"□－0.3cm"找到一个辅助点,最后弧线连接侧颈点、辅助点和前颈点得到前领口弧线。

13)作前肩线　先用直尺测量后肩线的长度,其值以符号"▲"代替,然后在胸宽线上,距上平线两份"○"长度的位置找点,过该点作一小段水平辅助线,最后以前侧颈点为圆心、以"▲－1.8cm"的尺寸为半径在辅助线上截取一点,此点即为衣片的前肩点。直线连接侧颈点和肩点获得前肩线。

如图 4-19(c)所示:

14)袖窿弧线　在袖窿深线上,二等分侧缝与后背宽线之间的距离,一个等分以符号"●"代替。在后背宽线与袖窿深线组成之直角的角平分线上取"●＋0.5cm"作为画后袖窿弧线的辅助点;在前胸宽线与袖窿深线组成之直角的角平分线上取"●"作为前袖窿弧线的辅助点。圆顺连接前后肩点、前后袖窿深度的二等分点、前后袖窿弧线辅助点以及侧缝和袖窿深线的交点所获得的弧线即是前后袖窿弧线。

如图 4-19(d)所示:

15)BP 点　在袖窿深线上二等分胸宽尺寸,该等分点往袖窿方向移动 0.7cm,再向下作一竖直线,在该线上距离袖窿深线 4cm 的位置用符号"×"作标记,此点即是衣片的胸乳点。

16)作侧缝线　侧缝辅助线在下平线处向后片移动 2cm 作为前后衣片的分界线。

17)作前腰围线　前中心线向下延长一个"□"的长度,然后如图 4-19(d)所示与后衣身用折线连接。

**3. 前后衣身原型样板的省道设计**

前面制图所得的衣片样板并没有包括省道,用它制得的衣片穿着在人体上之后,呈现的是上窄下宽的梯形轮廓形态(如图 4-20 所示),并不贴体。为了获得合体的轮廓造型(如图 4-21 所示),在样板中增加省道是必不可少的。原型中涉及的主要省道有(如图 4-22 所示):

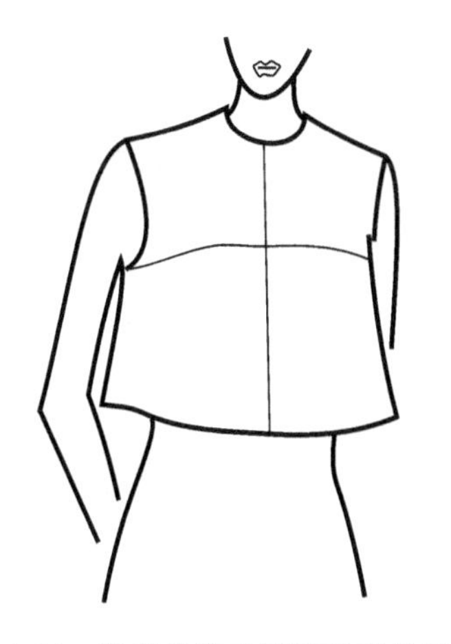

图 4-20 没有省道的原型着装效果图

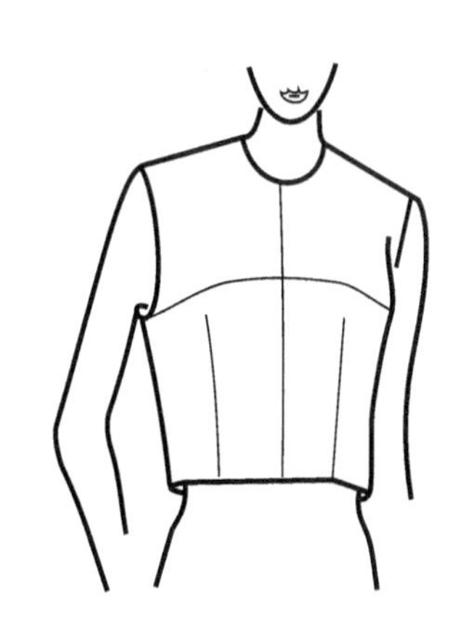

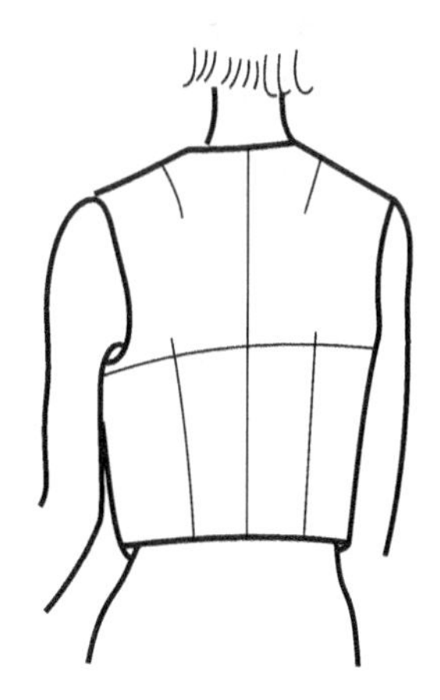

图 4-21 有省道的原型着装效果图

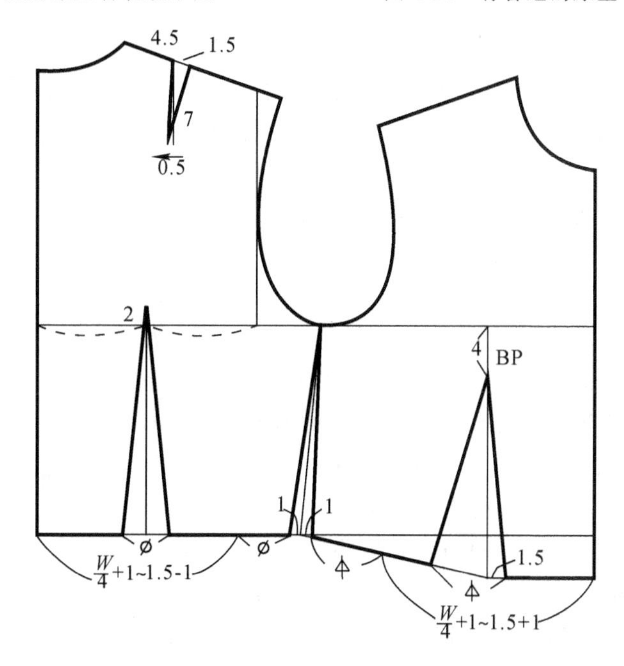


图 4-22 衣片原型的省边设计

1)侧缝省 在衣身的侧缝处,前后身各取 1cm 的省道。

2)肩胛省 在后肩线上,距后侧颈点 4.5cm 竖直向下画 7cm,然后再往后中心移动 0.5cm的点即是肩胛省的省尖位置,省份大小取 1.5cm,这样后肩线与前肩线相比还长了 0.3cm,这个量可以作为前肩线的吃势,在缝合前后肩线的时候在肩胛省两侧均匀分布。

3)后腰省 后腰省的大小与人体的腰围尺寸有关。依据国标,中号女体的腰围净尺寸可以取 68cm。如图 4-22 所示,按照后腰围与公式 $W/4+1\sim1.5\text{cm}-1\text{cm}$ 的差来确定后腰省的大小,公式中 1～1.5cm 是设定的腰围放松量,意味着人体腰围处的总放松量是 4～6cm,这个松量与立裁剪中所采用的松量不是很一致,不过这是一个设计值,可以根据需要作些调整。公式中 1cm 是前后分配的数值,需要在前片补回去,这个量的产生是因为对一般女体而言,前腰围的净尺寸大于后腰围的净尺寸,经过这样调整的原型样板就能形成侧缝顺直、丝缕方正的良好外观。

4)前腰省　前腰省的省尖就是BP点的位置,省份大小按照前腰围与公式 $W/4+1\sim1.5\text{cm}+1\text{cm}$ 的差值来确定。实际上这个前腰省已经包含了由于女体胸部突起而产生的胸省量了。

## 三、前后衣身原型样板的结构分析

前面学习了衣身原型的立体和平面制图方法,但是仅仅知道了获得原型的方法是远远不够的,比方法本身更重要的是学习和理解原型结构在人体特征方面的依据,也就是明白文化式原型结构与人体体型之间的关系,这是制图的立足点和出发点,也是今后样板结构设计变化的根本。

**1. 胸围放松量**

用平面的白坯布包围人体的上半身,便得到了如图4-23所示的筒状形态。图中显示了两种类型的包围方式,一种是与水平面成垂直的直立包围方式,即图4-23中的(a)情形;另一种是与竖直面存在一定角度的、与人体上半身的体轴成平行的包围方式,即图中的(b)情形。相比较这两种情形可知,(b)方式的圆筒围度会稍小于(a)方式的圆筒围度;(a)方式的圆筒底面呈水平状态,而(b)方式的圆筒底面不与腰围水平线同步而产生了后滑。在服装的结构设计中,把(b)的包围方式作为上半身服装的基本类型是不适当的,而把腰围线呈水平状态的包围方式(a)作为原型的基本衣身结构是有一定意义的。将包围方式(a)的立体筒状展开为平面就成了图4-24所示的长方形,长方形的高是人体的背长、长方形的宽度要大于人体的净胸围尺寸,而是人体的"净胸围$+x$",其中 $x$ 就是原型衣身在胸围部位所需要的加放松量。

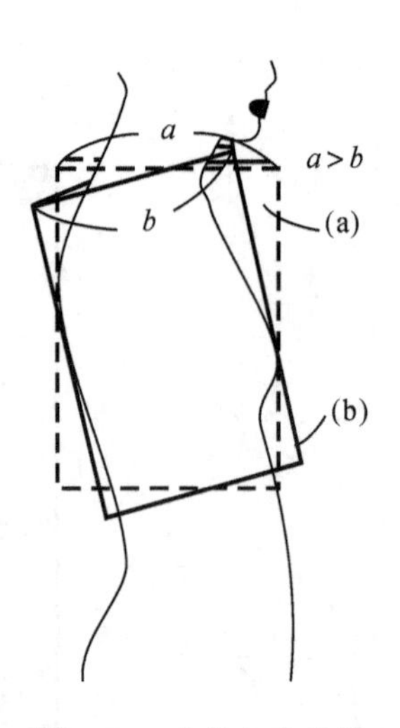

图4-23　人体上半身的两种外包围方式
(a)垂直外包围
(b)倾斜外包围

影响胸围的放松量 $x$ 大小的因素有哪些呢?仔细观察选定的原型筒状结构的包围方式a,可知圆筒的后面与人体后背的最凸点即肩胛凸相接,前面与人体前胸部的乳高点相接,圆筒的前后接点

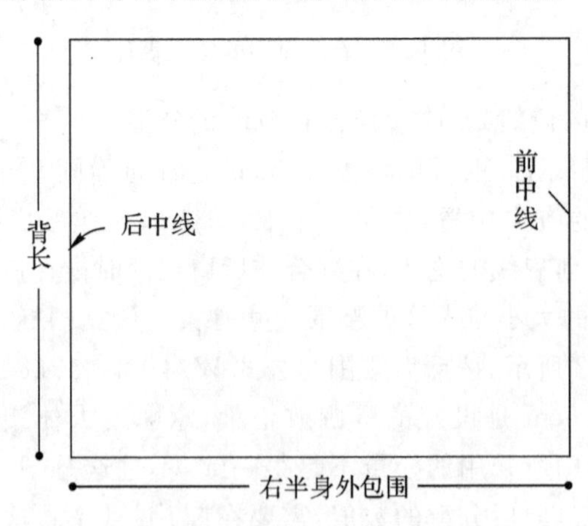

图4-24　人体上半身外包围的平面展开图

并不处在同一水平面上，而是后接点高于前接点。图 4-25 是使人体各方向外凸点的水平断面重合而成的上半身俯视图，是除去外肩点的水平断面图。从这幅图中可知，圆筒的围度长除了与上述的肩胛凸与乳凸点密切相关之外，还与人体的前腋点和后腋点的突起程度有关。综上所述，肩胛凸、乳凸、前腋点凸以及后腋点凸都决定了白坯布外包围的大小，但是由于乳凸的大小已经被人体的净胸围尺寸所包含，所以影响加放松量 $x$ 的关键因素还是处在胸围线上方的肩胛凸、前腋点凸和后腋点凸。

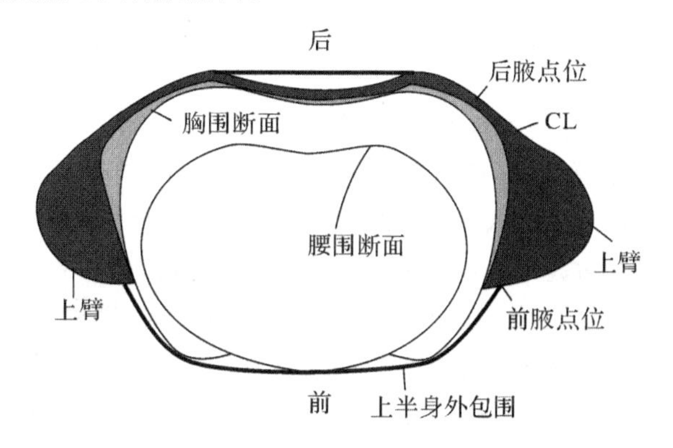


图 4-25　女体上半身断面的重合图

从对 430 人的原型衣着的实验结果看，$x$ 值的大小因人而异，大体上介于 3～7cm 之间，平均是 5.7cm 左右(原型的半身量)。基于以上的实验，在文化式服装原型中胸围的计算公式采用“$B/2+5$cm”，相当于 $x$ 值取 5cm，对全身幅加入的放松量是 10cm。这个放松量能在服装与人体之间产生较小的空隙，空隙的大小与人体的净胸围大小密切相关，但一般来讲是可以满足人体的一般活动的。人体的净胸围越大，10cm 放松量所产生的空隙就越小；反之净胸围越小，10cm 放松量所产生的空隙就越大。

原型胸围所加的基本放松量可以依据人体的体型作些适当的调整，以便能在不同体型的人体上获得一致的原型着装效果。例如体型娇小者的胸围放松量就可以考虑加 8～9cm，经过这样处理的原型的适体性会得到加强。除人体体型的大小对胸围的放松度有影响之外，不同的服装品种与款式自然会要求有不同的胸围放松度与之相对应，在今后利用原型进行样板设计过程中应根据要求在原型的基础上灵活地增加或减少胸围放松量。经验表明，紧身型服装的胸围放松量是 6～10cm；合体服装的胸围放松量是 11～14cm；半宽松型的服装的胸围放松量是 15～20cm；宽松型服装的胸围放松量至少需要 20cm 以上。

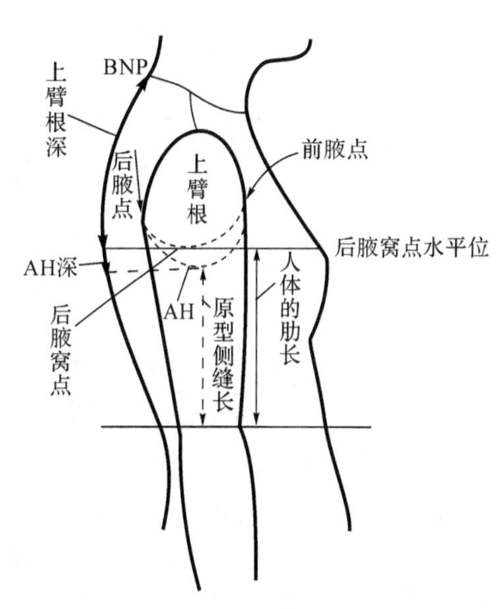


图 4-26　上臂与躯干的接合图

**2. 袖窿深度**

图 4-26 所示的是人体手臂和躯干连接处的

结构，由图可知，人体上臂根部与躯干相接，在其衔接的界面四周，前面有一个前腋点，是测量前胸宽时的辅助点；后面有后腋点，是测量后背宽时的辅助点；在后腋点的下方还有一个后腋窝点，此点是上臂与躯干连接界面的最低点。作为衣身的袖窿深线的位置显然应该低于后腋窝点，那么低于后腋窝点多少才是合理的呢？文化式原型通过立体裁剪认定在后腋窝点以下 2cm 左右的位置作为袖窿深线是比较合理的。当原型的袖窿挖得太深时，会阻碍手臂的抬举活动；当挖得太浅时，手臂的活动空间受到限制。当然，后腋窝点与袖窿 2cm 的空隙量也不是说不能变化的，它可以根据穿着者的爱好、服装的款式和方便人体的运动而作适当的变化。另外，值得一提的是，2cm 的空隙量是针对一般有袖子衣身的袖窿设计的，如果是无袖的衣型，袖窿一般都会选取约 1cm 的空隙量。

参照以上的袖窿空隙量，文化式原型衣身袖窿深度的计算公式是“$B/6+7$cm”，由公式可知袖窿深度的尺寸是随着胸围尺寸以 1/6 的比例在作线性变化的。经过实验验证，胸围与后腋窝水平位的相关系数是 $r=0.3\sim0.7$，处于低相关状态，1/6 的胸围比例关系显得稍大了一些，也就是说，按照这个公式来推算衣身的袖窿深度时，随着胸围尺寸的增加，就会产生袖窿深度过深的问题。那么如何来解决呢？这就需要在大胸围人体的原型中适当上移袖窿深线来获得与人体相吻合的袖窿深度。一般地，当人体胸围在 95cm 以上时，上移0.5cm；当人体胸围在 100cm 以上时，上移 1～1.5cm，以使原型的比例趋向合理。

**3. 前胸宽、后背宽和窿门宽**

图 4-27 所示是人体的背宽、胸宽和窿门宽重叠在一起的水平断面图，由图中可以清楚地知晓前腋点和前中心之间的距离为胸宽，后腋点和后中心之间的距离为背宽，前后腋点之间的臂根厚度为窿门宽。前胸宽和后背宽都可以通过人体测量获得，窿门宽也可以理解为人体侧面的厚度，是很难直接在人体上量取的，通常可以通过半胸围减去背宽和胸宽而间接获得。图 4-28 显示了原型衣身的前胸宽、后背宽和窿门宽的分配。

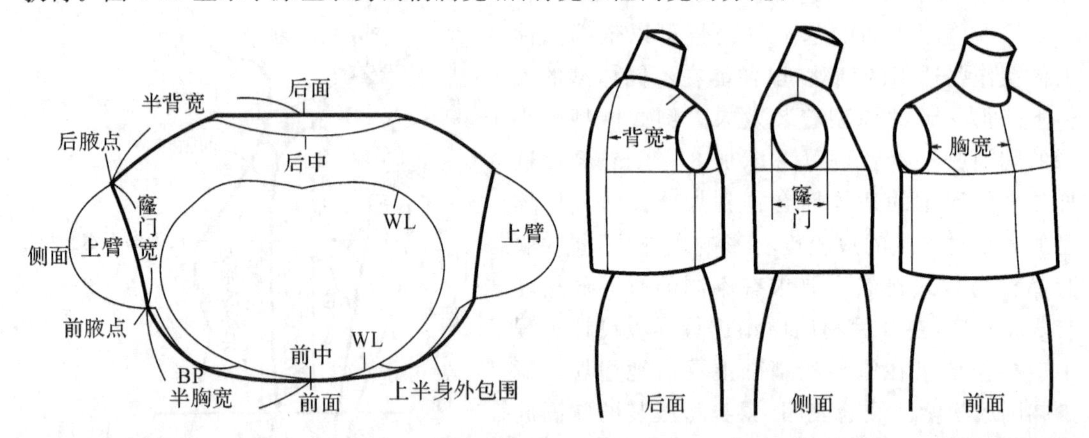


图 4-27 人体上胸宽、背宽和窿门的分配

图 4-28 箱型原型衣身中的胸宽、背宽和窿门的分配

在设计样板时，前胸宽、后背宽的采寸一般有两种方法。一种是直接来源于测量人体所得的尺寸，与人体的尺寸基本一致，但也有变化。前衣片由于是服装造型的重点，在肩胸处不需要多余的松量，因此衣身的胸宽并不需要加松量；后衣片则不同，由于手臂的向前运动和背部的伸展在日常生活中是最普遍的，故衣身的后背宽一般需要加上 1～2cm 的松量。另一种方法是求得人体前胸宽、后背宽与胸围尺寸之间的关系，利用关系式推算。

对于原型的结构设计，无论采用以上两种方法中的哪一种都要有足够的样本数，有大量的实验，才能找到适合多数人体的计测数值，使原型可靠、科学。

文化式原型的前胸宽、后背宽就采用了后一种方法。大量的人体实验表明，人体的胸宽、背宽和窿门宽与胸围之间有显著的相关性，相关系数分别为 $r=0.5\sim0.55$，$r=0.6$ 和 $r=0.6\sim0.7$，其中以窿门宽与胸围之间的关系最为密切，完全能够建立由胸围推算出前胸宽和后背宽的回归关系式。文化式原型的前胸宽计算公式为 $B/6+3$cm，后背宽为 $B/6+4.5$cm，窿门宽为 $B/6-2.5$cm，但在制图时，窿门宽一般也是通过胸围减去胸宽和背宽获得的。

这套公式中的变量都包含了 $B/6$，记忆和计算容易，极大地方便了制图，但是在实际应用时，特别是大胸围的人体会产生一定的偏差。一般来讲人体胸围越大，体型会较圆胖，人体胸部的水平断面会由椭圆形趋向于圆形，也就是人体的厚度会增加，此时应该适当地减小胸宽、背宽，同时将减小的量加入窿门宽，保持胸围尺寸不变（如图 4-29 所示）；反之人体的胸围越小，会表现出扁平的水平断面特征，人体的厚度会变窄，此时应该适当地增加胸宽、背宽，增加的量来自窿门宽减小的量。

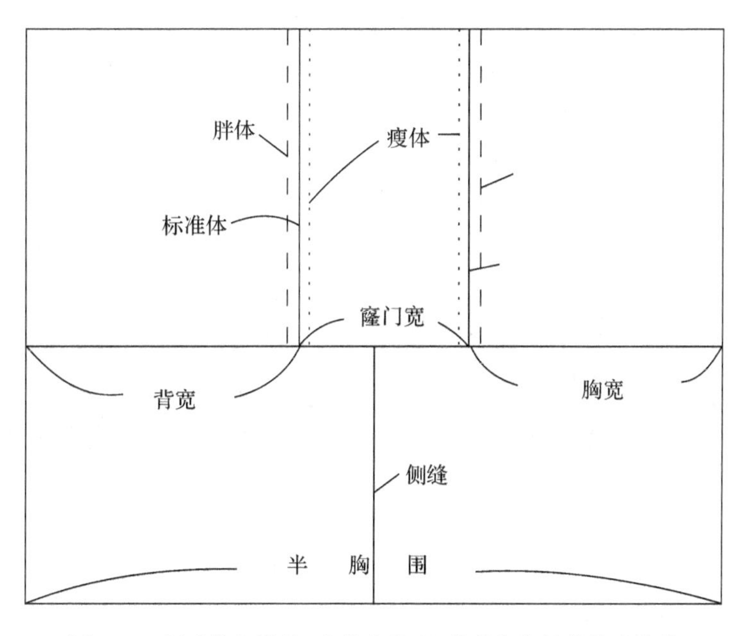


图 4-29 标准体与胖体、瘦体之胸宽、背宽和窿门的分配比较

**4. 前后领口线**

领口线是指沿着脖颈根部连接而成的平坦曲线，由前领口线和后领口线在侧颈点圆顺过渡而成的曲线。前后领口线的平面制图必须依赖于前后横开领的宽度和直开领的深度尺寸。获取横开领和直开领的方法一般有两种，一是利用设计师的领口尺或用两个带有直边的尺子直接测量获得（参照本章第 6 节图 4-65(b)，(d)图）；另一种是先用立体裁剪或其他方法做出适合人体体表的原型衣，然后再将原型衣展开成平面，测量其领口线的宽度和深度。

文化式原型是通过以上第二种方法获取人体的前后领口线的宽度和深度，然后通过线性回归分析得到它们与人体胸围的关系式，即后领口宽 $B/20+2.9$cm，前领口宽 $B/20+2.7$cm，前领口宽小于后领口宽 0.2cm。人体颈部的结构特点是向前倾斜，所以正常人体的前领口宽都会小于后领口宽，其值一般为 0～0.5cm。

与胸宽和背宽的计算一样，以胸围的 1/20 来推算前后的领口宽度和深度也只是在比较标准的人体中适用,胖体和瘦体在实践中都会有一定的偏差。胖体的胸围尺寸过大,使得推算出的领口尺寸偏大,原型衣身在脖子四周空荡、不合体,应该适当地减少前后领口的宽度和深度;反之,瘦体的胸围过小,使得推算出的领口尺寸偏小,原型衣身在领口处会有卡脖子的现象,应该适当地增加前后领口的宽度和深度。

**5. 前后肩线**

人体上没有明确的肩线,表现的是在一定的区域范围内,很难精确获得。但一般可以通过以下两个原则来确定,一是肩线处在人体肩部的最上缘;二是肩斜线应该符合体型的自然状态。样板设计时的肩斜线与人体的肩斜线有很大的关系,但不能不加改变地照搬,而是要根据人体的状态、松量的要求进行综合调整。

肩斜线在样板上体现为一条具有一定角度的线段,角度的获得是比较麻烦的。一般来讲,有两种方法可以取得肩斜线:一是利用短寸法制图,首先需要测量人体体表多个部位的尺寸,然后将这些部位尺寸的立体对应关系转化为相同的平面对应关系,最后自然就可以确定出样板的肩斜线,如图 4-30 和图 4-31 所示,通过多个体表尺寸的组合制图,确定了肩斜的角度;另一种方法与前述的领口线的获得相一致,先用立体裁剪获得各个个性化肩斜的平

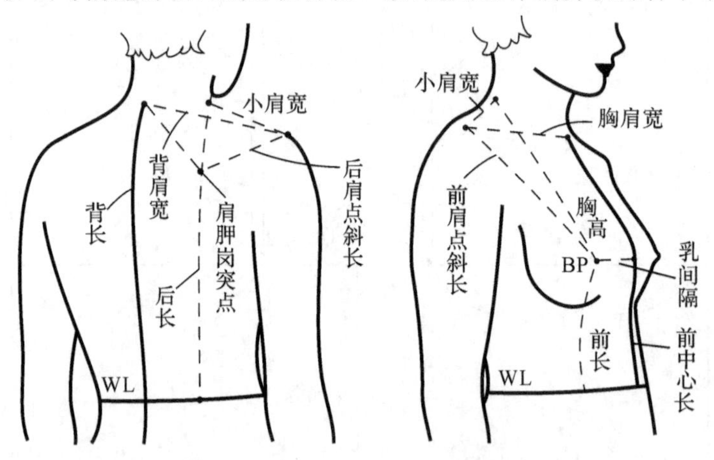


图 4-30 求肩斜时人体上的计测部位

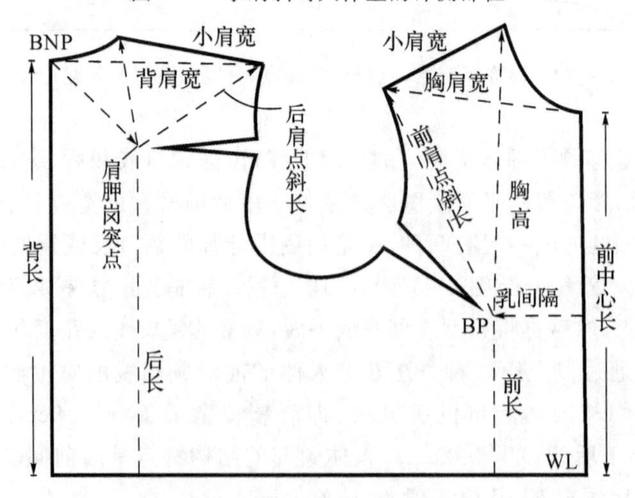


图 4-31 求肩斜度的平面作图法

面样板数据，然后利用数理统计方法确定出肩斜线的位置。

从 430 名被试进行的着装实验的结果来看，原型展开图的平均肩斜为，前肩为 28.69°，后肩为 19.22°，即图 4-32 中用虚线表示的紧身衣肩斜。文化式原型的肩斜角度设计充分考虑了原型适用的广泛性、人体手臂的抬举、肩部运动的方便性等，将肩斜线比紧身衣的肩斜设计得平一些。胸围为 82cm 的文化式原型的前肩斜是 20°，后肩斜是 19°，如图 4-32 中的实线。由于人体肩背部的多余松量演变为肩省，所以适当地增加了后肩线的斜度。

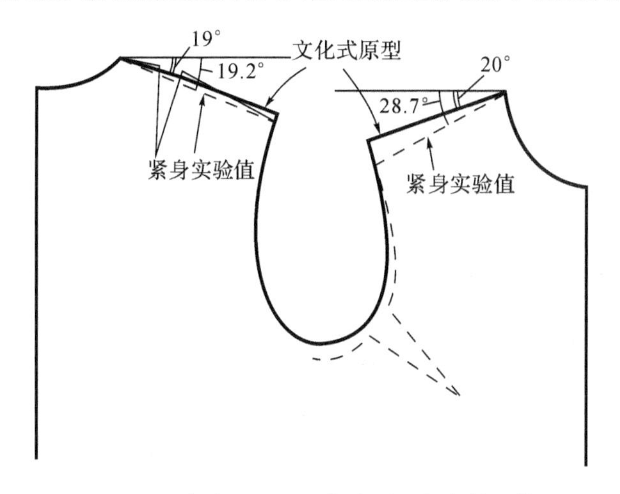


图 4-32 紧身原型和文化式原型的肩斜比较

**6. 前胸省、后肩省**

用白坯布包裹人体的肩胸部位，就形成了如图 4-33 所示的圆筒状的立体造型，胸背部都远离人体体表，不能形成合体的服装。要构成服装不仅要在肩线处缝合，而且还要将胸部和后背部的多余松量折叠，做成省道才能与人体的体表相吻合。省道的位置是可以随意设计的，原则是要保证白坯布与人体体表的贴合。图 4-33 中，将背部的松量折叠在后肩上，称之为后肩省，胸部的松量折叠在前袖窿处，称之为袖窿省。观察图形还可以获知肩省的形成是由于后背肩胛骨的隆起，而前片的袖窿省的形成是由于女体胸部的隆起，所以这个袖窿省在本质上是胸省。

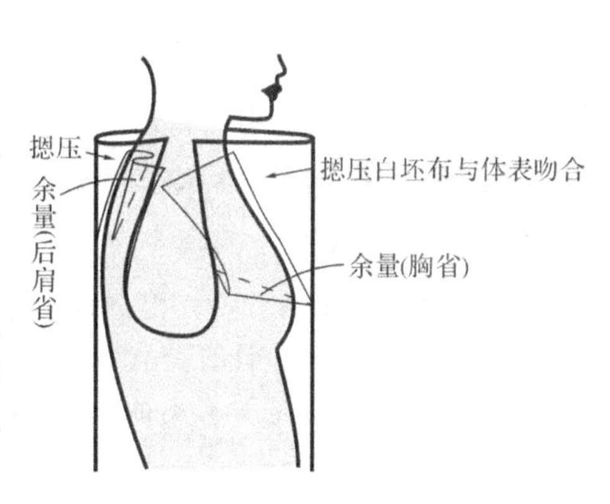


图 4-33 前胸省、后肩省的形成

学过立体裁剪的人都能理解，前衣片由胸部隆起所形成的松量可以在前片的任意位置折叠，也就是说，胸省可以设计在以胸高点(BP 点)为中心的 360°圆周内的任意位置。位置虽然改变，但是衣身与人体的贴合程度并没有任何区别。在本章用立体裁剪法获得原型衣身一节中的第一个前衣身原型样板就是把胸省放置在侧缝处，第二个前衣身原型则把胸省放置在腰节中，这两个原型和人台的贴合程度是完全一致的，这就是胸省的转移，在第五章中会有专门的论述。

文化式原型的肩省设计在后肩线上。胸省设计在前腰节之中，并和前身的腰省并成一个省道，使得前腰节的省道大大增加，同时也使得前腰节线是一条中心低、侧缝高的折线，如果将胸省转移到其他部位,就能获得水平的腰节线。

## 第三节　女装袖片原型

从实用的角度来说,不建议采用立体裁剪方法制作袖片样板。用平面制图方法获得袖片样板不仅简单快捷,而且实用美观,是当前最常用的袖子结构设计方法。

### 一、绘制袖片原型的必要尺寸

袖子样板设计的采寸依据袖子的造型要求不同而不尽相同,大体上有袖长、上臂围、肘围和腕围等尺寸。本节所述的袖子原型样板制图仅需要袖长尺寸和前后袖窿弧线的长度。为与前面制作衣身原型时所选的号型规格配套,袖长仍以中号为准,即取 53cm 作为原型袖片的制图尺寸。

另外如图 4-34 所示,用能够弯曲的软尺,如皮尺、放码尺等测量图中前后衣身的袖窿弧线长(图中粗实线部分),这里前袖窿弧线的长度简称为前 $AH$,而后袖窿弧线的长度简称为后 $AH$,前后袖窿弧线之和称为 $AH$。

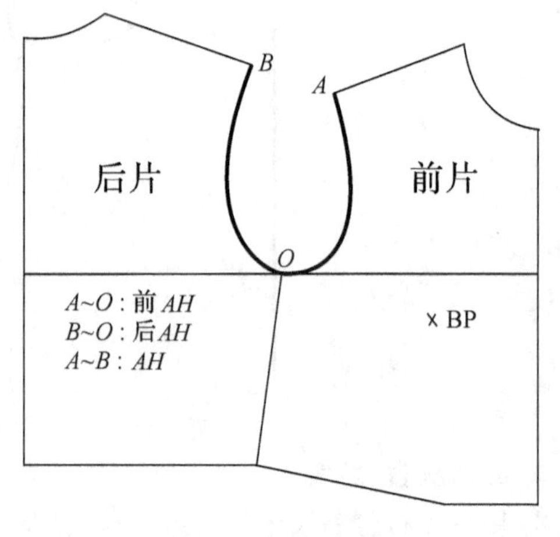


图 4-34　测量前后袖笼弧线长

### 二、袖片原型样板的制图(见图 4-35)

如图 4-35(a)所示:

1)取袖山高　画两条垂直相交的直线,水平线即是袖肥线,竖直线即是袖中线。在袖中线上,从袖肥线处向上按计算公式 $AH/4+2.5$ 取袖山高。袖山的高低直接影响了袖肥的大小,这是制作较宽松的衬衫类袖子的袖山高取值公式。如果是制作比较合体的袖子,其袖山高一般取 $AH/3$。

2)取前、后袖肥　以袖中线的最高点(也称为袖高点)为圆心,以前 $AH$ 值为半径在袖中线的右侧截取前袖肥;同理,以后 $AH+1$cm 的长度在袖中线左侧截取后袖肥。

3)作袖口辅助线　在袖中线上,从袖高点向下量取袖长尺寸,并作一条水平线作为袖口的辅助线。

4)作前、后袖缝线　从前后的袖山斜线与袖肥线的交点向下作垂线直至与袖口辅助线相交。

5)作袖肘线　从袖高点往下取袖长 $1/2+2.5$cm 找点,过该点作一水平线。

如图 4-35(b)所示:

6)前袖山曲线　四等分前袖山斜线,一个等份以符号"△"代替其长度。过第一等分点垂直于斜线往右上取 1.8cm 作为第一辅助点;在前袖山斜线上且距第二等分点 1cm 的点为第二辅助点;过第三等分点垂直于斜线往左下取 1.5cm 作第三辅助点。光滑连接袖高点、

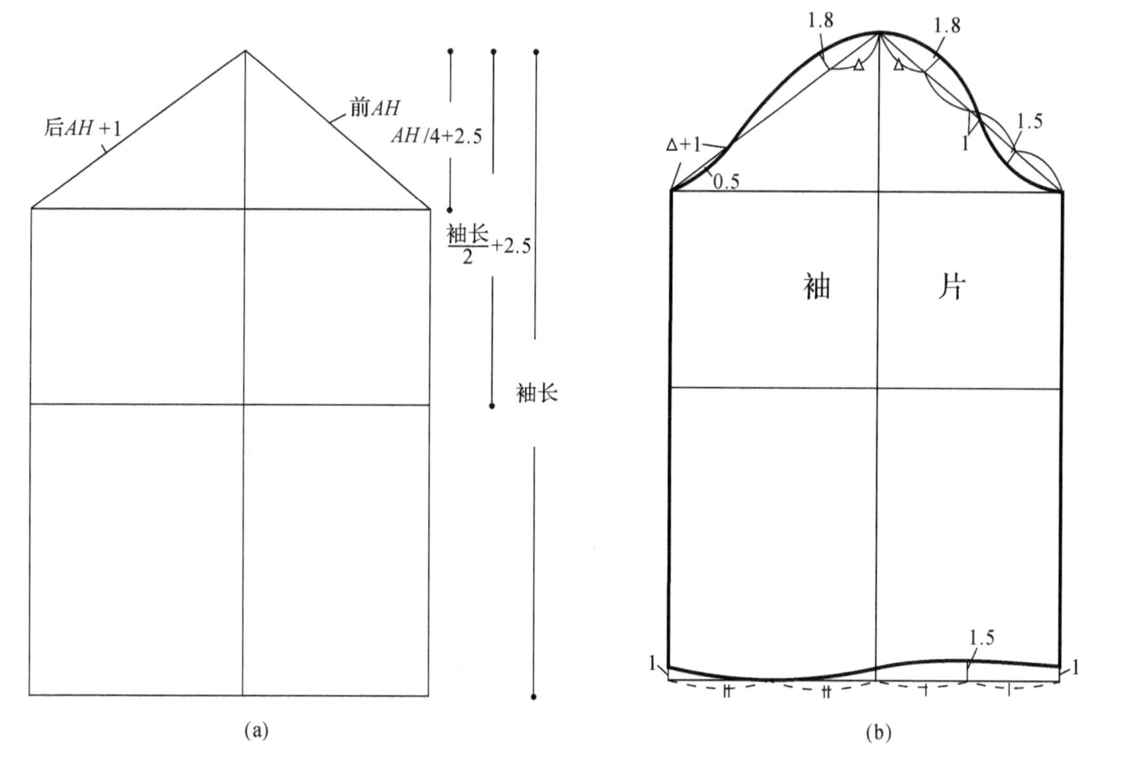


(a)　　(b)

图 4-35　文化式袖片原型的绘制

第一、第二、第三辅助点以及袖肥线与前袖缝的交点就是前袖山曲线。

7)画后袖山曲线　在后袖山斜线上，从袖高点以“△”的长度找点，过该点垂直于斜线往左上方取 1.8cm 作为第一辅助点；从袖肥线与后袖缝线的交点往上取“△＋1cm”的长度作为第二辅助点。圆顺连接以上两个辅助点以及袖高点、交点的曲线就是后袖山曲线。

8)画袖口线　前后袖缝线与袖口辅助线的交点都上抬 1cm 作为两个辅助点，前袖肥中点上抬 1.5cm、后袖肥中点作为另两个辅助点，光滑连接这四个辅助点就是袖口弧线。

### 三、袖窿与袖山的对位的设计

服装样板中的对位刀眼是必不可少的，它是能缝制出优质、精良服装的前提条件之一。原型样板中最重要的对位刀眼就是绱袖子时所需的袖窿和袖山的对位。如图 4-36 所示，在后袖窿弧线上，并距后袖窿深的二等分点 2.5～3cm 的点标记为 $A$，然后用软尺测量弧线$\widehat{AC}$的长度，在后袖山弧线上，从后袖底点 $C$ 起始，依$\widehat{AC}$＋0.2cm 的长度找到 $A'$点。同理在前袖窿弧线上可以找到 $B$ 点、在后袖山弧线上找到 $B'$，图中的 $A$，$B$，$C$，$O$ 四个点就是对位点，它们是绱袖时各段样板吃势满足预先设计的保证，也是形成美观袖型的保证。

### 四、原型样板的复核

完成服装样板设计之后，一般都要求进行样板的复核，养成复核样板的良好习惯很重要。但实际上有很多学生，甚至一些制板师傅因为嫌麻烦而忽略了样板的复核，最后造成返工，不仅浪费了大量的人力、物力，而且还大大降低了制品的质量，实在是得不偿失。原型的

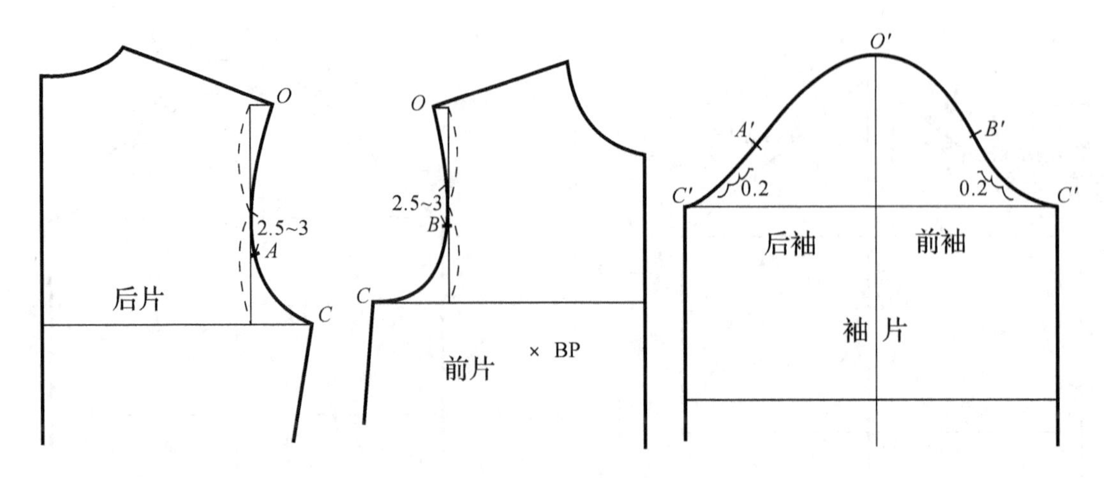


图 4-36 袖窿与袖山的对位

复核主要包括两方面的内容:

(1)检查原型各个合缝部位的衔接是否圆顺

这里主要是检查前后领口弧线在侧颈点的连接、前后袖窿弧线在肩点和袖窿底点的连接是否自然圆顺(如图 4-37 所示),省道闭合后是否圆顺等等,如果没有达到要求,则需加以修正。

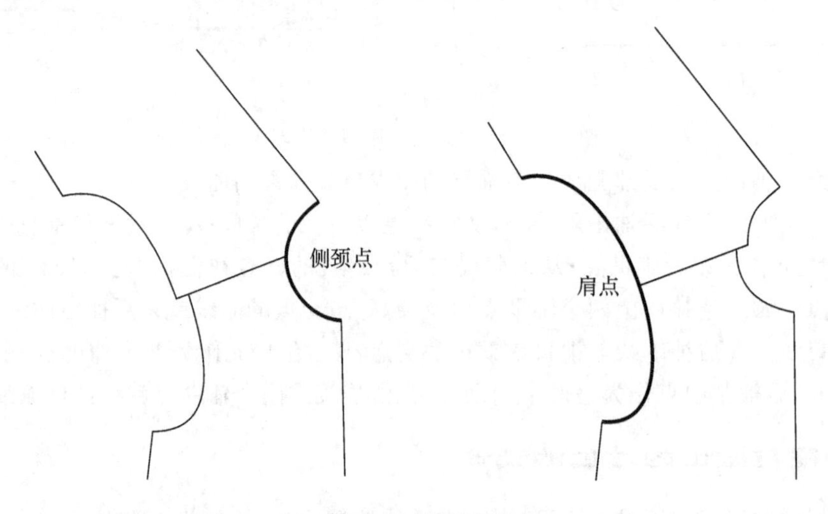


图 4-37 样板的复核

(2)检查样板合缝部位的长度是否合乎要求

在样板中,两片需要合缝的裁片边缘,有些是要求相等的,如前后衣片的侧缝、袖片的袖缝、省道的两侧等部位;有些是需要有吃势的,如袖山与袖窿、大身与驳头、领里与领面等。对于原型,应仔细检查侧缝、袖缝等样板合缝部位的长度是否相等,前后肩缝长度、袖窿、袖山的曲线长度差值是否合乎要求,从而确定吃势的大小与事先的设计是否一致。

## 五、袖片原型的结构分析

文化式袖子的原型是直身的装袖,结构较为简单。我们把袖子在上臂根处与衣身结合的袖子结构称为装袖,以与衣身和袖子相连的袖型如插肩袖类连身袖相区别。

在具体款式的袖子样板设计中,可以利用袖子原型作为基础来发展,但如果能理解掌握袖子原型结构的原理，则利用袖窿的尺寸来直接进行各类袖子样板制图也是很方便的。这一节所讲述的袖子结构原理并不仅仅局限于文化式的原型，其道理对所有的袖子都是相通的。

**1. 袖山高**

图 4-38 显示的就是装袖类袖子的平面样板与其人体手臂的对应关系。图中袖山高 $a$ 的大小取决于肩点到后腋窝点水平位置的纵向距离，腋窝的水平位置将手臂分成袖山高 $a$ 和下肢内侧长 $b$ 两部分，相应地袖肥线将袖片样板分成袖山高和袖下长两部分。因此袖片袖山高的影响因素有腋窝的水平位置、绱袖位置（也即衣身的肩点位置）、绱袖的角度和材料的特性，其中绱袖的位置、材料的特性与袖长同时变化。

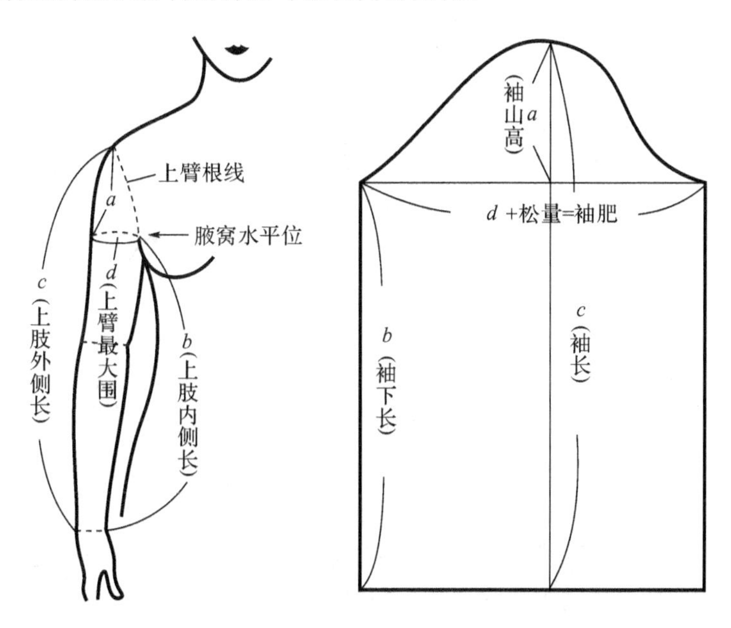


图 4-38 手臂与袖片样板的对应关系

（1）后腋窝点的水平位置

衣身原型的袖窿是设计在人体后腋窝点以下 2cm 的位置，所以袖子原型也要在人体腋窝附近截取袖深，确定袖肥线。袖山高与袖窿的位置相对应，定在人体后腋窝点下方 2cm（如图 4-39 所示）。

（2）绱袖位置

人体的肩头是复杂的曲面构造，并且肩头的曲面形态也会因人有较大的差异，其肩点位置并不明确，服装肩点的选择也因此变得模棱两可。随着绱袖位置的不同，服装的肩宽也有所变动。另外，绱袖位置也受服装流行和爱好的影响。一般来讲，常见的绱袖位置有三种，如图 4-40 所示。

图 4-40(a)所示是在上臂根线内侧、臂根的直线界限上的绱袖形式，图中虚线是表示上臂根线。作为装袖，这是产生最窄肩宽的情形，能用袖片的山头把人体肩头的复曲面整体罩住。这种绱袖位置形成的袖山高比前述所述的袖山高 $a$ 要大一些。泡泡袖一般采用此绱袖位置。

图 4-40(c)所示是沿着肩周外缘的绱袖形式。肩斜线一般是直线，这样肩点与直线相交的局部稍显漂浮，因而设计时应使袖山高高于人体体表 0.5cm。与图 4-40(a)相比，此图的

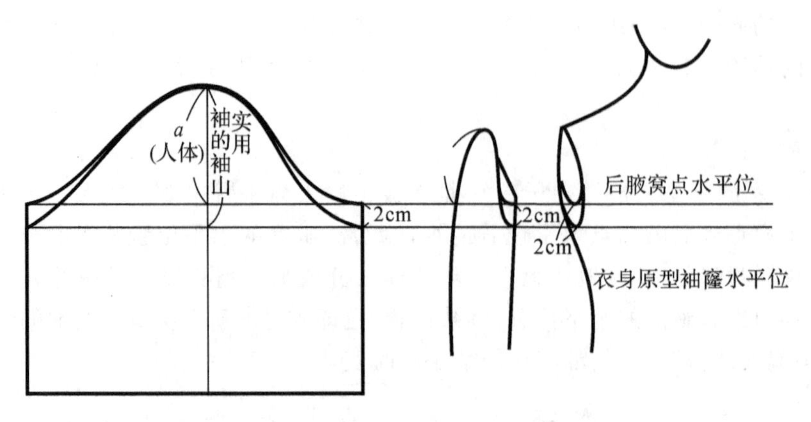


图 4-39 后腋窝点高低与袖山高的关系

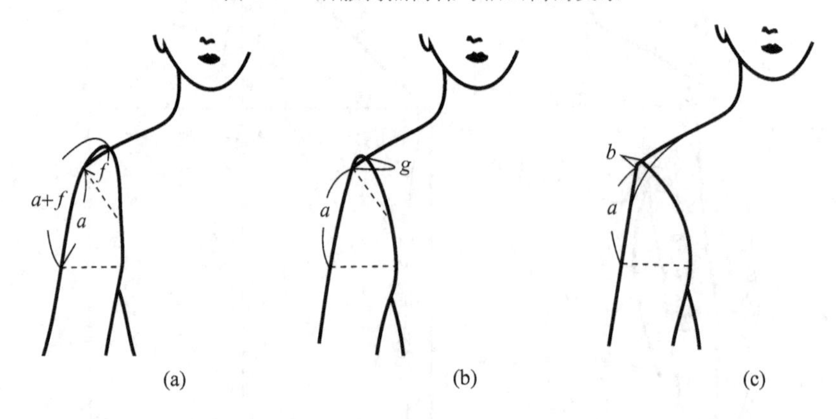


图 4-40 绱袖位置与袖山高的关系

绱袖位置所形成的袖山高明显要低很多。宽松的衬衫袖大多采用此绱袖位置。

图 4-40(b)所示的装袖情形是介于图(a)和图(c)之间的,衣身的肩宽不致过窄,也不会在肩头处产生空隙,是比较理想的绱袖位置。这个位置是很多服装常用的绱袖位置,文化式原型也是依据这个位置来设计袖子的袖山高的。

图 4-41 显示了不同绱袖位置时的衣身肩宽和袖片袖山高低的变化。

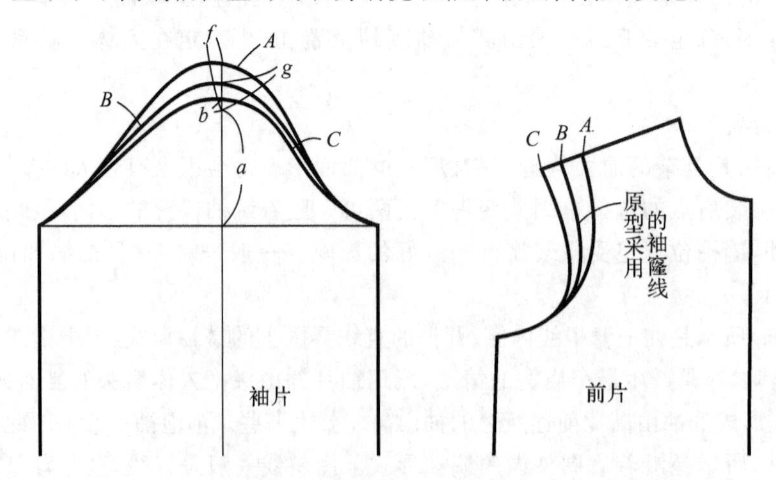


图 4-41 绱袖位置不同引起的衣身、袖片样板的变化

(3)绱袖角度

手臂在臂根处与躯干相接,手臂自然下垂时,可以认为手臂与躯干是平行的;手臂平举时可以认为手臂与躯干成90°角,当然手臂与躯干所成的角度在大多数场合下是介于0°和90°之间的。图4-42展示了袖子以三种不同角度与衣身连接时袖山高变化的情形。

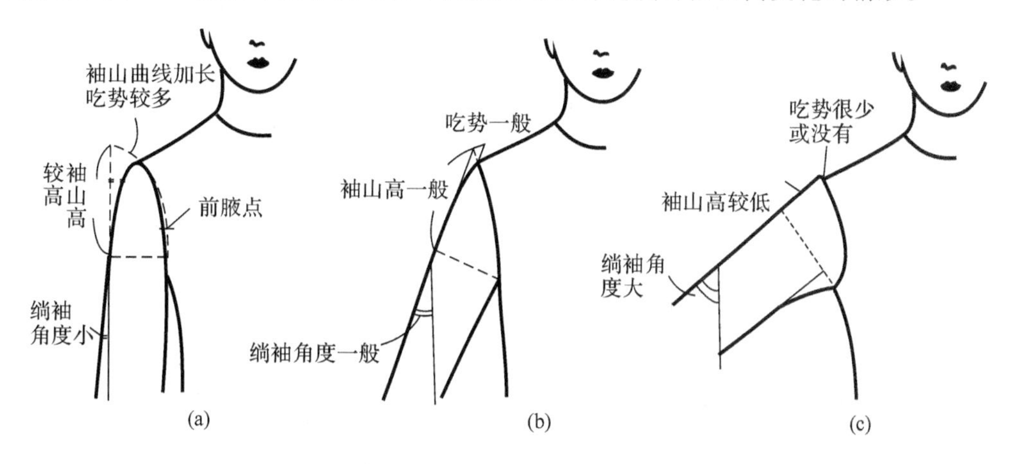


图4-42　绱袖角度与袖山高、袖山吃势的关系

图4-42(a)以略大于0°的角度将袖子与衣身缝合,此时袖子的袖山高最大,袖山曲线也需要长一些以获得较大的吃势,形成足够的空间保证袖子与人体肩头部位的贴合。这种角度的袖子造型美观,合体程度高,常常应用在西服、大衣等以静态作为基本考虑,而不强调活动机能的服装中。

图4-42(c)所示为是以较大的角度将袖子与衣身缝合。想像当手臂平举时,肩头的突出程度大为减少、肩与手臂接近于水平过渡,其结构也趋近于平面,此时袖子的袖山高尺寸较小,袖山处不需要吃势以形成立体空间。这种角度的袖子造型平面化、合体程度差,当手臂下垂时,腋下会产生多余的皱褶,袖子整体不美观,但是却有很高的活动机能,是运动、休闲类服装所喜爱采用的装袖角度。

图4-42(b)是介于图(a)和图(c)之间的装袖角度,也是文化式原型所采用的装袖角度,是以手臂侧抬20°左右的状态作为袖子的基本情形来考虑的。这个角度的袖山高、袖山曲线吃势的情形都介于前两者之间,是兼顾了服装造型美和人体活动机能的选择。日常的衬衫、罩衫和外衣等类型的服装常以此角度作为参考。这个状态与静态的角度相比,侧抬20°的袖山高尺寸大约会低1.4cm。

(4)材料特性

如前所述,人体的肩头是复曲面结构,袖子为了能与之相吻合,不仅要在袖山部位,也即在袖山曲线上部约一半左右加入吃势,而且装袖的缝头需要往袖片方向折回,目的是袖片在袖山头部位遮盖缝头形成一定的空间(如图4-43所示)。袖山缝头的折回,导致了袖山尺寸的增加,增加量的大小则要依据材料的特性,尤其是材料的厚度来确定。细平布等薄型面料约增加0.1～0.2cm、大衣料等厚型面料约增加0.5～0.7cm,这些需要追加的尺寸在进行袖子的样板设计时必须有所考虑。

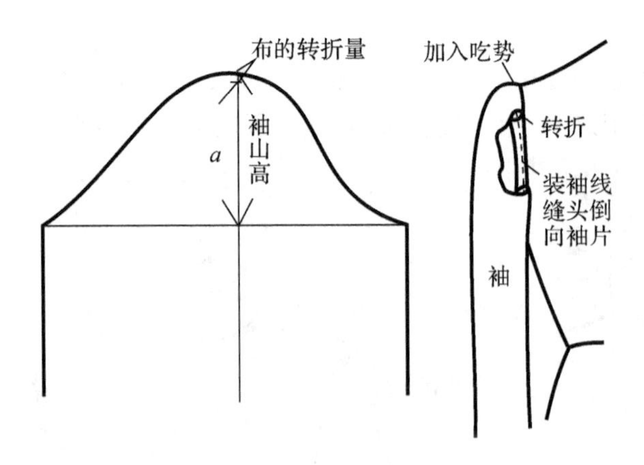


图 4-43　材料特性与袖山高的关系

**2. 袖肥**

袖片的袖肥取决于上臂根围，但是向前后突出的前后腋点也对袖肥的大小有着极大的影响。如图 4-44 所示，人体的前后腋点处在上臂根围的外部，袖子包裹上臂之后，在前后侧都会与上臂之间产生约 1cm 左右的空隙量，将这样的立体图展开成平面的样板图，就会在袖片的袖肥线处增加 4～5cm。文化式原型的袖子虽然没有确定袖肥的具体数值，而是由袖窿尺寸推导而得的，但不论怎样，知道袖肥的最小极限是需要在臂根的最大围处追加 4～5cm 的松份这一点还是非常必要的。

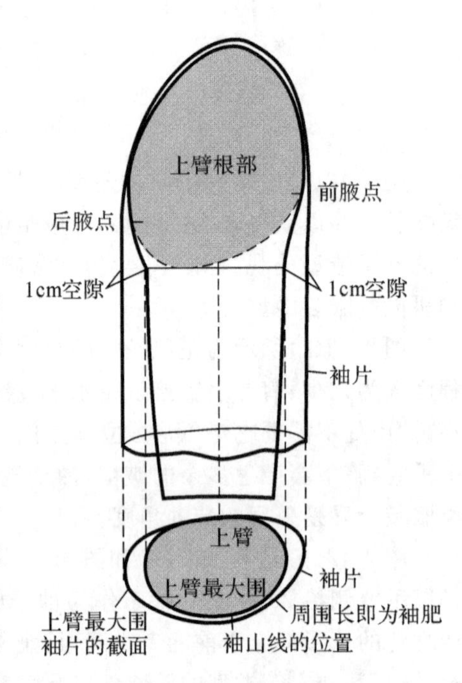


图 4-44　决定袖肥的因素

**3. 袖山吃势**

吃势是服装中的专用术语，简单地说就是两片需要缝合在一起的裁片的长度差异，其差值就被称为吃势。反映到袖子上，一般袖山曲线长会长于袖窿曲线长，其差值就是袖窿的吃势。这个差值在向吃势转化时，就会在袖山头的部位形成复曲面，如图 4-42 所示，绱袖角度大，吃势就少一些（见图(b)和图(c)），绱袖角度小，吃势就需要多一些（见图(a)）。另外，即使像图(c)的情形，复曲面情形完全没有，但只要装袖的缝头是向袖身折回的，也要根据材料的厚度和覆盖的情况适当地加长袖山曲线，使之包含一定的袖山吃势。吃势的大小还与材料和袖子的造型有密切的关系，影响因素多且复杂，这里就不再作讨论了。

装袖时并不是所有的袖窿部位都需要吃势的，吃势从前腋点开始到后腋点结束，分配时靠近袖山高点的区域吃势也适当多一些。但有时为了追求自然的肩部特征，也会在袖山高点前后各 1cm 的位置不考虑吃势，自然过渡。前后腋点以下的部位是只有极少的吃势或是干脆袖山和袖窿曲线相等，不设计任何吃势。

在袖子袖山高已经确定的前提下，袖子的吃势也即袖山曲线的长短可以通过调整前后袖山斜线的长短来与袖窿配合。

**4. 袖口曲线**

人体手臂自然下垂时，肘以上部位几乎呈垂直状态，而肘以下部位则向前方摆动（如图4-45所示）。它的摆动角度、摆动尺寸以及形态会因个体的差异而不同，但大多数女体的平均值是如图中所示的。因此，如果原型的袖子的袖口线是一条水平线的话，手臂向前摆动就会产生前袖口过长，而后袖口过短的状况。原型袖的样板前袖口减短了1～1.5cm，前袖中点处最短、后袖中点最长的袖口曲线设计就可以弥补水平袖口线的不足。

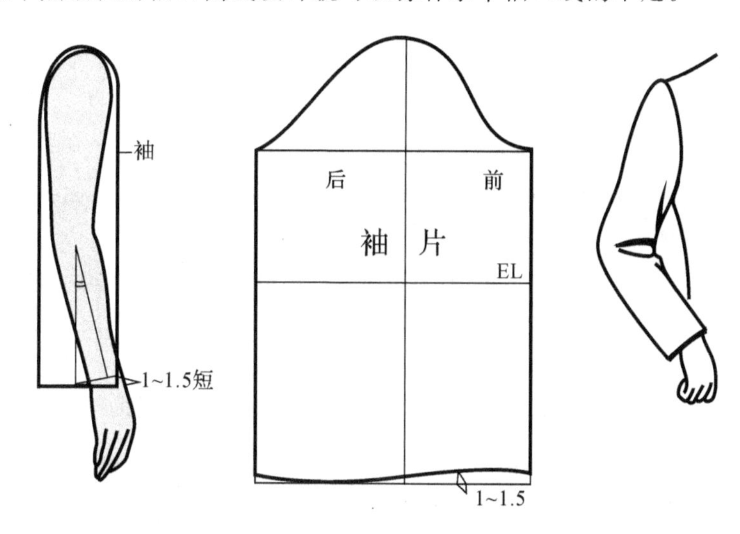


图4-45 手臂自然前倾与袖片原型的袖口曲线的关系

# 第四节 日本新文化女装原型

随着人体体型的变化、服装工艺技术的不断进步以及人们审美情趣的流行变化，文化式原型也一直不断地在发展变革中完善。日本文化式原型于1935年由并木伊三郎结合其20余年的洋裁经历创立，当时为第一代原型，目前已经发展到新文化原型，是由日本文化服装学院于1999年的下半年推出的。新文化原型与前面所述的第六代原型相比，在许多方面都有了改进，解决了老原型中存在的诸多问题，但到目前为止，其在我国的变化应用研究还比较欠缺，需要时间检验。

## 一、绘制新文化原型的必要尺寸

新文化原型传承了老原型采寸简单的特点，只需用胸围和背长尺寸来制作衣身，袖长尺寸来制作袖子。这里仍然采用中号（M）规格，即胸围 $B$ 为84cm、背长为38cm和袖长为53cm来绘制新文化原型。

## 二、新文化衣身原型的绘制（见图4-46）

如图4-46(a)所示：

1)作后中心线　以人体的背长尺寸(38cm)在纸张的左侧画一竖直线。

2)作下平线(腰围线)　在竖直线的下端作一条水平线,长度为 $B/2+6\text{cm}(48\text{cm})$。6cm 是半身基本板在胸围部位的放松量,全部放松量是 12cm。

3)作上平线　在竖直线的上端作一条水平线。

4)作袖窿深线　在后中线上距上平线 $B/12+13.7\text{cm}(20.7\text{cm})$ 找点,过该点作一条水平线。

5)作背宽线　在袖窿深线上,距后中线 $B/8+7.4\text{cm}(17.9\text{cm})$ 作一条竖直线,直至与上平线相交。

6)作横背宽线　距上平线 8cm 作一条水平线。

7)作 $G$ 线　在背宽线上,过袖窿深线与横背宽线间距的二等分点下移 0.5cm 的点所作的水平线。

如图 4-46(b)所示:

8)作前中心线　与后中线平行,并按袖窿深线以上长为 $B/5+8.3\text{cm}(25.1\text{cm})$ 来确定前衣片上平线的位置。

9)作胸宽线　在袖窿深线上,距前中线 $B/8+6.2\text{cm}(16.7\text{cm})$ 作一条竖直线。

10)BP 点　在袖窿深线上二等分胸宽尺寸,该等分点往袖窿方向移动 0.7cm 的点,用符号"×"作标记,此点即是衣片的胸乳点。

11)作 $F$ 线　过胸宽线左侧 $B/32(2.6\text{cm})$ 的点向上作一条辅助线即为 $F$ 线,并与 $G$ 线垂直相交。

如图 4-46(c)所示:

12)作侧缝线　过背宽线与 $F$ 辅助线之间距的二等分点所作的竖直线。

13)取前横开领　前横开领大小为 $B/24+3.4\text{cm}(6.9\text{cm})$,以代尺寸符号"◎"来代替。

14)取前直开领　前直开领大小为"◎+0.5cm(7.4cm)"。

15)画前领口弧线　依据前横开领和直开领的尺寸作一个长方形,三等分长方形的对角线,等分点沿对角线下移 0.5cm 作为画领口弧线时的辅助点。最后弧线连接侧颈点、辅助点和前颈点得到前领口弧线。

16)作前肩线　前肩线的斜度依据角度来确定,取 22°,其长度超过胸宽线 1.8cm。

17)取后横开领　后横开领的大小为前横开领的大小"◎+0.2cm(7.1cm)"。

18)取后直开领　后直开领为横开领的三分之一。

19)作后肩线　后肩线的斜度为 18°,其长度待后肩省的大小确定后,按照"前肩线的长度+后肩省的大小"来定。

如图 4-46(d)所示:

20)作后肩省　省尖位于后横背宽线的二等分点右移 1cm 的点,省道左侧比省尖的竖直位置偏右 1.5cm,省份大小为 $B/32-0.8\text{cm}(1.8\text{cm})$。

21)作前胸省　连接 BP 点、$G$ 线与 $F$ 线的交点的线段是胸省的一侧,省道大小由公式"$(B/4-2.5\text{cm})°(18.5°)$"计算而得,再根据省道两侧相等的原则来确定省道的另外一侧。

22)画袖窿弧线　在袖窿深线上,三等分侧缝与前胸宽线之间的距离,一个等分以符号"●"代替。在后背宽线与袖窿深线组成之直角的角平分线上取"●+0.8cm"作为画后袖窿弧线的辅助点;在前胸宽线与袖窿深线组成之直角的角平分线上取"●+0.5cm"作为前袖窿弧线的辅助点。圆顺连接前后肩点、前后袖窿弧线辅助点以及侧缝和袖窿深线的交点所

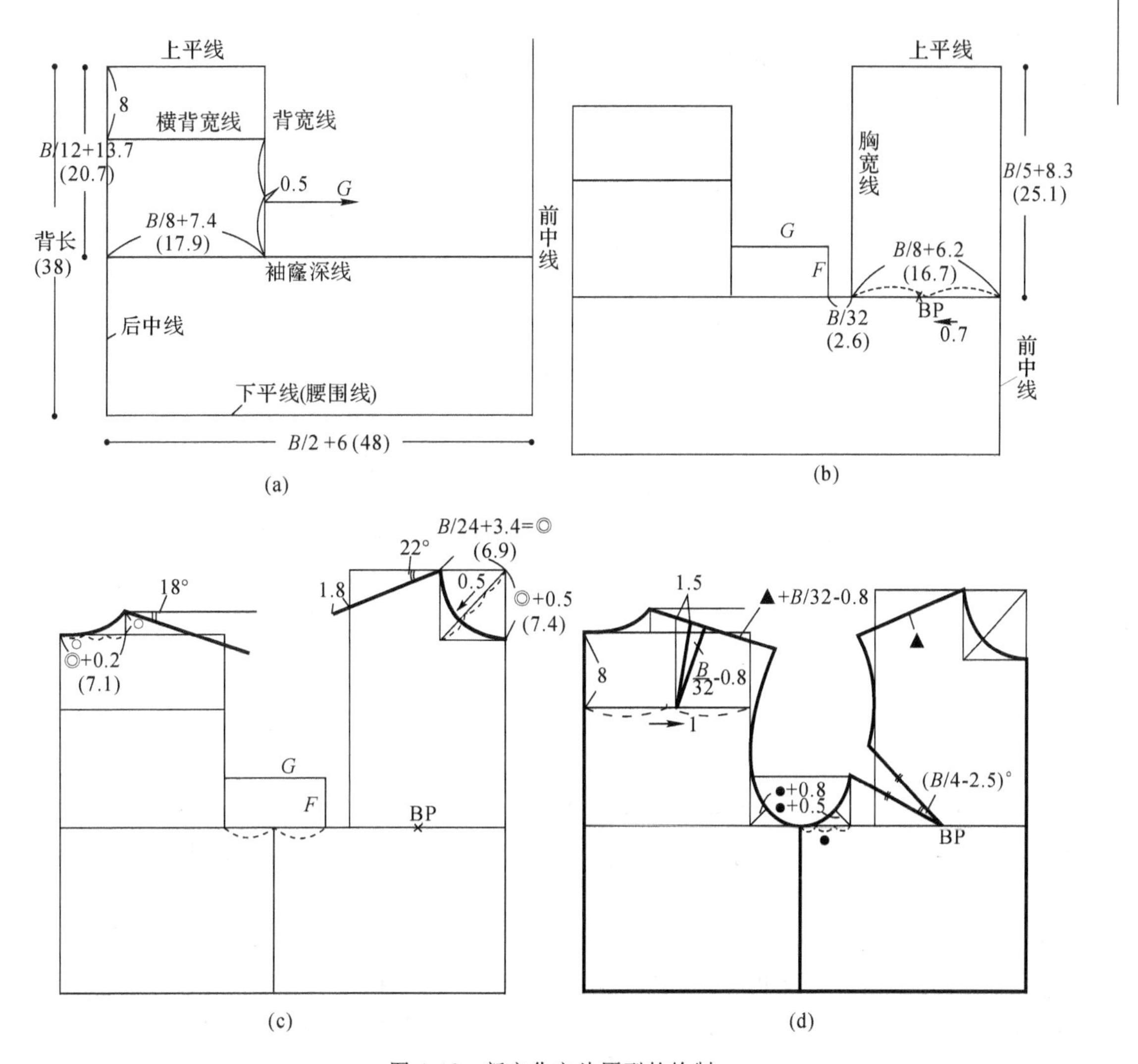


图 4-46　新文化衣片原型的绘制

获得的弧线即是前后袖窿弧线。

新文化原型的腰围线是一条水平线，它将前衣片当中的胸省设计在前袖窿处，使得胸省从腰省中分离出来。如图 4-47 所示，新原型的腰省设计位置最多可达 $a$,$b$,$c$,$d$,$e$ 和 $f$ 六个，每个部位根据实验总结出不同的使用量配比，即占总收腰量的百分比。总收腰量的计算公式为："($B/2$＋放松量)－($W/2$＋放松量)"，是与原型样板的胸围和腰围放松量取值密切相关的。以绘制原型样板时的放松量为例，胸围为 6cm，腰围为 3cm，将中号的规格尺寸(胸围 84cm，腰围 66cm)代入公式，经过计算可得最后的总收腰量为 12cm，总收腰量与各部位所占腰省量的百分比结合就获得了各部位的具体数值了。

## 二、新文化袖片原型的绘制(见图 4-48)

新原型的袖子是在袖窿结构的基础上绘制的。

如图 4-48(a)所示：

1)合并前胸省　以 BP 点为圆心旋转前衣片的样板至前胸省完全合并。

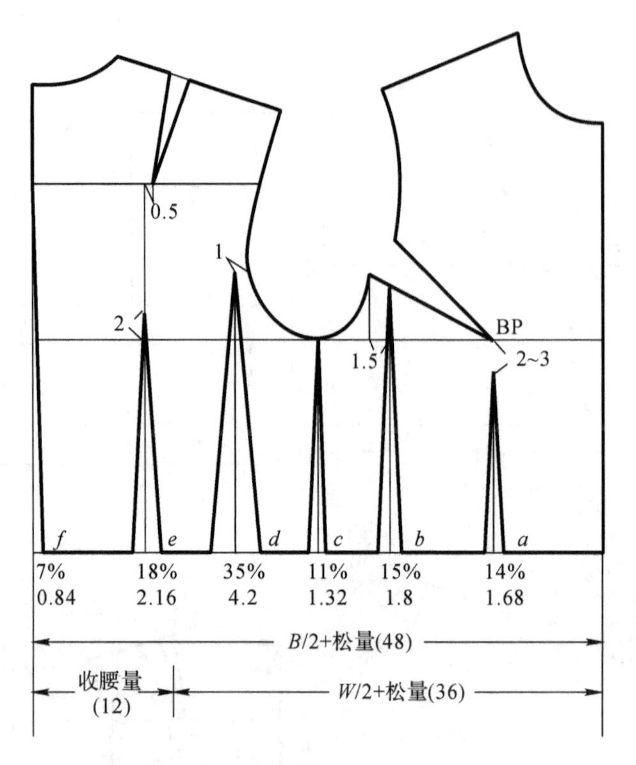


图 4-47　新文化衣片原型的省道

2)取袖山高　向上延长衣片侧缝线,二等分前后肩点在延长线上的落差,再将此二等分点与袖窿深线之间的距离进行六等分,其中的五份就是袖子的袖山高值,位于最上面的等分点也就是袖片的袖高点。

如图 4-48(b)所示:

3)G 与 F 辅助线　找出衣片上的水平辅助线 G 和竖直辅助线 F。三等分 F 线与侧缝线之间距,过靠近胸宽线之等分点作一竖直线与前袖窿弧线相交,其线段的长度以符号“□”代替;同样,后袖窿上靠近背宽的一小段竖直线以符号“■”代替。

如图 4-48(c)所示:

4)取前、后袖肥　以袖高点为圆心,以前 AH 为半径在袖窿深线上截取前袖肥;同理,以后 AH+1cm 的长度截取后袖肥。

5)作袖口线、肘线　以袖长尺寸取得袖口,并以袖长 1/2+2.5cm 取得袖肘线。

如图 4-48(d)所示:

6)画前袖山曲线　四等分前袖山斜线,一个等份以符号“△”代替其长度。过第一等分点垂直于斜线往右上取 1.8～1.9cm 作为第一辅助点;在 G 辅助线上方 1cm 的前袖山斜线上的点为第二辅助点;过距前袖缝线两个“●”距离的点作一长度为“□”的竖直线,其顶点即为第三辅助点。光滑连接这些辅助点画出前袖山曲线。

7)画后袖山曲线　在后袖山斜线上,从袖高点以“△”的长度找点,过该点垂直于斜线往左上取 1.9～2cm 作为第一辅助点;在 G 辅助线下方 1cm 的后袖山斜线上的点为第二辅助点;过距后袖缝线两个“●”距离的点作一长度为“■”的竖直线,其顶点即为第三辅助点。光滑连接这些辅助点画出后袖山曲线。

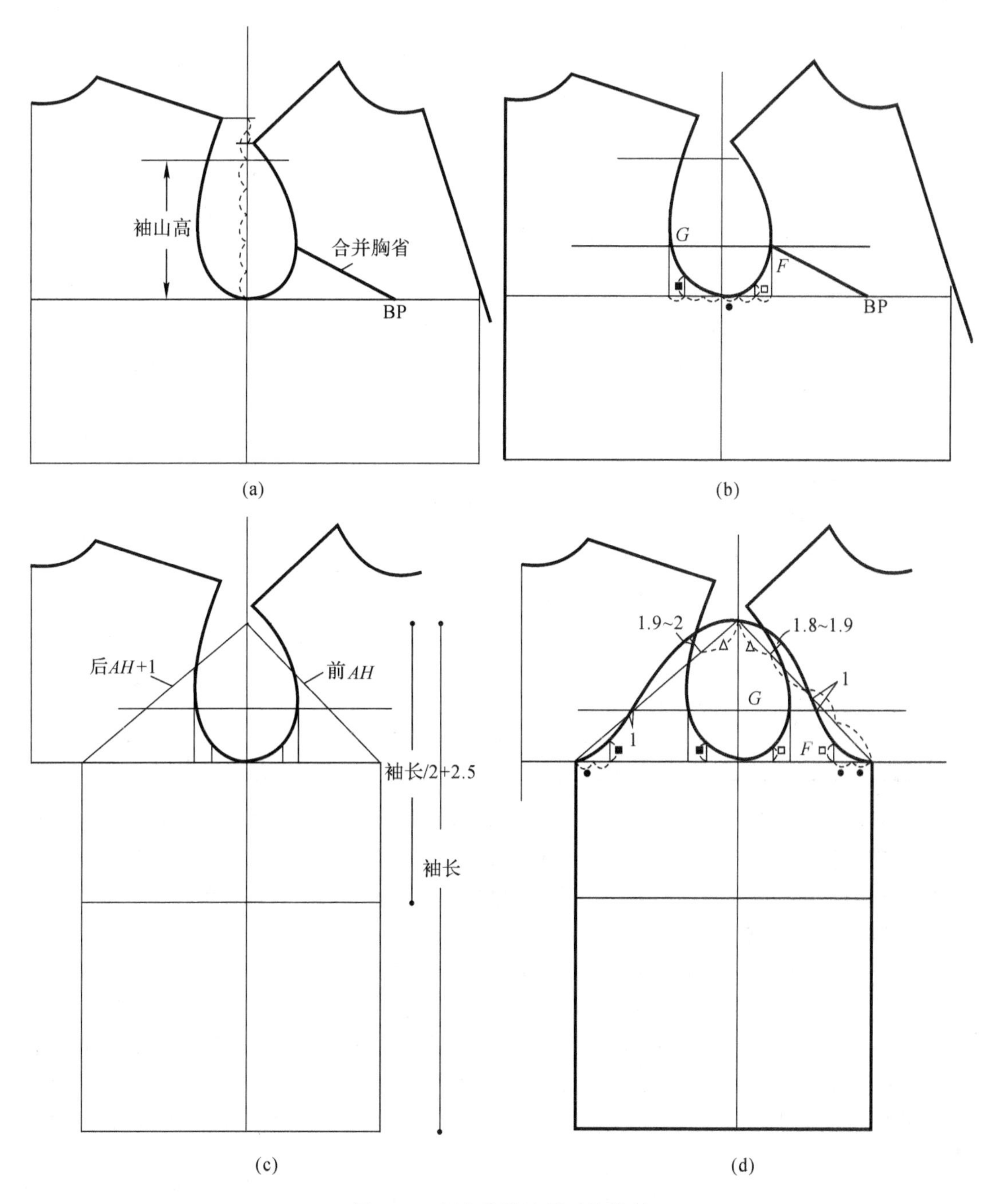


图 4-48 新文化袖片原型的绘制

## 四、新老文化原型结构的比较分析

新文化原型的结构与老的原型结构有了很大的区别，应该说比以往任何一代原型改进时的变动都大，甚至可以说已经难觅老原型的踪影了。下面就从胸围放松量、胸省的设计、肩斜的角度等局部出发来比较研究它们之间的特点。

**1. 胸围放松量**

老文化原型的胸围放松量是10cm，新版原型的胸围放松量采用12cm，增加量为2cm。服装的放松量会随着流行而变化，以往的服装松量较大，一般女西服的胸围取14～18cm，最近两年的女装总体流行合体轮廓，胸围的松量有所减少，但无论如何，胸围松量取12cm左右的服装还是最为常见的，因此新原型胸围松量取值12cm更接近于实际服装的胸围设计规格，制版时可以直接采用原型的松量，减少了用原型间接制版的板型误差，制版准确、效率高。

**2. 袖窿深度**

前面已经分析了老原型衣身袖窿深度的计算公式是随着胸围以1/6的比例在作线性变化的，这种比例关系对于标准人体的适应性是较好的，而对于大胸围人体而言则需要作些调整，主要是在校板时通过适当上移袖窿深线来获得与人体相吻合的袖窿深度，以使原型的比例趋向合理。新版衣身原型的袖窿深度是以胸围的1/12的比例进行计算，把公式的分母增大，使之与净胸围的关联减少，最后所得的结果会更加合乎人体的实际。

现分别以女体的中号国标(净胸围84cm)和胖体(净胸围100cm)的具体袖窿深度来进行对比，说明新旧原型的变化。具体见表4-1。

**表4-1　新老原型的袖窿深度比较**　(单位:cm)

| | 袖窿深计算公式 | 净胸围为84cm | 净胸围为100cm | 胸围大于100cm时袖窿深线的上抬量 |
|---|---|---|---|---|
| 新原型 | $B/12+13.7$ | 20.7 | 22 | 0 |
| 老原型 | $B/6+7$ | 21 | 23.7 | 1～1.5 |

从表中所列数据可以看出新原型在标准体和胖体中的适用性都很好。因此可以这样认为，新原型的袖窿深线计算公式更适合个体体型，方便和减少样板完成后的校正，可以提高工作效率，对产业用样板以及样板的放码，也更具科学性和较高的利用价值。

**3. 前胸宽、后背宽**

比较表4-2可以看出，老文化原型的前胸宽、后背宽计算公式是$B/6+3$cm和$B/6+4.5$cm，都是以人体净胸围的1/6比例来推导的，这在实际应用时，特别是用于大胸围的人体时会产生一定的偏差，需要适当地减少前胸宽和后背宽来增加窿门的宽度，以符合胖体的实际特征。新原型的制图已经考虑到这一点了，前胸宽和后背宽的计算公式分别是$B/8+6.2$cm和$B/8+7.4$cm，是以胸围的1/8比例来推导的，这样可以更好的适应大多数的体型，提高生产效率。

**表4-2　新老原型的胸宽、背宽比较**　(单位:cm)

| | 胸宽计算公式 | 净胸围为84cm的胸宽 | 净胸围为100cm的胸宽 | 背宽计算公式 | 净胸围为84cm的背宽 | 净胸围为100cm的背宽 |
|---|---|---|---|---|---|---|
| 新原型 | $B/8+6.2$ | 16.7 | 18.7 | $B/8+7.4$ | 17.9 | 19.9 |
| 老原型 | $B/6+3$ | 17 | 19.7 | $B/6+4.5$ | 18.5 | 21.2 |

**4. 前后领口线**

新文化原型的领口线制图除了公式比例上有所改变之外，在制图程序上也有所变化。

与袖窿深、前胸宽和后背宽的改变思路一致，前后横开领的计算公式也由 1/20 胸围的比例变为 1/24 的胸围比例，同理改变之后此部位对不同体型的适合性会更强，具体见表 4-3。

表 4-3　新老原型的领口线比较　（单位：cm）

| | 前横开领计算公式 | 前直开领计算公式 | 后横开领计算公式 | 后直开领计算公式 |
|---|---|---|---|---|
| 新原型 | $B/24+3.4$ | 前横开领＋0.5 | 前横开领＋0.2 | 1/3 后横开领 |
| 老原型 | 后横开领－0.2 | 后横开领＋1 | $B/20+2.9$ | 1/3 后横开领 |

另外，从表 4-3 中也可以看出新原型是计算出前横开领的数值，然后再用此数值推导出后横开领的值，与老原型的制图次序正好相反。后直开领取值是后横开领的 1/3，这对于服装的制图具有普遍意义。

**5. 前后肩线**

老原型的肩斜实际上是通过胸围量来间接推导的，不是一个确定的数值，它会随着胸围的大小而改变。新原型的肩斜采用确定的角度，不会随着体型而改变。新老原型的肩斜角度比较详见表 4-4。

表 4-4　新老原型的肩斜角度比较（$B$＝82cm）

| | 前肩斜度 | 后肩斜度 | 前后肩斜差 | 总的肩斜度 |
|---|---|---|---|---|
| 新原型 | 22° | 18° | 4° | 40° |
| 老原型 | 20° | 19° | 1° | 39° |

从表 4-4 中可以看出，与老原型相比，新原型的前肩斜增加了 2°，而后肩斜则减少了 1°，总肩斜增加了 1°，比老原型的肩部造型更加合体。另外，从表中还可以看出，新原型的前后肩斜角度差比老原型增加了不少，原来只有 1°，现在加大到 4°，原型成衣的最明显变化是肩线更往前靠了，这更加符合人体肩部向前倾斜的体型特征，与教学或实践过程中老原型的肩部经常需要向前调整的事实是相吻合的。

**6. 前胸省、腰省和后肩省**

（1）前胸省的大小

新老原型的胸省量都与胸围的大小有关系，老原型是以省量大小的形式出现，体现在前中线的下翘量上，而新原型则直接以角度值的形式出现。由于省道的大小（其立体造型）实质上与省道尾端开口的大小没有关系，而是与省道的角度直接相关（在第五章中将会深入论述），因此直接以角度来确定胸省的大小更明确、更合理。

那么新原型的胸省大小有没改变呢？以胸围是 82cm 的中号原型样板为例，老原型的胸省通过省道转移之后，放置到与新原型一致的袖窿中（如图 4-49 所示），其胸省量约为 13°，新原型的胸省量可以用公式（$B/4-2.5$）°直接计算，得 18°。新原型的胸省量相比老原型增加了 5°，这是一方面符合近十年来女体体型变化的实际情况，另外也不可否认越来越多的女性朋友在采用补正内衣来塑造更加完美的体型。

（2）前胸省的位置

老原型的胸省与腰省合并，以腰省的形式体现，形成了前中低侧面高的腰节线。对这一结构设计有几个难点：一是容易使学习者将胸省和腰省混为一谈，不能很好地理解胸省和腰省形成的缘由，在教学中往往要花很多的精力去解释说明两者的区别。二是容易导致在应

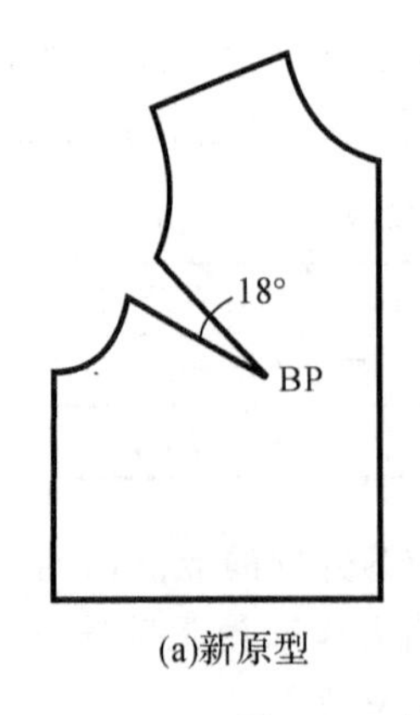


(a)新原型

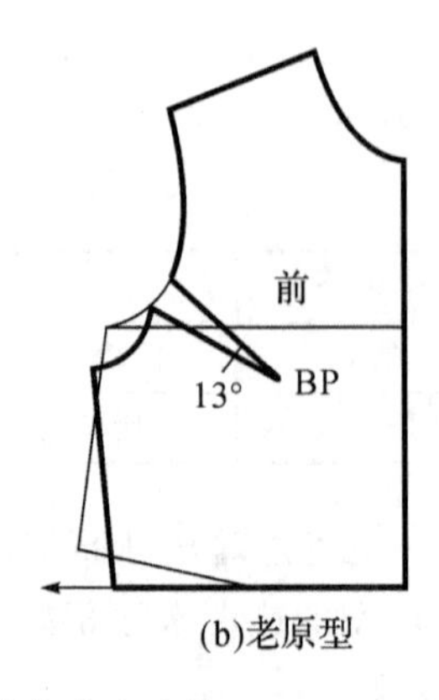


(b)老原型

图 4-49 新旧原型的胸省大小比较

用原型进行样板设计时思路不清，总是认为女装的前衣身的省道要很大才对，实际上，这是错误的。三是前中低侧面高的腰围线和胸围线也一直是学习者难以理解的结构，它也是原型应用过程中的难点。

新原型把胸省与腰省分离，直接把胸省放置到袖窿线上。胸省是由于女体胸部突起产生的，腰省是由于胸腰差量而引起的，简单明了，方便理解。同时应用原型进行省道转移也变得简单易行，可以一步到位，而不是像老原型那样需要经过几个中间环节才能实现。

(3)腰省的大小和位置

比较图 4-22 和图 4-47 腰省部分的结构设计可知，新原型的腰省设置也要优于老原型。因为新原型很详细地将腰线上收腰部位分解成六个部位(半身量)，且每个部位的腰省大小都根据人体体型特征有不同的百分比。仅就腰省而言，后衣片的总省量应该远大于前衣片，这是科学的样板处理方式，新原型的腰省设计位置和量的比例对以后的应用也有极大启示作用。

(4)后肩省

老原型的肩省是一个定值，取 1.5cm，它不依人体体型的变化而变化。新原型的肩省是通过公式($B/32-0.8$)cm 来计算的，意味着肩省的大小与人体的胸围成正相关关系。新原型肩省的长度有所加长，与老原型比大约长了 2cm，省尖点更往下靠一些，这样的变动使得肩省省尖更符合人体的肩胛凸点。

**7. 前长和后长**

衣身的前长是指前侧颈点到腰节的垂直距离，同理后长是指后侧颈点到腰节的垂直距离，事实上这两个尺寸的配合是否恰当直接关系到前后衣身样板是否平衡，它们之间的比较见表 4-5。

**表 4-5 新老原型的前后长的比较($B=82$cm)** (单位：cm)

| | 前　长 | 后　长 | 前后长差 |
|---|---|---|---|
| 新原型 | [背长－($B/12+13.7$)]＋($B/5+8.3$)＝42.2 | 背长＋($B/24+3.4+0.2$)/3＝40.3 | 1.9 |
| 老原型 | (背长－0.5)＋($B/20+2.9-0.2$)/2＝40.9 | 背长＋($B/20+2.9$)/3＝40.3 | 0.6 |

从表4-5中可以看出，新原型的后长尺寸没有发生变化，都是40.3cm，变化的是前长，由原来的40.9cm增加到42.2cm。前长的增加完全是由于女体体型的变化而引起的，如前面所述，这是为了配合女体胸省量的增加而增加的。事实上前后长差值的增加也是现代女装样板设计的必然发展趋势。

**8. 袖片**

(1)袖山高

老原型的袖山高是按公式 $AH/4+2.5$cm，也即以前后袖窿弧线长来推算的，新原型是直接以前袖窿深来确定的。以图4-50的制图方式可以测定新老原型袖片的袖斜角，结果如表4-6所示。

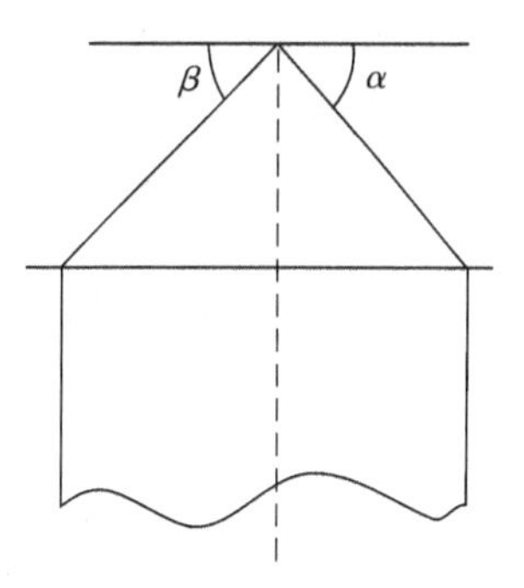


图4-50 袖片的袖山斜角

**表4-6 新老原型的袖斜角比较($B=82$cm)**

| | 新原型 | 老原型 | 增大量 |
|---|---|---|---|
| 前袖斜角 $\alpha$ | 50.7° | 40.2° | 10.5° |
| 后袖斜角 $\beta$ | 45.5° | 34.7° | 10.8° |

从表4-6中可以看出，新原型的前后袖斜角均比老原型的增加了大约10°，这意味着新原型的袖山高增高，袖肥减少，绱袖角度也随之减少，装袖后新原型的袖子比老原型更接近于下垂的状态，袖子的造型更加贴体、美观。

(2)袖山曲线

老原型的袖山曲线是脱离衣身的袖窿结构独立设计的，这样的好处是快捷、方便，但是会造成袖子和袖窿在长度和曲线形态上都不能完美配合，最后导致装袖后袖子的造型不理想的毛病。新原型的袖山曲线是直接在窿门部位设计的，这样的优点有二：一是更容易理解袖子与大身的关系；二是袖山的曲线，尤其在袖窿底点的附近部位容易取到与袖窿曲线完全一致的形态，保证袖子与大身缝合后能够形成形态优美的贴身造型。

(3)袖口线

新原型的袖口线摒弃了老原型的前短后长的曲线形状，采用了一条水平的袖口线，这样从设计的角度来讲能产生更多的变化。

## 第五节 美国女装原型

在美国，尤其是时装设计师流行用原型法来进行样板的设计与制作，当然利用直接尺寸来设计样板也有一定的市场。美国有各种不同类型的原型，如根据不同年龄阶段，考虑到女性的身体发育成熟程度的不同而相应地产生了少女型原型、青年型原型和妇女型原型。另外，还有多种不同风格流派的原型，就拿有“时装界之哈佛”美誉的纽约时装技术学院来说，时装设计系与样板系就采用不一样的女装原型，有些样板系的老师也不使用原型，而是利用一套经过时间检验的经验数据直接绘制样板。

下面所要介绍的美国女装原型就来自于纽约时装技术学院时装设计系，它是一种最基本的原型，是绘制其他各种服装品种原型的基础，如无省的上衣原型、公主线连衣裙原型、套装原型或外套原型等等，其中的绘制原理和方法基本上与利用文化式原型设计其他服装类型的原理方法相类似，这将在学完了下册之后才会有所体会。在此介绍的美国原型的设计方法与思路与文化式有很大区别，它采寸部位较多，制图复杂，其中还包含了立体的三角形定位思路，它的学习和理解十分有助于对服装样板设计的理解，这也是为何选择介绍美式原型的原因所在。事实上，既然原型作为其他服装样板绘制的基础，它的设计原理是非常经典的。体型不同原型也不同，所以单一的原型是没有多大意义的，仔细理解体会其结构设计的原理才是最重要的。

## 一、绘制美式女装原型的必要尺寸

绘制美式原型所需的部位尺寸是较多的。从理论上讲，在真实人体上是可以采得这些部位尺寸，但是人体测量是一项很难掌握的技术，只有在反复实践、积累丰富经验的基础上才能获得可靠的数据。在美国，有非常完整、标准的系列人台，它们在服装工业生产中发挥着巨大的作用，所以美国原型是从人台上采寸的，这大大地降低了测量难度，同时也提高了测量精度。但是，这种方法为我们所用还有一定的难度，关键就是人台的标准化问题。在我国，由于受到人体计测工具的限制和人体体型特征研究的欠缺，国产人台与真实的标准人体还有一些距离。值得庆幸的是，近几年这种状况已逐渐得到改善，部分厂家经过改良后推出的人台就目前的使用效果来说还是不错的。

**1. 美式女装衣片原型的必要尺寸(见图 4-51)**

如图 4-51(a)所示：

1)前长　从人台的侧颈点(SNP)起始，经过人台的胸乳点(BP 点)然后垂直测量至人台的腰围线所获得的尺寸。

2)前胸围　测量胸围之前先确定人台的袖窿深度。在美国，不同的人台根据其型号大小都有相对应的袖窿深度，操作规范。我国胸围为 84cm 的中号人台可以对应 11.1cm 的袖窿深。袖窿深点下降 2.5cm 作为袖窿松量，并作标记，从右侧标记起始过人台的 BP 点量至人台的左侧标记点所得尺寸即为前胸围尺寸。

3)小肩长　从人台的侧颈点沿着肩线量至肩点的尺寸，人台的肩点位于距人台边缘0.6cm 处。

4)前腰围　从人台腰围线与侧缝线的右侧交点沿着前腰围线量至左侧交点的尺寸。

5)侧缝长　从袖窿深的标记点沿着侧缝线量至腰围线与侧缝线的交点的尺寸。

如图 4-51(b)所示：

6)乳间距　人台上左右 BP 点之间的距离。

7)前横开领和直开领　在美国，直开领和横开领的采寸是借助设计师的领窝线曲线板，不同的人台在曲线板上都有相应的号码与之对应，其使用方法就如图 4-51(b)所示。考虑到实际运用的便利，则我们完全可以借助现成的直尺和三角板来获得人台领口的直开领和横开领的尺寸，其使用方法就如图 4-51(c)所示。使用时注意保证直尺与三角板相互垂直，这样横开领和直开领的尺寸就可以直接从直尺或三角板上读得。

8)侧腰点到肩点距　从人台上腰围线与侧缝线的交点量至肩点所得的尺寸加上 1cm

图 4-51　美式女装衣片原型的必要尺寸

的松量(如图 4-51(d)所示)。如果想在人体测量中获得这个尺寸,则在人体的前面从腰围线和侧缝线的交点沿着臂根向上量至肩点(如图 4-51(e)所示)。

如图 4-51(f)所示:

9)后胸围　在人台的后背部,测量左右袖窿深标记点之间的水平距离。

10)后背长　从后颈点起始沿着后背中线量至后中线与腰围线的交点的尺寸。

11)后横背宽　四等分后背长尺寸,过最上面的等分点水平测量至距人台边缘 0.6cm 所获得的尺寸。

12)后腰围　从人台腰围线与侧缝线的左侧交点沿着后腰围线量至右侧交点的尺寸。

13)后横开领和后直开领　后横开领与直开领的采寸与前面的一致,如图 4-65(g)所示。

**2. 美式女装袖片原型的必要尺寸(见图 4-52)**

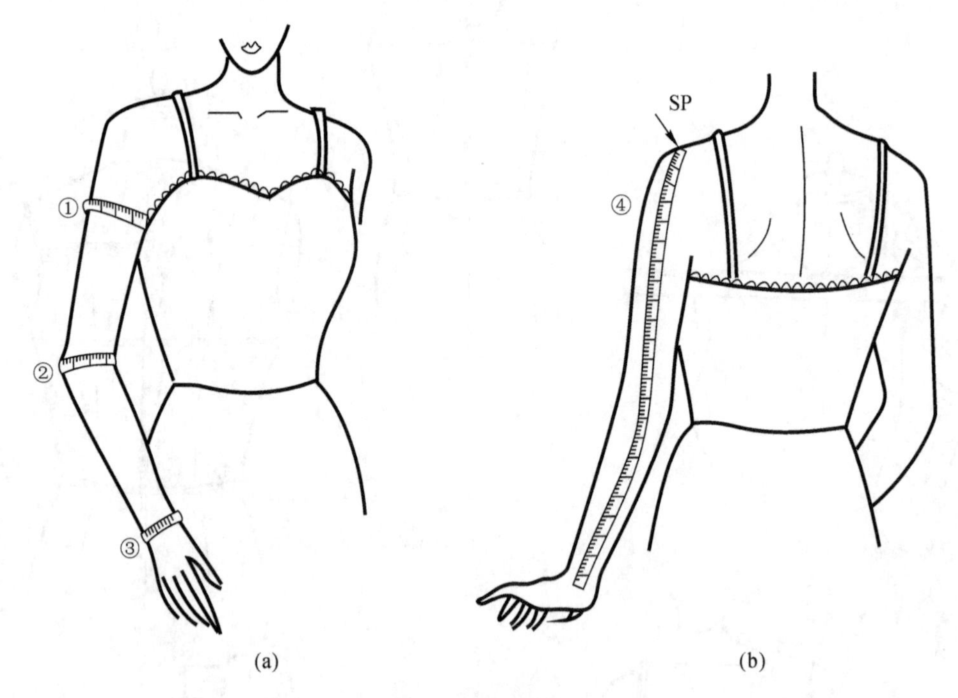


图 4-52　美式女装袖片原型的必要尺寸

一般的人台并不包含手臂,在美国即使是立体裁剪,袖子也是利用平面结构设计方法直接绘制出袖片样板,然后用白坯布裁剪并缝制,最后再绱到衣身上来观测、修正袖片样板的。绘制袖片样板的必要尺寸就只能在人体上采寸了。

如图 4-52(a)所示:

1)上臂围　围量上臂最大围度处一周。

2)肘围　先屈臂,再过肘点围量一周。

3)腕围　过腕点围量一周。

如图 4-52(b)所示:

4)袖长　从肩点起始并经过肘点测量至腕点。

## 二、美式女装衣片原型的绘制(见图4-53)

美式女装原型的制图应该与前一段所述的必要尺寸的测量相对应。

如图4-53(a)所示：

1)作基础线　以前长尺寸为长，以“前胸围1/2+1.3cm(松量)”为宽作一个长方形，长方形的右平线即为原型的前中心线、下平线即为原型的腰围辅助线、左平线即为侧缝辅助线。

2)前领口弧线　以测得的前横开领尺寸确定原型的侧颈点(SNP)，同样以测得的前直开领确定衣片的前颈点(FNP)，以漂亮、圆顺的凹弧线连接前颈点和侧颈点即得前领口弧线。

3)胸乳点(BP点)　二等分前颈点与腰围线之间的距离，此等分点水平左移“乳间距/2”的尺寸所得的点即为BP点。

4)前侧缝线　距侧缝辅助线与腰围线的交点3.5cm取一点，从此点起始以侧缝长尺寸在侧缝辅助线上截取一点，此点即为袖窿底点。直线连接袖窿底点与进去3.5cm的点就得到前侧缝线。

5)前腰省　在腰围线上从前中线向左以尺寸“前腰围1/2+0.6cm(松量)”找点，此点与腰侧点之间距“●”就是前腰省份的大小，但其位置在BP点的正下方。

6)肩点(SP)　从腰围线与侧缝辅助线的交点竖直向上以“侧腰点到肩点距+1(松量)”

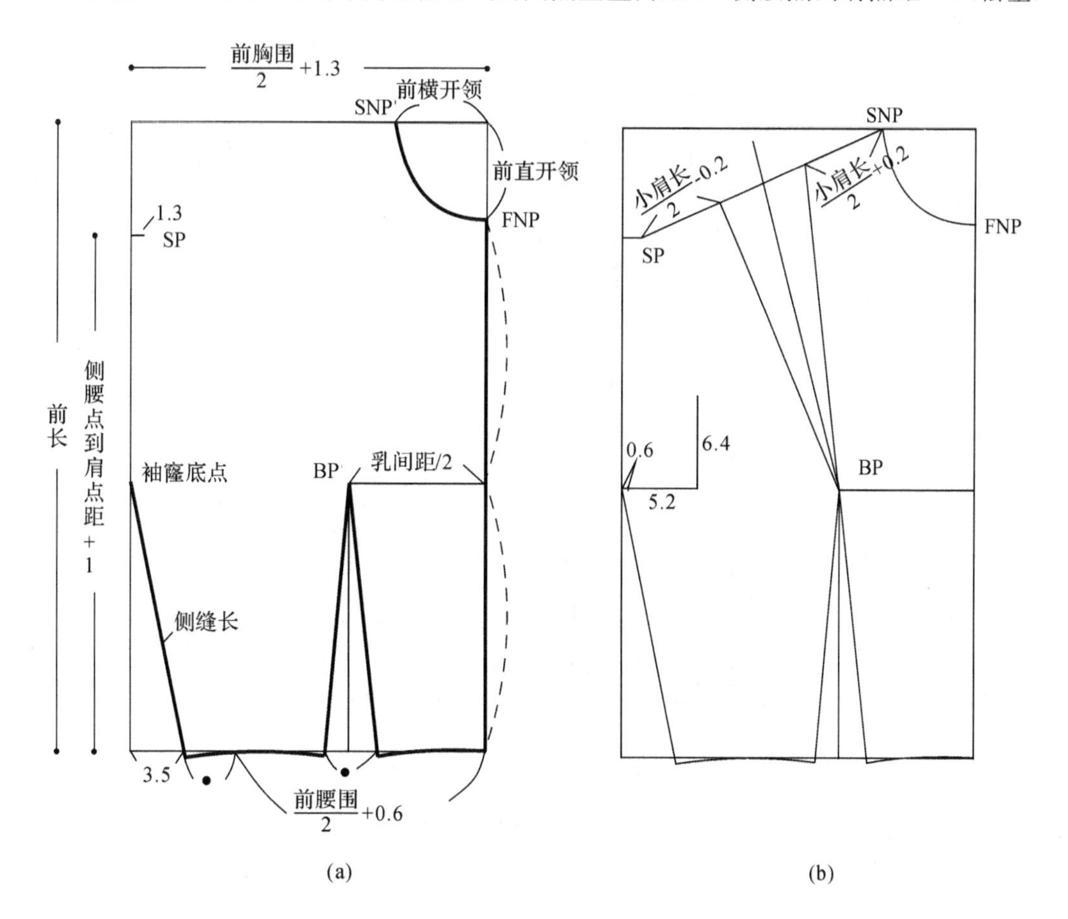

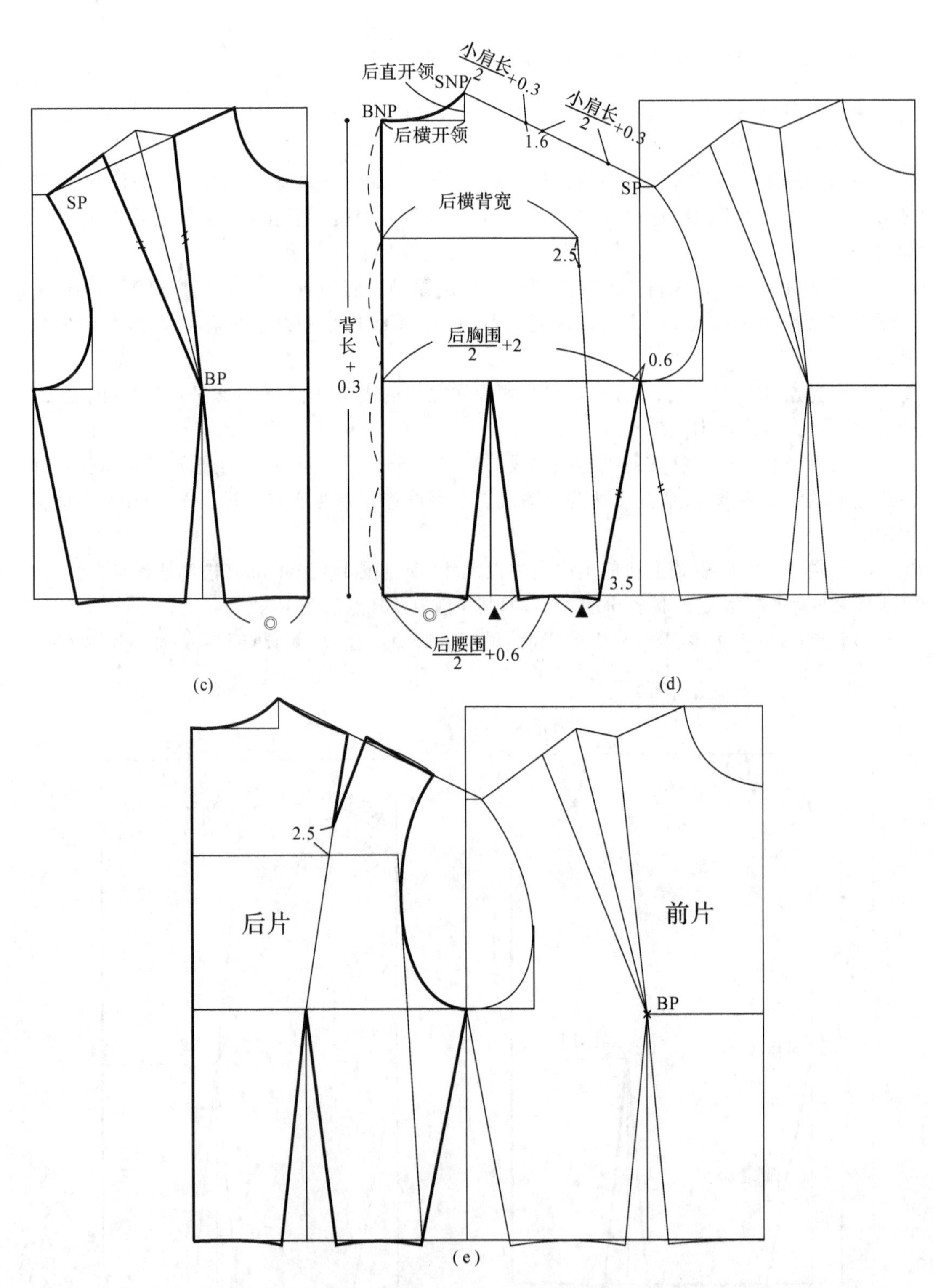


图 4-53 美式女装衣片原型的绘制

尺寸取点,然后此点水平右移 1.3cm 所得的点即为衣片肩点。

如图 4-53(b)所示:

7)前肩省　这个省实质上是胸省，只不过其位置在肩部，故可称为前肩省。辅助线连接肩点与侧颈点，在此辅助线的左侧以“小肩长 1/2－0.2cm”取省道的一侧，在辅助线的右侧以“小肩长 1/2＋0.2cm”取省道的另一侧，胸省的省尖位于 BP 点。

8)前袖窿弧线辅助点　过袖窿底点向右作水平线，距侧缝 0.6cm 取第一个辅助点，另一个辅助点在距侧缝 5.2cm、长为 6.4cm 的竖直线段的上端点。

如图 4-53(c)所示：

9)前肩线　折叠合并胸省之后，用直线连接肩点和侧颈点，打开前肩省就得到图示的折线式前肩线。

10)前袖窿弧线　过肩点、6.4cm 辅助线段的上端点和 0.6cm 的辅助点画一条凹弧线即为前袖窿弧线。

如图 4-53(d)所示：

11)后胸围线　紧接着前衣片的左侧，过袖窿底点向左作侧缝辅助线的垂线，以“后胸围 1/2＋2(松量)”的尺寸取得后中心线。公式中的“2”是在后胸围处加放的松量，由于运动的关系，取值大于前胸围是合理的，另外，此值的大小还与体型密切相关，2cm 是针对一般体型而言的；而对于平背体型考虑加 2.5cm 的放松量；对于弓背体型考虑加 1.3cm 的松量。

12)后腰围辅助线　水平延长前腰围辅助线至后中线。

13)后颈点(BNP)　从后腰围辅助线起始在后中心线上以尺寸“背长＋0.3(松量)”所得的点即为后颈点。

14)后领口弧线　过后颈点水平取后横开领尺寸，然后再竖直取后直开领尺寸得到后片的侧颈点(SNP)，以漂亮、圆顺的凹弧线连接后颈点和侧颈点即得后领口弧线。

15)后肩辅助线　以直线连接后片的侧颈点和前片的肩点，从后片的侧颈点起始在辅助线上取“小肩长 1/2＋0.3(吃势)”作为后肩胛省的一侧，后肩胛省大小取 1.6cm，然后再在辅助线上取“小肩长 1/2＋0.3(吃势)”得到后衣片的肩点(SP)。

16)后侧缝　完全与前侧缝线在侧缝辅助线两侧呈对称。

17)后腰省　在腰围线上从后中线向右以尺寸“后腰围 1/2＋0.6(松量)”找点，此点与腰侧点之间距“▲”就决定了后腰省份的大小，但其位置按照前后腰省缝合后，省缝与前后中线的距离一致的原则来定，故先测量前片腰省与中线的间距，记为符号“◎”，然后距后中线“◎”的位置确定为后腰省的左侧，省尖止于后胸围线。

18)后横背宽　四等分后背长尺寸，过最上面的等分点作一条长度为“后横背宽”尺寸的水平线。

19)后袖窿辅助点　直线连接后侧腰点和横背宽点，在此直线上距横背宽点 2.5cm 的点为后袖窿弧线的第一个辅助点，第二辅助点与前衣片相类似，就是袖窿底点水平左移 0.6cm的点。

如图 4-53(e)所示：

20)后肩胛省　直线连接后腰省省尖和后肩胛省一侧，后肩省省尖在此直线上并距后横背宽线 2.5cm。

21)后肩线　折叠合并肩胛省之后，侧颈点与肩省之间以微凹弧线连接，肩省与肩点之间以微凸弧线连接，注意整条后肩线的光滑平顺。打开后肩省就得到图示的曲线式后肩线。

22)后袖窿弧线　过后肩点、2.5cm 的后袖窿辅助点和 0.6cm 的辅助点画一条顺畅凹弧线即为后袖窿弧线。

### 三、美式女装袖片原型的制图

美式女装袖片原型分直身袖和合身袖，合身袖可以利用直身袖原型演化而来，这里就介绍直身式袖子原型。袖子原型样板基本上是以袖中线为对称分布前袖片和后袖片，除了前后袖山处有微小的区别之外，其余部位的制图方法前后袖都是一致的。

如图 4-54(a)所示：

1)袖山高线　图中的上平线是袖山高点所处的位置，可称为袖山高线。

2)袖肥线　距袖山高线以袖山高尺寸画的水平线。前后袖肥大小取相等，为“上臂围/2＋2.5”。袖片的袖山高与衣身的袖窿密切相关，是按照测量前后胸围线时人台上袖窿底点的标记(下降 2.5cm 的点)再加上 1.3cm 取值的。以中号人台为例，袖山高为“(11.1＋2.5)＋1.3”共 14.9cm。

3)袖口线　距袖山高线以袖长尺寸画的水平线。

4)袖肘线　二等分袖肥线和袖口线之间的距离，然后等分点上移动 4cm 找点，过此点作的水平线即为袖肘线。前后肘围的大小取相等，为“肘围 1/2＋1.3”。

5)前后袖缝线　过袖肥线、袖肘线各自与袖缝线的交点画一条直线，延长直线上下端直至它与袖山高线和袖口线相交。

如图 4-54(b)所示：

6)袖山曲线辅助线　在袖山高线上距袖中线 0.6cm 找的辅助点作为第一辅助点；然后四等分袖山高线和袖肥线，线段连接相应的等分点，线段的中点上移 2cm 作为第二辅助点；最后在袖肥线上且距袖缝底点 2.5cm 找的辅助点作为第三辅助点，直线连接第一、第二和第二、第三辅助点所得的线段就是袖山曲线的辅助线。

如图 4-54(c)所示：

7)袖山曲线　过第一辅助点后与第一辅助线大约相距 1.2cm 画至第二辅助点，然后依据袖山曲线基本与第二辅助线相切，前袖山线凹进第二辅助线 0.6cm 的原则与袖缝底点画顺，最后得到圆顺光滑的袖山曲线。

无论如何，袖片完成后一定要与衣片核对袖山吃势以及袖山与袖窿的对位记号，美式原型与前面所述的日式原型的方法虽有一些细小的区别，但总体上是一致的，完全可以互用，这里就不再单独讲述了。

## 练习思考题

### 一、简答题

1. 了解前后衣片原型、裙片原型的立体裁剪方法。
2. 简述原型的分类方法及类别。
3. 简述新文化原型的改进之处。
4. 简述美式原型的制图特点以及它与文化式原型的不同之处。

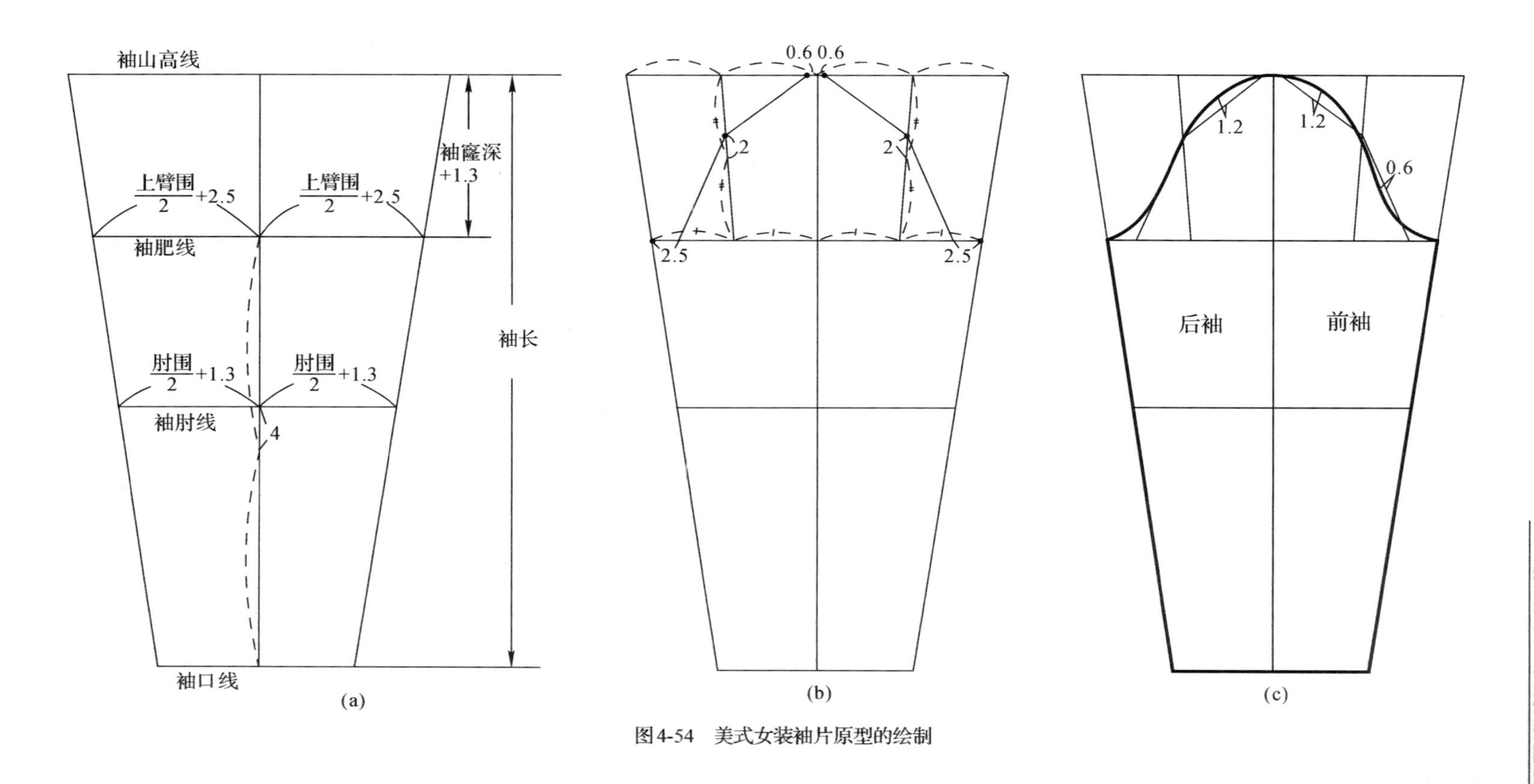


图4-54 美式女装袖片原型的绘制

5.理解文化式衣片原型各部位尺寸设定与人体体型的关系。

6.理解文化式袖片原型各部位尺寸设定与人体体型的关系。

7.理解新文化原型和老文化原型的异同点。

8.了解新文化原型的平面绘制方法。

9.了解美式原型的平面绘制方法。

## 二、制图题

1.用牛皮纸以1∶1的比例绘制衣身原型的样板,女生利用自身的尺寸,男生可用国家标准号型。

2.用牛皮纸以1∶1的比例绘制袖片原型的样板,女生利用自身的尺寸,男生可用国家标准号型。

# 第五章　原型衣身的结构变化

衣身覆盖人体的躯干，是体现服装轮廓造型、服装合体度的重要部位，因此衣身设计在服装的设计中一向具有举足轻重的作用。服装的衣身形态既要符合人体的自然曲线构造，又要与款式特征相一致，还要满足一定的功能要求，故衣身结构处在重中之重的位置，是一件服装的最关键部位。因此研究衣身结构设计特点以及省道的设置方法，是学习服装结构设计的首要任务。

这一章主要是以文化式原型为基础来分析衣身省道设计的几种情形，并引出不同的省道使用情形塑造出的不同服装轮廓形态，以及在理解各种原型着装状态的基础上学习前后衣身省道的转移和变化，其中最重要的就是研究如何利用原型进行胸省的转移变化。

## 第一节　原型的试样及分析

上一章已介绍过日本文化式原型，要想完全准确理解原型，尤其是原型的省道结构，非常有必要讲一讲“原型的试样”。下面分三种典型的穿着状态来讲述“原型的试样”，这有助于准确理解原型并将之灵活运用于各种款式的变化中。

### 一、原型的试样

**1. 腰部呈宽松状态(A 型轮廓)**

衣片结构如图 5-1 所示(袖子结构省略)。

该结构图上仅在后片保留有肩胛省，而前片则不设计任何省道，经过裁剪、缝合前后衣身和袖片后，最后形成了如图 5-2 所示的着装效果图。

从前视、后视、侧视图可以看到，肩与腋围部位能够很好地吻合，但前衣身有向前面抬起的感觉，腰围处又肥又大，呈现出上窄下宽的梯形轮廓特征，又称为 A 型轮廓。

**2. 一般状态，腰部有松量(H 型轮廓)**

衣片结构如图 5-3 所示(袖子结构省略)。

该结构图上除了在后片保留有肩胛省外，前片腰节线上设了角度为 $\alpha_1$ 的省，该省量正是满足胸部隆起的省量(该省量可以用旋转原型至腰节线水平的方法得出，具体方法参见第二节的有关段落)。经过裁剪、缝合前后衣身和袖片后，最后形成了如图 5-4 所示的着装效果图。

从前视、后视、侧视图可以看到，与第一种状态的明显差别就在于前衣片没有了向前抬起的感觉，腰部略微收进，前衣身的腰部收了省道后，腰节线呈水平状。服装腰部有一定的

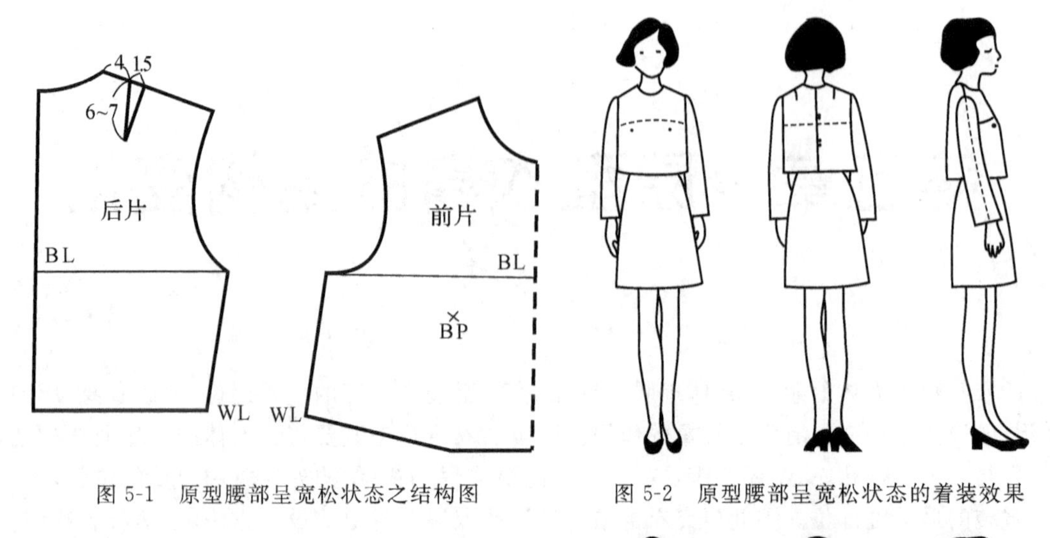


图 5-1　原型腰部呈宽松状态之结构图　　　　图 5-2　原型腰部呈宽松状态的着装效果

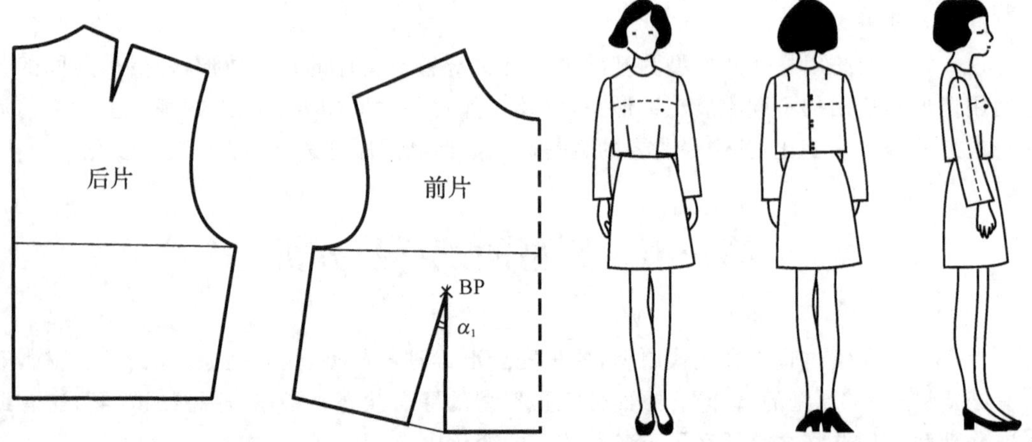


图 5-3　原型腰部呈一般状态之结构图　　　　图 5-4　原型腰部呈一般状态的着装效果

松量,既不特别宽松,又不特别合体,基本上呈现出直筒的轮廓造型,又称为 H 型轮廓。

**3. 腰部呈合体状态(X 型轮廓)**

衣片结构如图 5-5 所示(袖子结构省略)。

观察结构图可知原型衣片省道使用了极限设计,具体前后衣片的省道设计方法已经在第四章的文化式原型的平面绘制一节中有详细的论述。

该结构图上除了在后片保留有肩胛省外,后片腰线上还有腰省;前片腰线上有一个较大的省 $\alpha$(称为全胸省,它包含了满足胸部隆起的乳凸量 $\alpha_1$,这个省道一般可以称作胸省量;另外还有为使腰部合体进一步收腰的胸腰差量 $\alpha_2$,这个省道一般可以称作腰省)。经过裁剪、缝合前后衣身和袖片后,最后形成了如图 5-6 所示的着装效果图。

从前视、后视图都可以看到,腰部非常贴近人体,腰部松量很小,所以我们可以把它看作是一种合体的服装款式,呈现 X 型轮廓的特征。前片结构图中的全胸省量 $\alpha$ 包含了满足胸部隆起的乳凸量 $\alpha_1$ 和为使腰部合体进一步收腰的胸腰差量 $\alpha_2$。在实际制作服装时,一般不采取在腰部作如此大角度的省,通常采取的方法是将胸省 $\alpha_1$ 转移到别的位置,如肩部(或袖窿、领口、肋下、门襟等)处,而仅把腰省 $\alpha_2$ 放在腰部作为腰省,注意此时前片腰围线为一条

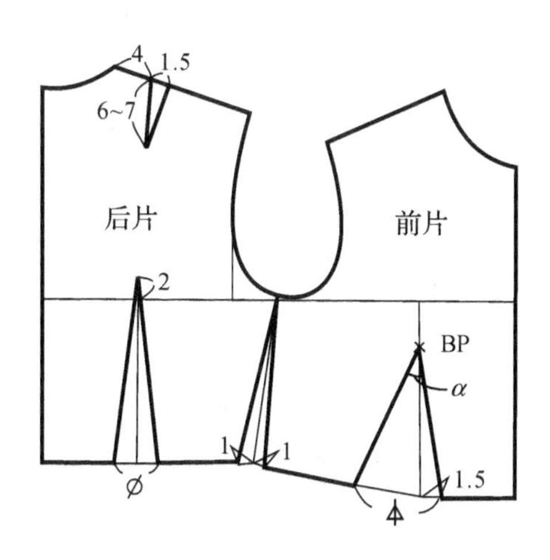


图 5-5 原型腰部呈合体状态之结构图

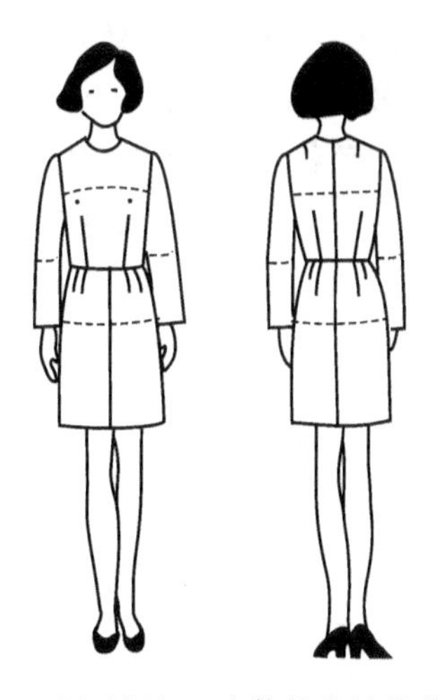

图 5-6 原型腰部呈合体状态的着装效果

水平线结构，如图 5-7 所示。

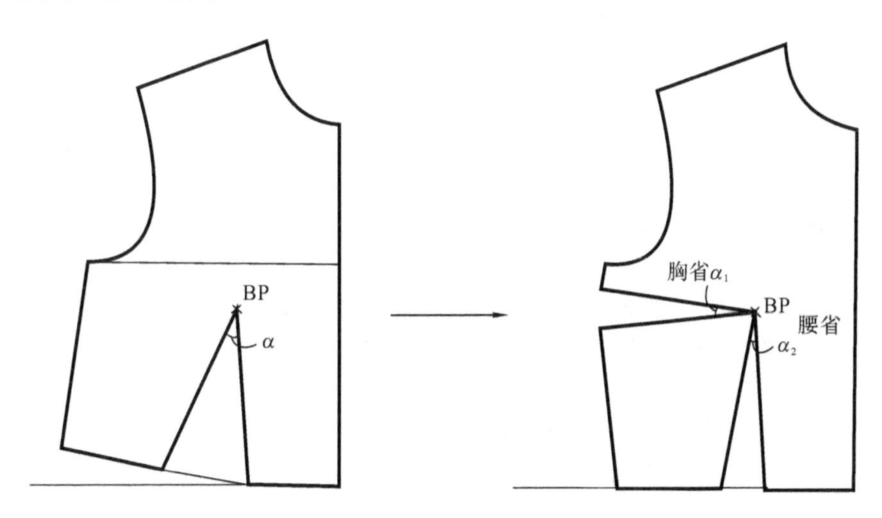


图 5-7 全胸省量分解为胸省和腰省之变化图

如上所述，全胸省量实质上包含两部分：胸省量和腰省量，其具体变化方法在以后的内容中讲授。需要特别注意的是胸省量 $\alpha_1$ 可以转移到其他的位置，表现为肩省、袖窿省、领口省、侧缝省、门襟省等，但其实质是满足胸部隆起的胸省量。

实际上，把第三种试穿状态的结构图中的 $\alpha$ 拆分为 $\alpha_1$ 和 $\alpha_2$ 两部分来进行分析，对理解原型的胸省量的运用更有帮助。$\alpha_1$ 是满足胸部隆起的量，根据人体胸部丰满的程度不同而不同；$\alpha_2$ 是为使腰部合体进一步收腰的省量，$\alpha_2$ 可以根据腰部需要的贴体程度进行调整。当 $\alpha_2$ 最小，取 0 时，就成为一般直筒轮廓的服装；当 $\alpha_2$ 最大，取$(\alpha-\alpha_1)$时，为贴体服装；当 $0<\alpha_2<(\alpha-\alpha_1)$时，就成为介于直筒轮廓和贴体轮廓之间的一种称之为“较合体的款式”。因此，对一些较合体的款式进行结构处理时，与贴体服装的结构基本上相同，只是腰省量 $\alpha_2$ 小一点而已。

## 二、原型的试样分析

上面所讲的三种试穿状态，正好与实际生活中三种大的服装造型风格(宽松服装、一般服装、贴体服装)在腰部的松量要求相吻合。实际上,当设计的胸省量变化时,三种试穿状态及其结构是可以相互转化的。当第二种试穿状态的结构图5-3中的$\alpha_1=0$时,第二种状态即可变成第一种状态;当第三种试穿状态的结构图5-5中的$\alpha=\alpha_1$且后片不收腰省、侧缝不偏进1cm时,第三种状态即可变成第二种状态。

# 第二节　衣片省道的设计及转移

人体并非简单的圆筒体,而是一个复杂而微妙的立体。要使服装美观、合体,就必须研究服装结构的处理方法。对原型通过旋转、剪切、折叠等变形方法,采用省道、折裥、抽褶、分割、连省成缝等各种结构形式,进行一定的结构处理,便可形成各种复杂的服装结构图,塑造出各种美观贴体的造型,达到美化人体的作用。

省是对服装进行立体处理的一种结构形式,是表现人体曲面的重要手段。省道在缝合后,可以使平面的面料形成圆锥面或圆台面等立体型态,达到或近似达到人体某部位曲面的要求。因此,在服装上,经常通过设计省道使服装达到贴合人体的要求。

## 一、省道的类型及名称

服装上应用的省道有多种类型,各种不同类型的省道有不同的外观立体型态,一般也会应用在服装的不同位置上。通常,省道的分类方法主要有以下两种。

**1. 按省道的形态来分类命名**

(1)钉子省

钉子省上部较平行,下部成尖形,类似钉子形状,具体如图5-8所示。这种省道常用于表达肩部和胸部等复杂形态的曲面,如肩省、领口省等。

(2)锥子省

锥子省的省道形态类似锥形,具体如图5-9所示。这种省道常用于制作圆锥形曲面,如应用在裙子和裤子中的腰省、袖片上的袖肘省。

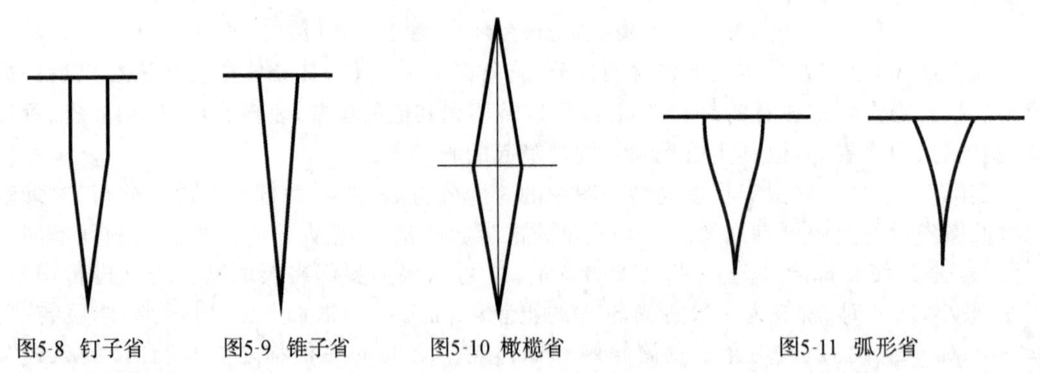

图5-8 钉子省　　图5-9 锥子省　　图5-10 橄榄省　　图5-11 弧形省

(3)橄榄省

橄榄省的省道两端尖,中间宽,因其形状类似橄榄而得名,具体如图5-10所示。这种省道常应用在人体的凹凸相互转换的部位,如上装或连衣裙的腰省。

(4)弧形省

这种省道的形状不与常见的直线形态省道相类似,但是相比直线形的锥子省能够更精细准确地处理人体的凹凸变化。这是一种装饰性与功能性兼备的省道,具体如图 5-11 所示。这类省道常应用在极度合体的服装设计中,如女性文胸等内衣类。

为了使服装尽可能符合人体,在某些合体的服装上会将省道的两条边线做成弧形。例如在日本生产的一些合体服装上,将肩省做成如图 5-12 所示的凹弧形态,或将胸部以下腰部以上或以下部分腰省的边线做成凸弧形态,以使胸部曲线体现得更完美等。当然在人体的其他部位所做的省道也可以以此类推,但究竟是做成胖出的凸弧形态还是瘪进的凹弧形态,则要以符合人体的形态为原则来确定。

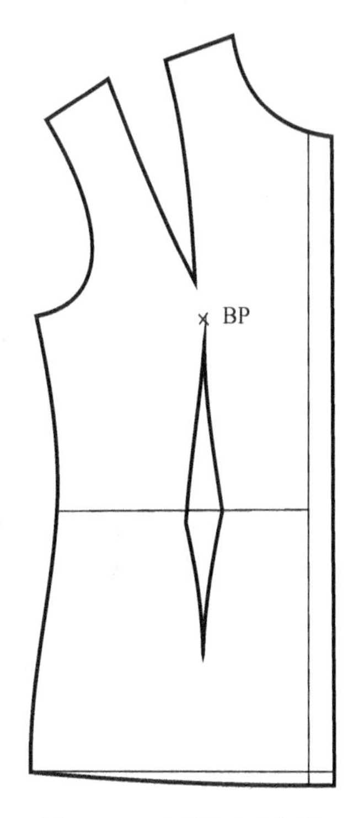


图 5-12　弧形肩省和腰省

(5)开花省

一端为尖形,另一端为非固定形,或两端都是非固定的平头的省道称为开花省,是一种装饰性与功能性兼备的省道,如图 5-13 所示。

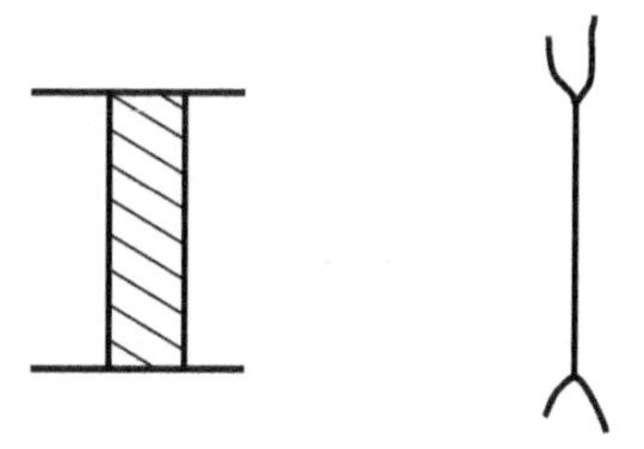

图 5-13　开花省

**2. 按省道所在的服装部位来分类命名(见图 5-14)**

(1)肩省

肩省的底端在肩缝部位,常设计成锥子形。前衣身设计肩省是为了服装能吻合胸部突起的立体型态,后衣身设计肩省是为了服装能吻合肩胛骨突起的立体型态。

(2)领省

领省的底端在领口部位,常设计成上大下小均匀变化的锥形。其作用是使服装能吻合胸部或背部隆起的形态。领省常常应用在要吻合颈部形态的衣领与衣身相连的结构中,即通常所说的连身领的结构设计中,此时领省代替肩省来突出胸部或背部的立体型态。

(3)袖窿省

袖窿省在袖窿部位,常设计成锥形。前衣身的袖窿省是为体现胸部的凸出形态而设的,后衣身的袖窿省是为了体现背部形态而设的。前后片的袖窿省都常常以连省成缝的形式出现,如常见的袖窿公主线分割就是袖窿省和腰省联合在一起变成分割线的典型例子。

(4)腰省

腰省的底端在腰节部位。在下装中,腰省常设计成锥形;在上衣和连衣裙中,腰省常设计成橄榄形。

(5)侧缝省

侧缝省又被称为腋下省、肋省,省底端在服装的侧缝线上,一般只设在前衣身上,是为了吻合胸部的立体型态而设的,省道形状常设计成锥形。

(6)门襟省

门襟省的底端位于前门襟部位,其形状设计成锥形。门襟部位以省道形式出现的情形并不常见,而多是以碎褶的形式出现。

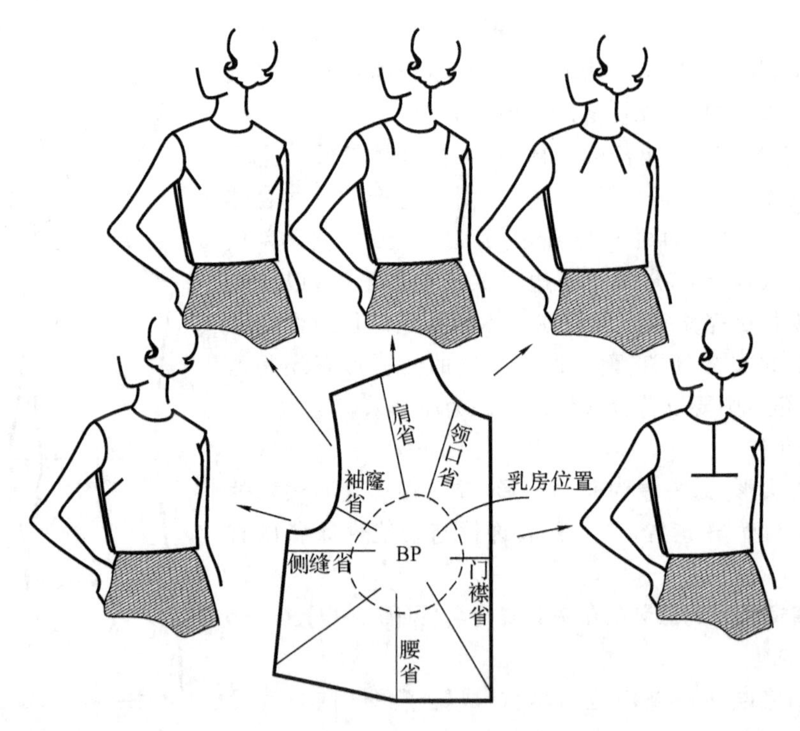


图 5-14　按省道所在的服装部位来命名

## 二、省道转移原理

### 1.省道大小的决定因素

如图 5-15 所示，我们把女性人体因胸部隆起而形成的立体型态理想化，把它看成是一个标准的圆锥体。在一个圆上，在任意方向上折叠一个角度为 $y$ 的量，都会使平面的圆变成立体的圆锥体。在胸部最突出的地方这个圆锥体的边线与垂直线的夹角为 $x$（胸部越突出，$x$ 值越大）。由几何知识可知，即使圆折叠的部位不同，但只要折叠的角度相同，其形成的圆锥体的大小和立体效果都没有区别，由此可见与圆锥的立体构成原理相一致，衣身胸部收省后的立体突起程度只与省道的角度有关，而与省道所处的位置无关。

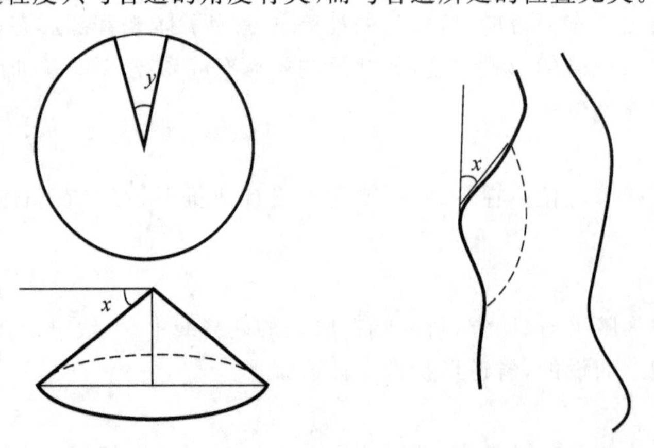


图 5-15　收省后的立体效果与省道角度的关系

另一方面，假设有一个之前平面圆的同心圆，其半径与原先的不同（如图 5-16 所示），如

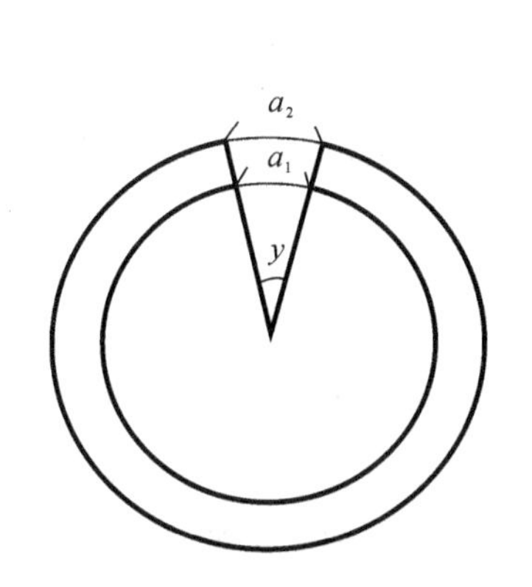


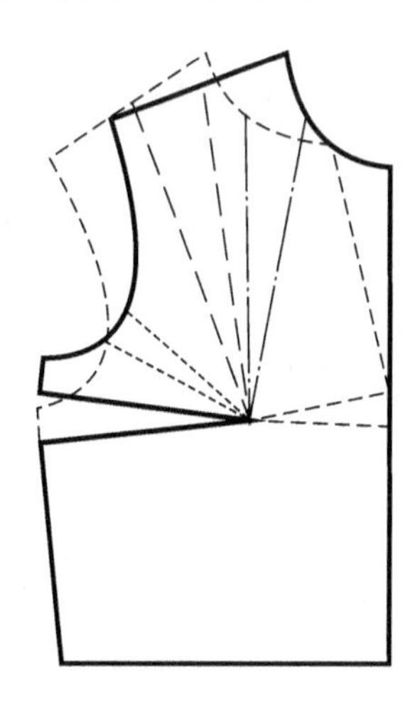

图 5-16　收省的立体效果由省道的角度决定

果折叠的角度仍然是 $y$，那么可以想见其圆锥体顶点的凸起程度保持不变，即立体效果是一致的，即使由夹角 $y$ 所确定两个大小圆的圆周周长是不一样的，半径长的尾端距离大（$a_2$），半径短的尾端距离小（$a_1$）。结合图 5-15 可知，圆锥体的立体效果 $x$ 角只与圆中所取的角度 $y$ 相关。而跟圆周上的 $\alpha_1$ 和 $\alpha_2$ 的大小无关。之所以 $\alpha_2$ 大于 $\alpha_1$，是因为两个同心圆中 $\alpha_2$ 所在圆的半径比 $\alpha_1$ 所在圆的半径要长的缘故。

服装收省的道理与同心圆的理论完全相同，因此可以认为服装在收省道后的立体效果只与省道的角度有关，而与省道的尾端张开的大小无关。以前片上的胸省量为例，以胸点为圆心，在任意方位上收一个角度为 $y$ 的省道，其使胸部隆起呈现出来的立体效果是一样的，而与省道的尾端张开的大小无关。如果前衣片要达到同样的立体程度，由图 5-16 可见，在保持省的角度不变的前提下，肩省由于省道长度最长，其尾端张开距离最大（如图中的长虚线线型所示张开的角度与量），而前中心的门襟省由于省道长度最短，其尾端张开距离最小（如图中的中长虚线线型所示张开的角度与量），其余部位介于两者之间。这也是省道为什么能等效转移的原因所在。

**2. 省道转移的原则**

在实际应用中，根据造型需要会设计各种各样不同的省道，例如有时设计单个而集中的省道，有时设计多个而分散的省道，有时设计曲线或折线式的省道，省道的位置、方向也会经常变化。因此，利用原型进行省道转移是女装结构设计的基础。在利用原型进行省道转移时要注意以下几个原则：

（1）省道经转移后，新省道的长度尺寸与原省道的长度尺寸不同，但省道的角度不变，即不论新省道位于衣片何处，新旧省道的张角都必须相等。只有省道转移前后的角度不发生变化，才能保证省道经转移之后的立体型态不发生变化。

（2）当新省道与原型的省道位置不相接时，应尽量作通过 BP 点的辅助线使两者相接，以便于省道的转移。

（3）无论款式造型多么复杂，省道的转移要保证衣身的整体平衡。在服装省道转移应用中，绝大多数的省道转移仅仅针对胸省量部分的转移，在此种情况中，应注意使前、后衣身的

原型在腰节线处保持在同一水平线上,或基本在同一水平线上,否则会影响制成样板的整体平衡和尺寸的准确性。

(4)省道的转移可以是单个省道的集中转移,也可以是一个省道转移为多个分散的省道,这就是省道的分解使用。单个集中转移的省尖太过突兀,不能形成饱满、圆润并合乎人体体型结构的立体,因此省道分解使用的效果必然会比单个集中使用更理想。这就意味着在具体的实践中,在款式允许的前提条件下,应尽可能地选择省道的分解使用。

## 三、省道的设计原则

### 1. 省道的形式

省道的设计与运用是女装设计的灵魂,正是由于女装必须对省道加以处理和分解才使得女装具有无穷的变化,这是女装区别于男装的本质所在。女装中的省道可根据复杂的人体曲面的需要从各个方位进行设计,省道大小则根据服装的造型风格来确定。设计省道时,其形式可以是单个而集中的,也可以是多方位而分散的;可以是直线形、折线形,也可以是曲线形的。从广义来讲,省道的形式也有多种,如省道、褶裥、抽褶或是分割等等,不一而足。

单个而集中的省道由于缝去量大,容易形成尖点,不仅外观造型生硬,且与人体的实际结构也不相符合。多个省道相当于省道的分解使用,各方位的省道的缝去量小,可使省尖点处较为平缓,最后的成型效果较单个集中使用的省道要丰满、圆润,但由于需要缝制多个省道而影响缝制效率。在实际应用中,设计省道时应综合考虑各种影响因素,既要使外观造型美观,又要不影响缝制效率,特别是还要考虑面料的特性。

省道的形态主要视衣身与人体贴合程度而定,不能简单地将所有省道的两边都缝成直线形,特别是合体的服装,必须根据人的体型情况将它缝成略带弧形、有宽窄变化的省道。不同的部位、不同的贴体程度应选择相应的省道形态。如在一些合体服装上,将肩省做成如图 5-12 所示的弧形形态,使肩部更合体;或将胸部以下腰部以上这部分腰省的边线也做成弧线形态,以使胸部曲线体现得更完美。还有在合体裙子上设计腰省时,为符合腹部凸出的形态,也常将腰省的边线做成弧形等,如图 5-17 所示的裙子腰省。当然在人体的其他部位所做的省道也可以以此类推,但究竟是做成胖出还是瘪进的形态,则要以符合人体的形态为原则来确定。

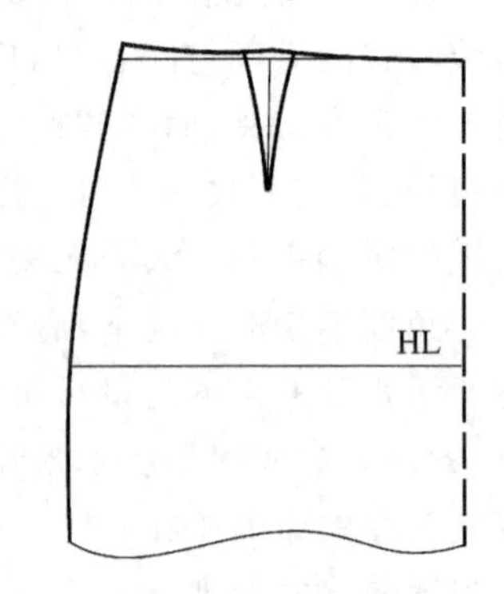

图 5-17 更加贴合人体的弧形省道

从理论上讲,不同部位的省道只要省道的角度一样就能起到同样的合体效果,而实际上不同部位的省道除了会产生不同的服装视觉效果之外,也会对服装外观造型产生细微的影响。同样的省道应用在不同的体型和不同的服装面料上,也会有不同的效果。如肩省更适合用于胸部较大的体型,而胸省和侧缝省更适用于胸部较为扁平的体型。从结构功能上来讲,肩省兼有肩部造型和胸部造型两种功能,而胸省和侧缝省只有塑造胸部特征的一种功能。因而,省道位置、省量大小以及省尖点的设计和选择是省道设计的重要内容。

### 2. 省道量的大小

省道量的设计理论上是以人体各个截面围度量的差数为依据的。差数越大,面料覆盖于人体时的余褶就越多，可设计的省道量就越大，反之可设计的省道量就越小。因此，胸部丰满且腰细的体型，省道量可设计得大一点；胸部扁平且腰粗的体型，省道量可设计得小一点。除此之外，设计省道量的大小还应考虑服装的造型风格，对于宽松服装，省道量应设计得小一些，甚至不设计省道；而对于合体服装，省道量则应设计得大一点。

**3. 省尖的位置**

在进行省尖位置的设计时，一般省尖点应与人体隆起部位即凸点相吻合。服装中经常考虑的人体凸点有胸凸、肩胛凸、腹凸、臀凸、肘凸，这些凸点相对应的省为胸省、肩省、腹省、臀省、肘省。对应不同特征的凸点，省的形状也不同。胸凸明显，位置确定，所以胸省省尖位置明确，省量较大。肩胛凸起面积大，无明显高点，故肩胛省的省尖可以在一定的范围内变动。腹凸和臀凸呈带状均匀分布，位置模糊，故上衣或下装中的腰省设计较为灵活。

由于人体曲面变化是平缓而不是突变的，所以在实际缝制时省尖点只要能对准某一曲率变化最大的部位就可以了，而不是非得缝制到曲率变化最大的点上。如前衣身上的胸省，省尖点都对准胸高点，在进行省道转移时，也都以胸高点为中心进行转移，在实际缝制时，省尖点距离胸点有一定的距离。具体到省道设计时，一般肩省距离胸点约 5～6cm；袖窿省距离胸点约3～4cm；侧缝省距离胸点约3～4cm；腰省距离胸点约 2～3cm 等。在实际操作中省尖距胸点的远近还与设计的省量大小有关，省量越大，服装的贴体程度越高，省尖理应距胸点越近，反之越远。

**4. 省道的设计风格**

胸部是女体隆起程度最大的部位，其周围的曲率变化很大，在这个部位，如果服装与人体不能相吻合，则此部位服装会不平服，易产生褶皱。因此，胸省的设计是影响整件服装造型的重要因素。而胸省的设计又必须以乳房的形态和丰满程度为依据。从某种程度上来说，胸省的设计风格决定了服装造型的风格。下面就几种胸部丰满程度不同的体型来介绍省道的设计要点：

(1) 高胸细腰型(如图 5-18 所示)

这类风格适合乳房丰满的女性，这类体型的女性胸腰差较大，乳房体积较大，胸点位置偏低，腰部较细。设计时，省道量要大，形状为符合乳房形态的弧形，强调乳房体积，要进一步加强收腰的效果，除了胸省外还需要收腰省。

(2) 少女型(如图 5-19 所示)

这类风格适合处于青春发育期的女性，这类体型的女性胸点的间距狭长，位置偏高，表现女性成长期的少女胸部造型。设计时，省道尖位置应偏高，省道量较小，形状呈锥形。

(3)优雅型(如图 5-20 所示)

这类风格适合胸部不太丰满的女性，这类体型的女性胸部造型较扁平而带稳重感，胸高位置是一个近似圆形的区域，不强调体现出腰部的凹进和臀部的隆起形态。设计时，省道量要小且分散。

(4)平面型(如图 5-21 所示)

这类风格适合平胸的女性，服装不表现女性胸部隆起形态，腰部和臀部造型也较平直。设计时，省道量要很小或不收省。

图5-18 高胸细腰型造型　图5-19 少女型造型　图5-20 优雅型造型　图5-21 平面型造型

## 四、省道的转移方法

所谓省道转移就是指服装上某一部位的省道可以围绕着某一中心点被转移到同一衣片上的任何其他部位,同时转移之后不会影响服装的尺寸、合体性及穿着效果。

由于服装做完省道后容易形成尖尖的突出点,不但外观上生硬、不美观,而且也与人体的实际体型不相吻合,因此,前衣身上所有的省道在缝制时很少缝至胸高点,总会与人体的胸高位置保持一定的距离,因此在进行样板的省道转移处理时,一般分为二步来处理,首先以 BP 点为中心进行省道转移,完成之后再确定缝制时省道实际省尖位置,省尖位置的确定依所有前面所述的原则。

省道转移的方法有三种,即量取法、旋转法以及剪切法,各种方法都有其自身特点,下面以文化式女装的衣身原型为例来说明各种方法的操作过程以及应用。

**1. 量取法**

延长文化式原型前腰节的水平线,然后与前身片的侧缝线相交,此时前身片的侧缝线长于后身片的侧缝,前后侧缝线长的差量,就可以认为是前衣身的胸省量,这个省量可以在前侧缝线上的任意部位截取,省尖点则指向胸高点 BP 点。

如图 5-22 所示,在作图时先直接根据腰部的松量要求作出侧缝线的位置,再量取前后侧缝线长的差量作为省道量,在前侧缝线上任意部位截取,要注意修正侧缝线使省道的两条边线长度相等,且修正省尖点的位置(在制作服装时省尖点并不会在胸高点,而总是与胸高点保持一定的距离)。

量取法的省道转移方法使用方便,只需一次就可以生成移省后的样板,但是它仅适用于省道开口在侧缝线上的省道。省道的设计位置可以从腰线以上到腋点以下任意部位,方向指向胸高点(BP 点),如图 5-23 所示。

**2. 旋转法**

旋转法是以 BP 点为旋转中心(一般前片就是以衣身的胸高点作为样板的旋转中心),将全部省道或省道的一部分转移到其他部位的方法。

下面就以一个实例来讲解如何利用旋转法进行省道转移。

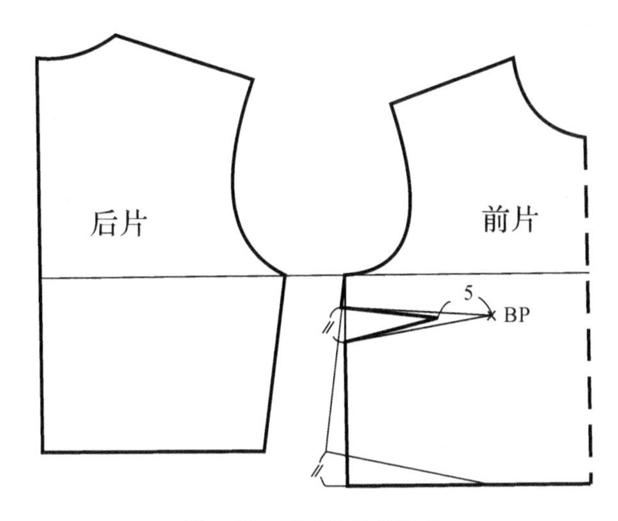


图 5-22 量取法作侧缝省

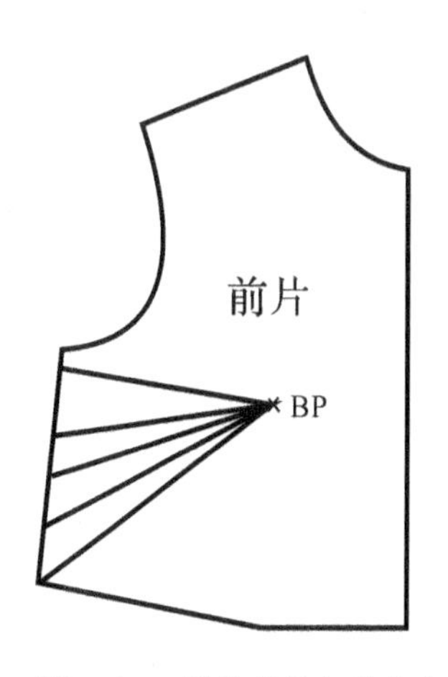


图 5-23 侧缝省的各种方向

图 5-24 所示是两个合体度相同，但省道设计略有差异的款式。其中款式(a)就是全胸省量 $\alpha$ 以腰省形式出现的文化式原型结构所呈现的外观；款式(b)是将胸省 $\alpha_1$ 从全胸省量 $\alpha$ 中分离出来，将之放置到腋下侧缝处，同时腰省 $\alpha_2$ 保留在原腰省处的款式。那么现在就以此为例详细解析利用旋转法由款式(a)的样板得到款式(b)的样板，其具体步骤如图 5-25 所示。

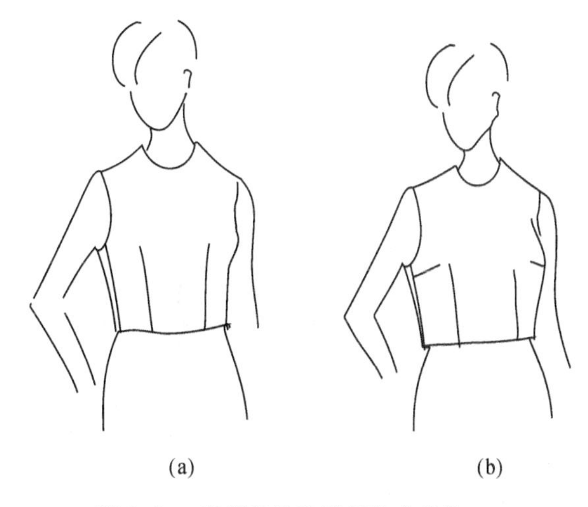


图 5-24 利用旋转法进行款式变化

1)取女装前衣片原型，将其轮廓线描画在一张空白牛皮纸上，同时把全胸省量 $\alpha$ 的两条边线也画好，并以字母 $A$ 和 $B$ 表示其在腰围线上的位置，然后往左延长样板最下端的水平腰围线，最后以字母 $M$ 表示原型样板上侧缝线与前腰节线的交点。

2)在刚复制的原型上根据图5-24(b)所显示的款式特征设计腋下侧缝省的位置，标记为点 $C$，连接 $C$ 与 BP 点即为侧缝省。

3)重新吻合原型纸板与刚在空白纸上复制的原型，按住 BP 点不动，使之作为旋转的中心原点，再逆时针转动位于上方的原型纸板，直至原型纸板上的 $M$ 点与牛皮纸上的水平线相交，此交点记为 $M'$ 点，此时，原型纸板中的腰省边线 $B$ 点会略高于腰节水平线，忽略这一点点的差值，找出腰节水平线上距 $B$ 点最近的点，将此点标记为 $B'$ 点，直线连接 $B'$ 与 BP 点，得到省道的一条边线。由边线 ABP 与 $B'$BP 所夹的省道大小即为腰省 $\alpha_2$，其大小取决于胸腰差量。在前面 $M$ 点旋转到 $M'$ 的同时，$C$ 点也旋转至 $C'$，直线连接 $C'$BP 点得到侧缝省的另一边线，由 CBP 与 C′BP 所夹的省道大小即为胸省量 $\alpha_1$，其大小取决于女性胸乳的立体突出程度。本质上，旋转法就是图 5-25(b)中的灰色几何块面逆时针转动了一个 $\alpha_1$ 角的大小。

4)最后确定省尖位置,一般地,衣身侧缝省的省尖可以设计在距离 BP 点 5～6cm 的地方,重新按照新省尖的位置修正省道,注意应该使省道的两条边线等长。

用旋转法进行省道转移,对单个省道的集中转移较为适用,具有简单、方便、快捷的特点,但对单个省分解为多个省则不大适用,初学者在旋转法的学习中很容易出错,一会顺时针,一会逆时针转动,转着转着就乱了。掌握旋转法有一个诀窍就是分析哪些部位不动,哪些几何块面又是需要转动的,如图 5-25 中的灰色部分,转动前后的几何块面大小以及相互关系都不会改变,只是角度转动,且合并的角度一定等于张开的角度。旋转法需要学习者多加练习,并在练习时多加思考,则可以快速掌握。

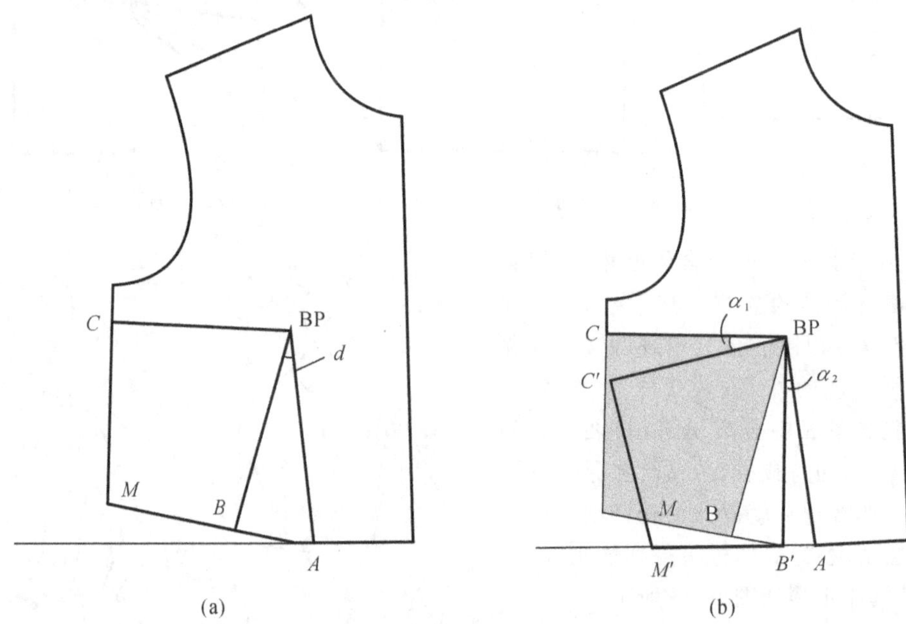


图 5-25　旋转法分解全胸省量

为了使经省道转移后得到的样板有更好的实用价值,将前片原型样板的中线低侧缝高的起翘式腰节线转移为一条水平腰节线是有意义的,只有水平腰节线的样板才能接合上腰臀部位的结构使之成为常见的女上装之样板。

利用刚学习的旋转法把原型样板中的全胸省量 $\alpha$ 分解为胸省 $\alpha_1$ 和腰省 $\alpha_2$,如图 5-26 所示。理论上讲 $\alpha_1$ 的位置可以在任何位置,当然为了使腰节线为水平线,此量不能放在腰围线上,当 $\alpha_1$ 位于袖窿时即成为新文化原型的前衣片样板,而当此 $\alpha_1$ 位于前肩线时就成为前面介绍过的美式女装原型。在本教材中,为了方便后面的省道转移学习,把胸省量 $\alpha_1$ 设计在前侧缝线上,并把腰节含有腰省量 $\alpha_2$ 和腋下设置胸省量 $\alpha_1$ 的前衣片样板称为实用基本样板,之后的省道转移练习没有特别说明,都是指以此实用基本样板作为发展变化的最基础板。这在后面省道的变化应用章节中还会有更详细的分析论述。

**3. 剪切法**

所谓剪切法就是在复制的基本样板上确定新的省道位置以及新的省道形状,然后沿着新省位剪开基本样板直至原来的省尖点,沿着原来省道的两边折叠原来的省道,为了使样板重新平展在平面的桌面上,自然就会张开剪开的部位,张开量的大小就是新省道的量的大

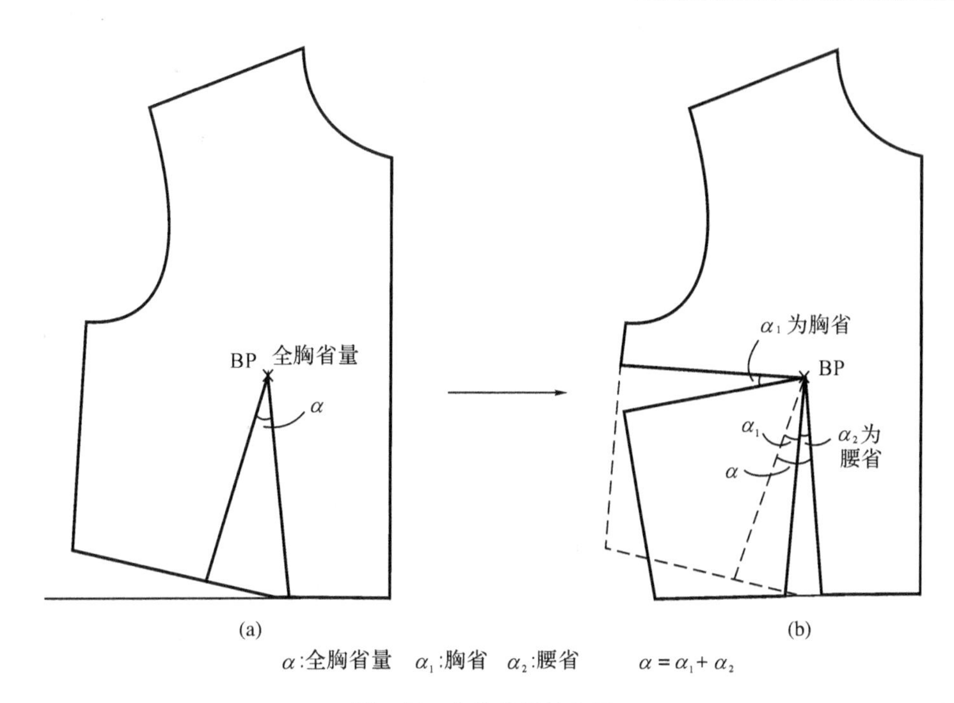


图 5-26 全胸省量的分解

小，它的角度完全与原先所折叠的省道是一致的，但是末端张开量的大小是有变化的。

下面就以剪切法为例，将满足胸部隆起的胸省量 $\alpha_1$ 转移为如图 5-27 所示的肩省。

具体步骤如下(如图 5-28 所示)：

1)复制女装前片实用基本样板，在基本样板上作出满足胸部隆起的胸省量 $\alpha_1$，如图中(a)所示，肩省位置在前小肩线的二等分处。

2)在复制的实用基本样板上设计出新的肩省位置。

3)从肩线起始剪开新的省道位置直至 BP 点，折叠原来的胸省道 $\alpha_1$，即图(b)中 $C$ 点 $C'$ 点重合，剪开的部位就自然张开了，张开量的大小即是新省道的量。注意观察新的肩省角度与原先的胸省量 $\alpha_1$ 是一样的，但是省道尾部张开的尺寸显然大于原来胸省量 $\alpha_1$ 的两条边线之间的尺寸，这是由于肩省的省道长度长于原先的腰围处的胸省的省道长度的缘故。

图 5-27 胸省为肩省

4)确定省尖的位置。根据新的省尖修正省道，使省道两边等长。省尖的位置可以自由设计，但一般来说越是合体的服装，其省道的省尖位置会越靠近人体的凸点，在胸省的使用上就表现为越靠近 BP 点，反之越远离人体的凸点。这个肩省的省尖合体的可以取2～3cm，一般的可以取 5～6cm。

## 五、省道的变化应用

如前所述，为了方便初学者掌握原型省道的应用方法，能把原型省道中包含的胸省量和腰省量区分开来，即把原型的全胸省量中所包含的满足胸部隆起的胸省量 $\alpha_1$ 转移到侧缝线

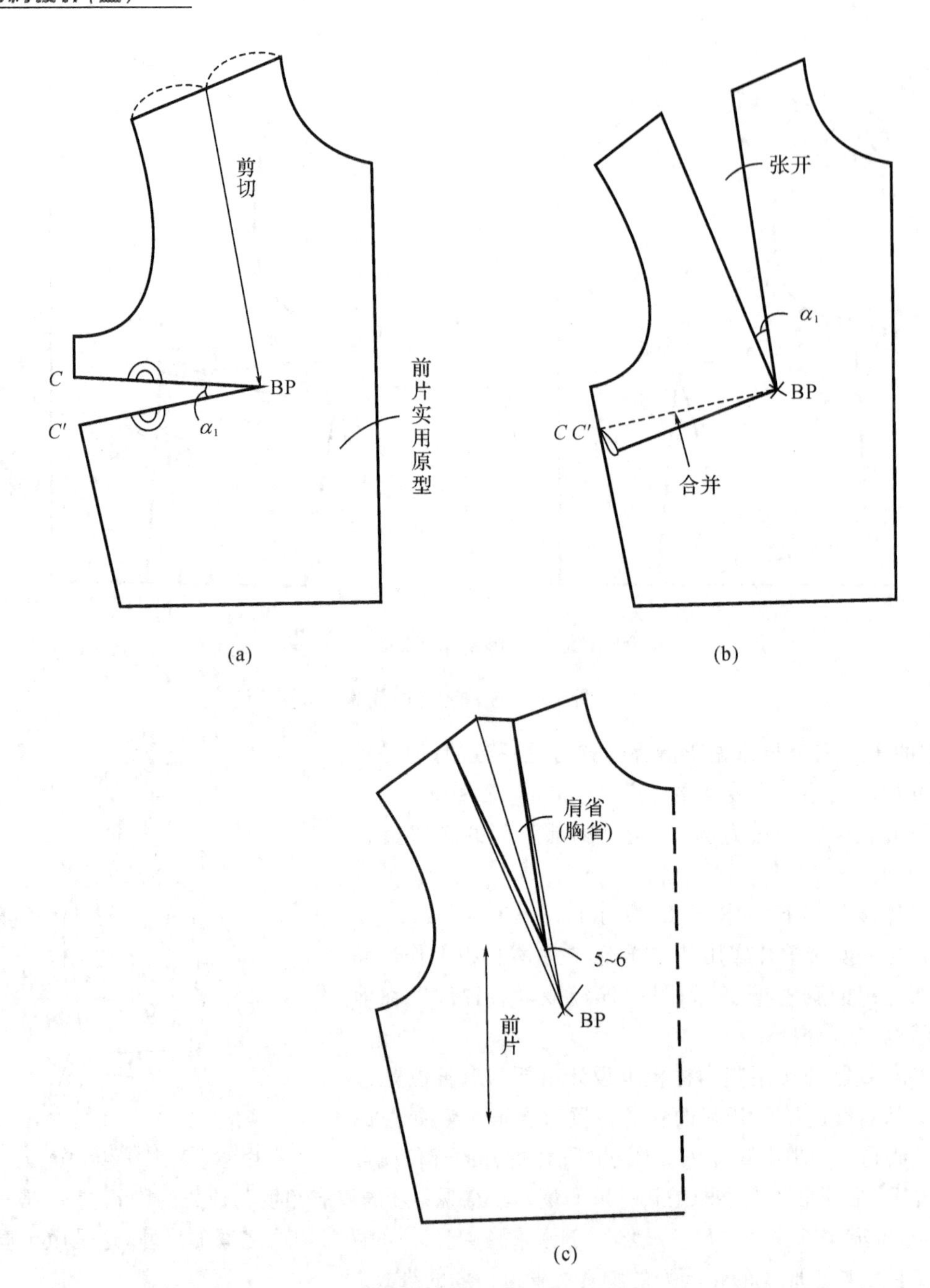


图 5-28　用剪切法将胸省转移到肩部

上,而为使腰部合体需要收的腰省量 $\alpha_2$ 则仍然放在腰部,引入实用基本样板的概念,如图 5-26(b)所示。图中胸省量 $\alpha_1$ 可以围绕着 BP 点进行 360°的旋转,可以等效转移到其他部位;而腰省量 $\alpha_2$ 是由于胸腰差量引起的,这部分腰省量理论上是不能围绕着 BP 点旋转的,只可以在腰节线上做水平移动处理。这部分腰省量可以根据服装在腰部的合体情况变化,最小时可以为 0,此时图 5-26 中的(b)图就成为了图 5-29 所示的实用基本样板了。对一些腰部并不合体的款式进行结构设计时,经常只需要考虑将胸省量 $\alpha_1$ 进行转移变化。在以后的学习中,我们也可以以图 5-29 所示的基本原型来进行结构变化和结构处理,而当腰部还需要收腰省时，再考虑腰省量的变化。

这里有必要探讨一下在实际的省道转移操作过程中，究竟应以胸省量 $\alpha_1$ 还是以全胸的省量 $\alpha$ 来进行转移。这要根据所设计的服装在腰部贴近人体的情况而定，但是一定要牢记具体应用中，主要分以下几种情形。

先考虑只转移胸省量 $\alpha_1$ 的情形。如果服装在腰部不贴体，有一些松量，则以胸省量 $\alpha_1$ 来进行转移，有时甚至可以只转移一部分。另外，即使腰部要求合体，但如果款式在腰节处是没有分割的（绝大多数的上装都不会在腰节处设计横向的分割线），此时就只能转移胸省量 $\alpha_1$，因为全胸省量 $\alpha$ 转移之后的腰节线不再是一条水平线，而是一条凹弧线了，这就根本无法与腰节以下的样板配合成一体。当然，此时为了制作出合体的腰部造型，腰省的使用就必不可少了，此时的腰省位置只能处在人体的腰节处，一般以橄榄省的形式出现。

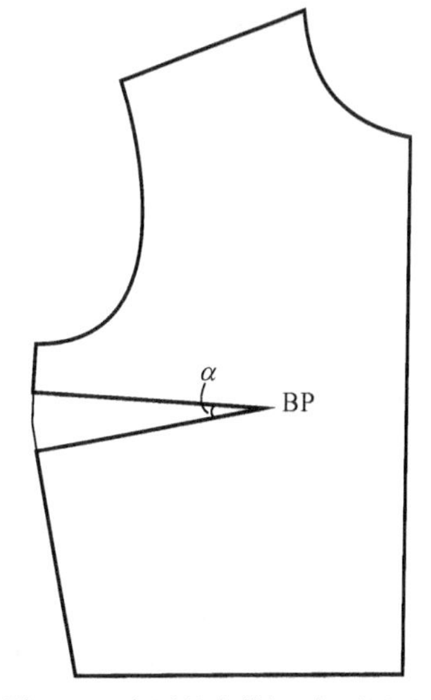


图 5-29 实用基本样板（实用原型）

再来看转移全胸省量 $\alpha$ 的情形。当腰部造型合体同时腰节位置有分割时全胸省量是都可以转移的。

下面以实际例子讲解省道的变化应用。

**1. 只转移胸省的应用（胸省转移、腰省含在腰节作为松量）**

（1）胸省转移成袖窿省

如图 5-30 所示的款式腰部并不合体，因此只需考虑将实用原型上的胸省量转移到图中所示的袖窿部位即可。具体步骤如图 5-31所示。

图 5-30 胸省为袖窿省

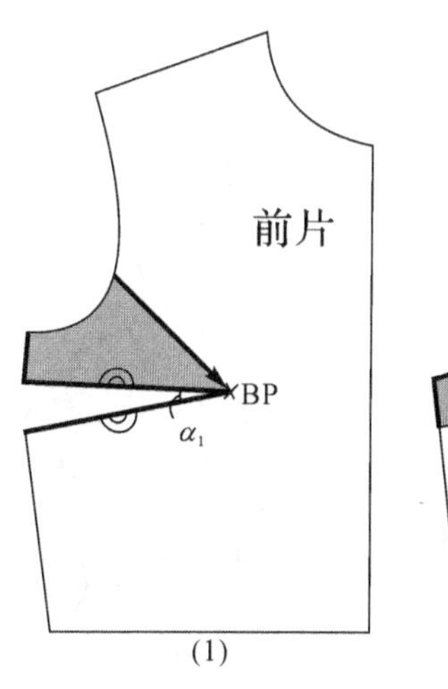


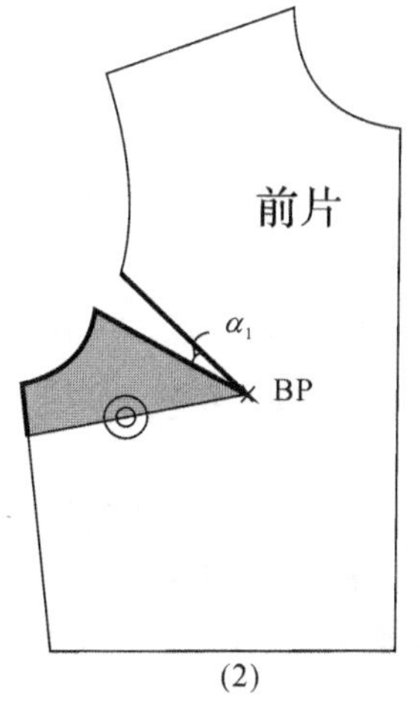


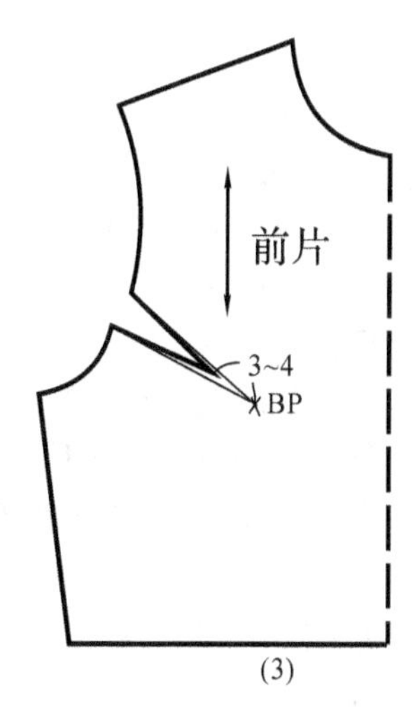


图 5-31 胸省转移至袖窿

1)以胸省量在侧缝线上的实用基本样板为原型,在复制的原型上画出满足胸部隆起的胸省量 $\alpha_1$,然后根据款式特征在衣片的袖窿处设计省道的位置,省道指向 BP 点。

2)从衣片的袖窿起始剪开新省道,折叠合并原省道,就会自然张开新省道。这个省道转移操作比较简单,如果利用旋转法来进行省道的转移更为方便快捷。

3)确定袖窿省的省尖,距离 BP 点 3～4cm 修正新省道,使省道两边等长,并光滑连接。

(2)胸省转移成三个领口开花省

如图 5-32 所示的是有三个领口开花省的款式,是多个分散省道转移的应用实例。这个款式在领口处有三列均匀的开花省,腰部并不合体,因此只需将满足胸部隆起的胸省量 $\alpha_1$ 转移为三个领口开花省即可。这种一个省变多个省的款式用剪切法进行省道的转移比较方便。

图 5-32　胸省为领口开花省

具体步骤如图 5-33 所示。

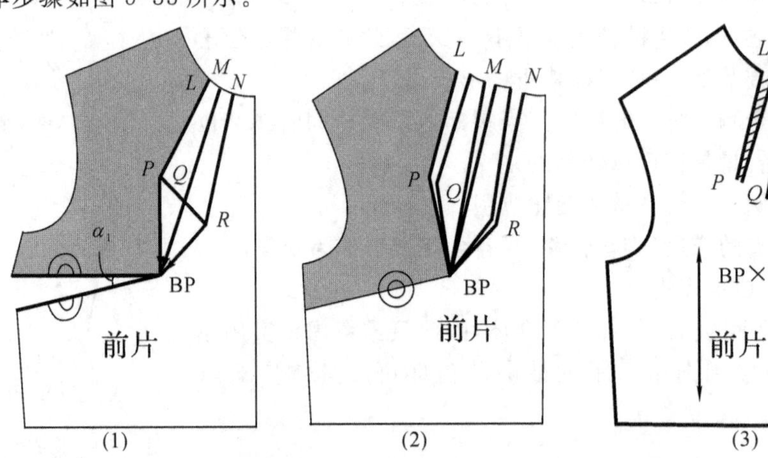

图 5-33　用剪切法将胸省分解成三个领口开花省

1)以胸省量在侧缝线上的实用基本样板为原型,在复制的原型上画出满足胸部隆起的胸省量 $\alpha_1$,然后根据款式特征在衣片的领口作出 3 个新省位线 $LP$、$MQ$、$NR$,其中中间的一个省位线 $MQ$ 指向 BP 点,并在基样上作使新省位与 BP 点相连的辅助线。

2)剪开新省位线,通过辅助线一直剪到 BP 点(注意不要剪断),折叠合并原省道,新省道位置会自然张开,将张开的量均匀分配到 3 个新省道上。

3)修正新省道,注意是开花省的类型,所以不要把省道一直画到尖点消失。最后光滑连接并省略不必要的省道量。

**2. 全胸省量的分解转移应用(胸省转移,腰省在腰节造型)**

(1)胸省转移成领口省

如图 5-34 所示的款式胸部曲线分明,腰部合体,故应将全省 $\alpha$ 中满足胸部隆起的胸省量 $\alpha_1$ 转移到图中所示的领口

图 5-34　全省部分转移至领口

位置，余下的省量 $\alpha_2$ 作为腰省留在腰线上。用旋转法进行胸省的转移，其具体步骤如图 5-35所示。

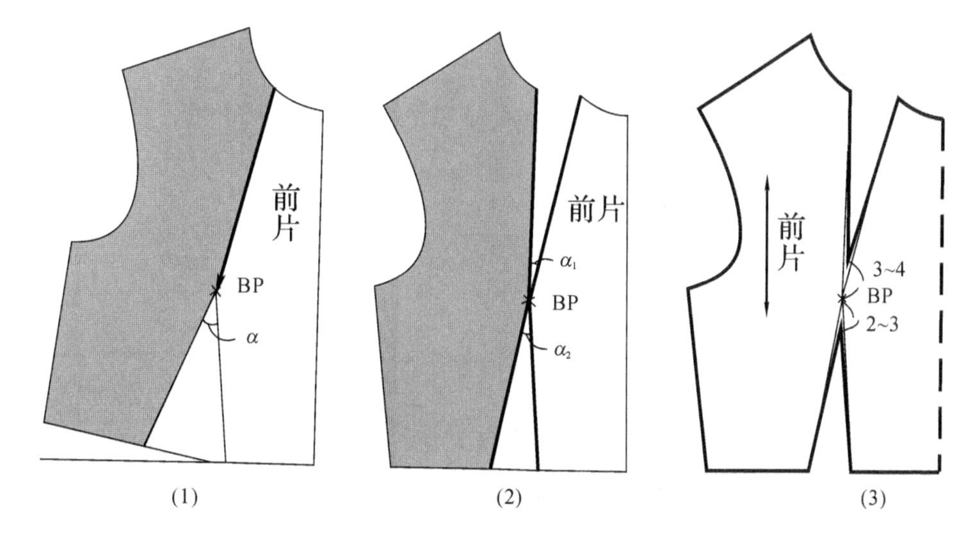


图 5-35　旋转法转移胸省为领口省

1)根据款式图在复制的原型样板上作出全省 $\alpha$，并作出领口省的位置。

2)用旋转法将全省 $\alpha$ 中满足胸部隆起的胸省量 $\alpha_1$ 转移于所需要的领口位置(按住 BP 点逆时针旋转原型中的淡灰区域直至与腰节线水平)，余下的省量 $\alpha_2$ 作为腰省留在腰线上。

3)确定省端点，修正省道形态，绘制出光滑美观的省道线。

4)本节着重在省道转移的方法，由前面几步操作得到的样板仅长及腰节线，但图 5-34 款式为低腰连衣裙，其最后的裁剪用样板还需设计腰节以下部位的结构，特此说明。

(2)胸省转移成两个弧形肩省

图 5-36　全省部分转移成两个弧形肩省

图 5-36 是全省分解为两个弧形肩省和腰省的款式图，该款式胸部曲线分明，腰部合体，故应将全省 $\alpha$ 中满足胸部隆起的胸省量 $\alpha_1$ 转移为图中所示的肩部两个弧形省，余下的省量 $\alpha_2$ 作为腰省留在腰线上。

用剪切法进行胸省的转移，其具体步骤如图 5-37 所示。

1)在复制的原型样板上作出全省 $\alpha$，并先用旋转法将全省 $\alpha$ 中满足胸部隆起的胸省量 $\alpha_1$ 转移到侧缝线上，余下的省量 $\alpha_2$ 作为腰省留在腰线上。

2)在胸省位于侧缝线的样板上根据款式图作出两个弧形肩省的省位线，并作辅助线使之与 BP 点相连。

3)剪开两个弧形肩省的省位线，并沿辅助线剪至 BP 点(不要剪断)，折叠合并侧缝线上胸省量 $\alpha_1$，两个弧形肩省的省位线处自然张开，将张开的省量均匀分配到两个肩省中。

4)确定省端点，修正省道形态(省略不必要的省道量)，绘制出光滑美观的省道线。

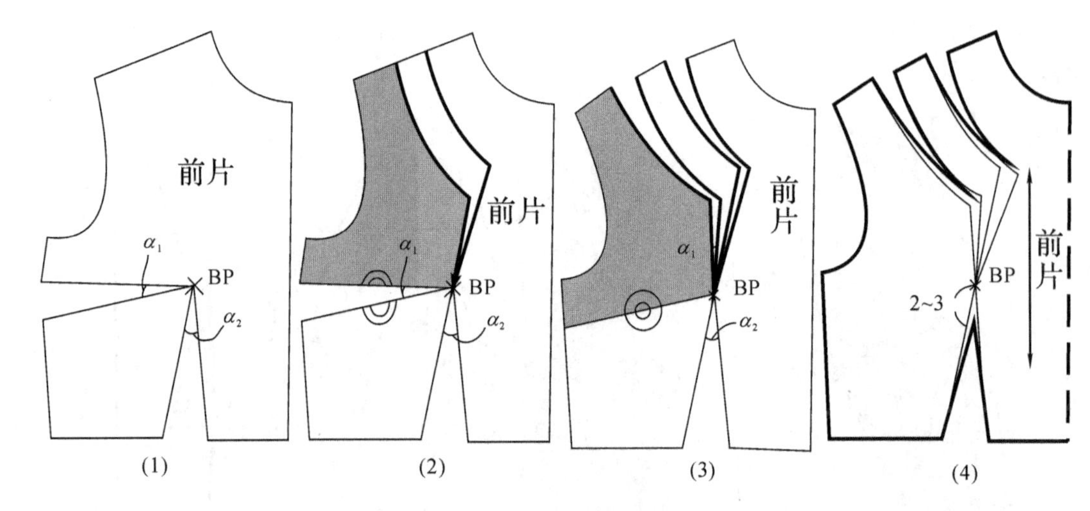


图 5-37 剪切法转移胸省为两个弧形肩省

**3. 全胸省量的转移(全胸省量集中转移)**

(1) 非对称的全胸省量转移之一

如图 5-38 所示的款式是左右不对称的,省尖位于 BP 点的例子之一。该款式腰部特别合体且腰节线为一分割线,因而在复制原型前片基本样板时,在样板上需作出全省(包括满足胸部隆起的胸省量和收腰省的量),并将其全部转移到弧形省道中隐藏。由于原型的省道位置与款式省道线有相交,为了不妨碍分割线的设计,需先将基本样板中的省道转移至与款式省道没有相交的临时省位。此款省道的设计左右不对称,必须先作出包含左右片的前片结构图,再将省量转移到分割线上。

图 5-38 非对称全胸省量转移之一

用剪切法进行全胸省量的转移,其具体步骤如图 5-39 所示。

1)复制前片基本样板,在样板上作出全省(包括满足胸部隆起的胸省量和收腰省的量),确定需转移的临时省位(袖窿处)。

2)将基本样板中的省道转移至袖窿处的临时省位。如用旋转法完成 1)和 2)两个步骤更为快捷、方便。

3)由于是非对称款式,以前中线为对称线作出包含左右衣身的样板,并按效果图作出弧形省,设法与省尖点相连。

4)沿弧形省的位置剪开省道至省尖点,折叠合并原省道转移至分割线中。修正省尖点的位置,修顺省的两条边线。

(2)非对称的全胸省量转移之二

如图 5-40 所示的款式是左右不对称的省尖位于 BP 点的省道转移例子之二。该款式腰部特别合体,因而在复制原型前片基本样板时,在样板上需作出全省(包括满足胸部隆起的胸省量和收腰省的量),并将其转移到省道线上隐藏。

用剪切法进行全胸省量的转移,其具体步骤如图 5-41 所示。

1)复制前片基本样板,在样板上需作出全省(包括满足胸部隆起的胸省量和收腰省的量),并按效果图设计省道位置和形态,设法与省尖点相连。

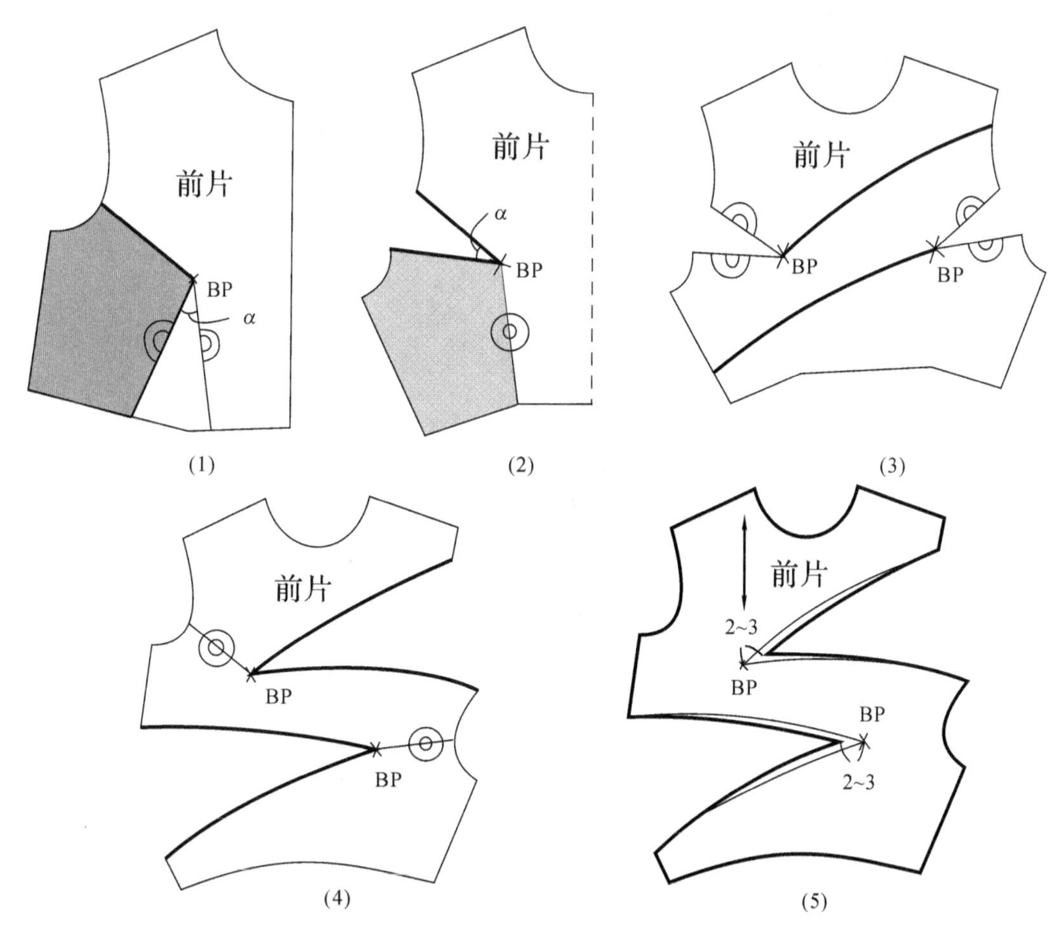


图 5-39 剪切法转移全胸省量款式之一

2)沿省道线剪开至省尖点,折叠合并原省道,新省道就自然形成了。

3)修正腰围线成光滑弧线。修正省尖点的位置,修顺省的两条边线。

这两个例子,因省道是不对称的且省道的边线较长,也有书上将这样的结构归为不对称的分割线。

图 5-40 非对称全胸省量转移之二

**4. 后肩省的转移**

(1)后肩省转移成后领口省

图 5-42 所示的是后片省道转移的例子。这个款式在后片领口处有省道,腰部并不合体,因此只需将原型后片上的肩省转移到领口即可,后片腰部并不需要设计腰省。用剪切法进行后肩省的转移,其具体步骤如图 5-43 所示。

1)复制原型后片样板作为基本样板,在复制的样板上作出肩省,腰部不做腰省。根据款式图,设计领口省的省位线,尽量使领口省的省尖点与肩省的省尖点重合。

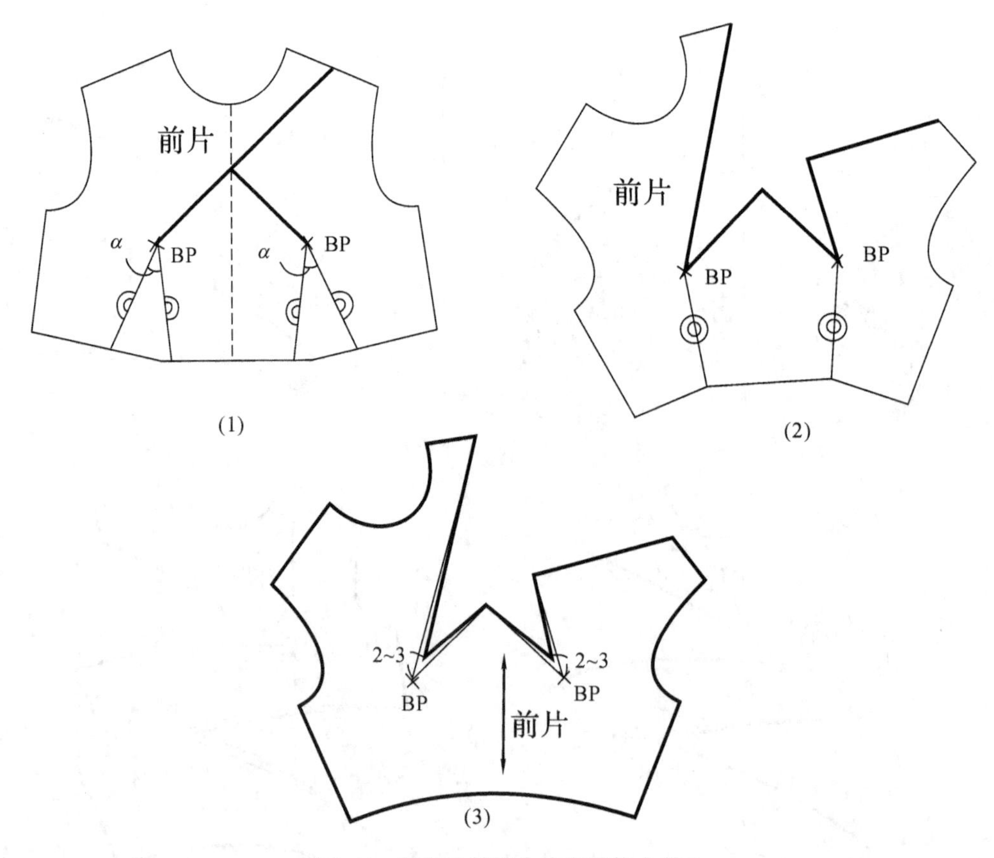


图 5-41　剪切法转移全胸省量款式之二

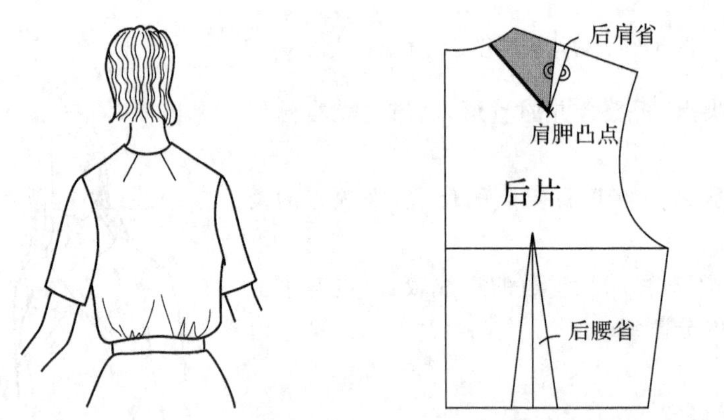

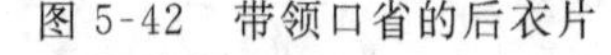

图 5-42　带领口省的后衣片

图 5-43　剪切法转移带领口省的后衣片

2)剪开领口省的省位线,折叠合并肩省,领口处自然张开。确定领口省的省尖位置,修正新省道,使省道两边等长,并修正肩线使之光滑美观。

(2)后肩省可转移的其他位置

后片上的肩省一般可以在如图 5-44 所示的 180°范围内转移,转移方法简单。

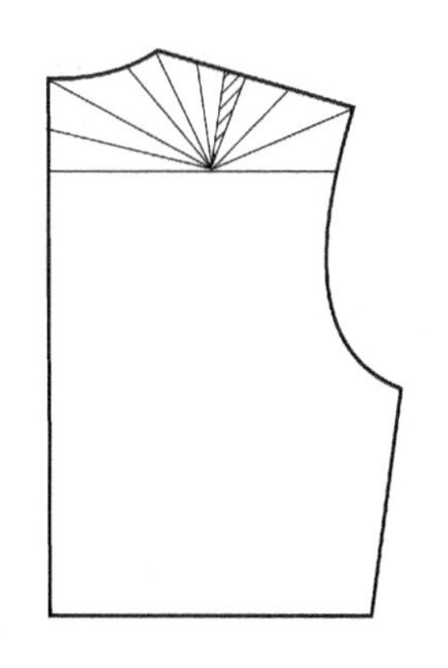

图 5-44 后肩省的转移范围

# 第三节 褶裥在衣片中的应用

抽碎褶、打褶裥、做塔克褶是服装造型中的重要手段，是对服装进行立体处理的结构形式。为了丰富服装的造型变化，增加服装的艺术效果，不但可以将一个省道分解为多个省道，还可以利用服装结构中的抽褶、打裥、做塔克及其他形式的组合来表现，不但给服装以较大的宽松量，便于人体活动，还能增加一些装饰性效果，使服装具有更强的艺术感染力。

图 5-45 带碎褶的女上装

## 一、褶裥的分类

褶裥的分类主要有两大类：自然褶和规律褶，所谓自然褶是指褶的产生过程随机自然，主要有两种即碎褶和波浪褶。规律褶顾名思义是指褶裥的产生或者说外观呈现规律变化的特征，人为设计特征显著，折裥、塔克褶风琴褶等都属于规律褶范畴。

不同褶裥有不同的外观形态，也表现出相异的风格特征。如自然轻松的碎褶、整齐利落的折裥和随意柔和的塔克褶，它们在女装中被广泛应用。

**1. 碎褶和波浪褶**

碎褶可以看作是由许多细小的褶裥组合而成。它可以由省道转变而来，也可以为了一定的装饰效果而设计，但它比省缝形式宽松、自如、活泼，常常应用在女装和童装的上衣和裙子中。如图 5-45 所示的女上装在横向的育克式分割线和袖片中都设计了碎褶，显得非常可爱。波浪褶最常见于喇叭裙中，在衣片中应用不多，以后裙子部分会有详解。

**2. 折裥**

折裥就是将面料的一端进行有规则的折叠，并用缝迹固定，而在面料的另一端可以采用多种形式，如用缝迹固定、熨烫定型或是不固定自然散开等方式。折裥由三层面料组成，即外层、中层和里层。外层是衣片上的一部分，中层和里层则被外层所覆盖为不可视部分。由三层同样大小的面料组成的折裥称为深折裥;由三层不同量的面料组成的折裥称为浅折裥。折裥的两条折边分别是明折边和暗折边(如图 5-46 所示)。根据折裥外观形态和折叠方式的不同可划分为不同的类型。

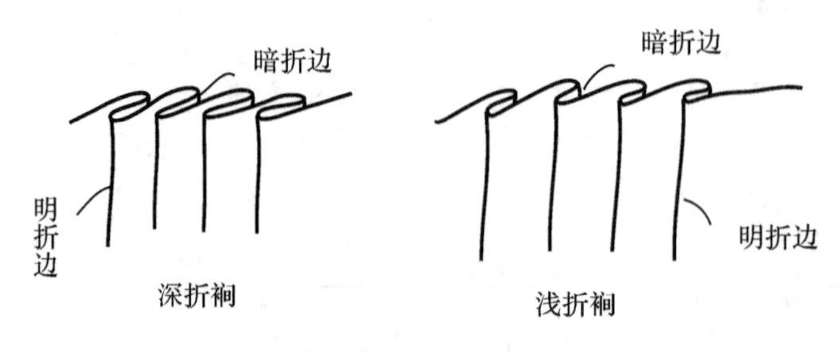


图 5-46　折裥

(1)按形成折裥的线条类型来分类(如图 5-47 所示)

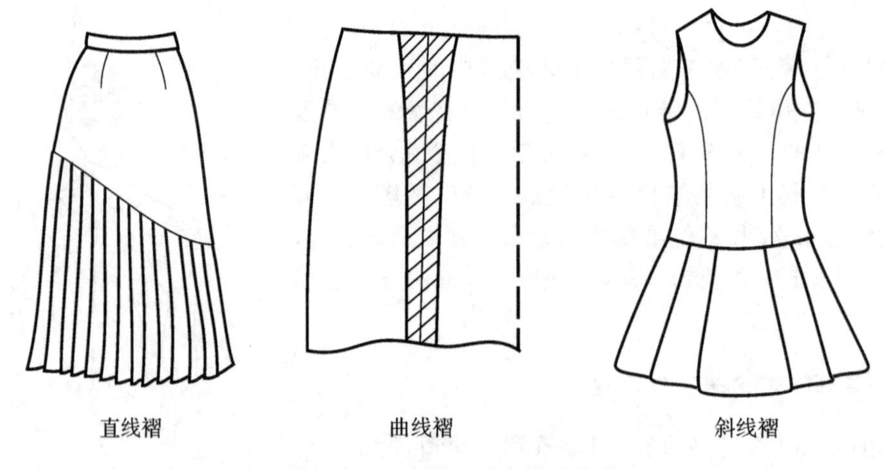


图 5-47　按折裥的线条类型分类

1)直线褶　折裥两端折叠量相同,其外观形成一条条平行的直线,常用于衣身、裙片的设计,如百折裙裙身上的折裥。

2)曲线褶　同一折裥所折叠的量不断变化,在外观上形成一条条连续变化的弧线,常用于裙片的设计。例如女裙上的折裥为了吻合人体腰臀部位的尺寸差异,往往在折裥里面包含了省道的量,折裥折叠的量上大下小,形成弧线形的外观,不过弧线的造型只能通过在裙片的反面车缝固定折裥的折叠量来完成。有时可设计成从上到下所折叠的量不断变化,折裥的边线是光滑的弧线的情况。

3)斜线褶　指折裥两端折叠量不同,但其变化均匀,外观形成一条条互不平行的直线,常用于裙片的设计,如应用在太阳褶裙上的折裥,外观上呈现束射状射线的上窄下宽效果。

(2)按形成褶裥的形态来分类

1)顺褶　指向同一方向折叠的折裥,亦称顺风褶、单褶,如图 5-48 所示。

2)箱形褶　亦称扑面褶、双褶,指同时向两个方向折叠的褶。箱形褶的两条明折边重合在一起,就形成阴褶,阴褶又称为暗褶;箱形褶的两条暗折边重合在一起就形成阳褶,阳褶又称为明褶,如图 5-49 所示。

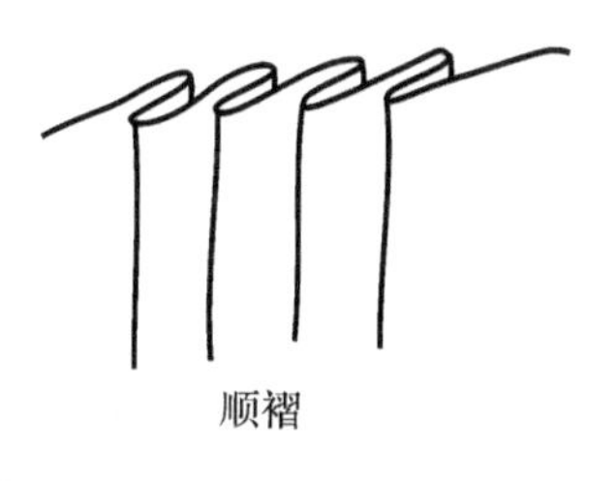


图 5-48　顺褶

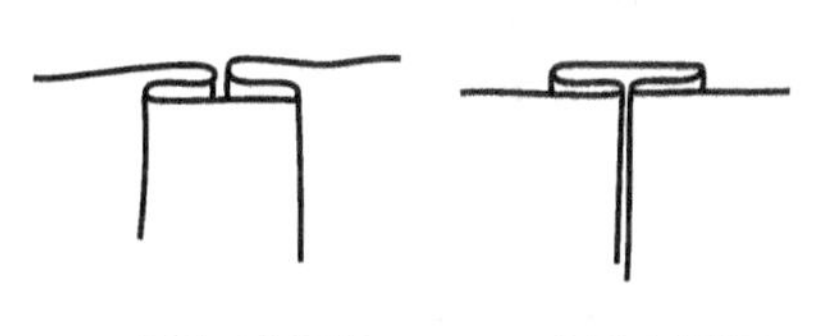


图 5-49　箱形褶

3)风琴褶　面料之间没有折叠，只是通过熨烫定型，形成折裥的效果。这种折裥仅仅在面料的表面形成明折边和暗折边的折痕，而没有常见折裥的外层、中层、里层的三层关系，如图 5-50 所示的定型裙就是使用的风琴褶。

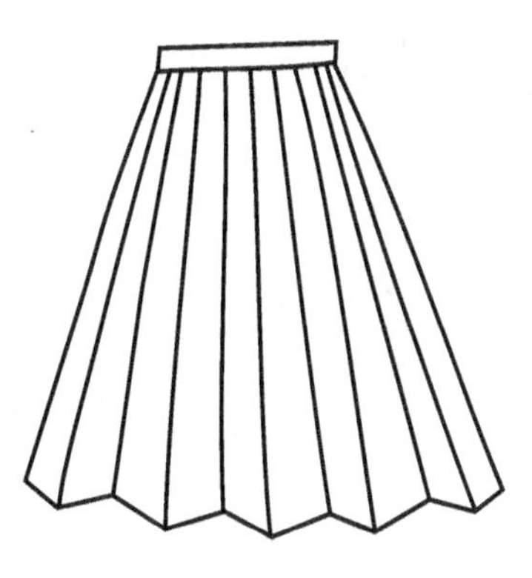

图 5-50　风琴褶

**3. 塔克褶**

塔克是英语 tuck 的中文发音，是一个外来语。塔克褶在结构上类似折裥，相同之处是都需要将面料有规律地折叠倒向一侧，再用缝迹固定部分或全部的面料；不同之处在于塔克褶是不需要熨烫的或是仅仅熨烫缝迹固定的部位，其余部位则自然张开。塔克褶比规律褶裥更具装饰效果。

(1)普通塔克

在面料上沿折倒的褶裥明折边用缝迹固定，如图 5-51 所示。

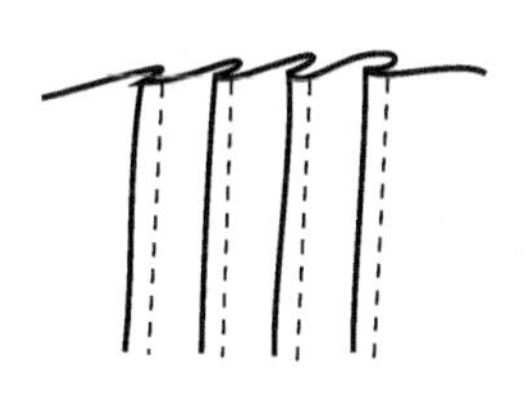

图 5-51　普通塔克

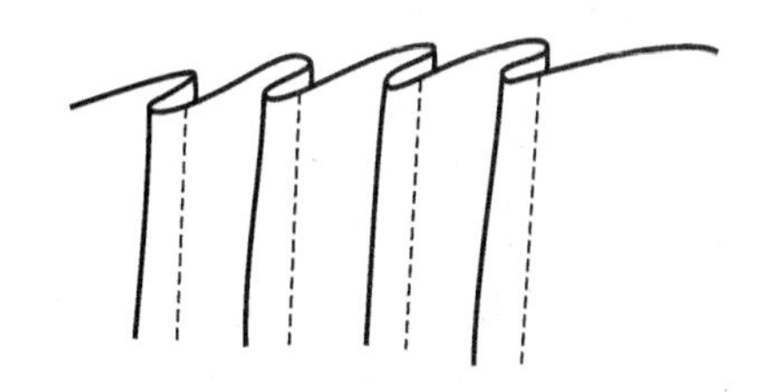

图 5-52　立式塔克

(2)立式塔克

在面料上沿折倒的折裥暗折边用缝迹固定。因为明折边没有用缝迹固定，所以立式塔克比普通塔克更具有立体感，更具浮雕效果，如图 5-52 所示。

## 二、碎褶的设计与应用

抽褶这种结构形式主要应用在女装和童装上，通过抽褶既可增大服装的宽松量，便于人体活动，又可起到修补体型的作用，使过于消瘦的体型显得丰满一些，还能改变服装的风格，使服装显得轻松、活泼，充满青春气息。

**1. 非连续抽褶**

(1) 腰省上设计碎褶

图 5-53 所示的款式是腰省与碎褶相结合的例子。由于该款式腰部非常合体，同时碎褶又与原型的腰省相结合，因而复制原型基本样板时，在样板的腰围线上作出全省 $\alpha$。因为碎褶就设在腰省上，所以不需要进行省的转移，只需放出碎褶量。

具体步骤如图 5-54 所示。

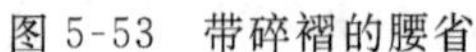

图 5-53 带碎褶的腰省

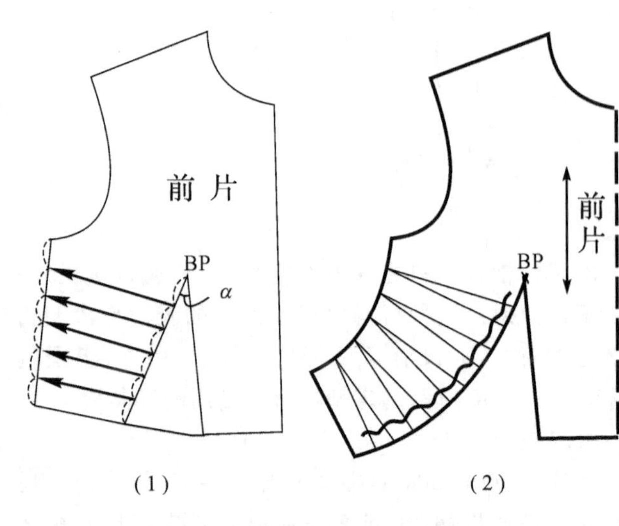


图 5-54 带碎褶腰省的样板设计

1)按图在复制的原型前片基本样板上作出全胸省量 α,并在其边线上向侧缝线作几条均匀分布的辅助线。

2)沿着几条辅助线向侧缝线方向剪开,注意不要剪断(只保留一点),拉开辅助线,放出所需的褶量,放出的褶量也要遵从均匀的原则,最后修顺弧线,使之光滑连接。

(2)侧缝省上设计碎褶

图 5-55 所示的是一款在衣片的侧缝省上设计碎褶的例子。该款式腰部也非常合体,因而复制原型基本样板时,在样板的腰围线上作出全胸省量,而碎褶就设计在侧缝省上,因此需要先进行省的转移,再剪切样板加放出碎褶量。

图 5-55 带碎褶的侧缝省

具体步骤如图 5-56 所示。

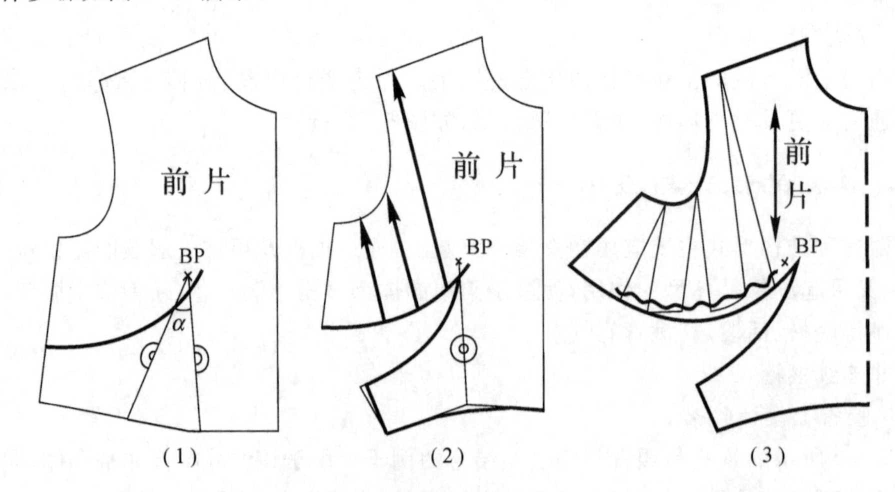


图 5-56 带碎褶侧缝省的样板设计

1)按图在复制的原型前片基本样板上作出全胸省量$\alpha$,并定出侧缝省省位线。

2)剪开侧缝省省位线,折叠合并原省道。在侧缝省省位线上均匀地向上作几条辅助线。

3)沿着几条辅助线的方向向上剪开,注意不要剪断(只保留一点),拉开辅助线,补足所需的褶量,修正弧线,使之光滑连接。

(3) 后片肩省线上设计碎褶

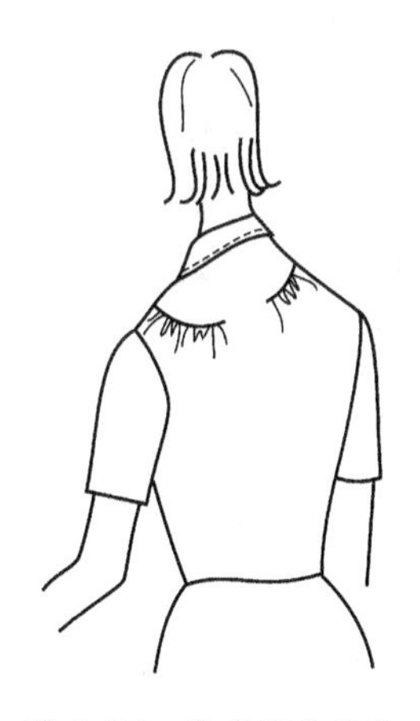

图 5-57　带碎褶的肩省

图 5-57 所示的款式是在后片肩省线上设计了碎褶的例子。该款式腰部合体,因而在复制的后片原型基样上要作出腰省并将其进行转移,图中的肩省为弧形,因此要将肩省作成弧形省。由腰省转移而得到的褶量很少,远不能满足款式图上所要求的碎褶量,还需要通过剪切加大抽褶量。

具体步骤如图 5-58 所示。

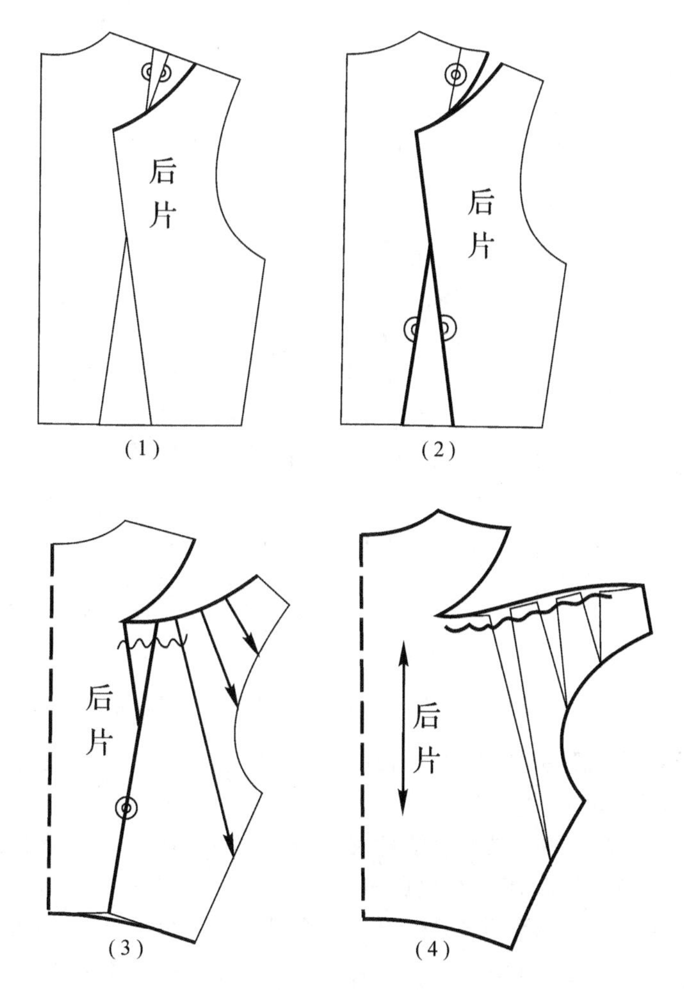


图 5-58　带碎褶肩省的样板设计

1)按图在复制的原型后片基本样板上作出腰省和原型上的肩省,并根据款式的特征定出弧形肩省的位置。

2)合并转移原型肩省的省量至弧形肩省中。

3)合并转移原型腰省的省量至弧形肩省中,由于利用腰省所获得的碎褶量较少,再均匀地设计辅助线剪切样板以增加碎褶量。

4)剪切拉开辅助线,在每个剪切口中补足抽褶量。

**2. 连续抽褶**

这里以在前衣身的领口处设计碎褶为例来说明连续抽褶的结构处理。图5-59所示的款式是在前衣身的贴边式领口处设计碎褶的例子。该款式腰部并不非常合体,因而复制原型基本样板时,在样板上只需作出满足胸部隆起的胸省 $\alpha_1$(该省量放在侧缝处),并将其转移到横向分割线上作为碎褶量,因该褶量达不到款式图上所需的褶量,还需从分割线处向腰线方向作辅助线剪切样板增加松量以便补足抽褶量。

图5-59　带碎褶的育克分割线

具体步骤如图5-60所示。

1)按图在复制的原型前片基本样板上作出胸省量(先转移到侧缝处)和领口的大小、宽窄,并从BP点作一条辅助线到领口线上。

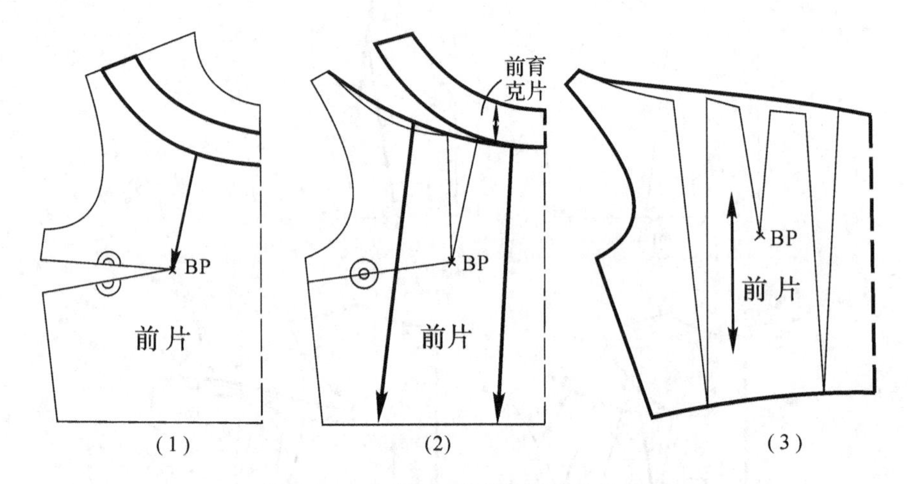


图5-60　带碎褶的育克分割的样板设计

2)沿领口线剪开样板,并沿辅助线剪到BP点;折叠合并基本样板的省道,将省道转移至抽褶处,修顺需抽褶的衣片上缘线。

3)由于款式效果中在领口处的碎褶量较多,而仅仅利用胸省转移得到的褶量很少,故还需沿着碎褶的方向剪切样板,剪切线根据碎褶的多寡可以是单条也可以是多条。

4)剪开剪切线,注意不要剪断(只保留一点)。拉开剪切线补足抽褶量,每个切口中增加相同的松量以获得均匀的碎褶效果。修顺需抽褶的衣片上缘线和腰围线。

**3. 代替省道的碎褶**

图5-61所示的款式是将前胸省全部转移成碎褶的例子。该款式腰部非常合体,因而复

制原型基本样板时，在样板的腰围线上要作出全省 α，并将其转移为图中所示的碎褶。因款式中要求的褶量不多，因而不需再加大褶量。

图 5-61 全胸省量转移为碎褶

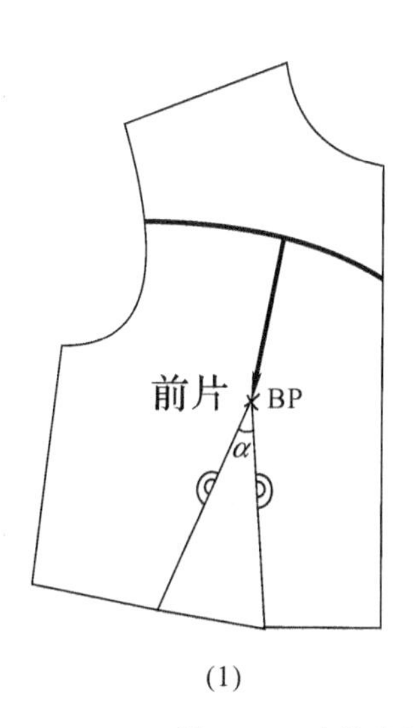


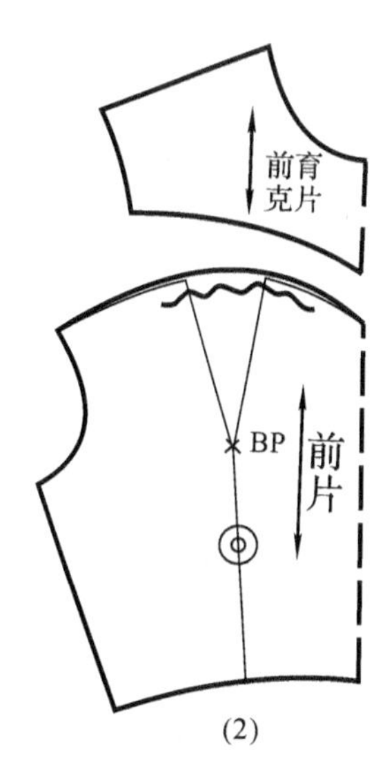


图 5-62 全胸省量转移为碎褶的样板设计

具体步骤如图 5-62 所示。

1)按图在复制的原型前片基本样板上作出全省 α 和横向弧形分割线，并从 BP 点作一条辅助线到分割线上。

2)沿分割线剪开基本样板，并沿辅助线剪到 BP 点，折叠合并基本样板的省道，将省道量转移至抽褶处。修正需打褶的弧线和腰线为光滑的弧线，用转移来的省道量做几个小碎褶。

**4. 装饰抽褶**

图 5-63 所示的款式是后衣身横向分割线上装饰碎褶的例子。该款式的抽褶部位上并不包含省道，腰部也不合体，因而复制原型后片基本样板时，不需作出腰省，只需关闭肩省，并转移到横向分割线处即可，碎褶量则需通过从上至下作的辅助线中放出。

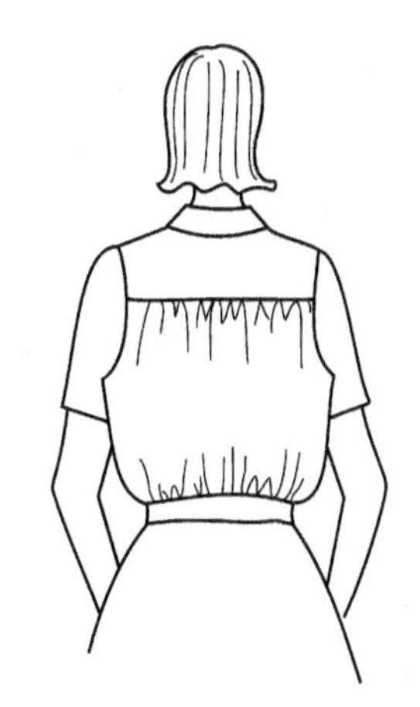

图 5-63 后片带碎褶的育克分割

具体步骤如图 5-64 所示。

1)按图在复制的原型后片基本样板上作出肩省和横向分割线，将肩省线延长至与分割线相交。

2)剪开横向分割线，分为上下两部分。上部折叠合并肩省，分割线向上翘起，修正分割线为弧线；下部从分割线处向腰线作垂直辅助线(可以是单条，也可以是多条)。

3) 在下部样片上剪开辅助线(剪断)并水平拉开，放出抽褶量。

从上面一些例子可以看出在处理碎褶的结构设计时，在多数的款式中只设计由省量转移而来的褶量大小是不够的，往往还需要剪切样板加大褶量。常见的加大褶量的方法有两种：一是可设计一条辅助线作为剪切线来剪开样板，拉开补足抽褶量；二是可用一组平行的

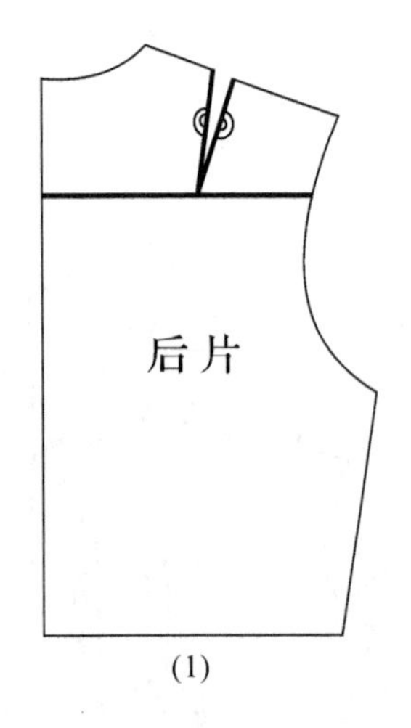


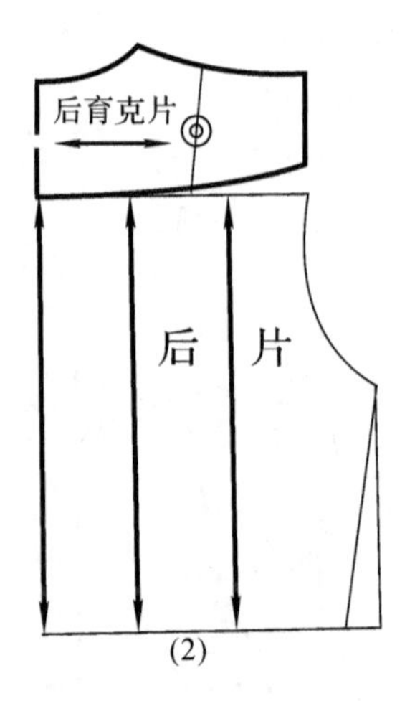


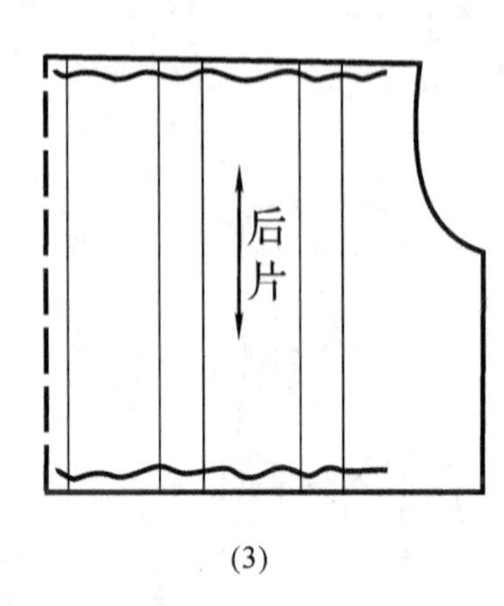


图 5-64 后片带碎褶的育克分割的样板设计

辅助线,平均切割抽褶部位的衣片,均匀地拉开这些辅助线,补足抽褶量。

另外,还须注意的一点就是是否剪断辅助线要在仔细审视款式图后再定,原则是一定要注意保证前后衣身结构的整体平衡。而作辅助线时,辅助线的方向应尽量和褶的延伸方向一致。

### 三、褶裥的设计与应用

**1. 塔克褶在前衣片中的应用**

图 5-65 胸省转移为塔克褶

图 5-65 所示的款式在前衣身上设计了三个纵向均匀的塔克褶裥,塔克的结构变化方法实际上和褶裥的处理方法一样,只要在打裥的部位用缝迹固定即可。该款式前衣身肩部上有弧形分割线,分割线下部有三个纵向褶裥。腰部并不合体,在复制原型前片的基本样板时只需作出满足胸部隆起的胸省量,并将其转移至三个纵向的褶裥当中即可。因为从分割线处到腰围线上都有褶裥量,所以还须作辅助线,以便加放褶裥量。经转移而来的一部分褶裥量在作褶裥时要注意在上部加进去。

具体步骤如图 5-66 所示。

1)在复制的实用基本样板上作出满足胸部隆起的胸省量(放在侧缝处),并按效果图作出三条平行的分割线。

2)按中间的分割线将样板剪开至 BP 点,折叠合并原省道,辅助线处自然张开,胸省转移到了中间的分割线之中,其省量的大小以符号“ϕ”表示。

3)将胸省量“ϕ”的大小均匀地分摊到各条分割线之中,那么每条分割线之中的省量就是“ϕ/3”。

4)由于塔克褶是从上而下一直延续到腰节,因此剪开 3 条辅助线,在腰线水平线上均匀拉开各处所需的裥量。如图 BP 点以上部位的褶量较 BP 点以下的部位要多,最后修顺衣片的轮廓线。

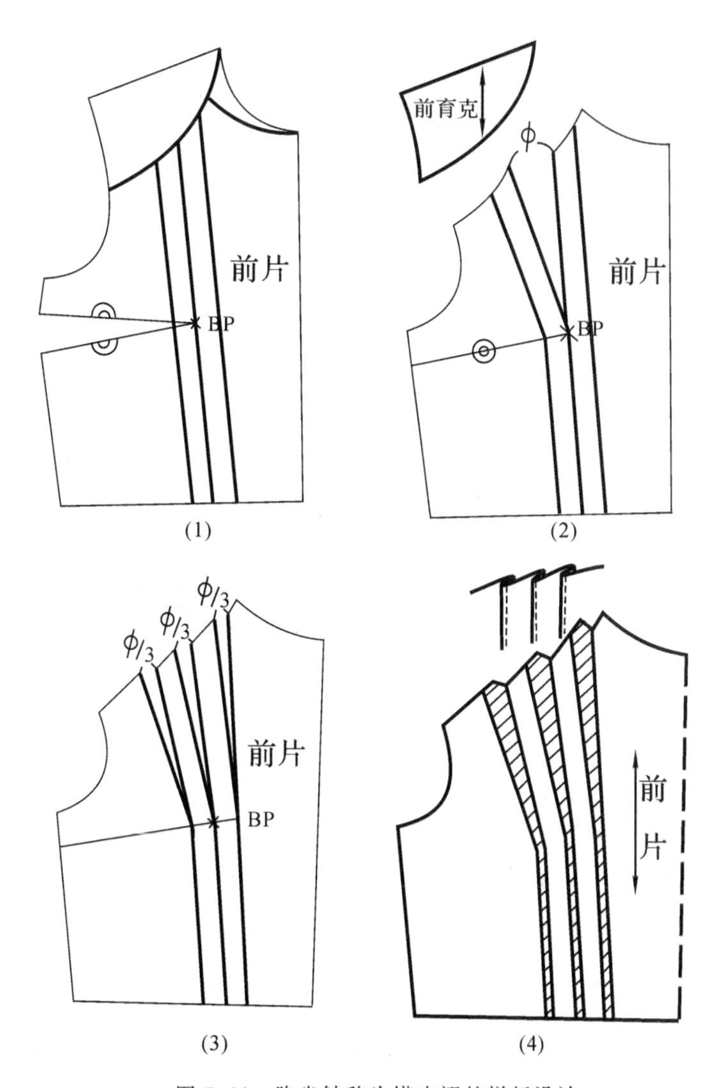


图 5-66　胸省转移为塔克褶的样板设计

**2. 塔克褶在后衣片中的应用**

图 5-67 所示的款式在后衣身上设计两个纵向塔克褶。

具体步骤如图 5-68 所示。

1)按图在复制的原型后片样板上作出肩省和横向分割线，将肩省线延长至与分割线相交。

2)剪开横向分割线，分为上下两部分。上部折叠合并肩省，将肩省转移到分割线处成为隐藏的省道，分割线向上翘起，修正分割线为光滑弧线。下部从分割线处向腰线作垂直辅助线(有几条塔克线作几条辅助线)。

在下部样板上剪断辅助线并水平拉开，放出褶裥量，用缝迹将褶裥固定即成为塔克。

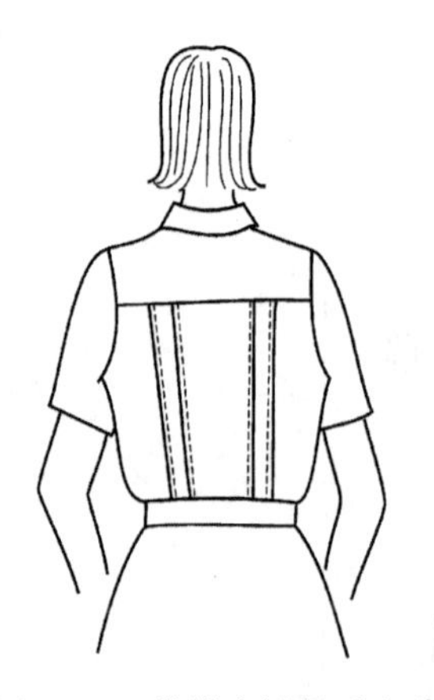

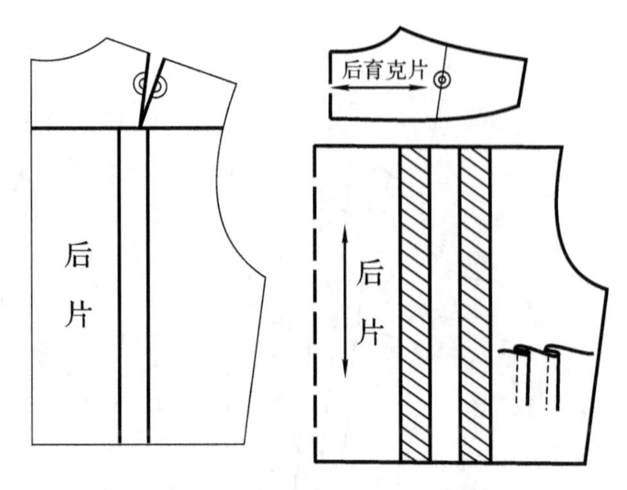


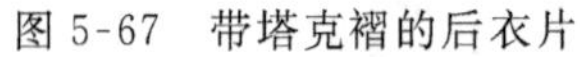

图 5-67　带塔克褶的后衣片

图 5-68　带塔克褶的后衣片的样板设计

## 第四节　女装衣片的分割线设计与应用

服装设计离不开线条的表现,丰富多变的线条成就了服装式样的演变。线条特有的方向性和运动感,赋予了服装丰富的内容和表现力。除了省道、褶裥外,分割线(包括衣缝)是服装设计中最常用的结构形式,不仅起到分割服装形态的作用,而且还将衣身的省道结构暗含其中,能设计出比省道和褶裥形式更加合体的服装。服装分割线有各种各样的形态,有纵向分割线、横向分割线、斜向分割线、自由分割线等。此外还常采用具有节奏旋律的线条,如放射线、辐射线、螺旋线等。

### 一、分割线的分类

分割线在服装造型中有很重要的作用,它既能随着人体的线条进行塑造,也可改变人体的一般形态而塑造出新的有强烈个性的造型。因而服装上的分割线,既具有造型特点,也有功能作用,对服装的造型和合体性能起着主导作用。女式服装上大多采用曲线形的分割线,以表现女性的柔美,外形轮廓以曲腰式为多,显示出活泼、秀丽、苗条的韵味。但是男式服装上的线条无论怎样变化,基本上都以刚健、豪放的竖直线组成服装的主旋律,外形轮廓以直腰式为多。根据分割线的特点,常将分割线分为视觉分割线和功能分割线两大类。

**1. 视觉分割线**

视觉分割线是指为了款式视觉效果的需要附加在服装上起装饰作用的分割线。它是一条平面分割线,对服装合体与否不起作用,但分割线所处部位、形态、数量的改变会引起服装视觉艺术效果的改变。

单个的视觉分割线在某部位上所起的装饰作用是有限的,为了塑造较完美的造型或满足某些特殊造型的需要,增添分割线是必要的。但分割线数量的增加易引起分割线的配置失去平衡,因此,分割线数量的增加必须保持服装整体的平衡和符合一定的美感要求,比如有一定的节奏感、韵律感等。特别是水平分割线,其分割必须符合黄金分割率(1∶1.618)或接近黄金分割率,这才符合传统的审美要求。如图 5-69 所示的上衣的胸部和腰节的分割线，其上下分段比例为 5∶8∶5。其他分割的比例也相似(如图 5-70 所示)。

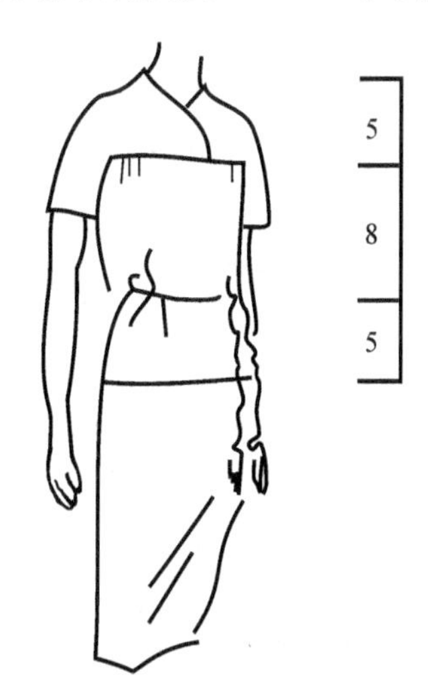


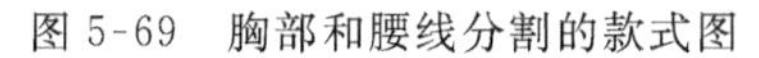
图 5-69 胸部和腰线分割的款式图

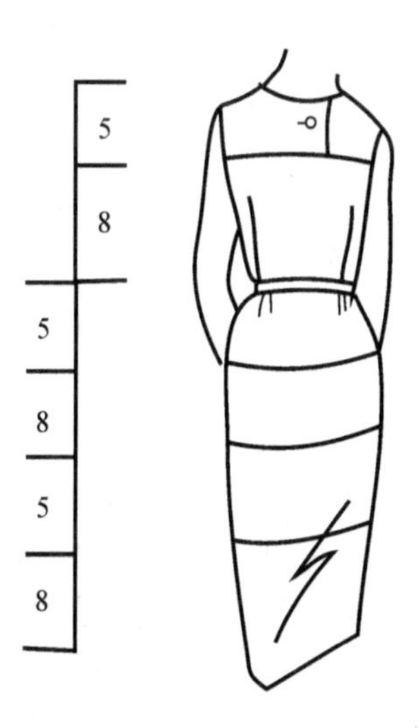


图 5-70 上衣和裙子分割的款式图

**2. 功能分割线**

功能分割线是指适合人体体型及方便加工的，具有工艺特征的分割线。与视觉分割线不同的是，它是一条具有立体造型功能的分割线。

服装上分割线的设计不仅是要设计出美观新颖的造型，而且要具有多种实用的功能，比如体现合体的功能，突出胸部，收紧腰部，扩大臀部，使服装显示出人体的曲线美。另外，考虑到服装缝制加工方面的要求，设计的分割线还必须尽可能地减少成衣加工的复杂程度。

功能分割线有两个重要的特征：其一，为了适合人体体型，以简单的分割线形式，最大限度地显示出人体轮廓线的重要曲面形态。例如为了显示人体的正面形态，设立了肩缝线和侧缝线；为了显示人体的侧面形态，设立了背缝线和公主线等。其二，以简单的分割线形式取代复杂的湿热塑型工艺，兼有或取代收省道的作用。最典型的例子就是公主线的设计(如图 5-71 所示)，其分割线的位置位于胸部曲率变化最大的部位，胸部以上取代肩省，胸部以下取代腰省，用简单的分割线就把人体复杂的胸、腰、臀部形态描绘出来了，不仅美化了造

图 5-71 公主线分割的款式

型,而且简化了缝制工艺,不需要用复杂的湿热塑型工艺来定型。这种分割线实际上起到了收省缝的作用,通常被称为连省成缝。在这节里涉及的就是这种具有功能特性的分割线。

在服装衣片上设计过多的省道,一则影响制品的外观,二则影响制品的缝制效率,从而影响制品的穿着牢度。在不影响款式造型的基础上,常将相关联的省道用衣缝来代替,即将相互关联的省道联合成衣缝或分割线,俗称连省成缝。

连省成缝的形式主要有衣缝和分割线,其中以分割线形式占多数。衣缝形式主要有侧缝、背缝等,其余的统称为分割线,如公主线、刀背缝线等。

**3. 连省成缝的几条原则**

(1)省道在连接时,应尽量考虑连接线要通过或接近人体的凹凸变化的点,以充分发挥省道的合体作用。

(2)当经向和纬向的省道在连接时,一般从工艺角度考虑,应以最短路径连接,并使其具有良好的可加工性、贴体功能性和美观的艺术造型;从艺术角度考虑,省道相连的路径要服从造型的整体协调和统一。这主要是指衣缝或分割线的形态不能简单地以直线形式相连,还应从艺术角度考虑其美观性及与整体造型的协调、统一。

(3)省道在连接成缝时,应对连接线进行细部修正,使缝线光滑美观,而不必拘泥于省道原来的形状。

(4)如果省道按原来的形状连接不理想时,应先进行省道的转移再进行连接,但须注意转移后的省道应指向原先的工艺点。

(5)避免三条或三条以上的分割线相交于一点,这样的分割线设计会使工艺难上加难,反面缝头无法处理平整,影响制品的加工质量。

## 二、分割线的结构设计及应用

因为衣缝本身就属于分割线,所以分割线的变化方法与连省成缝处理方法是一致的,可分为通过人体凸点和不通过人体凸点两大类。

**1. 通过人体凸点的分割线**

当分割线通过人体凸点时,只需把基本样板上的省道量转移至分割线上即可。分割线特别是功能分割线在女装前身上的应用较多,所以在讲分割线的变化时,重点也是放在前身的应用上。

(1)公主线分割

公主线分割的款式效果如图 5-71 所示。图中这种类型的分割线在女装中被广泛应用,因为分割线经过了人体凹凸变化最大的部位,可以非常合身地修饰出女体的美丽线条,故它习惯地被人们称为公主线。前后片的公主缝线就是分别由前胸省和腰省、后肩省和腰省形成的前后两条结构缝线。

该款式非常合体,复制原型样板时,需要考虑全胸省量 $\alpha$,即将其中满足胸部隆起的胸省量 $\alpha_1$ 转移到肩线成为肩省,余下的省量 $\alpha_2$ 作为腰省留在腰线上,再将肩省和腰省以光滑的弧线进行连接。

具体步骤如图 5-72 所示,为了与本章中另外款式的省道转移形式相一致,虽然此款式效果中的上衣较长,长于腰节线,但在此仍只处理长及腰节的样板。

1)利用胸省量位于侧缝处的实用基本样板,根据款式特征在复制的原型前片样板上设

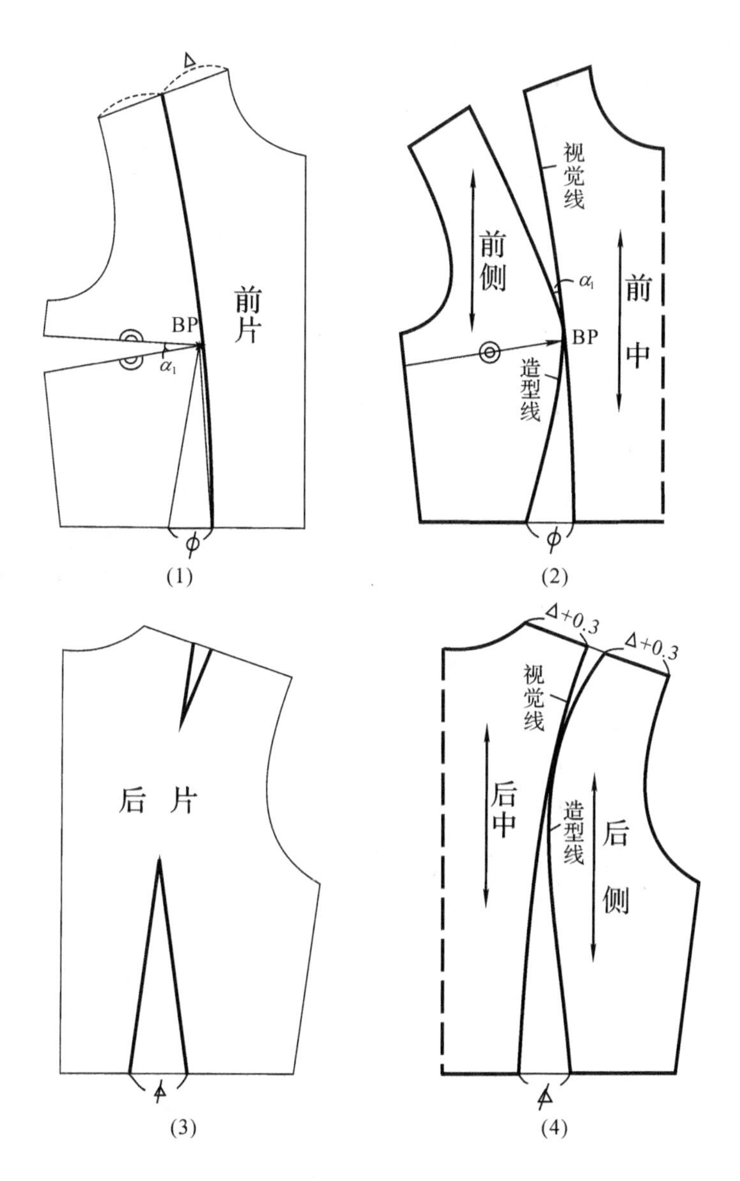


图 5-72 公主线分割衣片的样板设计

计出公主线的位置，公主线的位置尽可能通过或接近 BP 点。从工艺角度考虑，尽可能以最短路径连接；从艺术角度考虑，则要使连接线尽可能和图中的形态相符。肩缝公主线一般会设计在前小肩的中点。

2)将满足胸部隆起的胸省量 $\alpha_1$ 转移到肩部，余下的省量 $\alpha_2$ 作为腰省留在腰线上，确定了被连接的两个省道之后再用光滑圆顺的曲线修正样板。

3)同理可以设计好后衣片的肩缝公主线。

4)根据人体体型修正省道形态，绘制出光滑美观的公主缝线。

由图 5-72 可知，前衣片经过分割后被分解成两个裁片，即前中片和前侧片。位于前中片的分割线又称视觉分割线，因为其形状和定势基本等同于分割线缝合完成后制品所呈现在人们视觉中的模样。而位于前侧片上的分割线，被称为造型线，因为其线型的凹凸变化强烈程度直接决定了制品的立体造型、合体程度。故在设计分割线时一般先画出视觉线,原则就是要有美感,然后再根据所设计服装的立体造型要求去画出与视觉线相匹配的造型线。后片同理。

(2)折线式分割(转移胸省,腰省作为松量含在腰节)

如图 5-73 所示就是左右对称过胸点的分割线款式。该款式腰部并不特别合体,因而在复制原型前片样板时,只需考虑满足胸部隆起的胸省量 $\alpha_1$,将其转移到横向的折线式分割线中隐藏即可,后片则仅需将肩省转移到横向分割线中即可。

图 5-73 过 BP 点的折线式分割的款式

具体步骤如图 5-74 所示。

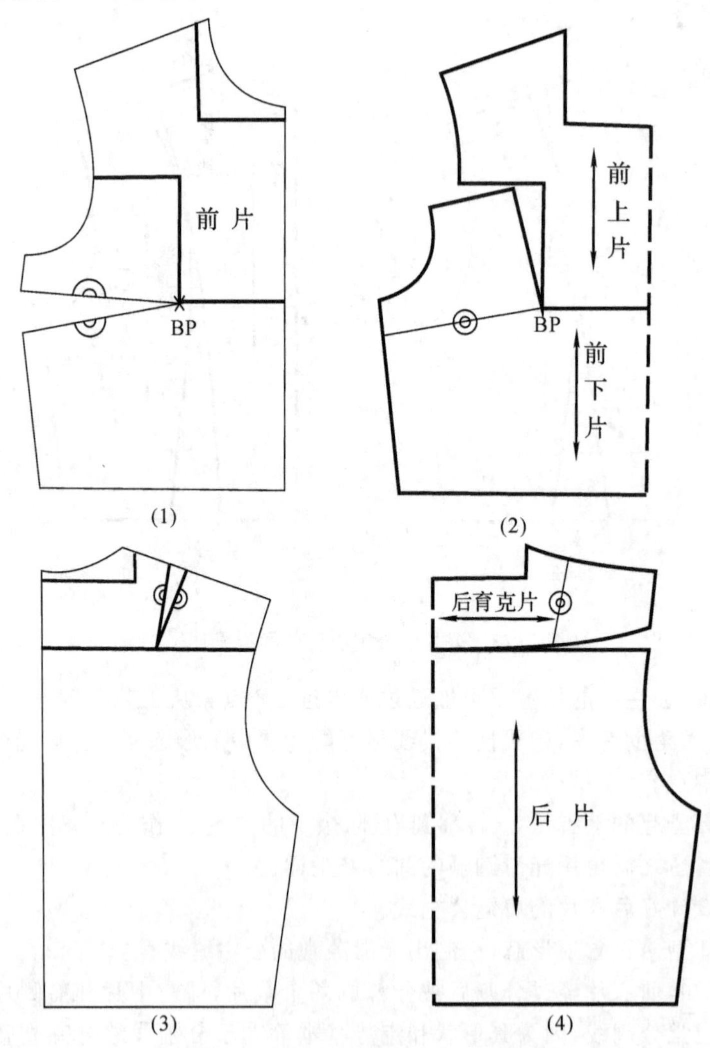


图 5-74 过 BP 点的折线式分割的样板设计

1)在复制的实用基本样板上作出满足胸部隆起的胸省。利用胸省量在侧缝线上的样板作为转移的基本样板,并按效果图所示的款式特征修正领口并确定出衣片上的分割线位置。前片上的分割线经过 BP 点。

2)沿分割线剪开前片样板,折叠合并基本样板上的原省道,将满足胸部隆起的胸省量转移至折线式分割线之中。

3)同理将后片的肩省转移到横向分割线之中,同时注意领口的形态必须与前衣身协调。

(3)折线式分割(转移全胸省量,腰部造型合体)

如图 5-75 所示的款式分割线左右对称,并且通过 BP 点。该款式腰部特别合体,因而在复制原型前片样板时,需要考虑全胸省量的转移。

图 5-75　过 BP 点的折线式分割的款式(全胸省量转移)

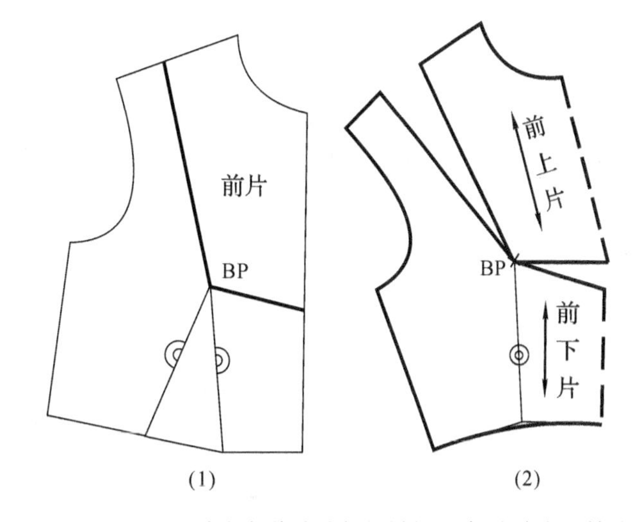


图 5-76　过 BP 点的折线式分割的样板设计(全胸省量转移)

具体步骤如图 5-76 所示。

1)在复制的原型前片样板上作出全胸省量(包括满足胸部隆起的胸省量和收腰省的量),并按效果图的特征设计出前片上的分割线形态和位置,分割线经过 BP 点。

2)沿分割线剪开前片基本样板,折叠合并样板上的原省道,将全部的省量转移至分割线上隐藏,其中一部分转移为肩省,另一部分转移为门襟省。修正腰线,使之成为光滑弧线,注意观察此腰围线为微凹的弧线,并不是一水平直线。

**2. 不通过人体凸点的分割线**

胸省与缝线的结合:

如图 5-77 所示的款式左右对称,是分割线不过 BP 点的例子。该款式腰部合体,因而在复制原型前片样板时,在样板上需做出全胸省量。为了方便结构变化,先将其中满足胸部隆起的胸省量转移到肩部,而收腰省的量就放在分割线上(因为需收的腰省可在腰节线上水平移动),再进行

图 5-77　不过 BP 点的分割线款式

其他的结构变化。

具体步骤如图 5-78 所示。

1)复制原型前片样板,在其上作出全胸省量(包括满足胸部隆起的胸省量和收腰省的量),并将其中的胸省量转移到肩部。

2)按效果图中的分割线和省道的形态特征设计出分割线的位置和形态。腰省的量留在腰节线上,并入到分割线之中,但是位置与原型的腰省位置不同,腰省量考虑并加到分割线之中。最后按效果图作出领口部分的结构及指向 BP 点的省位线。

3)剪切分割线和省位线,折叠合并样板上的肩省,将省道量转移至分割线上的省位线处,还要根据重新确定的省尖点来修正胸省。

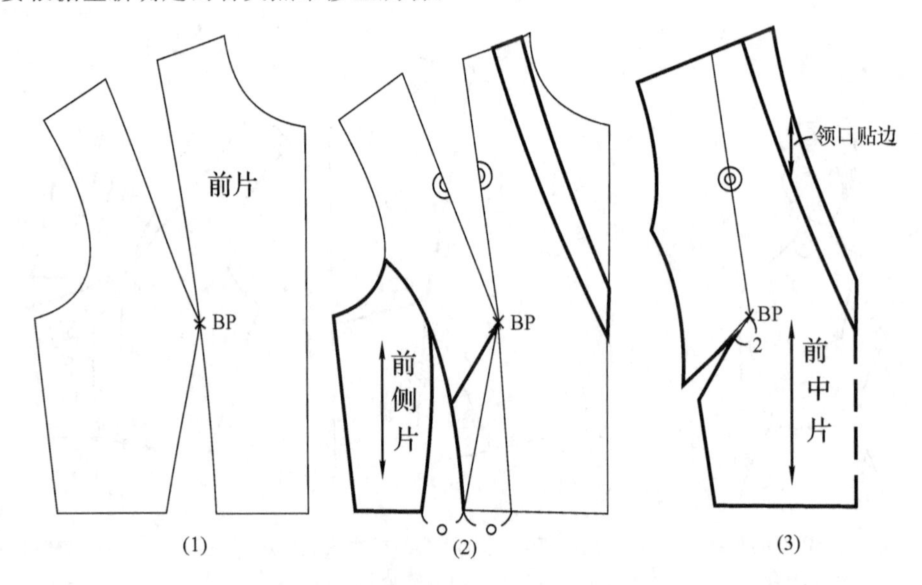


图 5-78　不过 BP 点分割线的样板设计

# 第五节　原型衣身胸省的应用分析

女装仅仅是款式的变化就已经是千变万化、令人眼花缭乱了,如果再考虑人体体型的不同那就更加繁杂了。人的体型各不相同,两个胸围大小相同的人,可能一个胸部扁平而另一个胸部曲线分明,这样在进行服装的结构设计时,我们不能简单地将胸省量设计为一样大小,还应根据具体情况分析,做不同的结构处理。因此,在学习中,不仅要掌握样板的变化方法,还要学习不同结构的处理技巧。

## 一、衣身包含全部胸省量的结构处理方法

在为一些胸部发育正常的人设计的服装款式中,其结构尽可能包含全部的胸省量以得到合体度高的服装。在用原型进行结构处理时,可以将原型的前后片以腰线对齐的方式来平衡前后衣片(取胸省量在侧缝线上的实用基本样板作为原型,方便前后腰线对齐),如图 5-79 所示。然后在此基础上再来根据款式要求进行结构变化和其他结构处理。

这种对齐前后片原型的方式，不仅适合结构中包含了胸省量的普通款式（指腰部不合体的情况），也适合合体款式和较合体款式服装的结构处理。只是在进行合体款式和较合体款式的结构处理时，还应考虑在前后衣片的腰围线上收适量的腰省，如图 5-80 所示。前后衣片上腰省量的大小则要根据服装在腰部的贴体情况不同而不同。

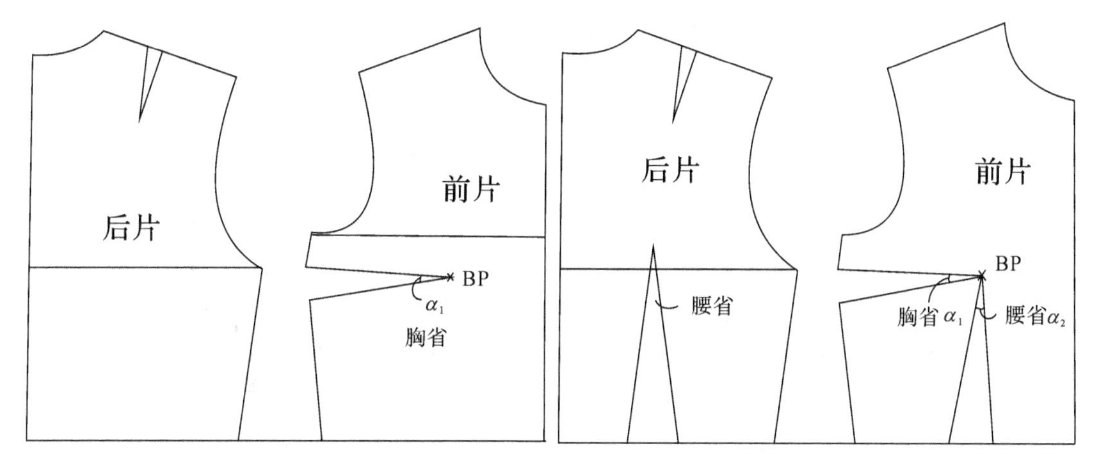


图 5-79　衣身使用胸省时的前后片对齐方式

图 5-80　衣身同时使用胸省和腰省时的前后衣片对齐方式

在各种不同的款式设计中，可以根据需要将胸省量 $\alpha_1$ 转移到其他的位置，腰省量 $\alpha_2$ 最小取 0，在前面学过的省的变化应用中有很多例子，这里不再一一赘述。

## 二、衣身包含部分胸省量的结构处理方法

衣身包含部分胸省量时前后衣片的对齐方式共有三种，如图 5-81 所示。第一种情况是将不用的胸省部分的量（图中的"○"）直接放置到袖窿底点，即将部分胸省量转化为前袖窿的松量，而前衣片的长度不变；第二种情况是将不用的胸省部分的量（图中的"○"）直接在腰节减去，这样前袖窿没有增加松量，只是减短衣服的前长；第三种情况是前面两种情况的结合，即将不用的胸省部分的量（图中的"○"）分为两份（图中的"○/2"），一份作为前袖窿的松量，另一部分作为前衣长减短的量。以上三种情况都有其各自的适用范围，下面就这方面进行详细的讲解。

**1. 为胸部扁平的人设计的服装**

在为一些胸部较为扁平的人设计服装时，因其不必体现胸部曲线，经常在结构中只设计较小的胸省量，在用原型进行结构处理时，要将胸省量进行减量处理，即服装的胸省只使用原型胸省量的一部分，此时可以将原型的前后片以如图 5-81(b)所示方式对齐前后的腰节。以这种方式对齐前后片，相当于前身衣片经过处理以后只包含了部分胸省量，当然这部分胸省量也完全可根据款式需要转移到其他的部位。

如图 5-82 所示款式，不体现胸部曲线，腰部也不合体，领口处有领口省。

该款式因其不体现胸部曲线，腰部也不合体，可以用图 5-81(b)的处理方法，先使侧缝线上只包含部分的胸省量，再用剪切法将这部分胸省量转移到领口位置，其结构设计如图 5-83所示。

**2. 不强调胸部突出造型的服装**

在为一些胸部并不扁平的人设计一些不突出胸部造型的服装时，款式上不会考虑设计较大胸省量，而人体的胸部隆起又是客观存在的，因此经常需要将胸省量进行分散处理，此时就可以采用图 5-81(a)的对齐方式。主要的处理方法是将一部分胸省量保留作为胸省量，而另一部分则通过加深袖窿深进行处理或通过加长前衣身进行处理，或既加深袖窿深又加长前衣身来进行处理。同样，保留的部分胸省量，可以根据需要转移到其他部位。

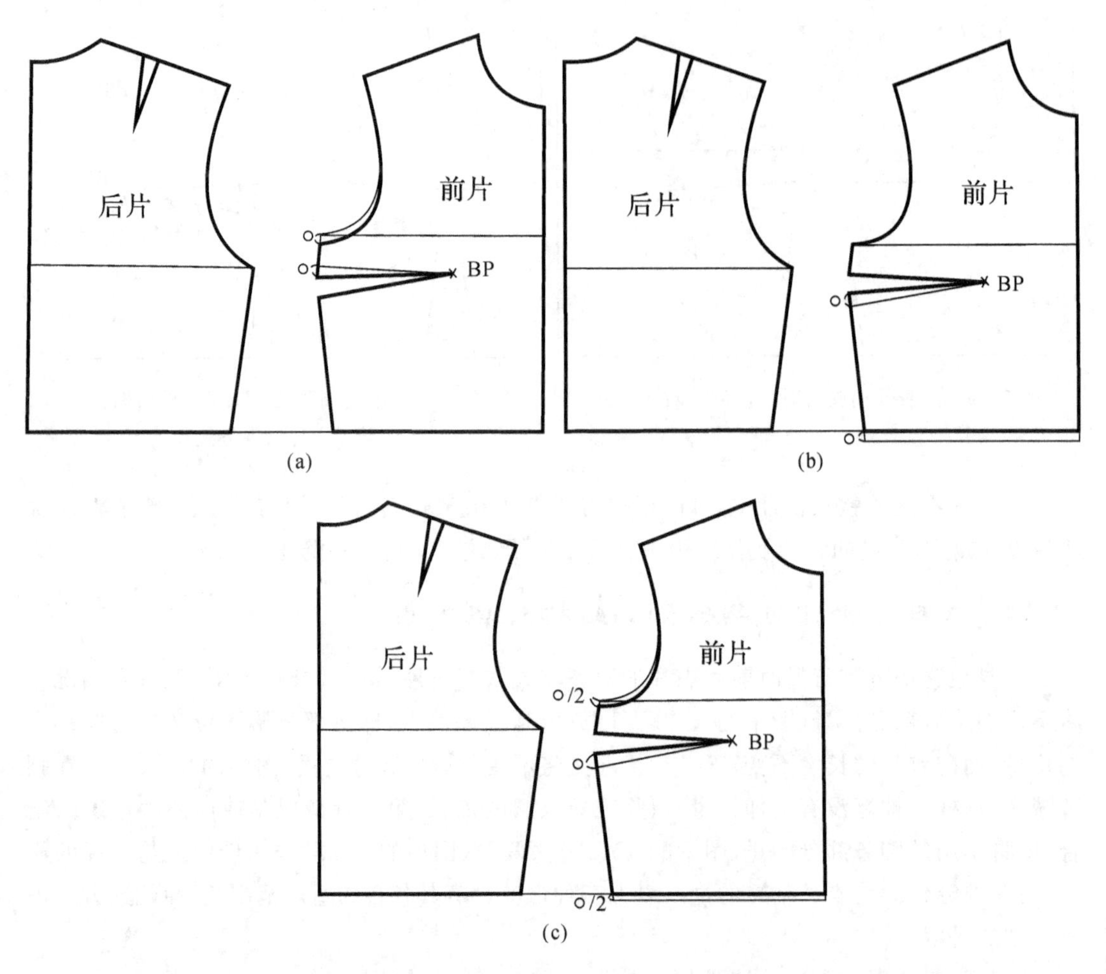


图 5-81　三种部分胸省使用时的前后衣片对齐方式

**3. 常见的服装**

日常生活中常见的服装通常采用图 5-81(c)所示的对齐方式来平衡前后衣片。这种方式是前两种方式的结合，既不会出现由于前袖窿的松量过多而产生的前袖窿空荡不合体的弊病，也不会出现衣服的前长过短而导致前摆起吊的弊病。这种对位方式适合大多数的款式和大多数的体型，是一般服装的常见处理方法。

## 三、衣身不包含胸省的结构处理方法

女装中不设计省道的服装款式主要是一些宽松的款式或一些为胸部扁平的人设计的可以忽略胸部造型的款式等。对此类服装造型的结构处理，与前面所学的衣身省道的设计与

图 5-82 部分胸省转移为领口省的款式

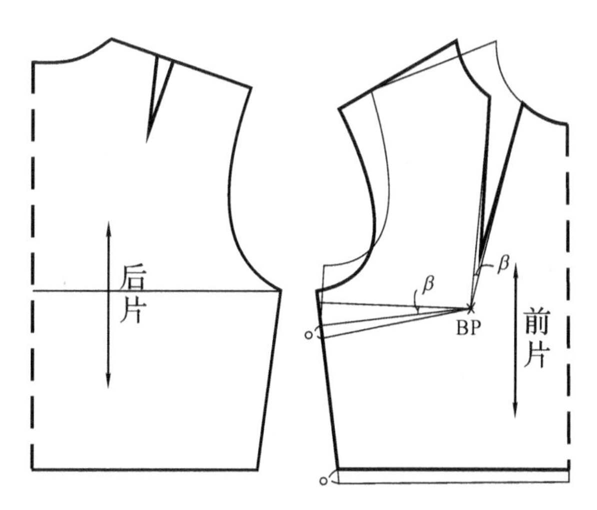


图 5-83 部分胸省转移为领口省的结构设计

转移的方式完全不同，而是只需要学习其结构处理方法。在结构上可以不设计胸省道量，也可以将胸省量进行分散处理。

与前面部分使用胸省时的处理方法相类似，衣身不包含胸省量时前后衣片的对齐方式共有三种，如图 5-84 所示。第一种情况是将全部的胸省量（图中的"○"）直接在腰节减去，这样前袖窿没有增加松量，只是减短衣服的前长；第二种情况是将全部的胸省量（图中的"○"）直接放置到袖窿底点，即全部的胸省量转化为前袖窿的松量，而前衣片的长度不变；第三种情况是前面两种情况的结合，即将全部的胸省量分为两份，一份记为符号"○"，作为前衣长减短的量，另一份记为符号"△"，作为前袖窿的松量。以上三种处理方法会出现不同的着装效果，下面就这方面进行详细的讲解。

**1. 胸省量直接在腰节减去的处理方法**

一些宽松类型的服装，其立体特征趋向于平面化，故往往不设计任何省道。因而在进行结构处理时，如果直接将原型的前、后片的胸围线对齐，即图 5-84(a)的对齐方式，就相当于不设胸省量。下面以实际例子来分析它们的结构处理方法。

如图 5-85(a)所示为宽松的休闲式女衬衫款式。仔细分析该款式，由于其形态特征特别宽松，因而忽略胸部隆起对前片的影响，不需要考虑在前衣片设计省道。在进行结构处理时，可以直接将原型的前、后片的胸围线对齐，即使它们处在同一水平线上，但在前片下摆处适当追加一点长度。另外，因为宽松量需要放得大些，所以，该结构图中胸围处除了原型的 10cm 松量外，整个胸围还需另追加松量，相应的袖窿深也需加深，肩部需略加宽，肩线也需抬高，最后的结构如图 5-85(b)所示（袖子结构省略）。

以上的衣身胸省处理方式仅适用于一些特别宽松的款式或一些为胸部扁平的人而设计的可以忽略胸部造型的款式，如果是为胸部丰满的人设计的宽松服装，前片下摆起吊现象还是会客观存在，此时就要求上衣扎在裤子或裙子中穿着，所以一般不提倡使用这种处理方法。

**2. 胸省量的减量或分散的处理方法**

对于一些为胸部扁平的人设计服装，其结构上类似上一例子（前片不设胸省，忽略胸部造型），只是款式特征上不强调宽松，对于这类款式，我们也可以以原型结构为基础，将胸省

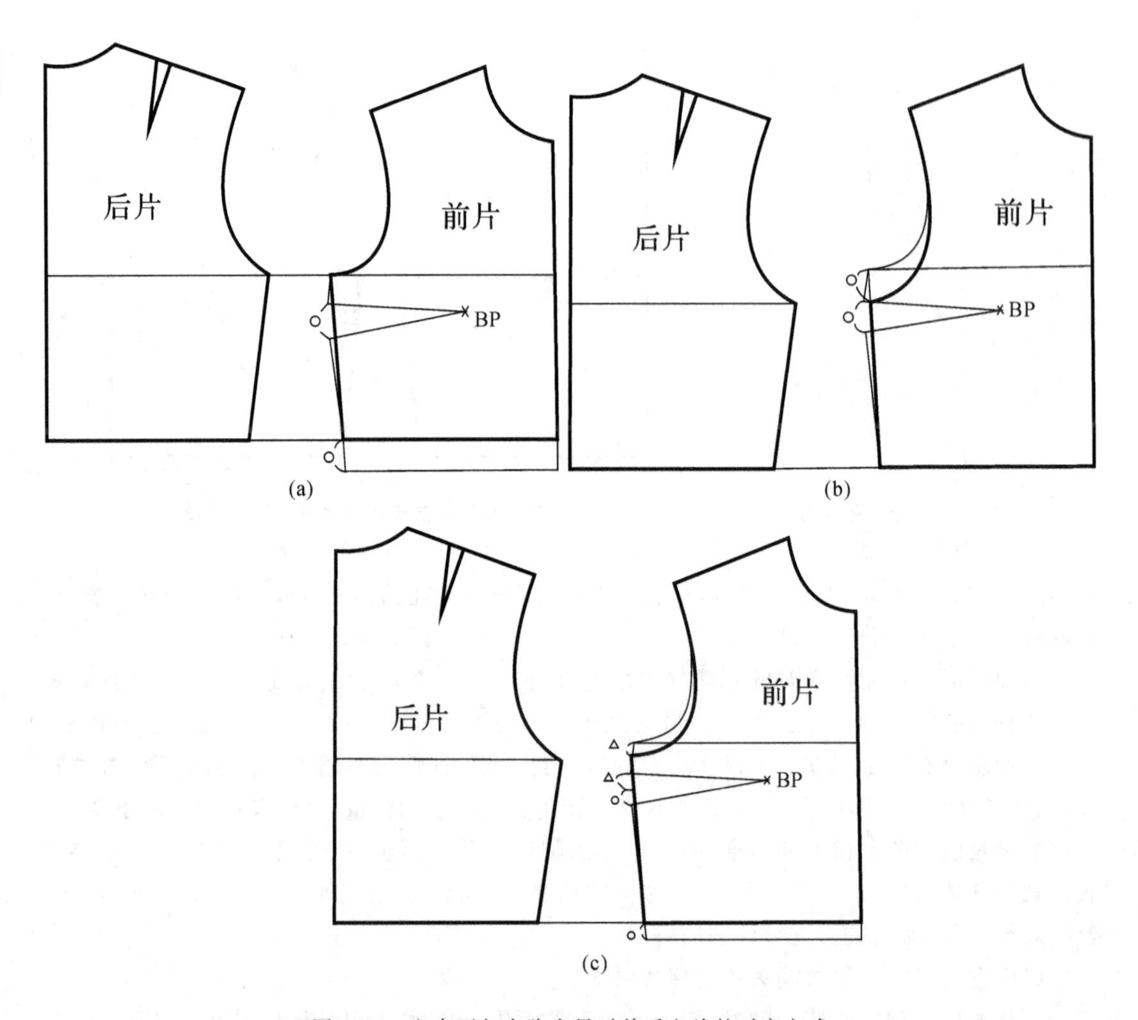


图 5-84　衣身不包含胸省量时前后衣片的对齐方式

量进行减量分散处理，作出我们需要的结构图。

例如：前片无任何结构的款式（无省、褶、分割线等），其胸围放松度既不宽松也不贴体，而胸部也不需立体塑造，呈现平坦的形态。这类款式在利用原型法进行样板设计时，如果将前后片原型以腰线对齐，为了使前后衣片的侧缝长度保持相等，则必然需要下降前衣片的袖窿底点，加深前片的袖窿深，其结果如图 5-84(b)所示。

但事实上这样的结构处理是不合适的。因为，这样处理的结果是把前胸省的省量全部转化成前袖窿的松量，使得前袖窿的深度甚至超过了后袖窿深，这与人体臂根部位的结构形态是不相吻合的。此时无论款式有没有装上袖子，都会在前袖窿处有点豁开，多余的松量会向外鼓起，没有袖子时表现得更加明显，前后衣身的袖窿不能平衡。我们必须作适当的调整，方法是适当放低前片的腰节线，如图 5-84(c)中所示的“○”的量，则剩余的“△”量作为松量放至前袖窿中，一般为了保持前后衣片的平衡，可以取“○”等于“△”，即放低胸省量的1/2处作为前片的腰线，与原型后片的腰线对齐，前片袖窿深修正加深的量就减少了一半，这样前袖窿处豁开情况会得到很好的改善。实质上这样处理结构时，相当于减少了一半的胸省

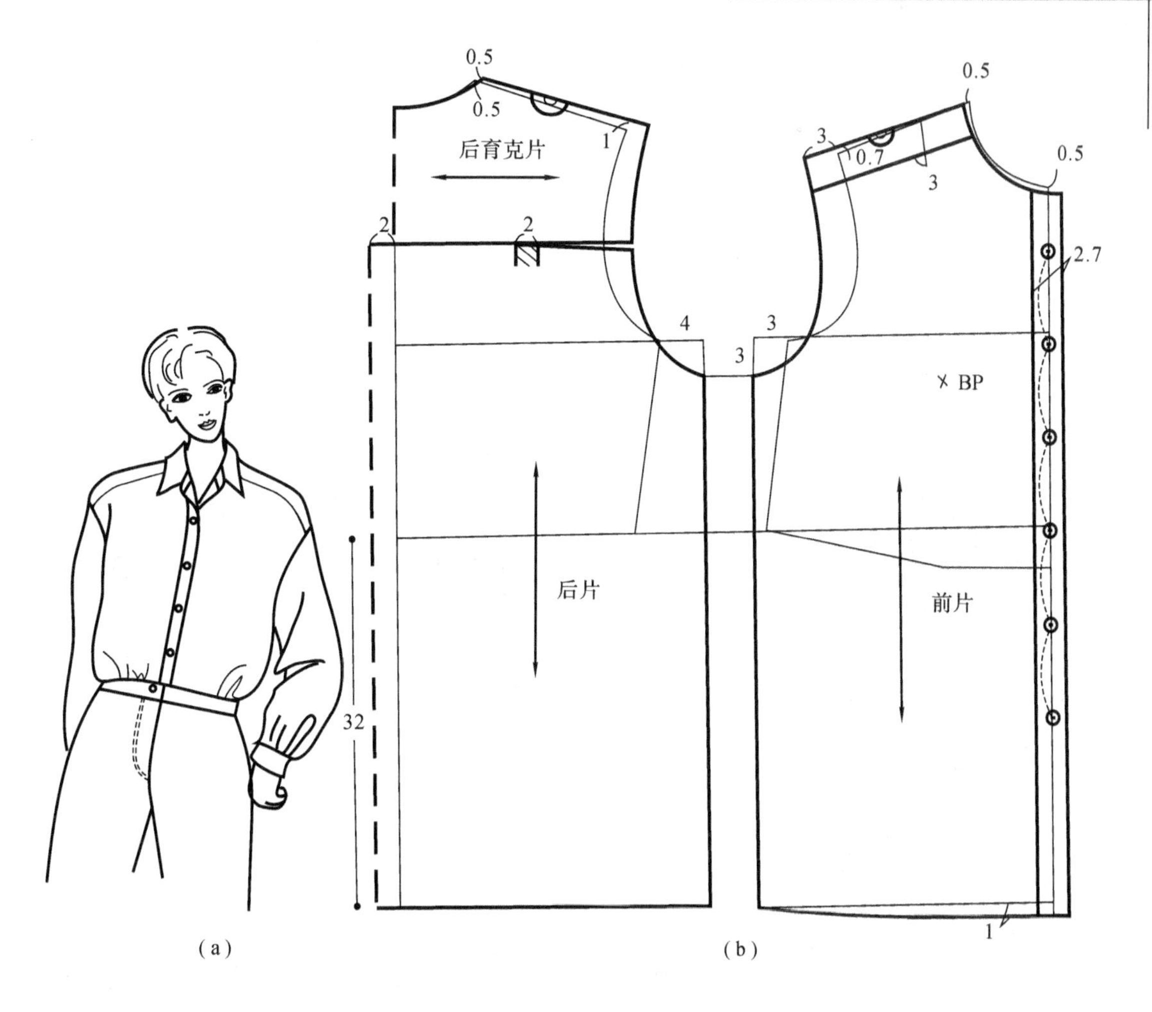


图 5-85　宽松的休闲式女衬衫

量，保留的一半的胸省量通过袖窿深的修正变成了前袖窿的松量。

在实际应用中，那些可以忽略胸部造型的款式，经常会采用图 5-84(c)所示的前后原型的对位方式来进行衣身的结构处理。

如图 5-86(a)所示的三开身女西服是较为经典的款式，其结构形式来源于男式西服，男性由于没有胸部的隆起，故其西装结构只有这样的分片情形。款式中的纵向分割线位置靠近侧缝，与经过 BP 点附近的公主线分割有所区别，此种分割线弱化胸部曲线，但强调收腰的曲线特征。

该款式因弱化胸部的立体曲线，故可以使后衣片原型的腰节线与前衣片原型腰节上升 1/2 的胸凸量(图中“○”的量)的位置对齐，在此基础上来进行前后腰节的对齐。显然这样的对齐方式也会减短衣服的前长，如果这样的服装是为胸部并不扁平的女性而设计的，那么由于人体的胸部隆起是客观存在的，就会产生服装的下摆不能平衡，前片的下摆会抬高起翘，此时就需要将减短的“○”的量补到前片下摆处，以弥补前衣片的长度。而另一方面，服装缝制时需要前后衣片的侧缝线长度相等，因此前下摆的加长量就转化成前下摆的下翘量，这就是为何前衣片的下摆通常都需要下翘的原因。

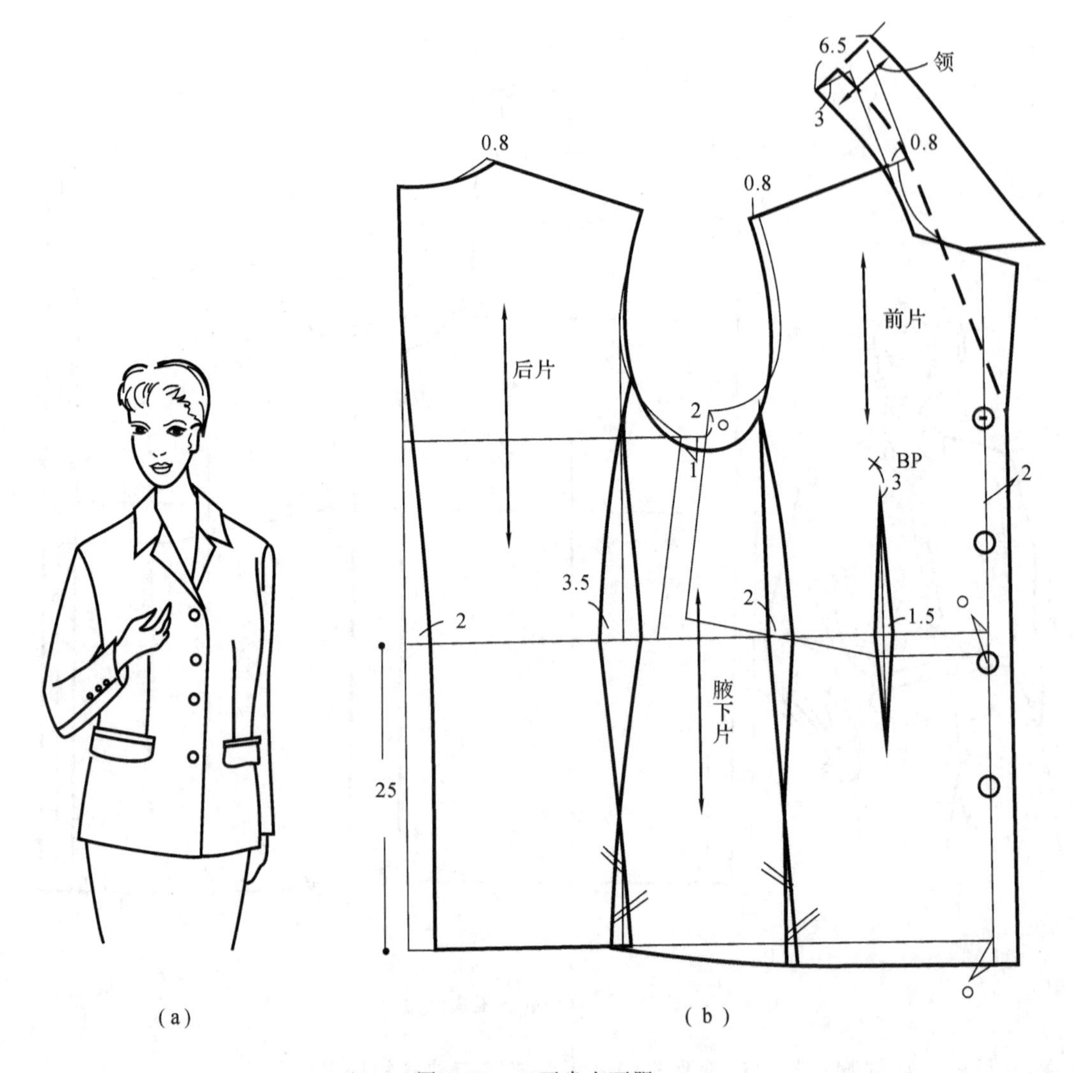


(a) (b)

图 5-86 三开身女西服

另外,款式虽然不强调胸部的立体造型,但强调腰部曲线,故在后中线和前后身的分割线处都要收一点腰省量,具体见图 5-86(b)所示的结构设计。

## 第六节 衣身上门襟、口袋和纽位的变化

女装的前衣身除了以上所述的胸省、腰省和分割线等的变化之外,还有门襟、口袋和纽位等的变化。这些局部也是服装设计中的重要元素,关系到能否恰如其分地表达设计者的设计构思,起到画龙点睛的作用,亦会影响所设计作品。

### 一、门襟变化

服装的开襟,是为穿脱方便而设在衣服上任何部位的结构形式,服装的开襟有多种形式。

**1. 在前衣片上的正中开襟**

在前衣片上的正中开襟有方便、明快、平衡的特点，这是最常见的开襟部位，可分为对合襟和对称门襟(如图 5-87 所示)。

(a) 对合襟　(b) 单叠门对称门襟

(c) 单叠门对称暗门襟　(d) 双叠门对称门襟

图 5-87　在前衣片上的正中开襟

(1)对合襟

如图 5-87(a)所示，对合襟是指左右前片的止口合在一起，没有叠门的开襟形式，常见于传统的中式服装和前中装拉链的服装。对合襟虽然没有门襟，但是要设计里襟，这种开襟形式一般适用于短外套。对合襟应用在中式服装时，一般会在止口处配上装饰边，用中式的扣襻固定。

(2)对称门襟

对称门襟是有叠门的开襟形式，分左右两襟。锁扣眼的一边叫大襟或门襟，钉扣子的一边叫里襟，这是在服装中应用最广的门襟形式。一般男装的扣眼锁在左襟上，女装的扣眼锁在右襟上，服装门襟有“男左女右”之分，方便记忆。

叠门宽度因布料厚度及纽扣大小的不同而变化。一般单叠门(如图 5-87(b)所示)的叠门宽度与所使用的纽扣直径直接相关，常用关系式：叠门宽＝纽扣直径＋0.6cm，具体的数值在 1.2～3.3cm 之间，其扣位应在前中线处。一般薄型面料制作的衬衫类服装叠门较窄，常取 1.2～1.8cm；中厚型面料制作的春秋装类的叠门以 2～2.5cm 为常见；厚型面料制作的冬装则取较宽的叠门量，常见的是 2.5～3.3cm。

双叠门(如图 5-87(d)所示)的宽度一般在 5.5～10cm 之间,纽扣一般以前中线为对称线,分列在左右两侧,但有时为了表现特定的造型效果,也会仅钉在一侧。

单叠门又有明门襟和暗门襟之分。正面能看到纽扣的称为明门襟,正面看不到纽扣,纽扣缝在衣片的夹层上的称为暗门襟(如图 5-87(c)所示)。

**2. 在其他部位的开襟形式**

衣襟的开襟形式有很多,除了在衣服前面开襟的形式外,还可在腋下开襟(如图 5-88 所示)、肩部开襟(如图 5-89 所示)和后面开襟(如图 5-90 所示)等。

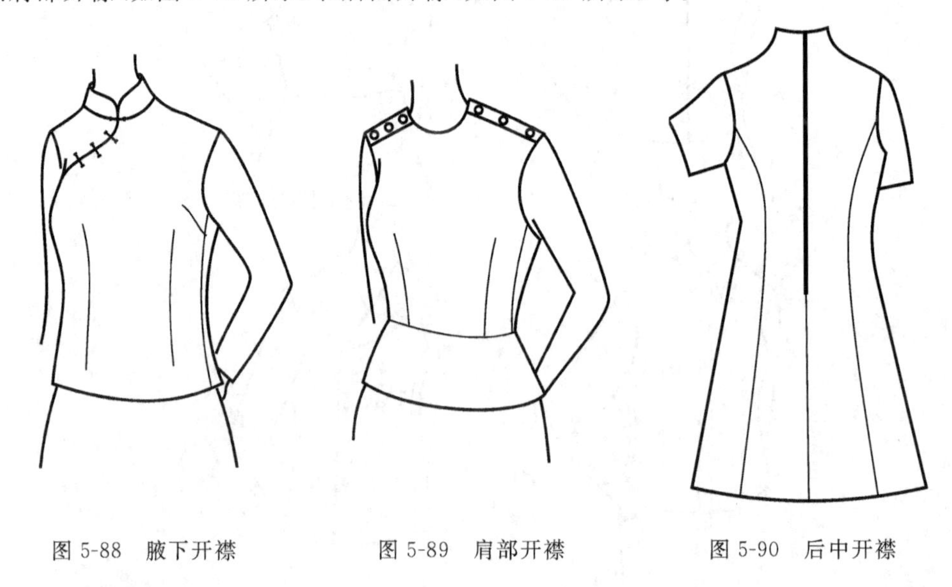

图 5-88　腋下开襟　　图 5-89　肩部开襟　　图 5-90　后中开襟

**3. 门襟的造型变化**

门襟的造型变化有多种,除了以上所示的对称襟外,还有一些非对称门襟(如图 5-91 所示)。在对非对称门襟款式图进行结构设计时,要仔细观察效果图,以便准确地在样板上表达出来。图 5-92 所示的是三种非对称门襟的结构设计。

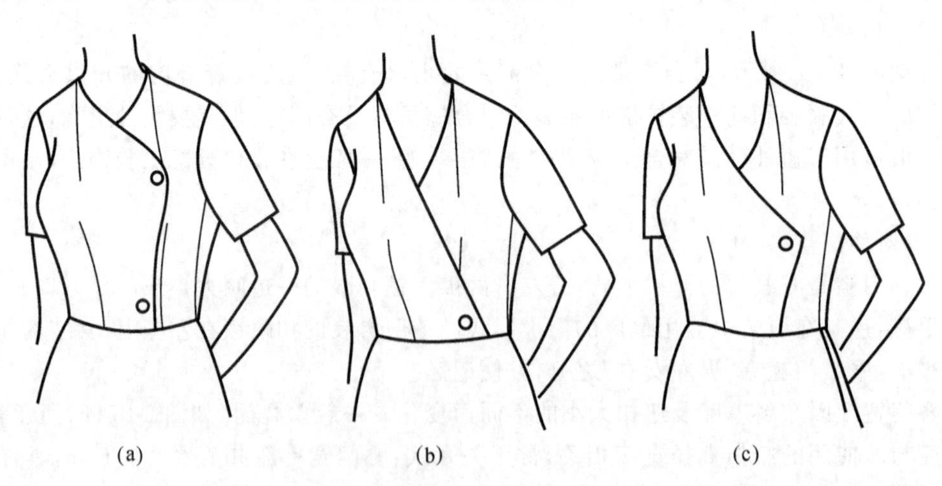


图 5-91　非对称门襟造型的变化

另外,门襟按门襟止口形态还可分为直线襟、斜线襟和曲线襟等;按门襟的长短还可分为半开襟和全开襟等形式。斜线襟和曲线襟在旗袍上应用比较多,半开襟在针织服装、T恤衫和套头衫上应用比较多。

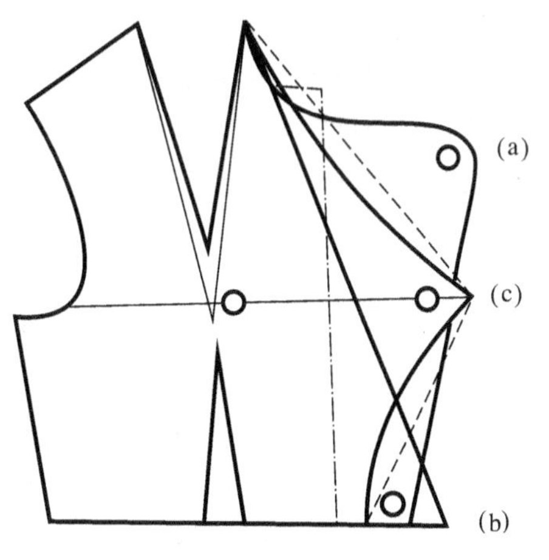


图5-92 非对称门襟的结构设计变化

## 二、口袋变化

口袋是服装的主要附件之一,其功能主要是放手和装盛物品,并起点缀装饰美化的作用。

### 1.口袋的类型

口袋是一个总称,在服装上的应用很多,名称各异,有大袋、小袋、里袋、表袋、装饰袋等,但从结构工艺上来分,可归纳为三大类。

(1)挖袋

挖袋是一种在衣片上面剪出袋口尺寸,内缝袋布的结构形式,又称开袋(如图5-93所示)。视袋口的缝制工艺不同又有单嵌线、双嵌线、箱型挖袋等,有的还装饰有各种各样的袋盖;从袋口形状分,有直列式、横列式、斜列式、弧形式等,但弧形式袋口在工艺制作上很难做得平整服帖,在实际应用中比较少见。挖袋常用于外套类服装,如礼服、西服、学生服以及便装等。

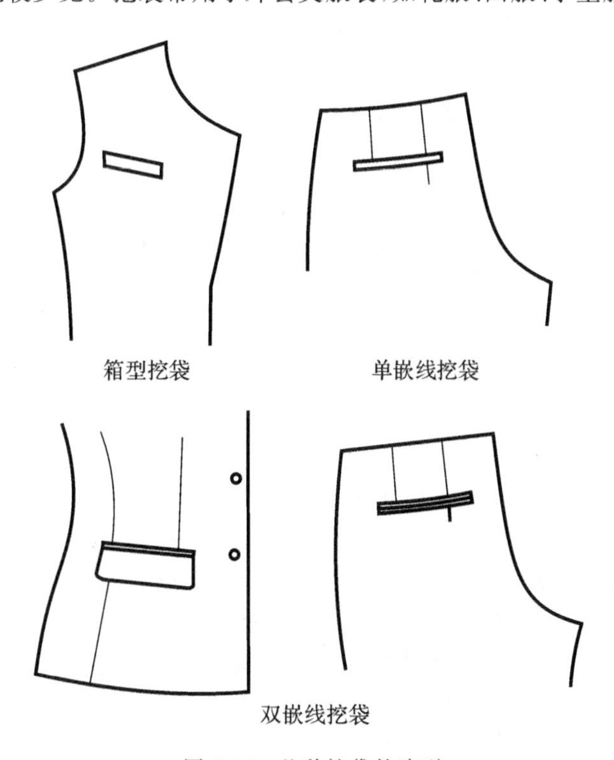


图5-93 几种挖袋的造型

(2)插袋

插袋一般是指在服装分割线缝中留出的口袋,一般不用剪开衣片。这类口袋隐蔽性好,也可缉明线、加袋盖或镶边等,如女装公主缝线或刀背缝线上的插袋、男西裤上的侧袋等。另外,男、女西裤上还有斜插袋,斜插袋比直插袋更方便插手。

(3)贴袋

贴袋是用面料缝贴在服装表面上的一种口袋(如图 5-94 所示)。在结构上大致可分为有盖、无盖、子母贴袋和开贴袋(在贴袋上再做一个挖贴袋)等;在工艺上可分为缉装饰缝和不缉装饰缝两种;造型上则可千变万化,可做成尖角形、圆角形、圆形、椭圆形、环形、月牙形及其他各种不规则形或动物、花卉图案等。贴袋造型还包括暗裥袋、明裥袋等。

图 5-94　几种贴袋的造型

**2. 口袋设计**

衣袋以其在服装中的功能性和装饰性的双重特性得以广泛使用。在进行衣袋的设计时,应考虑以下几点:

(1)口袋的袋口尺寸,应根据衣袋的放手功能来考虑

衣袋的袋口尺寸应依据手的尺寸来设计。一般成年女性的手宽在 9～11cm 之间;成年男性的手宽在 10～12cm 之间。男女上衣大袋袋口的净尺寸一般可按手宽加放 3cm 左右来确定。另外,还需考虑工艺上的要求,如果缉明线,应加明线的宽度。对大衣类服装和裤子的直插袋,袋口的加放量还可增大些。上衣的小袋因只用手指取物,其袋口净尺寸可以不必加放松量,男装约为 9～11cm,女装约为 8～10cm 即可。

(2)袋位的设计应与服装的整体造型相协调

袋位的设计一般应与服装的整体造型相协调,要考虑到使整件服装保持平衡。一般上装大袋的袋口高低以底边线为基准,向上量取衣长的三分之一减去 1.3～1.5cm 或在腰节线下 5～8cm 的位置。但大衣因其衣长较长,根据款式需要袋位还可适当下降,可定在腰节线下 9～10cm 位置。袋口的前后位置以前胸宽线向前中移动 1.5～2.7cm 为中心来定。至于上衣小袋的袋口高低,中山装的上袋口前端对准第二粒纽位,西服的上袋口前端参考胸围线向上 1～2cm,小袋口的后端距胸宽线 2～4cm。

(3)衣袋本身的造型特点

在设计衣袋时,特别是在设计贴袋的外形时,原则上要与服装的外形相互协调,但也要随某些款式的特定要求而变化。在常规设计中,一般贴袋的袋底稍大于袋口,而袋深又稍大于袋宽。

另外,贴袋的材质、颜色、花纹、图案也应与整件服装相协调,这样才能达到较理想的装饰效果。

### 三、纽位变化

门襟的变化决定了纽位的变化。纽位在叠门处的排列通常是等分的，但对衣长特别长的衣服，其间距应是愈往下愈长，否则其间隔看来是不相等的。

对一般上装而言，最关键的是最上和最下一粒纽位的确定。最上面一粒纽位与衣服的款式有关。对于最下一粒纽位的确定，不同种类的服装有不同的参照：衬衫类常以底边线为基准，向上量取衣长的三分之一减 4.5cm 左右来定；套装或外套类服装常与袋口线平齐。

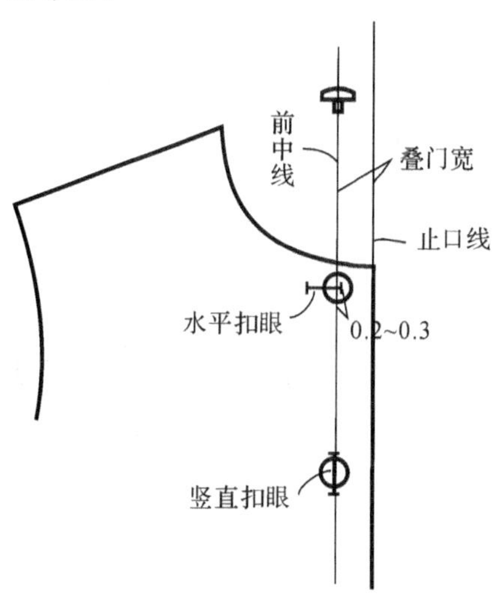


图 5-95 纽扣和扣眼位置

纽扣按其功能可分为扣纽和看纽两种。扣纽是指扣住服装开襟、衣袋等处的纽位，兼有实用性和装饰性功能；看纽是指在前胸、口袋、领角、袖子等部位的纯粹起装饰作用的纽扣。纽扣一般一粒一粒单个排列，也可 2～3 粒一组一组排列。纽扣的中点一般在衣服的前中线上。

扣眼的位置并不完全与纽扣相同，如男式衬衫领女衬衫，其门襟是外翻边的结构，其扣眼位除了在领上的一颗是横向外，其余的都是纵向，纵向的扣眼位在前中线的位置上，横向的扣眼前端偏出中线 0.2～0.3cm；而其他的衣服或一些外套类服装如西服，其扣眼一般是横向的，横向的扣眼前端一般偏出中线 0.3～0.4cm（视面料的厚薄和纽扣的大小厚度而变化）。如图 5-95 所示。

## 练习思考题

### 一、简答题

1. 简述原型衣身的三种试样状态。
2. 简述省道的类型和名称。
3. 简述省道转移的原理。
4. 简述省道转移的三种方法。
5. 简述衣身分割线的类型及其与省道的异同点。
6. 简述原型衣身中几种不同的胸省的结构处理方法。
7. 简述衣身上门襟的设计与变化。
8. 简述衣身上口袋的设计与变化。
9. 简述衣身上纽位的设计与变化。

## 二、制图题

按以下各服装效果图做省道转移的练习。

要求:①分析各个款式的结构特征。

②根据不同的结构特征选择合理的省道转移方法,设计出它们的平面样板。

③分清各个样板裁剪用样板并标出裁片丝缕方向。

1. 胸省转移练习(腰省含在腰节为松量)

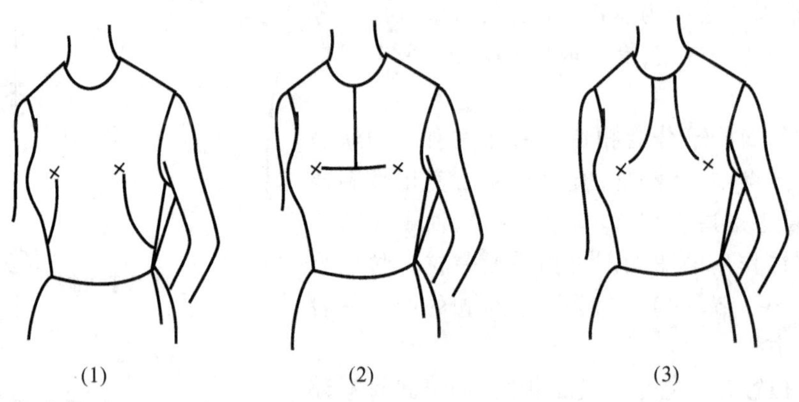

(1) (2) (3)

2. 胸省转移练习

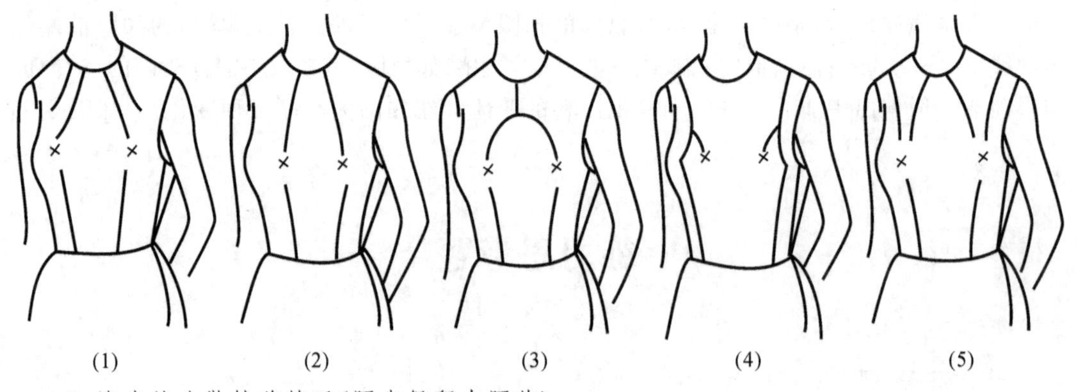

(1) (2) (3) (4) (5)

3. 胸省的分散转移练习(腰省保留在腰节)

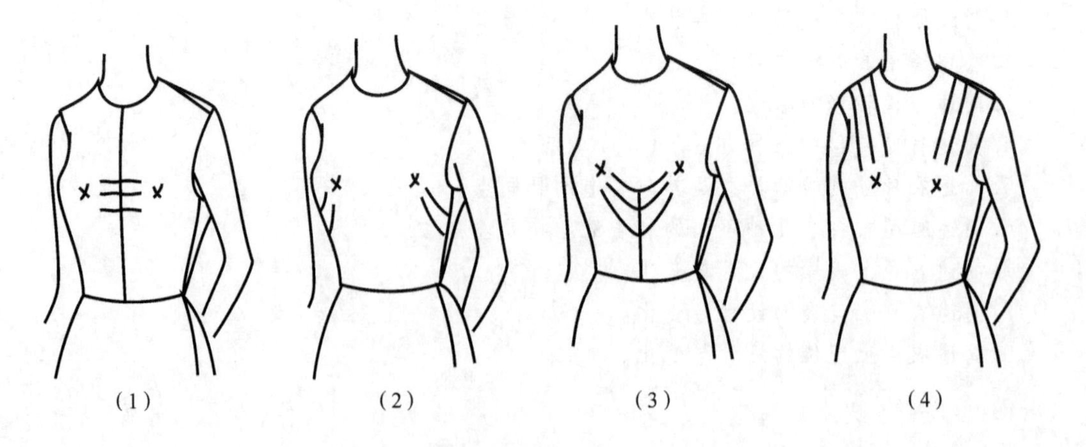

(1) (2) (3) (4)

4. 非对称的全胸省量转移练习

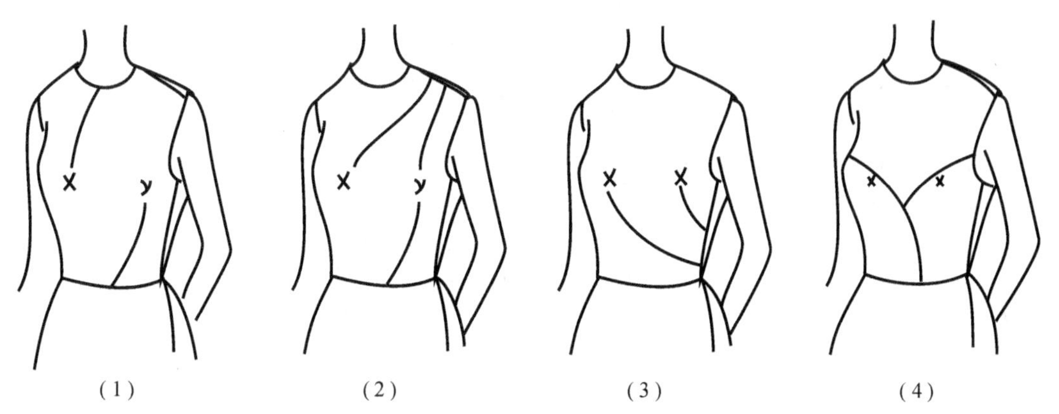

(1)　(2)　(3)　(4)

5. 胸省转移为褶裥的练习

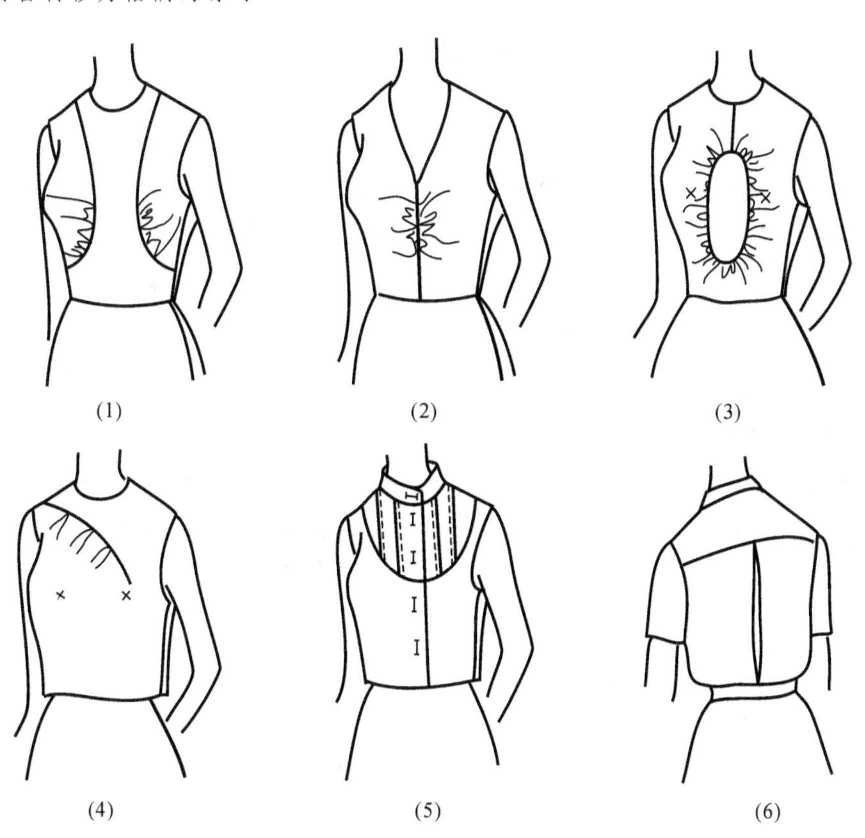

(1)　(2)　(3)

(4)　(5)　(6)

6.胸省转移为分割线的练习

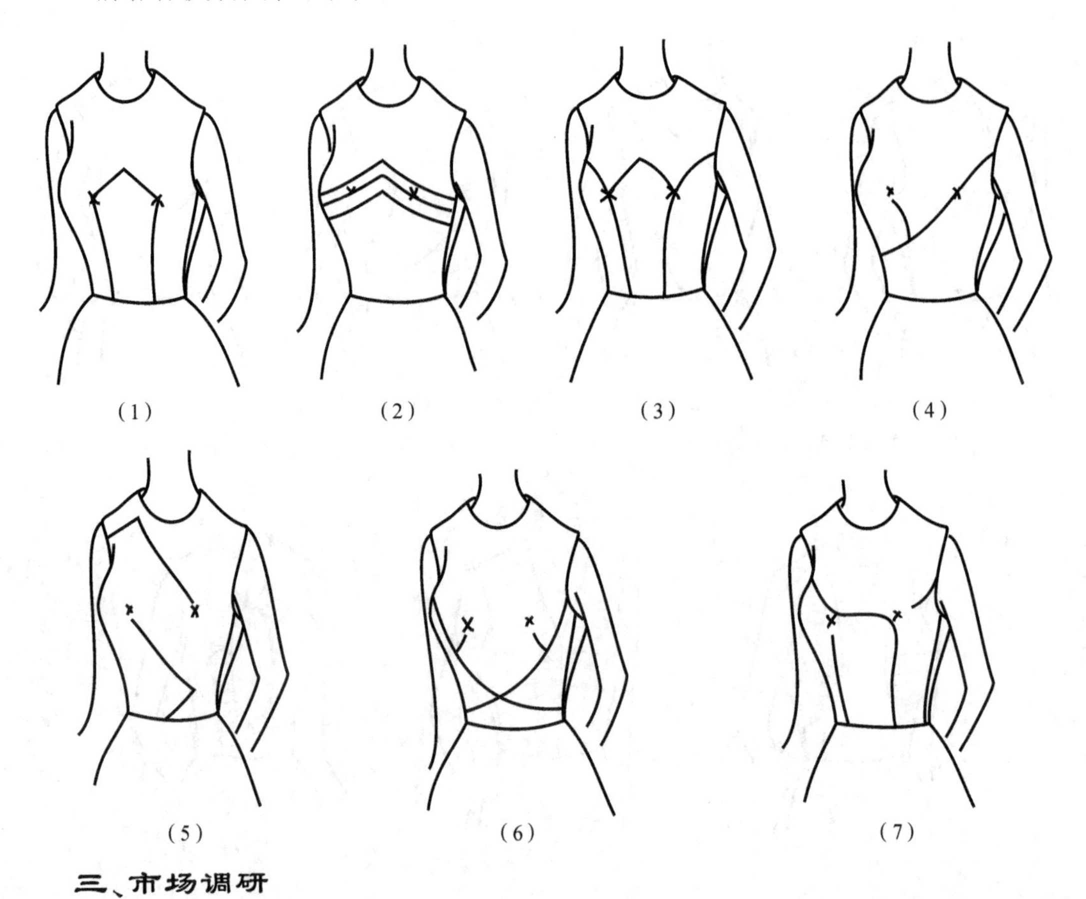


## 三、市场调研

课后进行市场调研,认识各种类型的省道在女装衣身设计中的应用,搜集相关款式10个,并自行设计包含省道转移在内的女式衣身一件,要求以1∶1比例制图。

# 第六章　女裙的结构设计

## 第一节　女裙概述

### 一、裙子的历史沿革

裙子是人类服装史上最古老的服装品种之一。在公元前3000年左右，古埃及男子腰间缠裹的白色亚麻布就是最原始的裙子雏形。到了中世纪，人们已经知道裙子应该设计一些省褶结构才能与人体贴合，对人体与服装的关系认知上有了巨大的进步，从而促进了在技术上实现服装更加合体优美。16世纪中叶，兴起了华丽而优美的裙子，欧洲出现了裙撑，把它放在裙子里面，使裙子的造型膨胀变大。在裙子的历史中，最豪华的是18世纪的洛可可时代，后来由于法国革命的爆发，豪华夸张的裙子一时消失了。20世纪以后，由于第一次世界大战的影响，随着女性加入社会生活，裙子演变为便于活动的短裙。第二次世界大战后，裙装开始向多样化发展。在裙子的发展历史中，20世纪60年代的短裙变革值得一提，在此之前的女裙长度都很长，为及地裙、长裙或是中长裙，总之裙长必定在膝盖以下。20世纪60年代，英国的时装设计师玛丽·奎因特(Mary Quant)推出了当时有很大争议的超短裙，引发了震动，最终由于超短裙特有的朝气、时尚风格而为广大的年轻女性所喜爱，成为当时的风尚，这也同时开创了短裙的历史，为今天的女裙格局和种类奠定了基础。

与西方服饰相类似，中国古代服制为上衣下裳，裙子便是下裳的主要形式，无论男女，无论尊卑，古人多以裙为裳。随着历史的发展，裙装逐渐变成了女性的专利。特别是清代女子的旗袍，在中式的服装中揉入了西式的剪裁，充分体现了女性的婀娜多姿，至今仍被认为是最能体现女性曲线美的服饰之一。

裙子在现代生活中所起的作用更为显著，裙子的造型、色彩、长短也随着时装的流行而不断地演变，充分展示女性的无穷魅力。

### 二、裙子的分类

裙子的结构较为简单，但种类和名称较多，款式变化也非常丰富。裙子的分类方法也是五花八门，本书主要采用以下几种方法来分类。

**1. 按裙子的长度来分类**

可以分成迷你裙、短裙、中长裙、长裙等，如图6-1所示。

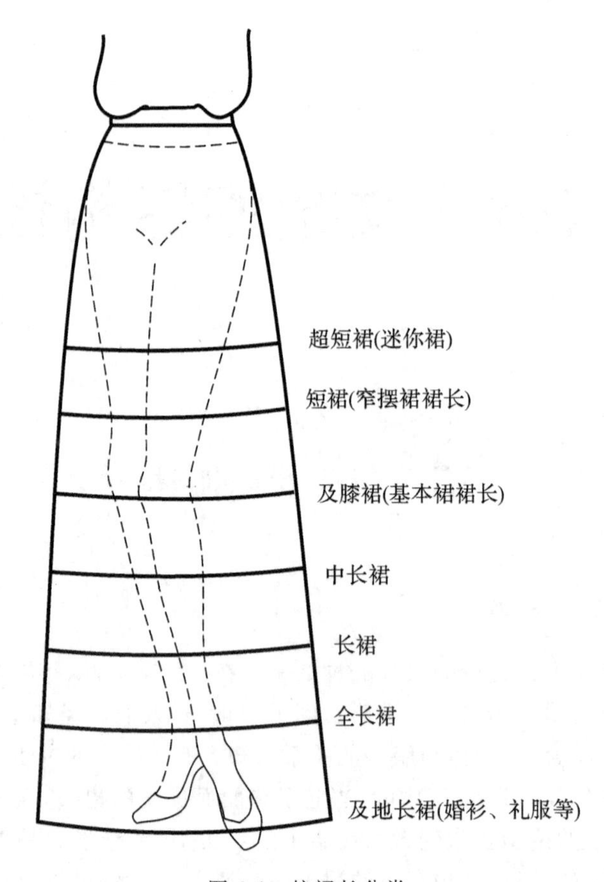


图 6-1　按裙长分类

超短裙(迷你裙):裙子的长度到大腿的 1/2 处,大约 40cm 左右,能使女性的双腿显得十分修长,充满青春活力。

短裙:短裙与迷你裙并没有明显的界限,一般是稍长于迷你裙。其裙摆稍高于膝盖,后面结构设计章节中窄摆裙的长度在 50cm 左右,就是短裙的例子。

及膝裙:裙摆在膝盖稍下的位置,适合面较广,是很多裙子设计时的首选长度。后面的原型裙就是采用了及膝裙的长度。

中长裙:裙摆大约在小腿肚的 1/2 附近,此裙长显得端庄稳重。

长裙:裙子长度在脚踝稍上的位置,包裹住小腿肚子但是露出脚踝和部分脚脖子,表现风格是优雅端庄,能弥补腿型的缺陷,同时又具有相对较好的活动性能。

全长裙:裙摆在脚踝处,与常见的长裤长度相似,此长度的裙子尤其庄重,所以通常是礼服类裙子的长度选择。

及地长裙:长度及地,甚至还设计有拖尾,这种裙子长度通常用在各种礼服如婚礼服中。

**2. 按裙子腰头的高低来分类**

按裙子腰头的高低来划分,主要可分为:自然腰裙、无腰裙、连腰裙、低腰裙、高腰裙和连衣裙等,如图 6-2 所示。

自然腰裙:腰线位于人体腰部最细处,腰宽 3～4cm。

无腰裙:位于腰线上方 0～1cm,无须装腰,但裙身上缘必须内衬腰贴以做净缝口。

连腰裙:腰头直接连在裙片上,腰头宽 3～4cm,内侧设计腰贴。

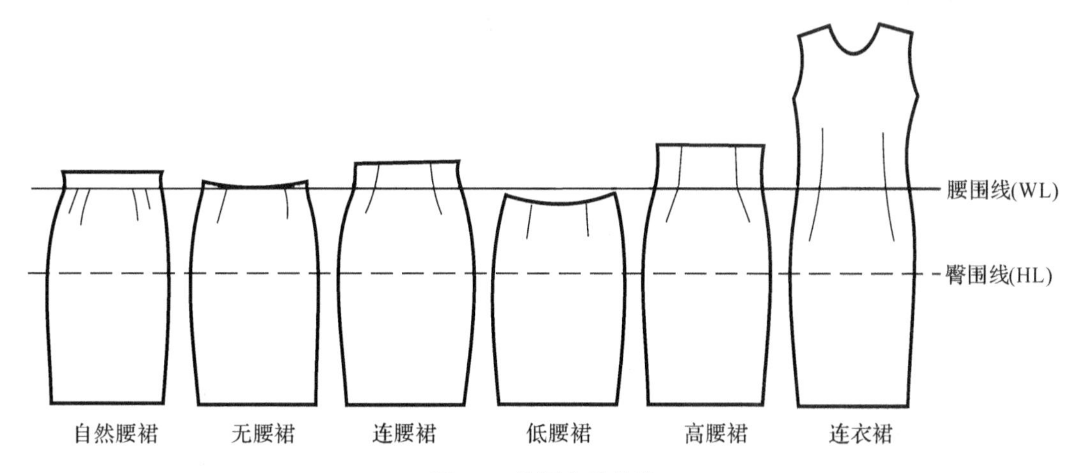


图 6-2　按腰高低分类

低腰裙：前中在腰线下方 2～4cm，腰头呈弧线。

高腰裙：腰头在腰线上 4cm 以上，最高可到达胸部下方。

连衣裙：裙子直接与上衣连在一起。

**3. 按裙摆的大小来分类**

按照裙子下摆的大小，从小摆逐渐增加摆量直至为大下摆的裙子，依次分为窄摆裙、原型裙、小 A 裙、斜裙、半圆裙和整圆裙，如图 6-3 所示。

窄摆裙：臀围放松量 3～4cm 左右。臀围以下随着大腿形态而收窄，贴合人体，合体度高，下摆需开衩或加褶以增加其活动量。

原型裙：臀围以上结构与窄摆裙一致，但是臀围以下采用直筒造型，下摆也需要开衩。

小 A 裙：臀围放松量 4～6cm，下摆稍大，结构简单，行走方便。

斜裙：臀围放松量 10cm 以上，下摆更大，呈喇叭状。结构简单，动感较强。

半圆裙和整圆裙：下摆更大，下摆线和腰线呈 180°和 360°圆弧线。

**4. 按轮廓造型来分类**

按轮廓造型来分，可分为 X 型、H 型、A 型、T 型、O 型，如图 6-4 所示。

X 型：为紧身裙型。裙片紧裹腰胯部，裙摆尺寸仅为可活动的最小值，为保持其窄小的廓型，需要用开衩或打褶来提供活动的方便。

H 型：腰臀部较合体，从臀围线垂直向下或稍微收小。H 型是裙装的基本版型，H 型裙给人稳重端庄的感觉，适合做职业装配套穿用。

A 型：从腰部开始向下扩张，裙摆可大可小，形成大小喇叭形，具有飘逸感，轻松休闲。

T 型：从腰部施褶展开，下摆合体。突出强调臀部曲线，能充分展现形体美，优美干练。

O 型：从腰部展开，裙摆处收紧，中间膨松，造型较夸张。

**5. 按裙子的分片数来分类**

通常可分为两片裙、三片裙、四片裙、六片裙、八片裙、十片裙等多片裙。

两片裙：分为前后两片，结构简单。小 A 裙、斜裙、半圆裙等可以使用这种结构，为穿脱方便设计的拉链只能放置在侧缝。窄摆裙和原型裙由于开衩的关系少有这种分片方式。

三片裙：一般为一个前片和两个后片，后片在后中断开。窄摆裙、原型裙以及小 A 裙都

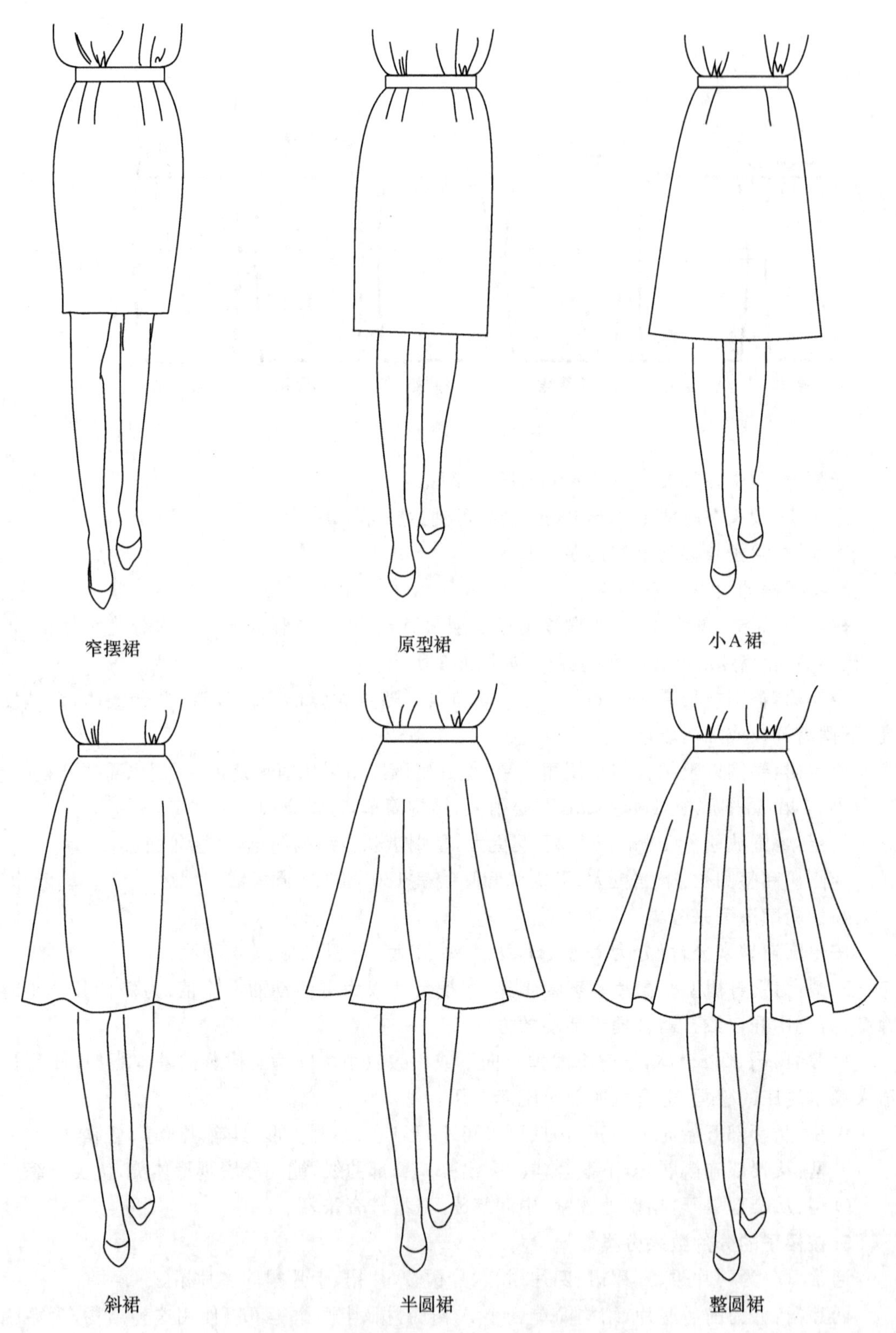


图 6-3　按裙摆大小分类(由小到大依次排列)

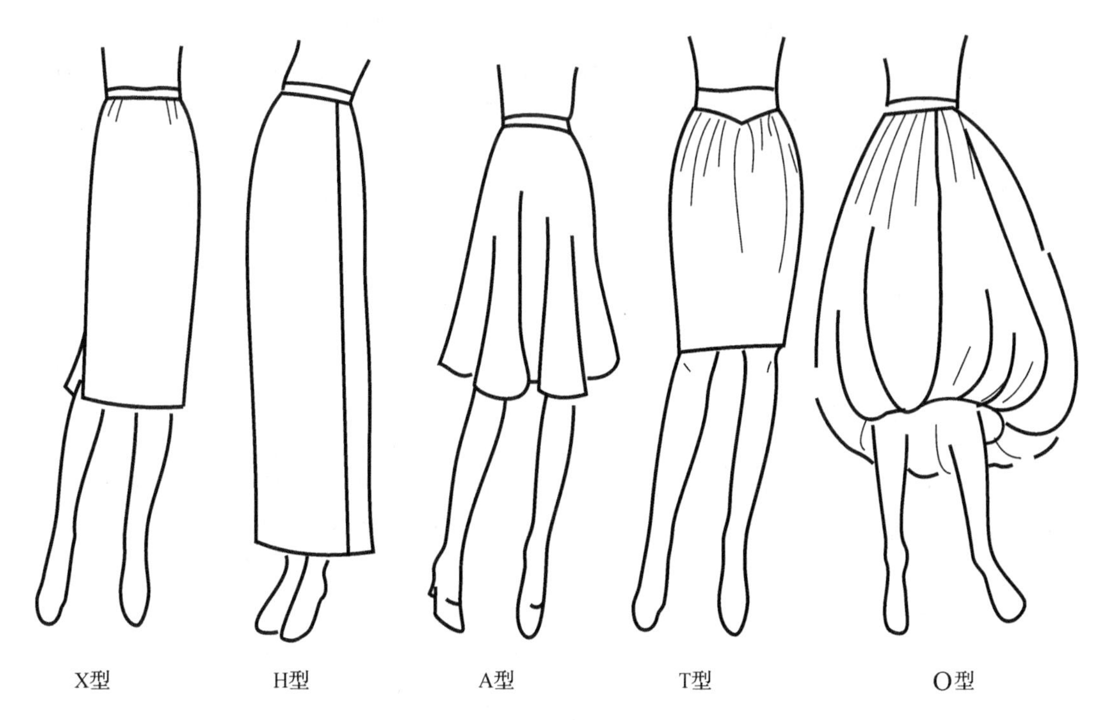


图 6-4　按轮廓造型分类

可以采用三片式结构，在此结构中通常把两片式中的侧缝拉链位置改到后中缝，这样的移动更易于缝纫，同时在后中缝中设计下摆开衩以利于人体的基本活动需求。这里需要特别说明的是，小 A 裙如果使用三片式结构反而比两片式结构更加节省面料，这是因为裁片需要考虑面料丝缕的关系。

四片裙：分为左右对称的两个前片和后片。下摆较大，斜裙、半圆裙和整圆裙可以采用这种结构。

六片裙：前后各分为三片，左右对称。

多片裙：多片裙是由纵向分割线来完成的，分成 N 片就称为 N 片裙，分割线越多，处理腰臀之间差值的能力越大，就可以做出合体度越高的裙子造型，同时配合其他的工艺，比如插片、活褶或者增加松量等造型手段，制作出漂亮别致的裙子。比如说后面会学到的八片暗褶裙、十片鱼尾裙、十二片插片裙，等等。

**6. 按裙子的工艺处理形式来分类**

在裙子结构中，要将平面的材料构造成近似人体曲面的效果，必须使用一些特殊的工艺处理方式，常用的工艺有省道、褶裥、抽褶、波浪褶、分割线等手段。

简单结构的裙子采用以上一种工艺或者两种工艺，但是现在许多眼花缭乱、独具个性的优秀作品是以上两种甚至是几种工艺的组合运用。无论裙子的工艺有多复杂，其本质也万变不离其宗，把握住各种工艺的结构特征，问题也就迎刃而解。

以省道工艺为主：省道的应用是为了使成品服装合体，一般只具有结构功能。多用于结构严谨的合体裙装。

表现褶裥工艺：褶裥有多种形式，主要有规律褶中的单褶与双褶；自然褶中的抽褶和波浪褶等，具体可以参见本教材第五章第三节中的相关内容。相对省道来讲，褶裥更富有装饰性,即在人体曲面结构的基础上,附加一些褶裥量,可以达到装饰造型的目的。

采用分割工艺:分割线的使用可以将省道连省成缝,使成品服装既能合乎人体的曲线美,又具有装饰效果。由分割线的走向又可以分成纵向分割线、横向育克式分割线以及斜向分割线几种类型。无论哪种类型的分割线,都要牢记分割线除了需要考虑成品视线的优美之外,还取代省道结构,以符合人体立体造型的需要,故分割线通常需要经过人体的凹凸点来达到这个目的。

## 三、裙子的功用

裙子在现代妇女的家庭、工作、社交、旅游及在各个季节中广泛地使用。直筒裙简洁大方,可用作上班服,也可作为休闲服和社交服,如与不同上衣搭配可以成为穿用范围较广的服装。紧身裙秀雅稳重,穿着后会显出优美的身体曲线,这种裙款常与上衣搭配为成套的系列时装。取材于我国傣族民族服装的"筒裙",结构简单,只需把布料对折后缝一条侧缝线,使裙身呈筒状,穿着时使一侧布料贴身,用手将另一侧的上角拧成结,掖入腰部即可,这样看似细瘦裹身,实则在裙前身叠有充分的褶量,不会妨碍人的活动。随着人的行走,搭片自然开合,显得活泼,有动感。A字裙在臀围以上符合体形,下摆稍大,长度上可以短到大腿根,也可以长至脚踝,既能突出女性的身材,又不影响运动,是家居服的首选裙形。下摆宽大的喇叭裙极富动感和旋律美,突出了女性特有的婀娜体态,既可用作日常服,又可作为社交服。褶裙的功能更为广泛,迷你百褶裙活泼可爱,适合学生和年轻女孩穿着,细密的中长褶裙严谨端庄,适合少妇穿着;用薄纱堆砌的褶裙华丽而飘逸,是参加派对的理想搭配。塔裙层次丰富,立体感强,适宜制成各种长度。在膝盖以上的塔裙层层荷叶边向外张开,显得俏丽可爱,适合女童和少女穿着。而抽有细褶的飘逸的长裙优雅端庄,适合用作礼服或其他正式场合的着装。

## 四、女裙的面辅料选择与应用

制作裙子的面料非常广泛。原型裙和窄摆裙在面料的选择上除了要考虑到流行、美观、穿着场合外,还要考虑到下半身的运动。下半身或走或坐,都要求材质有一定的牢度和垂度,坐下再站起来以后,要能够迅速恢复原来的弹性。在选用面料时,一般斜纹织物、布纹密的织物、毛织物、混纺织物,如牛仔布、卡其布、凡尔丁等,牢度高、回弹性好,均较为适宜。正规直筒裙和半透明材质的裙子应部分或全部衬上里布。

喇叭裙的布料要依据穿着的目的来选择,多以表现飘逸感的柔软的面料,如丝织物、棉麻、仿丝绸等为主,以突出悬垂效果,应避免选用较硬挺的面料。多片裙的拼缝线除了具有结构功能外,还起到装饰美化的作用,比如牛仔布类、卡其布类较厚材料制作的多片裙,拼缝线处常缉以明线以增强效果。透明材质和秋冬的裙子应部分或全部衬上里布。

抽褶裙的下摆宽大舒展,在腰部有充裕的松量,穿着舒适飘逸,其面料的选择范围也很宽广,用不同的面料制作会呈现出不同的效果。若采用柔软的丝绸面料,则需要增大褶量,可用多片拼接,突出顺垂、密集的褶纹,具有华丽感。若用较厚实的面料,每个褶都极富立体感,应适当减少褶量。粗纺呢、卡其布等褶量少,而真丝、乔其纱等极薄的面料,抽褶量可以是实际腰围三倍甚至更多。压褶裙有规律,富有旋律感,要求做工也更考究。压褶裙一般选用适于高温定型的面料制作,如含有化学纤维的混纺面料。半透明材质和秋冬的裙子应部分或全部衬上里布。

里布选择光滑、耐磨、轻软的织物，如羽纱、美丽绸、尼丝纺等。

## 第二节　裙子原型

与第四章第二节女装衣身原型的获取方式一致，本节的裙片原型也是先通过在人台上的立体裁剪方法得到平面样板，然后再利用平面制图直接得到样板以帮助理解裙身原型省道、侧缝弧线和腰口线等结构设计的依据。

### 一、裙片原型的立体裁剪(如图6-5所示的款式)

图6-5　原型裙

**1. 面料准备(如图6-6)**

1)长度(经向)：从人台的前腰点量至所需裙长的尺寸加上底摆折边量(4cm)和腰口线上口所需的余量(4cm)，这里先按一共加上富余量8cm取料。

2)宽度(纬向)：沿着人台上的臀围线从前中量至后中的尺寸加上12cm取料。

按照上面的尺寸取出合乎要求的白坯布，然后用熨斗将此白坯布整理成垂正的状态，只有经纬丝缕严格竖直水平成相互垂直的白坯布才能用来进行裙子原型的立体裁剪操作。

**2. 画基准线**

如图6-6所示标注裙片立裁所需的基准线。

1)画前中心线(FCL)：在整理好的白坯布右侧距布边3cm画一条经纱线。

2)前腰点：在前中心线上距白坯布的上边缘4cm的点。

3)画臀围线(HL)：在人台的前中线处测量腰围线到臀围线的尺寸(一般在18cm左右)，然后在白坯布上从前腰点向下取这个尺寸画一条水平线，此线即是臀围线。

4)画前侧缝线:在臀围线上以人台上的前臀围尺寸加上 1cm 松量取到臀侧点,过此点作一条竖直线即是前侧缝线,往外放缝头 2cm。

5)画后侧缝线和后中线:与画前侧缝线的方法相类似取得后侧缝线、后中线。

6)画经纱辅助线:在前后分界线的左右各取 7cm 画臀围线以上的竖直线,此线作为立体裁剪时所需的丝缕辅助线。

7)画裙子的底摆线:距白坯布下边缘一个折边的距离(4cm)画一水平线。

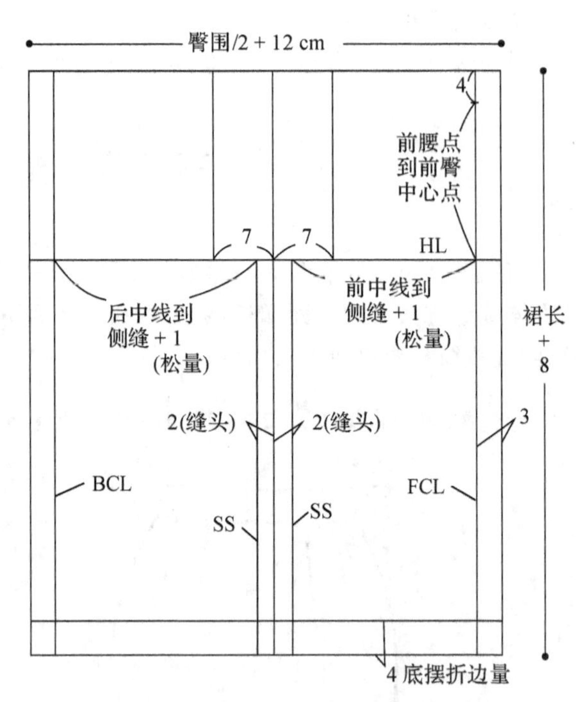


图 6-6　裙片的基准线标准

**3. 立体裁剪的步骤(图 6-7)**

1)合侧缝:从白坯布的上边缘起始,沿着前后侧缝的分界线裁剪面料到臀围线上方约 2cm 止,然后打一个斜向剪口深入至臀围线与侧缝线的交点,最后重

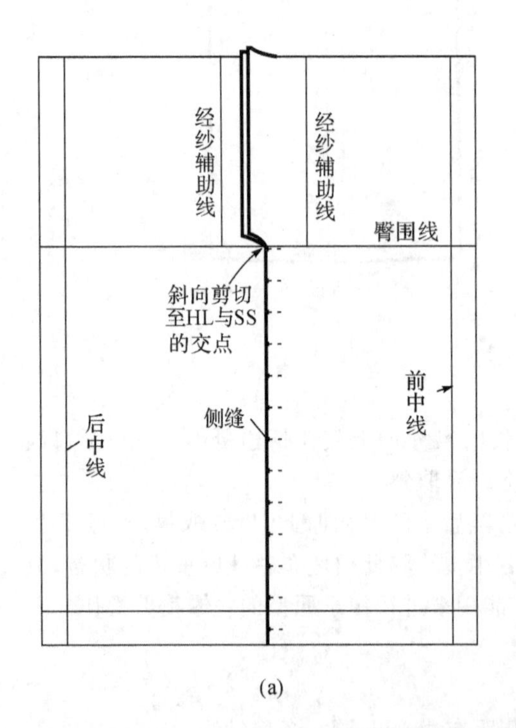


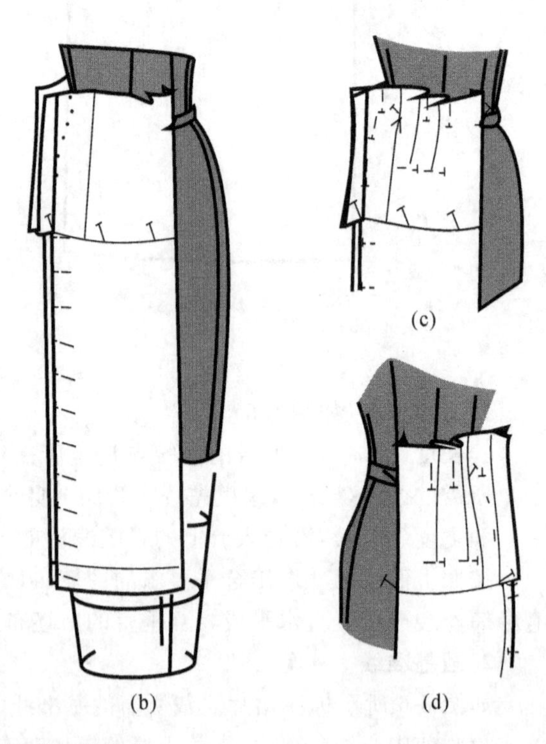


图 6-7　原型裙的立体裁剪

合前后侧缝线将臀围线以下的侧缝用别针别好。

2)固定臀围线与前中线:对齐人台和白坯布上的臀围线和前中心线后用别针固定,固定时注意臀围放松量的分布应该均匀。

3)固定侧缝线与后中线:同样道理固定侧缝线和后中线。

4)固定前后经纱辅助线:在别出侧缝弧线和腰省之前先固定经纱方向的辅助线,注意必须使辅助线与臀围线成垂直,并且在腰围线处抓别出与衣片相当的松量,松量参考值是0.3cm。

5)别出侧缝弧线:用抓合固定的针法沿着人台的侧缝线别出侧缝弧线。

6)别出前后腰省:与衣片的省道确定相类似,用别针固定省份、标示出省尖的水平位置。注意腰省的分布遵从均匀的原则,即靠近前后中线的腰省与前后衣片的腰省位置对齐,第二个省道则位于第一个省道与侧缝线的中点,省份的大小前后片各自均衡。

**4. 作标记和画线**

从人台上取下白坯布之前就用"·"标记出腰围线,取下后再标出侧缝弧线、省道,最后借助弧线尺画出侧缝弧线、腰围线和腰省(见图6-8(a))。注意先用别针闭合省道、侧缝后再画腰围线(见图6-8(b))。

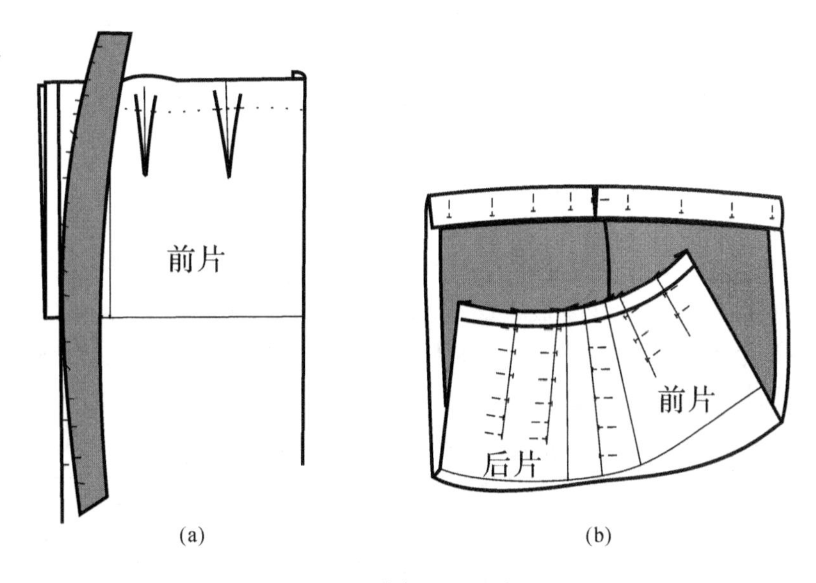


图6-8 作标记和画线

图6-9所示的就是通过以上立体裁剪所获得的包含缝头的裙子原型样板。

## 二、平面法绘制裙片原型

**1. 绘制裙片原型的必要尺寸**

与衣片一致,裙子也是仅需绘制右半身样板,同时其号型也采用女性中号体型即160/68A,这是绝大多数服装生产企业生产女下装时采用的母板号型。裙子制图时所需的人体必要尺寸是:腰围、臀围和腰长三个部位。裙长与前面的尺寸不一样,它是一个设计值,完全取决于款式的效果,参考文化式原型中的裙长尺寸(60cm),其裙子长度大约盖住膝盖。具体可参见前一节裙子长度分类中的相关内容。另外表6-1中的裙长和腰长尺寸都不包含腰头宽。后续各类裙子的规格设计表中如果没有特别说明,是与此例一致的。

前面所学的上衣原型只是作为设计各种丰富多彩的上衣款式的基础,其仅包裹腰节以上躯干的衣片结构并不常见。原型裙则不同,裙子原型不仅可以作为发展其他裙子款式的

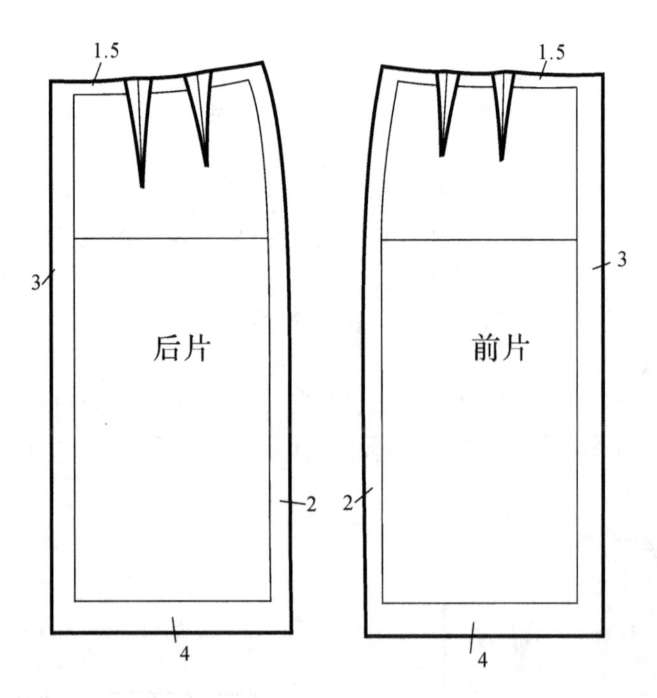


图 6-9　前后裙片原型样板

基础，而且它本身也是生活中常见的裙子款式。表 6-1 给出了原型裙的成品规格设计，样板设计图片中的 $W'$ 和 $H'$ 表示了加放松量之后的尺寸标示。为与人体各部位的净尺寸加以区分，本教材中无论是文字中所提及，又或是样板设计图中所标示的，凡是右上角加注“′”的部位尺寸，皆指服装的成品尺寸。

**表 6-1　原型裙的成品规格设计**　　(单位：cm)

| 号/型 | 部位名称 | 裙长 | 腰长 | 腰围 | 臀围 | 腰头宽 |
|---|---|---|---|---|---|---|
| 160/68A | 测量尺寸 | 设计值 | 18 | $W$:68 | $H$:90 | |
| | 加放尺寸 | / | 0 | 0～2 | 3～4 | |
| | 成品尺寸 | 60 | 18 | $W'$:68～70 | $H'$:93～94 | 4 |

特别需要说明的是，由于本教材着重讲述样板设计的原理与理论，对服装的具体生产工艺没有涉及，故为了使阐述简单易于理解和消化，表中的尺寸不含其他任何影响成品规格的因素，如缩水率、服装加工过程中产生的容量等，仅仅讨论服装样板设计中会涉及的部位尺寸。

本节中裙子原型的结构设计已经在日本文化式裙子原型的基础上进行了改良。改进主要体现在前后腰口省道的设计更加合理，完全尊重了人体腰臀部位的体型特征，其改进的依据纯粹是基于裙子立体裁剪的结果。

**2. 裙片原型的平面制图步骤(图 6-10)**

如图 6-10(a)所示：

1)基础线：以人体半臀围尺寸加上 2cm 的放松量(47cm)为宽，裙长(60cm)为长作一个长方形。

2）臀围线：距上平线为腰长尺寸（18cm）的一条水平线。

3）侧缝辅助线：在臀围线上，距左平线 $H'/4$ 的竖直线。

4）后腰围：在上平线上，距左平线 $W'/4-1$cm（16cm）取点，从此点再往右取 3～3.5cm，然后二等分此点与侧缝辅助线之间的剩余量，一个等份记为符号“△”；最后还需上翘二等分点 0.7cm。

5）前腰围：在上平线上，距右平线 $W'/4+1$cm（18cm）取点，然后三等分此点与侧缝辅助线之间的距离，一个等份的量以符号“○”代替。最后还需上翘靠近侧缝辅助线的等分点 0.7cm。前片“○”稍小于后片的“△”的量，这一点与立体裁剪中所获得的侧缝弧度和省道大小的结论是一致的。

6）侧缝线：在侧缝辅助线上，从臀围线以上 3cm 起始，以微凸的曲线先后画顺至前后上翘了 0.7cm 的腰侧点。

7）后腰围线：后腰点下降 1cm，然后与腰侧点以凹弧线相接，注意后中线与后腰口线、后腰口线与后侧缝线之间都必须保证直角。最后将后腰围线三等分，靠近后中的等分点即为后片大省道一侧省边线的位置。

8）前腰围线：以微凹弧线连接前腰点和前片的腰侧点，前腰口线也要与前中线、前侧缝线成垂直。并将此前腰围线三等分，靠近右边的等分点左移 1cm 即为前片靠中腰省一侧省边线的位置。

如图 6-10（b）所示：

9）后腰省：

后中省：即图 6-10（a）中确定的后片大省道，其位置在腰口线三等分点往右取 3～3.5cm 作为此省道的省量（腰臀差值大取 3.5cm，差值小则取 3cm，也可以取两者中间的数值，根据具体情况选择），过此省道大小的中点作后腰口弧线的垂线为中心线，省道长取 13cm。

后侧省：后片另一个靠近侧缝的省道。省量大小是前面所定的“△”，位置在后中省和侧缝的中点，即裙子成品后此省的缝迹正好位于侧缝和后中省缝的中点。此省道长度取 10cm，省道中心线仍需垂直于腰口线。

10）前腰省：前裙片两个省道的大小和长度都取相等，大小是之前三等分确定的“○”，长度都取 10cm。作图方法与后片的类似，前中腰省之省缝是三等点左移 1cm，前侧腰省在第一个省道和侧缝的中点，省道中心线都垂直于前腰口线。

11）腰头：标准腰腰头就在女体腰部的最细处，取长方形结构，其高度即为腰头宽，这里为 4cm，可以采用上口连裁的完全对称结构。长度即为成品腰围大小 $W'$ 加上左右腰头重叠的门襟宽度，这里是 3cm，最后腰头长度一共是（68～70+3）cm。

## 三、裙片原型样板的结构分析

原型裙遮盖人体的下半身，是仅涉及半身的服装形式，是把腰臀部位以及两个下肢用一个圆筒状或一个圆锥体包围起来的服装。下面就从腰围、臀围、腰长、腰口线的设计等几个方面来论述裙子结构设计的理论依据。

**1. 腰围线的位置**

裙子和裤子都是作为下半身的服装，其腰围线的位置就是扎结腰带的位置，与连衣裙、上装等这些松身型服装所确定的腰围位置是有所不同的，与人体腰围的基本位置也是不同的。

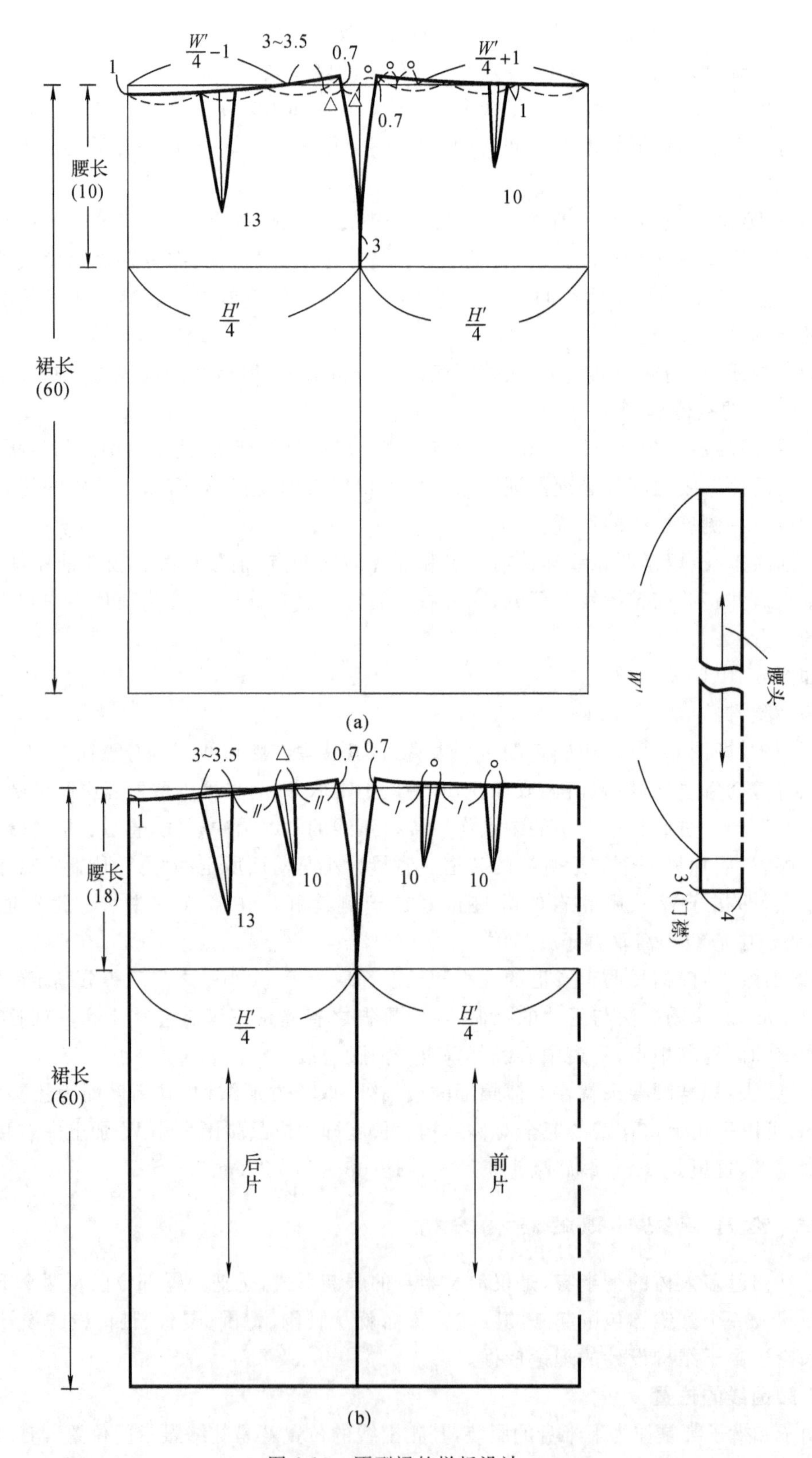


图 6-10 原型裙的样板设计

一般来讲连衣裙这类腰部松身的服装，出于简化衣身的结构设计和美观的目的，完全可以按人体腰部最细处的水平位置来确定腰围线。这虽然与人体的实际构造不是很吻合，但不会影响衣服的穿着，反而会使着装者更加挺拔、精神。而对于裙子和裤子等下装而言，腰围线是服装穿着时的支撑点，其结构就必须与人体的实际构造相符合。因此腰围线的设计就要考虑到两个因素，一是腰围平面的形态，二是扎结腰带的稳定位置。

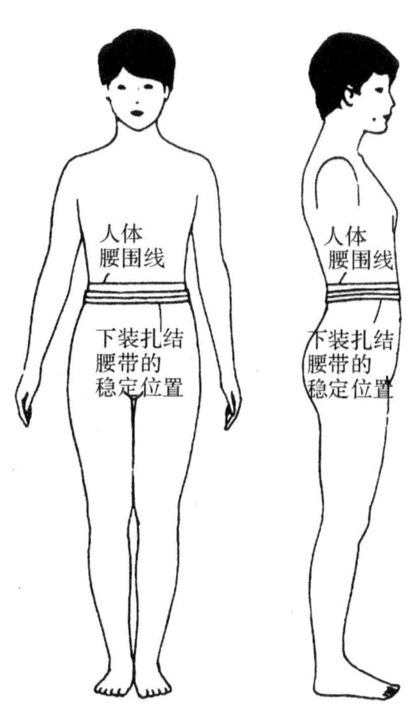

图 6-11　下装的腰围线位置

胸围放松量大小设计这节也曾经谈到了人体腰部最细的截面并不处于一水平位置，而是与人体上半身体轴成垂直的前高后低的形态。另外，下装扎结腰带的腰围线作为穿着时的支撑点，其稳定位置势必会比腰部最细处的腰围位置低。实际上实验研究也证实了这一点，就是大多数女性体的扎结腰带的稳定腰围线会比人体的水平腰围低 5cm 左右(见图 6-11)。

**2. 腰围的放松量**

腰围的放松量可以取 0～2cm，视个人喜好而定。有实验表明，人坐在椅子上时，腰围平均增加 1.5cm，呼吸或进餐前后腰围也会有约 1.5cm的差异；人体下蹲时腰围会有 2.9cm 的增量。但事实上，我们很少会把腰围的放松量加大到 3～4cm。医学研究表明腰围四周都是人体的软组织，缩小 2cm 后在腰部产生的压力对身体并没有影响，因此，腰围放松量掌握在 0～2cm 之间是科学的。本书样板设计中的裙子原型腰围没有加放松量。

**3. 臀围的放松量**

原型裙作为筒裙结构，其立体造型是作为包围下半身各方向外突点的圆筒状而设定的，同时，原型裙在腰臀部位贴合人体，为紧身造型。

那么裙子的臀围大小是由哪些因素所决定的呢？如图 6-12 所示，用一面料包围人体的腰臀部位，包围圈的大小也就是裙子成品臀围的大小，它不仅取决于人体臀围尺寸，同时还受腹围尺寸和臀部髋骨突出点大小的影响。人体的腹凸在前面而且位置要高于人体的臀凸点，因此要获得包含人体腹凸量在内的裙子外包围的尺寸，还需要用聚氯乙烯薄板铺垫在腹部的前凸位，再在板的外侧围量臀围部位。事实上这个臀围包围圈的尺寸与我们常见的直接在臀围处测量所得的臀围尺寸是不一致的，显然包围圈的臀围尺寸会大于常规测量的臀围尺寸。实验表明，两个臀围尺寸的差值大约在 2cm 左右(20 岁左右女学生的半身值)。因此，裙子原型的臀围放松量确定为 3～4cm。样板设计图片中臀围采用 94cm，放松量为 4cm。

**4. 腰省的设计**

人体从腰围线到臀围线的体表面是椭球面状的复曲面(见图 6-13)，而所有的面料都是二维平面，用平面状的面料制作出与人体腰臀部位相同的复曲面形状是不可能的，但是如果

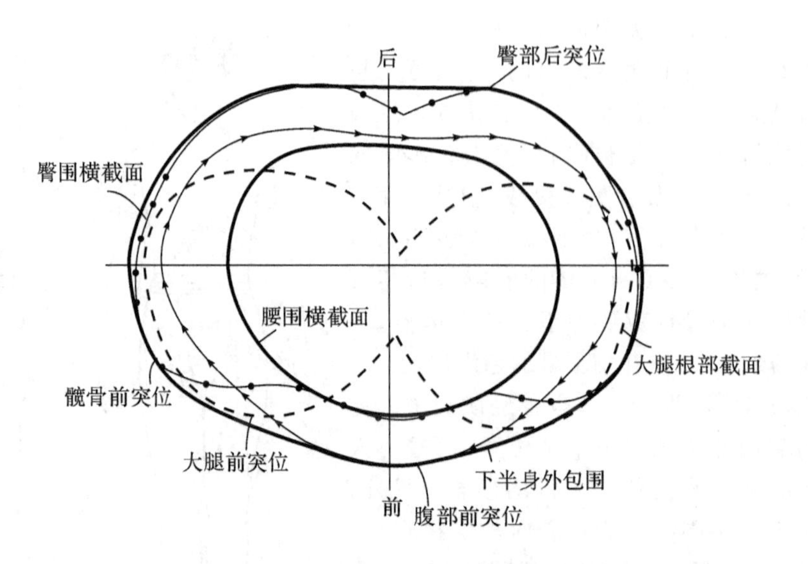


图 6-12　裙片臀围外包围大小的影响因素

利用面料所具有的弹性，再配合设计若干省道，就可以制作出与人体体表相近似的复曲面。因此，原型裙的腰省设计完全是由人体特征所决定的，而腰省的设计包含三方面的内容，即腰省的位置、腰省的大小以及各个腰省的长度。

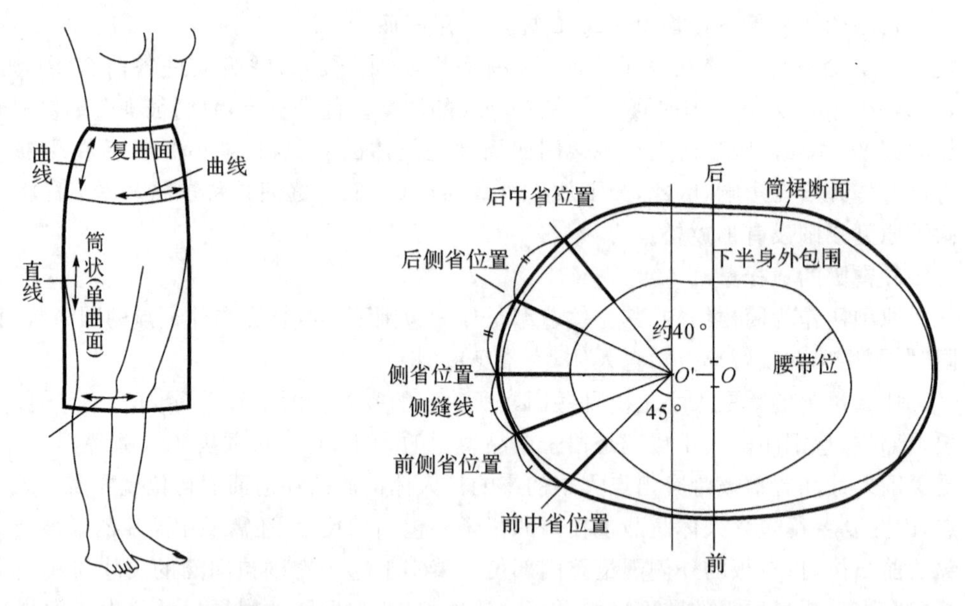


图 6-13　裙子的复曲面

图 6-14　裙子的腰省设计

(1)腰省的位置

如前所述，腰省是为了使筒裙的腰臀部位能吻合人体复曲面的结构特征而设置的，因而腰臀部位的重合断面图非常重要。把筒裙断面图和腰围部位的断面图重合在一起综合考虑就可以决定省道的位置及大小。图 6-14 所示的横断面重合图中，最里面的细实线表示腰围横截面，外面的细实线表示臀围横截面，最外面的粗实线表示的是筒裙的外包围圈。观察图形可知，靠近前后中心的两个局部截面的曲率变化较缓，而靠近侧面的局部截面曲率变化较大，因此原型裙子的省道位置基本上是以前后腰围的三等分点作为基准的，都往侧缝偏移一定的数值，偏移量前片应大于后片。后腰第一个省道的一侧设计在三等分点处，第二个省道位于侧缝和第一个省道的中点，前腰的第一个省道的一侧设计在三等分点侧移 1cm 的位置，而第二个省道还是在第一个省道和侧缝的中点处。

(2)腰省的大小

由图 6-14 可知，省道的大小应该由内外圈的线段长度之差值来决定，前臀围减去前腰围就是前腰省，同理就可以得到后腰省的大小，显然前后腰围和臀围的分界直接影响着前后腰省的分配。是否可以简单地认为人体的臀围前后均分时，腰围也刚好是前后各一半呢？事实上这种认识是错误的，从如图 6-15 所示的人体纵面形态中看出，腰围断面相对靠前，臀围的水平断面相对靠后，这导致了腰围断面以下的躯干向后倾斜，恰好与腰围以上躯干的倾斜方向相反，达到了人体躯干的总体平衡。人体躯干的这种纵面形态特征使人体的腰围与臀围水平断面的中心并不是处在同一个纵线上，这就是说无法找到一个竖直的纵面使前后腰围与臀围尺寸各自相等。显然，当前后臀围取相等时，前腰围会大于后腰围，这一点从图 6-14的腰围臀围横断面重叠图也可以看出来。

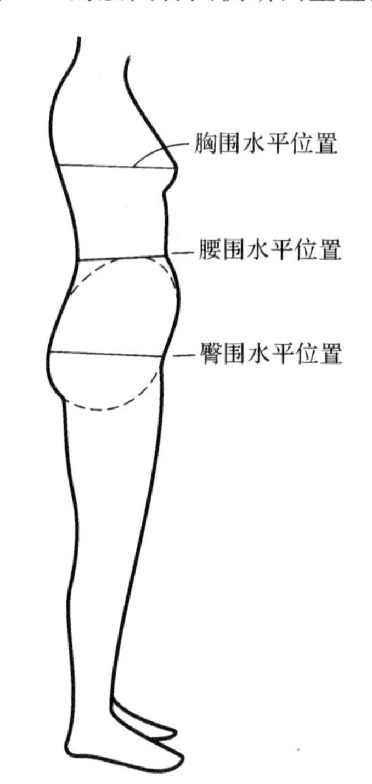


图 6-15　人体胸围、腰围、臀围的纵向相对位置

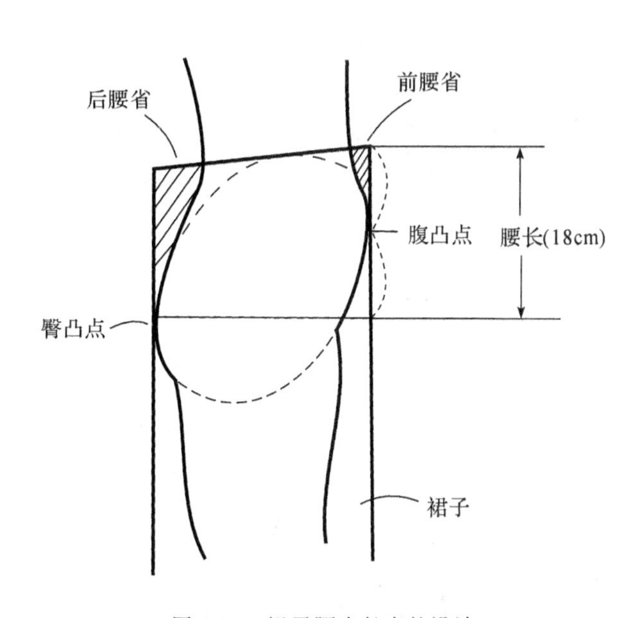


图 6-16　裙子腰省长度的设计

基于以上的分析，裙子原型制图中为确保侧缝的顺直自然，在裙子前后臀围大小取相等的前提下，设计后腰省大于前腰省，前后分配的省量具体视体型的不同而不同，但一般的正常体型可以总共 2cm 来调整前后腰省的差值，即合理的腰省结构是两个后腰省之和大于两个前腰省之和 2cm。那么再更进一步，两个前后省道各自之间该如何分配呢？由前面的分

析可知,图 6-14 中外围的大包围圈和里面的小横截面之间的差值就是省道大小的设计依据,认真对比研究可知,后片中的后中腰省之省量应该大于后侧腰省,才能获得更加合体的腰臀部位之结构。而对于前片来讲,两个省道平均分配也是可取的,简单方便。

(3)腰省的长度

腰省的长度和省尖的位置应该按腹部和臀部的突出点的位置来设定。观察图 6-16 中人体腰臀部的侧面可知,人体的腰臀部就像一个斜置的蛋形,腹凸点靠上,大约处在人体腰长尺寸一半的位置,前片的腰省是为腹凸而设计的,故前腰省的长度不能超过腹部的凸点,取腰围线以下 9～10cm 左右,原型样板中取 10cm。与此相类似,人体的臀凸点靠下且臀尖点是偏向后中的(可见图 6-12),故后片的后中省道较长,取 13cm,后侧面的省道较短,取 10cm。侧缝的腰省是最大的,其长度也最长,以不超出臀围线为宜,原型结构中距离臀围线 3cm 来确定省尖。

**5. 腰长与腰围线的设计**

腰长又称为臀高,是指从腰围线处沿着人体体表测量至臀围线的长度。观察图 6-17 所示的人体腰臀部位的前视图和侧视图,不难发现人体的自然腰线并不水平,而是与人体的体轴呈垂直状态的前高后低的形态,因而腰带的稳定位置也是前高后低,这样就会产生腰长尺寸的前后和侧面都不相等的情形。所以在制作筒裙的样板时,以前中心位置的腰长作为尺寸的基准,适当减少后中心腰长,减少量为 0.5～1.5cm,以体型的不同而适当增减,臀部较扁平的体型,减少量应适当增加;而臀部较翘的体型减少量应适当减少,一般亚洲体型可以取 1cm。

另外,女体的胯部外张较大,使得人体的侧面成为一条凸弧线,侧缝线处的腰长必然最长,原型裙子样板的侧缝处的腰长适当增加,增加量为 0.7～1cm,一般取 0.7cm。腰围的最后完成线还需要根据腰长尺寸的不同以及省道的大小和省道折叠方向进行修正,具体的修正方法如图 6-18 所示。

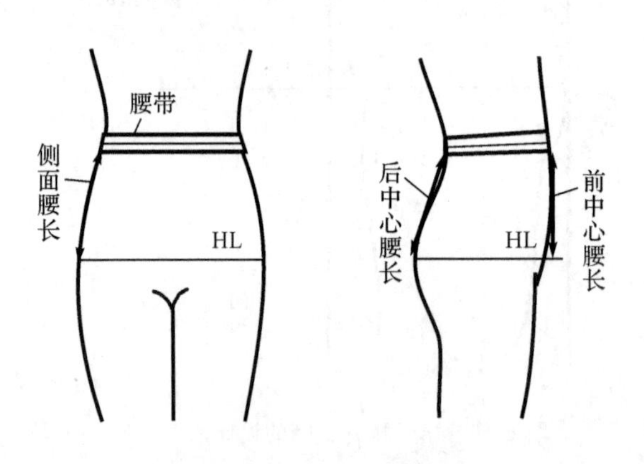


图 6-17 前、后和侧面的腰长

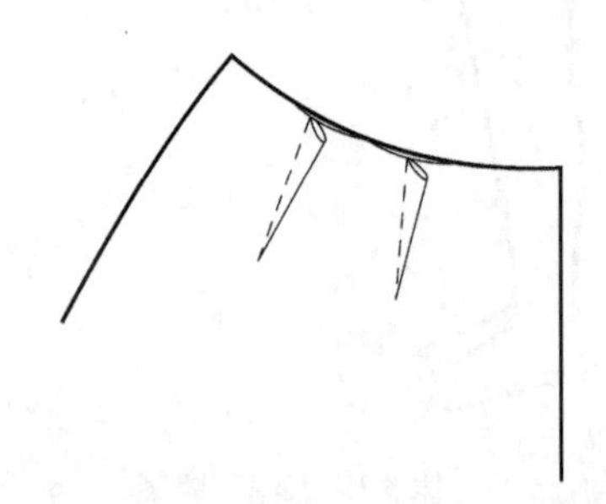

图 6-18 缝合省后裙片腰口线的修正

# 第三节 裙子的结构设计原理

裙子的结构设计有其固有的原理、规律需要遵循。这里以裙子轮廓的变化为线索来认识和寻找其结构设计的内在规律，以此来指导各种不同类型裙子的样板设计。这一节先依次学习紧身裙、半紧身裙、斜裙、半圆裙和整圆裙的样板设计方法，最后以观察研究得到的各种不同轮廓之样板的结构变化规律来阐述裙子的结构设计原理。

## 一、紧身裙（如图 6-19）

### 1. 款式设计

紧身裙（图 6-19(a)）正好处在贴身的极限，是在裙子原型的基础上底摆适当收小以吻合人体大腿结构特征来实现紧身的轮廓造型。如日常生活中常见的西装裙、一步裙、窄摆裙等都属于紧身裙造型。由于这类裙子比较合体，穿着风格正统、庄重，常常与西服等上衣配合。下面以窄摆裙为例来说明紧身裙的样板设计方法。

适用面料：通常选用挺括、回弹性好的斜纹织物、毛织物及混纺织物，如牛仔布、卡其布、凡尔丁、混仿等中厚型织物。

### 2. 规格设计

表 6-2 所示是紧身裙的成品规格设计，基本与前面所学的原型裙一致。

**表 6-2　紧身裙的成品规格设计**　（单位：cm）

| 号/型 | 部位名称 | 裙长 | 腰长 | 腰围 | 臀围 | 腰头宽 |
|---|---|---|---|---|---|---|
| 160/68A | 测量尺寸 | 设计值 | 18 | $W$:68 | $H$:90 | |
| | 加放尺寸 | / | 0 | 0 | 4 | |
| | 成品尺寸 | 50 | 18 | $W'$:68 | $H'$: 94 | 3.5 |

### 3. 样板设计（如图 6-19(b)）

此紧身裙又称为窄摆裙，是指下摆随大腿形态收窄，其造型特征和上一节所讲的裙子原型在很多方面是一致的，故其样板也可以在原型样板的基础上来设计。窄摆裙的臀围放松量、腰围放松量以及前后省道位置、大小、长短以及腰围线等设计都可以照搬原型裙，但是这件紧身裙裙长只取 50cm，比原型裙的要减短 10cm。另外底摆需在前后侧缝处收小 1.5cm，以更符合女性大腿上大下小的倒置圆台结构。侧缝的收窄需要侧缝线稍稍下翘，如此才能在下摆处取得直角圆顺拼接前后侧缝。此类裙子几乎是围裹人体体表的，由于人体的下肢围度逐渐变小，所以裙子越长，下摆的收量越大。

为了方便人体的生理和生活需要，增加一些功能性的设计是十分必要的。一方面在后中线的上端设计足够量的开口并装拉链，以达到穿脱方便；另一方面为了行走方便，必须在裙子的下摆设计开衩。开衩的形式主要有开衩和褶裥两种。开衩的部位主要是后中、两侧和前中，当然也会根据设计而作些变化。开衩和褶裥的长度随裙长的增加而增加。若裙长在膝盖以上极短的位置，双腿行走没有困难，可以不开衩。一般的紧身裙可以从臀围线下 15～20cm 开始开衩。紧身裙的开衩根据款式风格的不同有不同的处理方法。以后中开衩为例，休闲风格如牛仔裙，多为沿后中心线左右劈缝，两侧互不搭接，在折边上缉明线，底摆为卷边缝；而西服裙，开衩为交叠状，后中心线左侧的裙片压在右侧上，底摆用手工三角针固定。

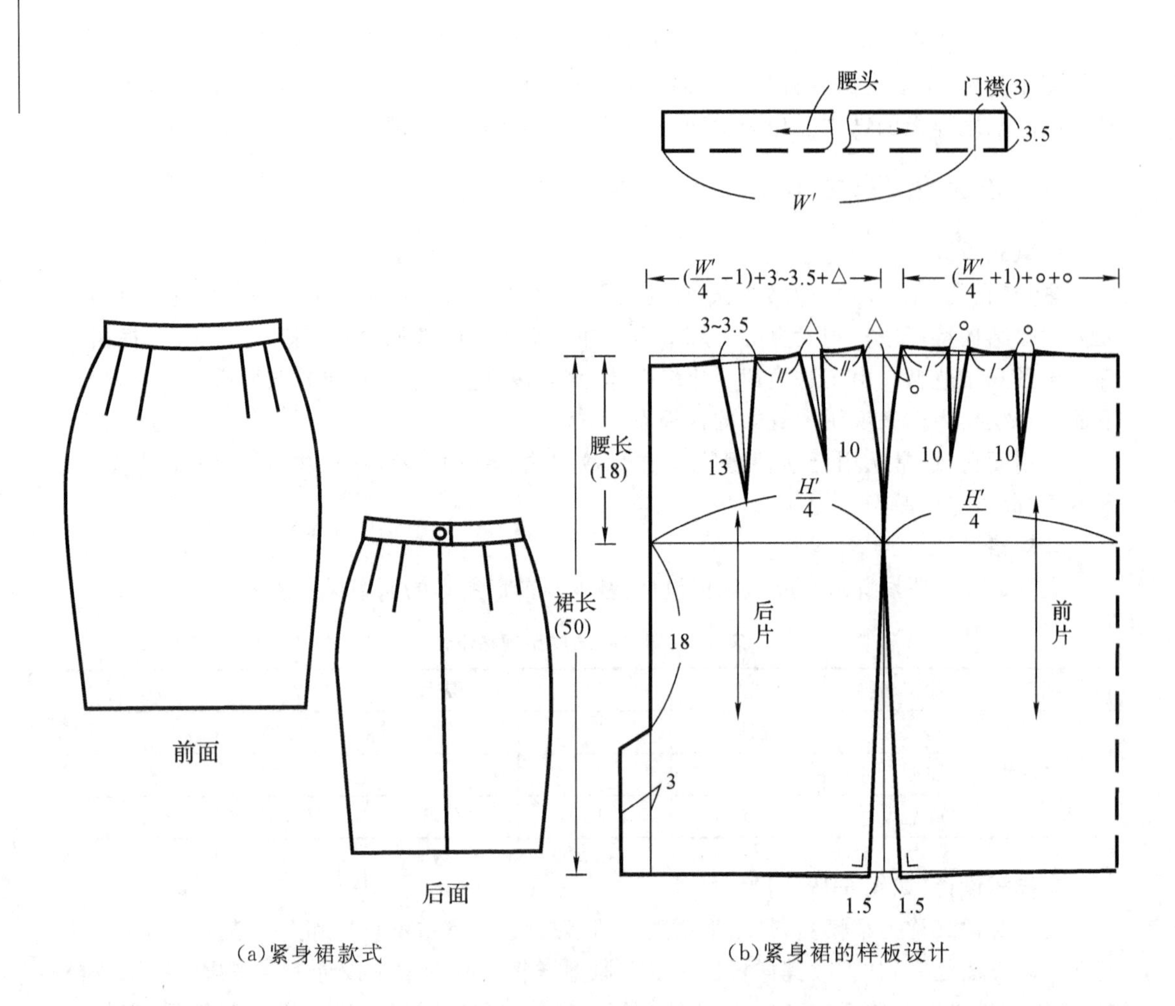


(a)紧身裙款式　　(b)紧身裙的样板设计

图 6-19　紧身裙

## 二、半紧身裙(如图 6-20 和图 6-21)

**1. 款式设计**

半紧身裙就是在紧身裙的基础上增加其裙摆而完成的。小 A 裙(如图 6-20)是半紧身的典型裙型,由一片前片和两片后片组成,拉链装在后中分割线内。该款裙型结构简单,长度可以自由变化,与休闲风格的上衣如毛衫搭配都可,适合居家、购物、旅游时穿着。下面以小 A 裙为例来说明半紧身裙的样板设计方法。

适用面料:面料的适用性较广,如用有图案的棉布或化纤面料制作,效果更佳。

**2. 规格设计**

表 6-3 所示是小 A 裙的成品规格设计。

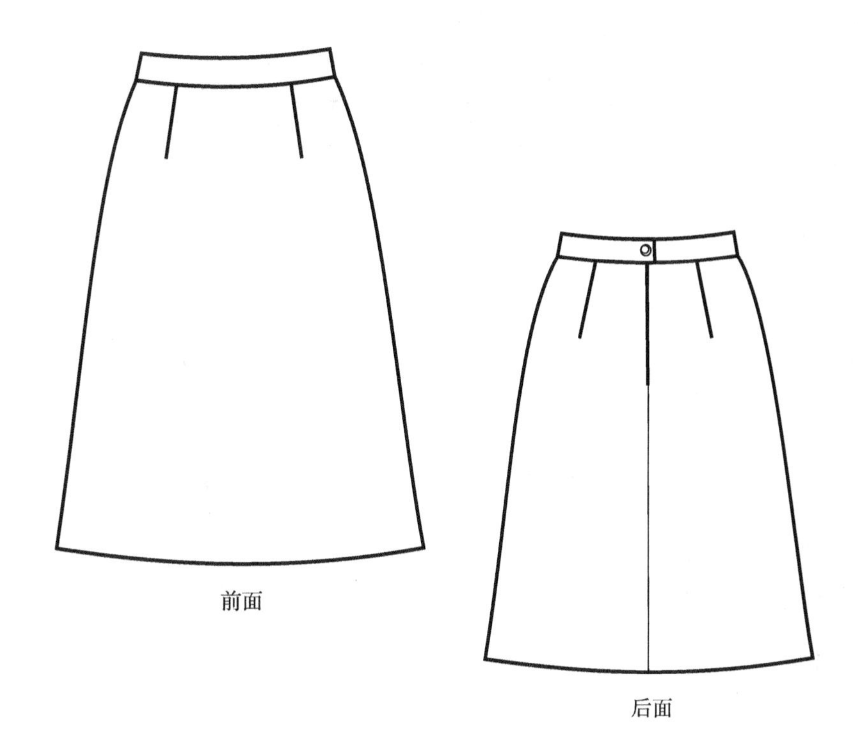


图 6-20 小 A 裙款式

**表 6-3 小 A 裙的成品规格设计** （单位：cm）

| 号/型 | 部位名称 | 裙长 | 腰长 | 腰围 | 臀围 | 腰头宽 |
|---|---|---|---|---|---|---|
| 160/68A | 测量尺寸 | 设计值 | 18 | $W$:68 | $H$:90 | |
| | 加放尺寸 | / | 0 | 0 | 4 | |
| | 成品尺寸 | 60 | 18 | $W'$:68 | $H'$: 94 | 4 |

**3. 样板设计(如图 6-21)**

半紧身裙在臀围线以上部位是符合体型的。在制图时可以利用裙子的原型，把一个省通过省道转移的方法转至下摆，使其成为裙摆量。当然也可以利用尺寸直接绘制裙子样板，绘制时直接增加裙摆，裙摆的大小以不妨碍行走为准。摆围尺寸如果不够，人体活动会受到限制，比如只能小步慢走，不能大步流星。不论裙子长短，都可以用图 6-21 中所示的方法取得适宜的摆围，即从臀围线外侧端点垂直向下 10cm、向外侧 1～1.2cm 处得到一点，连接该点与臀围线外侧点并延长，所得延长线即可确定裙子摆宽，裙子越长，摆围也就越大。

另外，侧缝线的翘度要注意适当增加，约为 1.2cm，在样板设计时同样要注意腰臀围差值的处理。

## 三、斜裙(如图 6-22)

**1. 款式设计**

在半紧身裙的基础上继续增加裙子的下摆就变成了斜裙(图 6-22(a))。斜裙可以完美地诠释波浪褶在服装中的应用。根据斜裙底摆的大小又有半圆裙、整圆裙等不同的称谓，裙

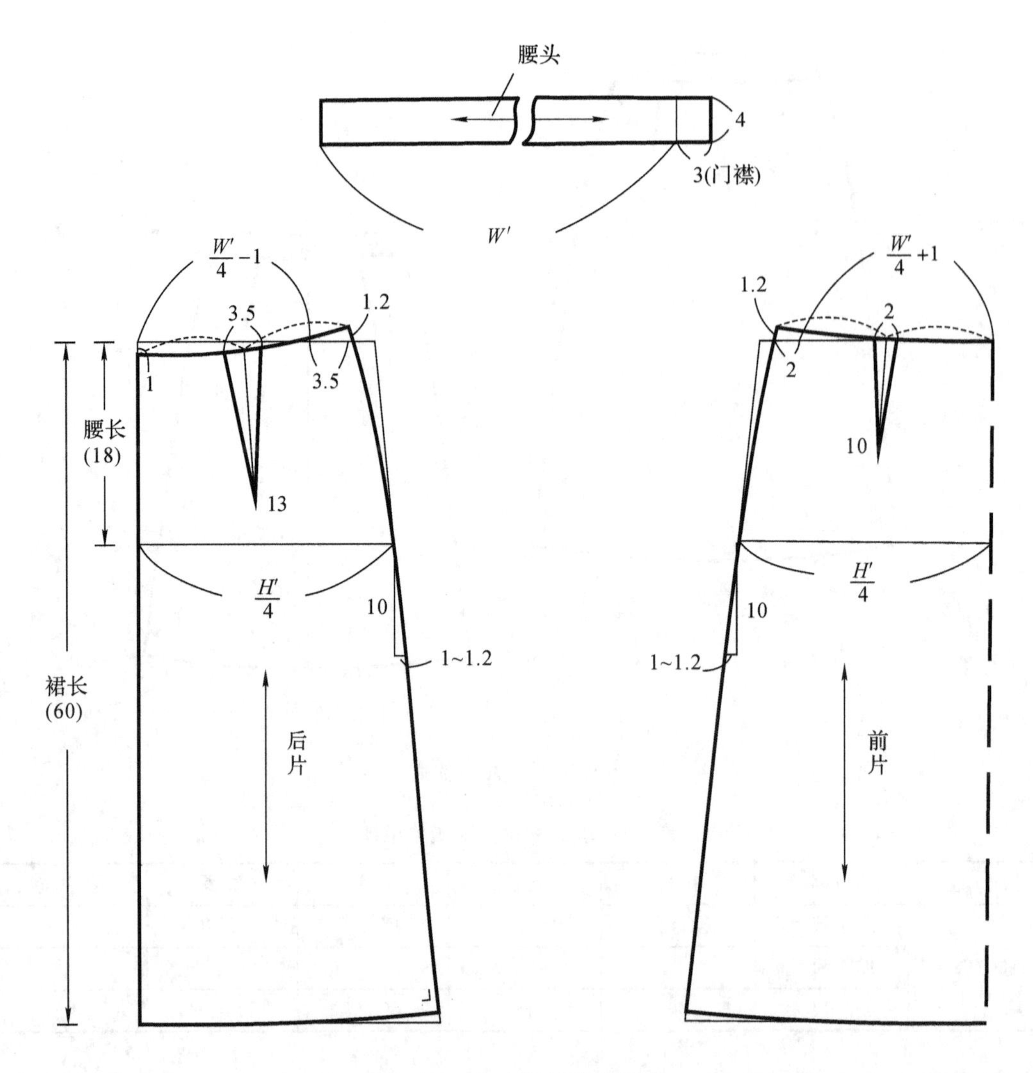


图 6-21 小 A 裙的样板设计

摆越大波浪褶个数(或深度)都会越多(或深),这些裙子后面会紧接着讲述。这一小节仅阐述常见斜裙的简便制图方法。斜裙的下摆已经大到形成许多波浪褶,故此种类型的裙子活动机能好,一般以中长裙为主。可与紧身服或毛衫搭配,在骑车、外出时穿着最方便。图 6-22(a)所示的斜裙为两片式结构,前后各是完整一片,考虑穿脱的方便,习惯将拉链设计在右侧缝中。

适用面料:由于斜裙类裙子美观与否主要取决于波浪褶的形态,故斜裙只适宜选用悬垂优良的面料制作,如丝织物中的双绉、乔其、绢纺、素绸缎等或者是涤纶原料生产的麻纱。

**2. 规格设计**

表 6-4 所示是斜裙的成品规格设计。

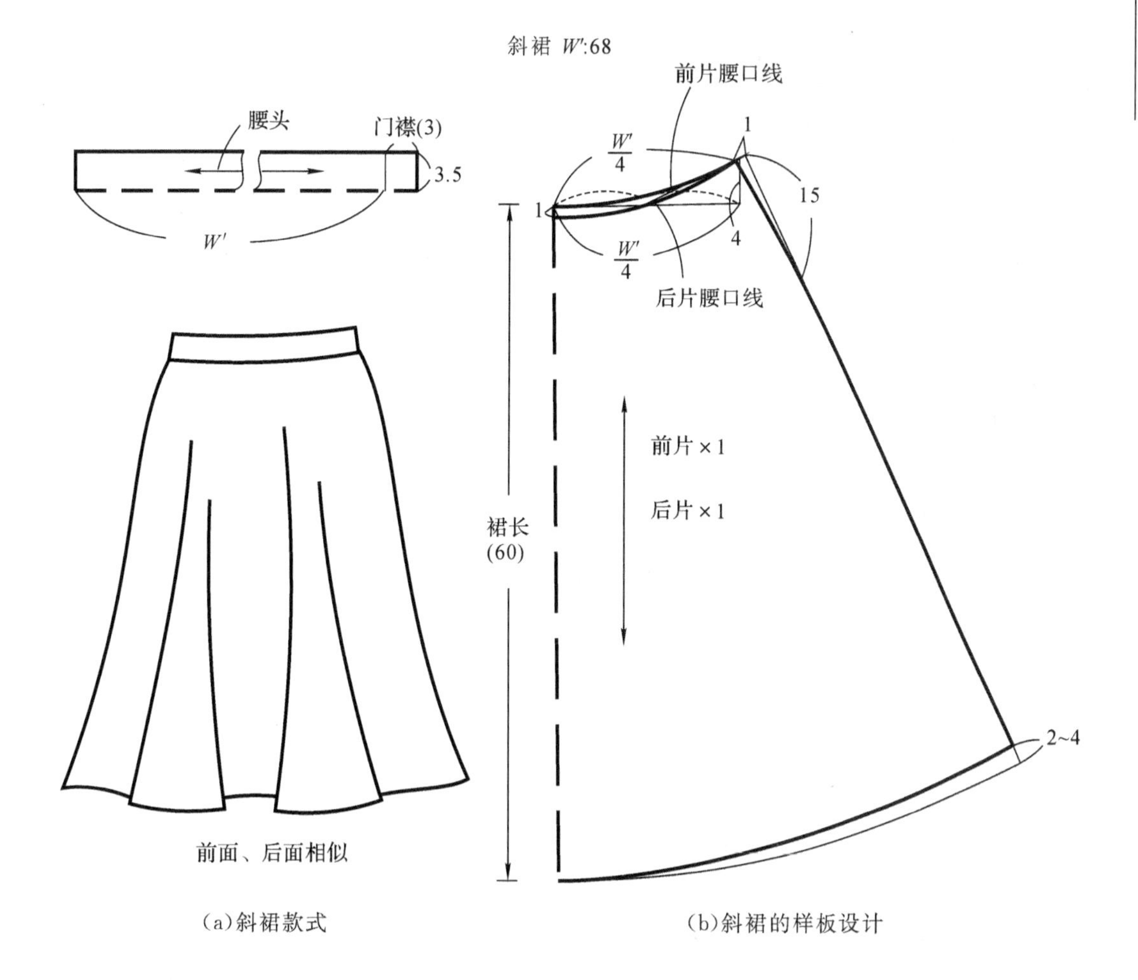


(a)斜裙款式

(b)斜裙的样板设计

图 6-22 斜裙

**表 6-4 斜裙的成品规格设计** （单位：cm）

| 号/型 | 部位名称 | 裙长 | 腰长 | 腰围 | 臀围 | 腰头宽 |
|---|---|---|---|---|---|---|
| 160/68A | 测量尺寸 | 设计值 | 18 | W:68 | H:90 | |
| | 加放尺寸 | / | / | 2 | >10 | |
| | 成品尺寸 | 60 | / | W':70 | H':>100 | 4 |

**3. 样板设计(图 6-22(b))**

斜裙的纸样设计，也可以在裙子原型的基础上进行，方法是将前后原型样板上的全部省量转移到下摆成为裙摆量，此时侧缝线的翘度自然就增加了。

事实上，斜裙的样板设计中已经可以完全抛弃省道的作用，利用人体腰围尺寸来直接制图更为便利。在保持腰围长度不变的情况下，可以直接改变腰线的曲度来控制裙子下摆的大小。腰围线的曲度越大所得斜裙的下摆就越大，两者之间是正相关关系。

如图 6-22(b)所示，直接取 $W'/4$ 的量，并使其上翘至少 3cm，这样才可以保证臀围部位有足够的松量，这里以 4cm 为例。然后二等分这一小段水平线，连接二等分点与上翘 4cm 的点，重新画顺腰口线，再在此腰口线上取 $W'/4+1$cm，再按与腰围线垂直的原则作出侧缝辅助线,最后距腰口线15cm的侧缝位置开始与$W'/4$点画顺得到斜裙的侧缝线。斜裙的前后片的腰口尺寸相等,都取$W'/4$,但是后腰口线落下1cm。这是由于斜裙只有腰围是合体的,但是没有省道结构,故从腰围开始到下摆,其松量越来越多,此时采用不同结构的前后裙片没有意义。

斜裙的后中如果取直丝,由于下摆大,侧缝线接近45°斜丝,面料的悬垂性越好其斜丝部位的长度越会拉伸,这样裙子完成之后会呈现出直丝部位的裙子长度最短而45°斜丝部位的长度最长的底摆高低不平的问题,所以为了保持下摆水平,45°斜丝部位的裙子长度要在样板设计时就剪短一些,具体的剪短数值需要根据面料的斜丝伸长特性确定,一般可以取2~4cm。

两片式斜裙还可以斜裁,即前后中线取45°斜丝斜裁可以增加面料的悬垂性,尤其适合应用在秋冬等较为厚实致使其悬垂性不是那么优良的面料中,以得到更自然顺畅的轮廓。斜裙还可以设计成四片裙、八片裙甚至是十二片裙。

## 四、半圆裙和整圆裙(如图6-23)

**1. 款式设计(图6-23(a))**

所谓半圆裙是指裙子平展时刚好是一个半圆,即裙摆是180°。同理,所谓整圆裙是指裙子平展时是一个完整的圆形,裙摆成360°。整圆裙和半圆裙都是裙摆较大的类型,波浪褶均匀、丰富,造型优美,尤其整圆裙裙摆非常大以至于具有浓烈的舞台效果,一般用在童装和表演装中。

适用面料:适合用轻柔、悬垂性优良的面料来制作。

**2. 规格设计**

表6-5所示是圆裙和半圆裙的成品规格设计。

**表6-5 半圆裙、整圆裙的成品规格设计** (单位:cm)

| 号/型 | 部位名称 | 裙长 | 腰长 | 腰围 | 臀围 | 腰头宽 |
|---|---|---|---|---|---|---|
| 160/68A | 测量尺寸 | 设计值 | 18 | W:68 | / | |
| | 加放尺寸 | / | / | 0 | / | |
| | 成品尺寸 | 60 | / | W':68 | / | 4 |

**3. 样板设计**

与斜裙的制图相类似,直接利用腰围尺寸和数学几何公式来绘制半圆裙和整圆裙的样板是最方便快捷的。如图6-23(b)所示圆裙和半圆裙可以用圆周长公式来确定腰围的半径,从而确定裙子的结构。以半圆裙为例,$W'=\pi R$,求出$R=W'/\pi$,即可画出四分之一的半圆裙样板。同理可求出整圆裙的腰围半径$r=W'/2\pi$,然后再画出四分之一的整圆裙样板。在样板设计时还要注意圆裙和半圆裙的后腰中点要下落1cm,斜丝缕位置的长度适当减短,尤其是45°斜丝的部位。

刚刚学习的斜裙、半圆裙和整圆裙其实都是属于斜裙大类,理解了之前的结构设计原理不难明白半圆裙和整圆裙就是起翘量更大的斜裙罢了。斜裙也被称为喇叭裙、波浪裙,是一种没有腰省结构,腰部合体,从腰部起始根据面料性能和样板设计的下摆大小逐渐产生波浪褶的一类裙子的总称。还需要明白的是斜裙的成型效果跟面料的悬垂性以及缝制时面料的

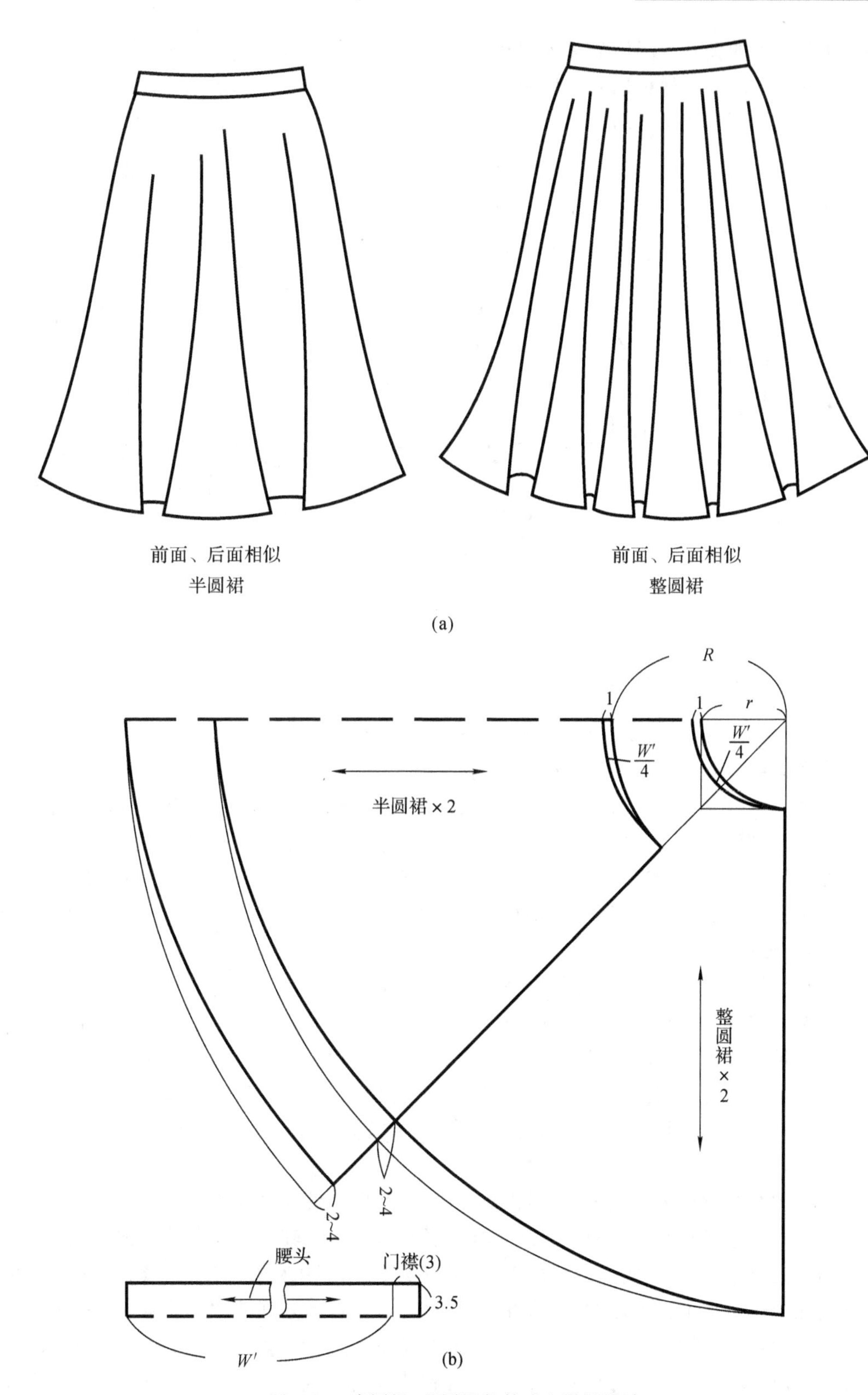


图 6-23 半圆裙、整圆裙的款式和样板设计

丝缕选择有很大的关系。同样的样板用悬垂性不同的面料制作会呈现出不同的轮廓和外观效果，与之类似，同一个样板用同一种面料制作，裁剪时选择不同的丝缕，最后完成的制品也会呈现出不同的造型效果。图 6-24 显示了面料性能和丝缕选择对最后成型效果的影响。

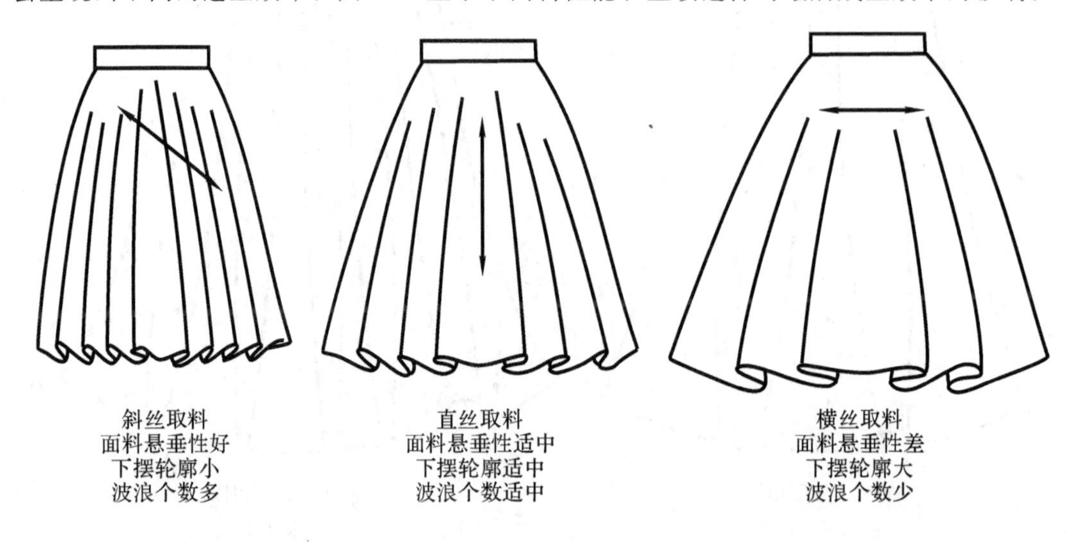


图 6-24 面料性能、丝缕选择对斜裙成型效果的影响

## 五、裙子的结构设计原理

裙子款式林林总总，千变万化，从最紧身的窄摆裙到半紧身裙、斜裙、半圆裙乃至下摆极度宽松的整圆裙，其结构变化的规律到底是什么呢？

顾名思义，紧身裙的轮廓自然是合体度极高的，那就是遵从女性下半身本身体型特征的裙子造型。宽松款的裙子，只需要在腰围部位合体，臀围到下摆都维持宽松的造型特征。无论哪种类型，都是腰围小臀围大的结构。几何知识告诉我们，要想使一个上下相等的平面长方形变成上面小下面大的图形，有两种图形可以满足要求——梯形和扇形。如图 6-25 所示，梯形是单纯地在长方形的两侧增加下边的长度，而保持上边不动，此时长方形的上边仍然是一条水平线。想象一下这个两维的梯形对应的立体是什么呢？显而易见，生活中没有这样的三维立体，更不用说跟我们人体的下半身吻合了。二维的扇形同样也可以维持长方形的上边线长度和角度都不变，但是由于两侧逐渐起翘，水平线转化为凹弧线，随着上边线的起翘下边线也跟着上翘，上边线的起翘量越大下边线增加的长度就越长，最终成为扇形平面。我们都知道与扇形相对应的立体就是圆台，正置圆台上小下大，其立体造型与女性的腰臀部位形态相近。

在裙子的结构设计中为了处理好腰臀的差值，以腰省的形式将其平均分配在腰线上。从半紧身裙开始裙摆越来越大，长方形结构向扇形结构转化，其下边线也越来越长。从裙子侧缝的凸度变化来看，紧身裙的凸度最大，半紧身裙次之，斜裙稍有凸度，而半圆裙和圆裙的侧缝线就完全是直线了。由此看出，随着裙摆的增大，腰臀差处理的意义就越小。另外裙摆受腰省的制约，其本质是受腰线的制约。也就是说如果想使裙摆增加，只要利用裙子的原型，把腰省转移到下摆，这样的转移一方面使得腰线变得弯曲，另一方面也使裙摆量得到增加而形成扇形。

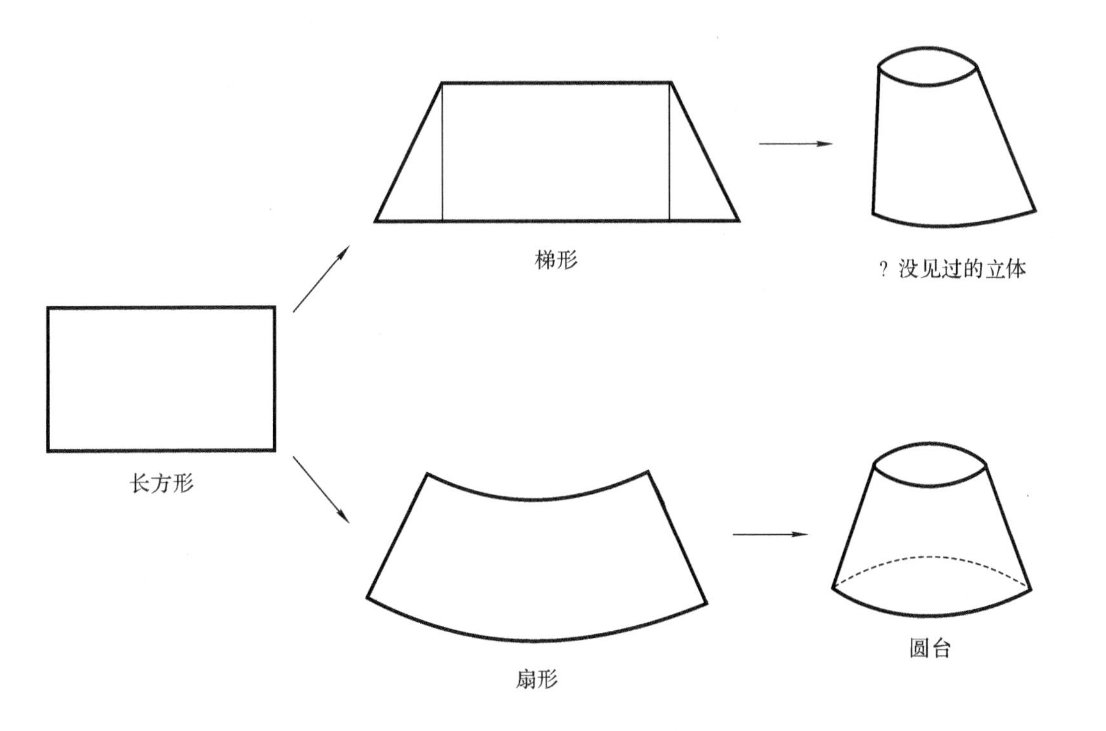


图 6-25 从长方形到圆台的转变

利用之前所学的省道转移来理解裙子的轮廓变化规律更加容易，其本质由图 6-26 展示。图中以四分之一片裙身——前裙片为例来说明。女裙的基本款有两个省道，合并其中一个省道并将其省道通过剪切线转移到裙下摆，此时裙子下摆加大，另一个腰省保留，得到的就是前面所学的小 A 裙样板；继续合并小 A 裙样板中剩下的腰省，同样转移至下摆，此时裙子的下摆又多了一份松量（见图中灰色部分），下摆变得更加大，腰口线上的腰省已经消失，腰口凹势增加明显，即得到的就是前面所学的斜裙样板；如果希望制作有更大下摆、更多波浪褶的裙子，那就需要继续剪切斜裙样板，直至增加的下摆松量能满足设计需要为止，比如直至得到半圆裙甚至整圆裙的样板。图中的灰色部分都是通过剪切增加的波浪褶量，灰色部分的面积越大，腰口弧线的凹势越大，其下摆也就越大，则斜裙的波浪个数也就越多。

为方便观察裙子轮廓变化的规律，将前面所学的各种裙子的后片叠加绘制在图 6-27 中。图中以不同的线形来表示不同裙子，其具体线形和其局部结构的比较变化总结在表 6-6中。从图和表中可知随着裙子轮廓的变化，裙子由紧身变化为半紧身到最后的极度宽松，为了配合这样的轮廓变化，裙子各部位也要有相应的改变。一是腰省由 2 个到 1 个最后到不需要省道，省的数量越来越少。二是裙子的腰口线也发生了变化，紧身裙和原型裙侧缝只需上翘 0.7cm，接着是半紧身裙的一次省移导致侧缝上翘量升到 1.2cm，使其腰线曲度大于紧身裙，然后斜裙经过了两次省移，腰省消失了，侧缝上翘量至少要 3cm 以上，如果太少则还是需要配合腰省来设计裙子样板，这一点要切记，此时其腰线的曲度大于半紧身裙。半圆裙和整圆裙的裙摆的进一步增大仍然符合这个规律。这样的腰省转移如果体现在直接制图中，就是侧缝线的上翘尺寸的变化，具体可见表 6-6。三是随着裙摆的增加，对臀围尺寸的制约越来越小，臀围的放松量也越来越大，侧缝线也越来越趋向直线，此时前后片可以采用相同的样板，如果再跟前面合体度高的裙子一样来区分前后片就未免画蛇添足了。

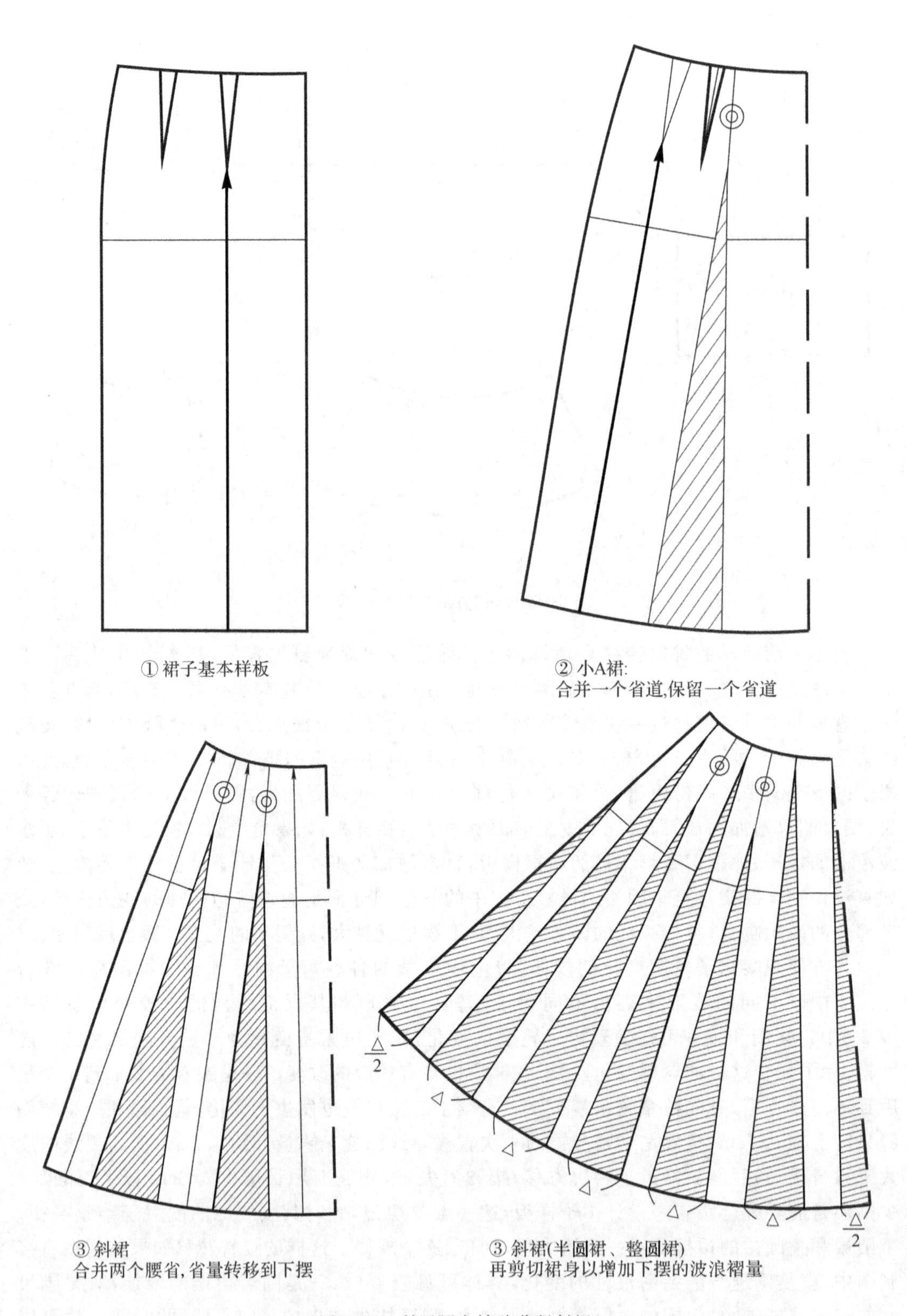


图 6-26　利用腰省转移获得斜裙

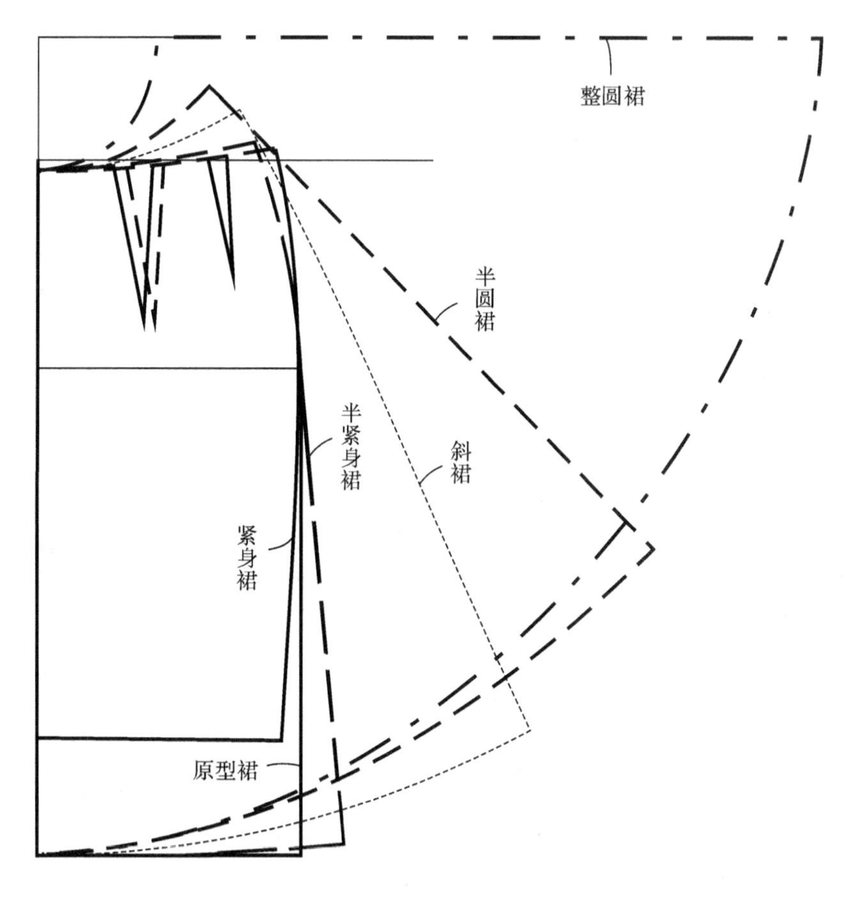


图 6-27　裙子结构设计原理

**表 6-6　裙子结构设计原理**　（单位：cm）

| 裙子局部结构 | 紧身裙 | 原型裙 | 小 A 裙 | 斜裙 | 半圆裙 | 整圆裙 |
|---|---|---|---|---|---|---|
| 图 6-24 中的线形 | 粗实线 | 粗实线 | 长段虚线 | 点线 | 小段虚线 | 点画线 |
| 1/4 裙片的省道个数 | 2 | 2 | 1 | / | / | / |
| 侧腰点的上翘尺寸 | 0.7 | 0.7 | 1.2 | >3 | 约 6.4 | 约 10.9 |
| 侧缝线的曲度 | 很凸 | 很凸 | 较凸 | 劈势 1cm | 直线 | 直线 |
| 成品臀围尺寸 | 94 | 94 | 94 | >104 | 约 125 | 约 181.5 |

综合以上，可以这样来认识裙子结构的变化规律，裙子由紧身裙变为半紧身裙、斜裙、半圆裙和整圆裙的过程中，裙子的底摆越来越大，与此相适应的是腰口弧线越来越弯曲，臀围上部的松量也越来越大，造型由紧身逐渐转化为宽松，腰省也由原来的 8 个变为 4 个，直至斜裙样板中的没有省道结构；侧缝结构线也是由凸弧线变成直线。一句话就是制约裙子下摆大小的实质是裙子腰口线的曲率，曲率越大其宽松度越高，下摆越大。

# 第四节 各类裙子的结构变化

裙子的款式很多,变化也非常丰富,但不论其如何变化,也不外乎是各种省道、分割线或者是褶裥的设计。分割线又有纵向分割线、横向育克分割线、斜向分割线或是几种方向的结合等;褶裥设计有抽褶、波浪褶、塔克褶或是普利特褶等;腰头位置的高低变化或是腰头宽度大小的变化等,当然更多的款式是以上几种设计的结合。

## 一、裙子的纵向和横向分割线设计

服装设计师非常喜爱用分割线来设计裙子,因为首先分割线可以取代省道处理腰臀差量,让裙子款式看起来干净利落,比呆板的省道更能体现女性的优美曲线;其次分割线种类众多,纵向、横向、斜向以及各种曲线式分割,变化丰富,极具设计表现力;最后各种分割线之中还可以叠加其他设计,比如在分割线中加入插片,或者利用分割线设计褶裥等等。裙子的分割线是裙子变化设计的基础,是重中之重。

裙子的分割线设计虽然众多,但其中纵向分割线使用最为普遍,这是由于它能引导人们的视线沿分割线上下移动,会增加视觉高度,使穿着者的身材看上去更加苗条修长。纵向分割线把裙身分割成数片形成多片裙。多片裙一般依裙子被分割后的片数来命名,如四片裙、六片裙、八片裙、十片裙、十二片裙不一而足。

根据裙子被划分成的片数不同,其样板设计时腰省的处理方式会略有不同。根据不同款式进行不同的腰臀差量处理是掌握各种裙子样板设计的基础与关键点,故接下去以纵向分割线为主线来阐述裙子的结构设计,同时又由于很多裙子的设计并不是只涉及某一个单一的点,是两个甚至是两个以上的结构点的结合,因此本节中的分类界限难以完全清晰,尽量按照结构设计时思考的近似程度来编排以下内容。这里就以样板设计中涉及的结构特征为主线,将裙子划分为几个大类的分片裙,每个大类的分片裙自有其相对应的腰省处理方法,以方便学习和理解裙子的结构设计。

**1. 六片裙(图 6-28)**

(1)款式设计

如图 6-28(a)所示,整个裙身共有六片,前后中线连裁,不设分割线,在离开服装中心的侧边各有一条分割线,得到大小相近的六个裙片。六片裙的轮廓特征与小 A 裙相似,腰围臀围部位合体,下摆摆幅稍大,不影响人体的正常行走。

适用面料:一般可以选用中厚型、手感较硬挺有一定身骨的面料为好,与小 A 裙类似。

(2)规格设计

表 6-7 所示是六片裙的成品规格设计。

(3)样板设计

分析款式,除了常规的左右侧缝线之外,裙子的四分之一片各有一条纵向分割线,其轮廓又与小 A 裙近似,故首先就应该想到在小 A 裙样板的框架上适当地进行变化来设计。如图 6-28(b)所示先按照小 A 裙中的样板设计方法完成前后侧缝线、腰口线;然后判断款式图中此纵向分割线在整个款式所处的位置以及它与各部位的比例关系,这个工作没有标准答

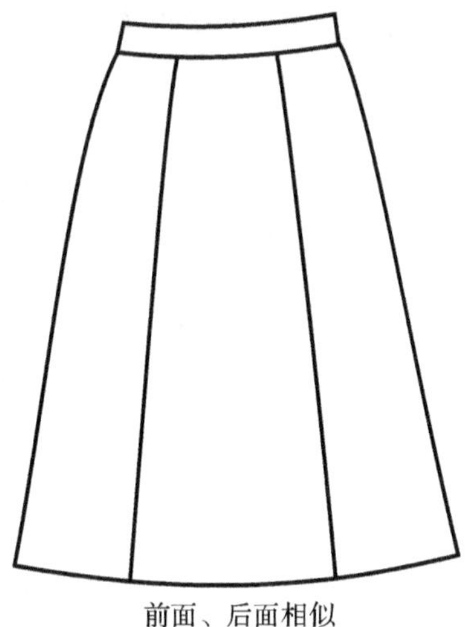

(a)六片裙款式

案，只能依赖样板设计师的理解。样板师是否具备丰富的经验和良好的审美能力很关键，会直接影响成品的美感。图中示例以前后裙片近似等分成三片来处理；确定纵向分割线之后再将前后腰省量融入分割线中，小A裙中的省尖位置就是两条分割线由分开到并合成一条线的起始位置。最后裙子的下摆按照样板师对轮廓的理解来加放，一般侧缝的加放量会大于前后分割线中的增加量，这里前后侧缝加放"△"，则前后分割线中加放"△"/2。

刚刚所讲述的六片裙是六片式分割裙的基本款，在此基础上增加一些设计元素又可以派生出各种风格的裙子款式，比如增加横向分割线形成育克式结构，又比如可以在分割线中融入褶裥形成褶裙。不过无论如何变化，都是以此六片裙样板为基础，样板的结构设计思路也与此六片裙大同小异，因此理解和掌握此款六片裙的样板设计原理

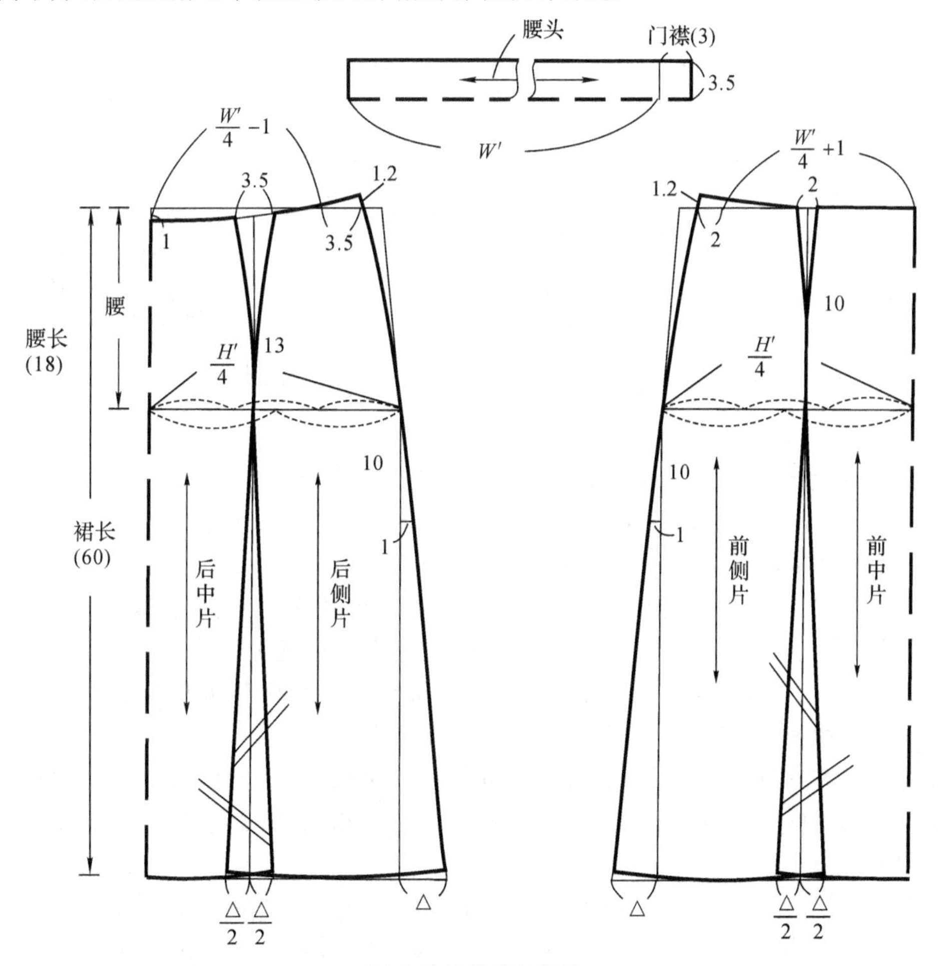

(b)六片裙的样板设计

图6-28　六片裙

非常重要。表 6-8 给出了在六片裙基础上派生出的裙子款式范例,注意观察各裙子结构之间的相同与相异之处。

**表 6-7　六片裙的成品规格设计**　　(单位:cm)

| 号/型 | 部位名称 | 裙长 | 腰长 | 腰围 | 臀围 | 腰头宽 |
|---|---|---|---|---|---|---|
| 160/68A | 测量尺寸 | 设计值 | 18 | $W$:68 | $H$:90 | |
| | 加放尺寸 | / | 0 | 0 | 4 | |
| | 成品尺寸 | 60 | 18 | $W'$:68 | $H'$: 94 | 4 |

**表 6-8　六片裙基础上的裙子变化设计**

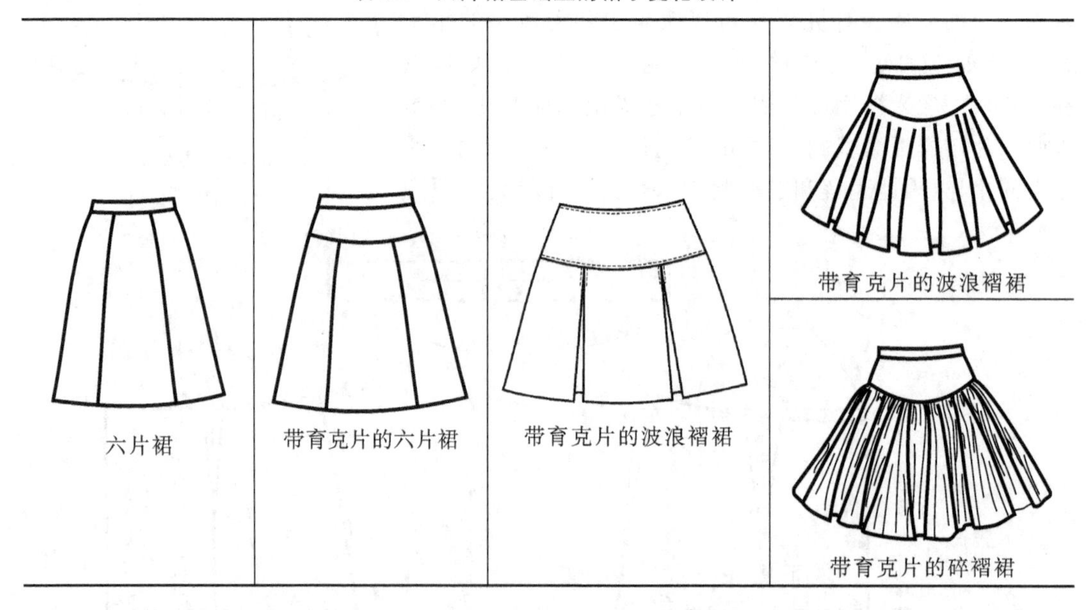


● **六片裙的款式变化一:带育克片的六片裙(图 6-29)**

(1)款式设计:图 6-29(a)中的横向分割线又称为育克线。育克就是指在腰臀部作横向断缝结构所形成的部分,它的设计以保持款式造型与人体体型吻合为目的。人体臀腰部位的曲线凹凸起伏大,是最能施展女性魅力的部位,所以在腰臀部位的育克线设计常见于女裙和裤子,同时育克与竖线分割的结合也极大地丰富了服装表现力。比较刚刚所学的六片裙可知,带育克片的六片裙与六片裙大同小异,以横向育克线为界,下方与六片裙基本一致,上方其纵向分割线消失演变成横向分割线。

适用面料和规格设计:本款式裙子的规格设计和面料选择完全可以参照六片裙,这里着重讲解样板结构中的不同点,此款的尺寸选择与六片裙相似,略去不讲,如果需要直接参考表 6-7 即可。

(2)样板设计:如图 6-29(b),先绘制六片裙的样板,再在此样板上根据款式特征绘制出前后横向育克分割线。服装中育克线的存在通常是由于需要处理省道,那么能完美地融合省道的分割线就必然要求经过人体的凸点,分割线距离凸点越近所得到的立体造型就越合体。基于这样的结构原理,前裙片的育克线选择在距离腰围线 10cm 左右为宜,同样,后片

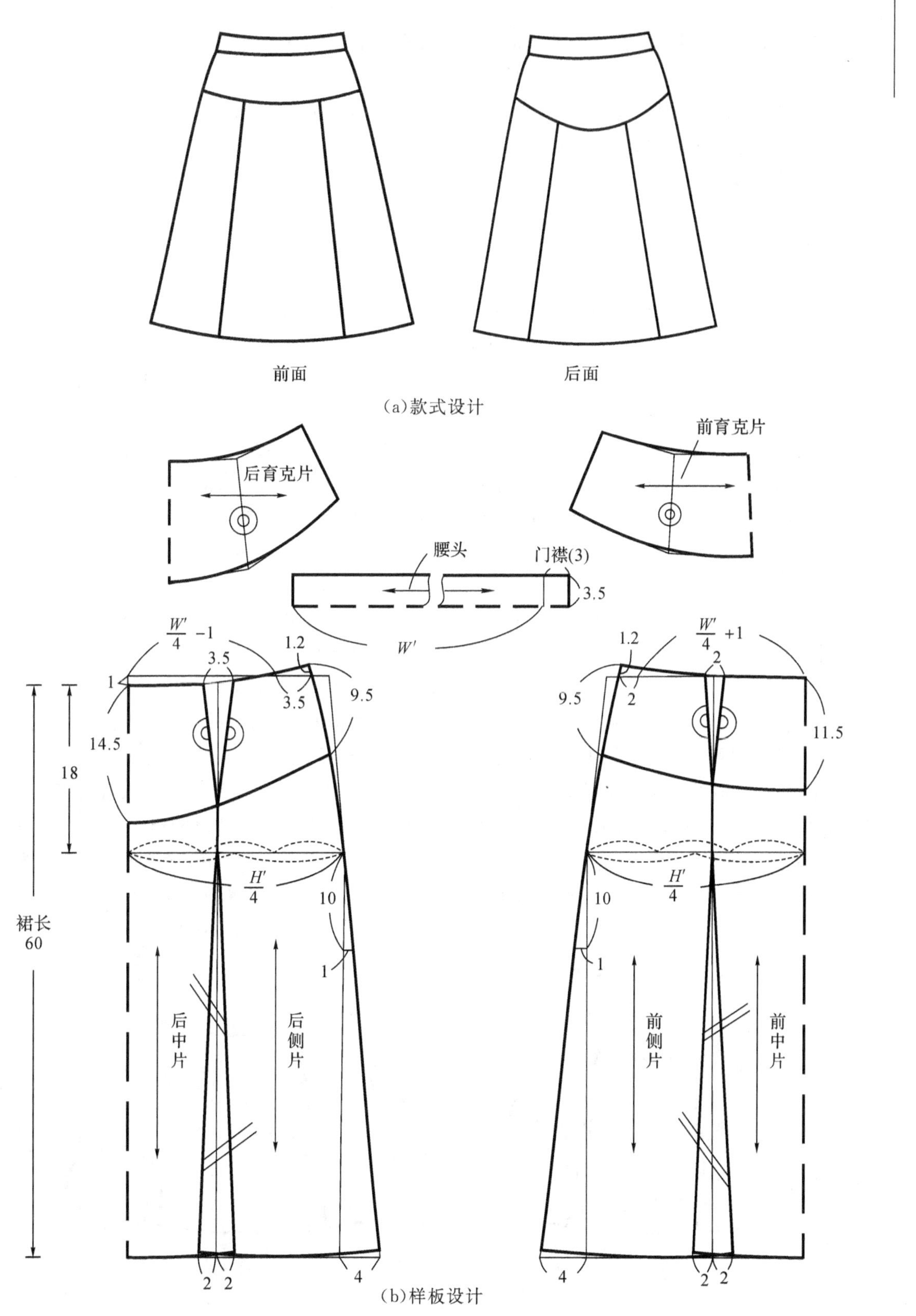


(a)款式设计

(b)样板设计

图 6-29 带育克片的六片裙

臀凸靠后中且离开腰围线较远，那么后片的育克分割宜采用后中低侧面高的形式，注意两条分割线在侧缝处对合，这是服装结构处理的一般准则。

绘制完成前后育克线之后，将两个育克线在分割线处合并，去掉这一小段纵向分割线，然后把原本分属于两个裁片的育克线修圆顺，最后再形成一个完整的育克线样板。注意育克片一般取横丝。

● **六片裙的款式变化二：无腰育克分割线之暗褶短裙(图 6-30)**

(1)款式设计：图 6-30(a)的裙子没有腰头，腰位稍低于人体的标准腰，就是育克片直接充当了腰头的功能。在育克片下方设计两个较大的暗褶对称地分列于裙子的左右两侧。裙子采用短裙形式，适合活泼多动的年轻女孩穿着。

曾经我们在第五章的省道转移内容中学习了女装中常见的各种褶裥设计，也对其命名有一定的了解。褶裥和省道、分割线一样，都具有合身性和造型性，除此之外褶裥还有自身的特点，如褶裥可以塑造出多个层次的立体效果，有韵律感，还富有装饰性。褶裥可以分为自然褶和规律褶。此款裙子的褶裥属于规律褶，规律褶有顺风褶、箱形褶、对褶等，这些褶裥都表现出有秩序的动感特征，在样板设计时规律褶的褶量大小一般是相等的，并在缝制时用熨斗熨烫固定好事先设计好的褶量。此款短裙的褶裥为规律褶里的暗褶褶裥，俗称对褶。

适用面料：此款适合选用的面料较多，中型面料如卡其布、牛仔布或者是苏格兰薄呢面料都非常适合，当然如果选用悬垂性好一些的中薄型面料制作又会产生另一种不一样的风格，比如用针织面料制作的此款短裙常常见于网球女选手的着装中。

(2)样板设计：样板设计与款式变化一的带育克六片裙大同小异。如图 6-30(b)所示，首先，由于是短裙，裙子长度减短至 40cm，属于超短裙范畴。裙子的长度是设计值，根据个人喜好增减即可。其次，横向育克分割线的位置稍高于款式一，意味着略高于人体的臀凸点、腹凸点，这在裙子的育克线设计中是允许的，但是如果低于人体的凸点来设计育克线那就犯错了，因为我们无法把裙子的腰省通过省道转移转至低于人体凸点的横向分割线之中，关于这一点还需要同学们仔细理解思考一番。再次，裙子的对褶位置取决于对款式的理解，这里选择距离前后中线 10cm，沿着这根 10cm 的纵向分割线剪切裙身样板，在剪切线当中

前 面

后 面

(a)款式设计

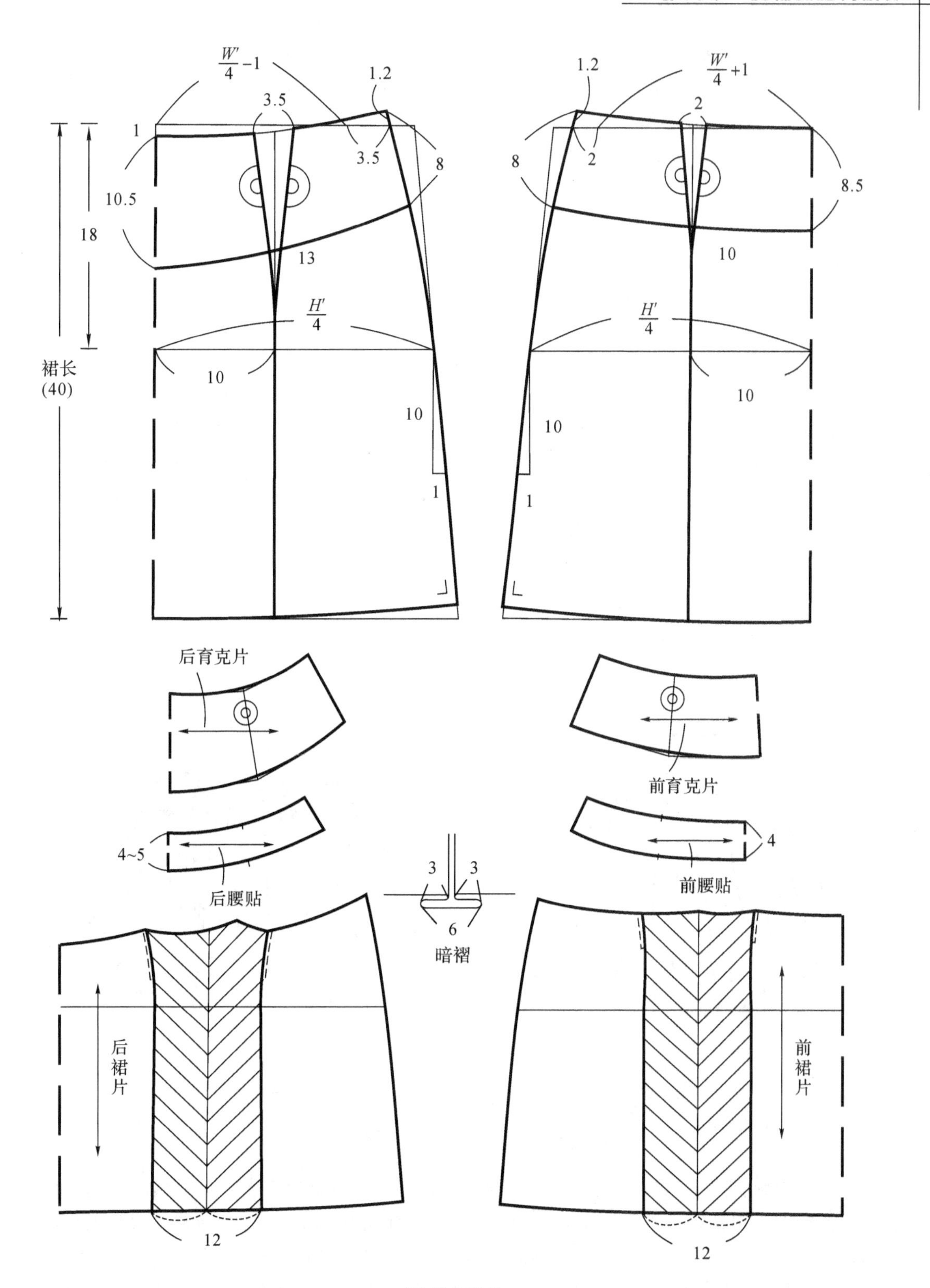


(b)样板设计

图 6-30　无腰育克分割线之暗褶短裙

加入12cm的暗褶量。增加的暗褶量大小决定了暗褶的深度，观察图中画出的熨烫成型后的暗褶示意图可知，12cm的褶量熨烫好之后的暗褶深度是3cm。这个尺寸也是根据款式设计的需要来选择的。注意暗褶上口位置还保留了腰省省尖部分剩下的一点点腰省量，将这个量在面料反面缝制固定于暗褶中。

无腰裙没有单独的腰头设计，但是需要在裙身内侧缝制腰贴来加强腰口的支撑牢度以及做光腰口缝头。内腰贴的反面粘粘合衬，腰贴大小可以根据意愿自由选择，一般为4～5cm的宽度，取横丝。此款短裙的上方为一育克片，腰贴也可以取与育克一样大小，这样制作完成的裙子反面缝头不外露，干净整洁，显得有档次。

**● 六片裙的款式变化三：带育克片的波浪褶裙和抽褶裙(图6-31至图6-33)**

这一小节将要学习如何进行自然褶裥的样板设计。自然褶裥包括波浪褶和抽褶。波浪褶是指通过增加多余的松量使其成型后产生自然均匀的波浪造型，如前一节所学的斜裙、半圆裙和整圆裙的下摆都可以形成波浪形裙摆，当然根据裙摆的大小，波浪个数有多有少，波浪深度有浅有深。另一种自然褶是抽褶，也常常被称作细褶或者是碎褶，是指把接缝的一边有目的地加长，其多余部分在缝制时缩成碎褶，成型后呈现有肌理的褶皱。不论是波浪褶还是抽褶都具有共同的特点，就是褶裥自然、随意、多变、丰富和活泼。

(1)款式设计：图6-31(a)是带育克的波浪褶裙、图6-31(b)是带育克的抽褶裙，它们在样板设计上大同小异，是在刚学习过的带育克的六片裙的基础上变化得到的，所以放在一起讲解。

前面、后面相似
(a)带育克片波浪褶裙

前面、后面相似
(b)带育克片抽褶裙

图6-31 带育克片的波浪褶裙和抽褶裙

适用面料：两个款式都适合用悬垂性好的面料制作，效果飘逸而富有动感。相比较而言波浪褶裙的面料选择范围宽一些，面料稍厚或者悬垂性不是那么好，手感有点硬挺也是可以的，比如牛仔布，此时可以表现出与轻薄面料不一样的风格特征，也可以通过斜裁来增加面料的悬垂性，这些在前面已有论述。抽褶裙则一定要选择轻薄型面料，否则其接缝处由于碎褶的堆叠显得臃肿呆板，影响裙子的美观。

样板设计：在刚学的带育克六片裙样板的基础上进行设计。前后育克片等同于带育克六片裙的样板(图 6-29),区别在于育克线以下部分样板的处理。如图 6-32 所示,将图 6-29(b)中前后育克线以下部分之样板的上口线、下口线各自五等分,然后沿着这些五等分线、前后中心线以及前后侧缝线剪切样板,在每一个切口中根据款式特征增加松量。

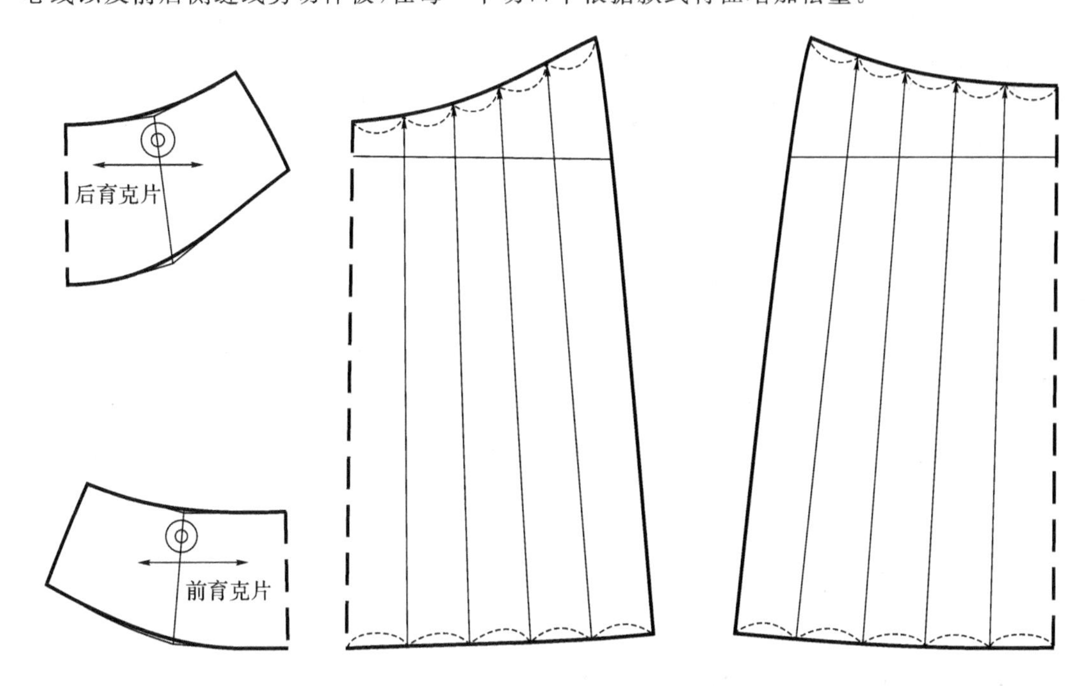


图 6-32 带育克片褶裙的切展方法

观察波浪褶可知,特点是褶的上口没有多余的松量,与上面的育克片缝合长度必须相等,仅在其下口由多余的松量形成波浪状的褶裥。因此剪切裙身样板时上口的育克线不能剪穿,以裁片与裁片之间的连接来保证此部位线段的长度不发生改变,但此线段的曲度变大了,裁片的曲率越大意味着下摆增加的松量越多,裙子成型后的波浪褶效果越明显。这里每个切口增加松量 8cm,在前后中心线和侧缝线则考虑一半的量,是为 4cm。具体见图 6-33(a)。

抽褶与波浪褶的区别在于裙身与育克片相连的上口也有多余的松量形成碎褶。故在剪切裙身样板时育克线和下摆部位都要根据抽褶裙的效果以及面料的特性考虑相应的松量。一般细薄类的面料抽褶部位以缝合长度 2～3 倍的长度为宜,长度太短,碎褶量少,成品碎褶效果不明显,不能完全表达设计意图;反之长度太长缝合后碎褶容易在缝口堆叠在一块,视觉臃肿,也影响美观。一般是面料越稀薄悬垂性越好的面料可以设计多一些碎褶。这里每条剪切线中上口线和下摆线增加的松量见图 6-33(b)。

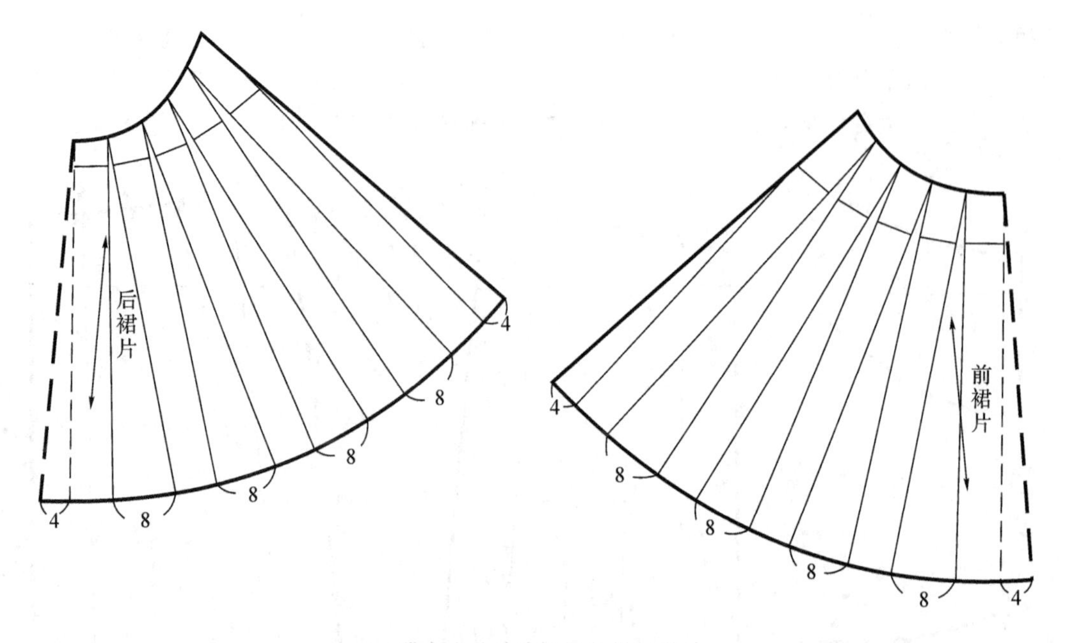


(a)带育克片波浪褶裙的样板设计

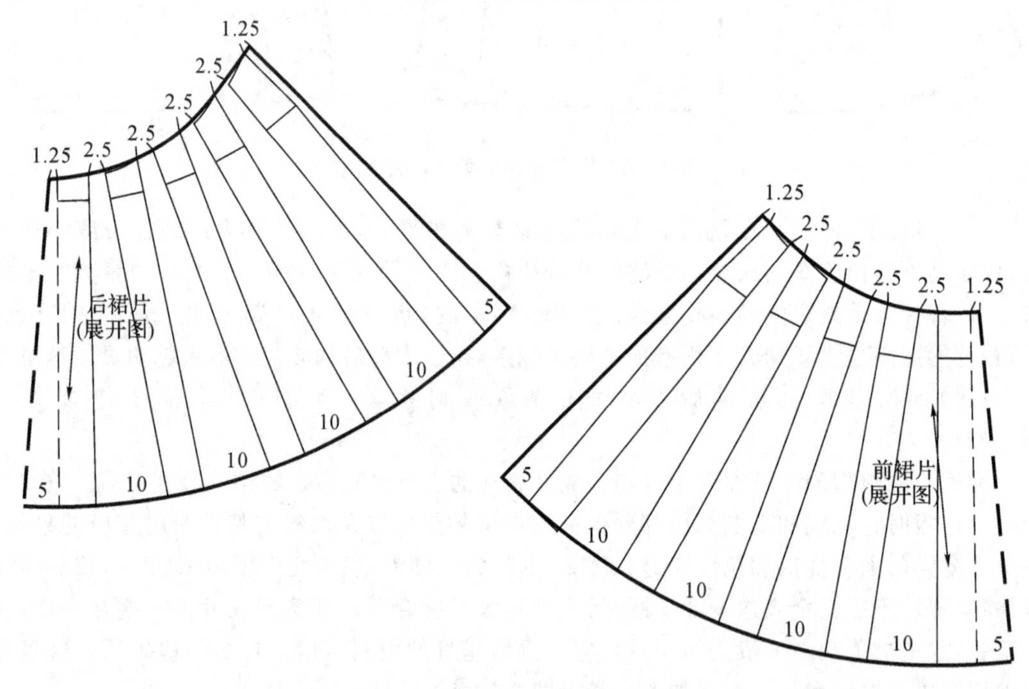


(b)带育克片抽褶裙的样板设计

图 6-33　带育克片波浪褶裙和抽褶裙的样板设计

**2. 八片裙(图 6-34)**

(1)款式设计

如图 6-34(a),类似六片裙,八片裙是指通过纵向分割线将裙子分成八个裁片的裙子。除前后中线、侧缝是做缝之外,还需要在各四分之一片的中心部位设计一条纵向分割线,才能形成八片结构。八片裙的轮廓特征与小 A 裙和六片裙类似,腰围臀围部位合体,下摆摆幅稍大，不影响人体的正常行走。

(2)适用面料和规格设计

本款式裙子的规格设计和面料选择参照前面所讲的六片裙。

(3)样板设计

尽管八片裙的轮廓跟六片裙几乎一致，但是其腰省的处理却完全不同于六片裙，极有代表性，这是要选取讲解八片裙的理由。

学过省道转移的都清楚为了制作更加合体美观平整的服装，在进行样板设计时应尽可能选择省量的分散使用，而避免省量的集中使用，当然这是在款式结构允许的前提下才能实现的。本款式相较于六片裙多了前后中线，在处理腰臀差量时，在前后中线中融入适当的腰省量是必要的。考虑到前后中线是对称线，所以可以采取将前后的腰臀差量五等分来确定要融入分割线的腰省大小。如图 6-34(b)所示，前腰

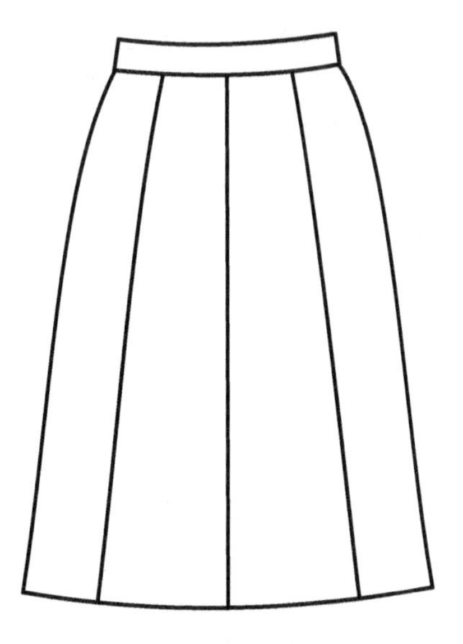

前面、后面相似

(a)八片裙款式

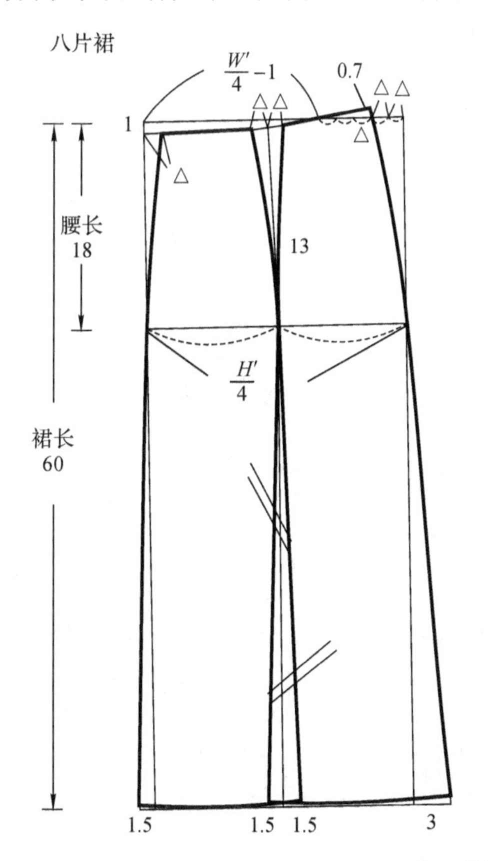


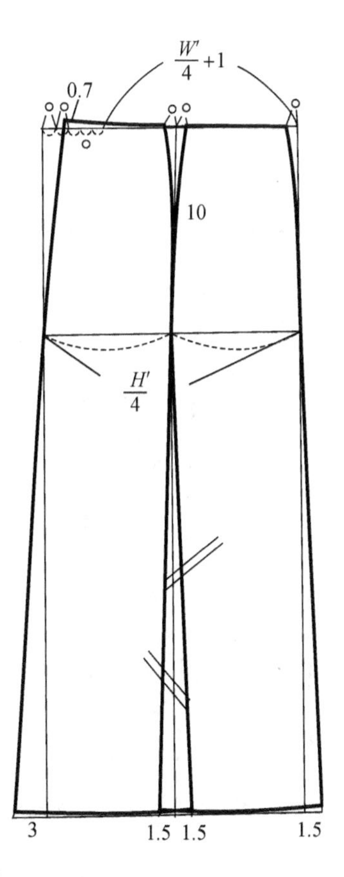


(b)八片裙样板设计

图 6-34 八片裙的款式和样板设计

口五等分腰臀差值,一份记为符号"○",前中线并入一份的"○"的量,而分割线和侧缝线则并入两份"○"的量。后片处理与前片类似,五等分腰臀差值,一份记为符号"△",后中线并入一份"△"的量,而分割线和侧缝则并入两份"△"的量。纵向分割线的位置设计在前后裙片臀围线上的二等分点,如此完成的八片裙每个裙片在臀围处的大小相等。下摆微微放大,形成小A的轮廓特征以满足人体的行走要求。这里侧缝加大量可以大于分割线处的加放量以使前后裙身比较平整。

**● 八片裙的款式变化:八片暗褶裙(图6-35)**

(1)款式设计(图6-35(a))

八片暗褶裙是在八片裙样板的基础上发展而来的,轮廓与八片裙完全一致,呈现下摆稍大的小A轮廓特征,每一条分割线中含有一个暗褶,人体站立时暗褶闭合,行走时暗褶张开以随着步态而变动。

(2)样板设计(图6-35(b))

在前面所学的八片裙的样板基础上增加暗褶量即可。如何进行暗褶的样板设计在之前的六片裙中已有学习,即剪切分割线拉开分割线左右两个部分的

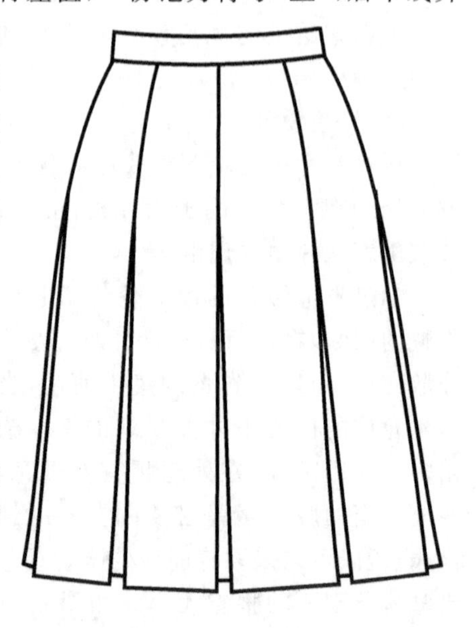

前面、后面相似

(a)八片暗褶裙

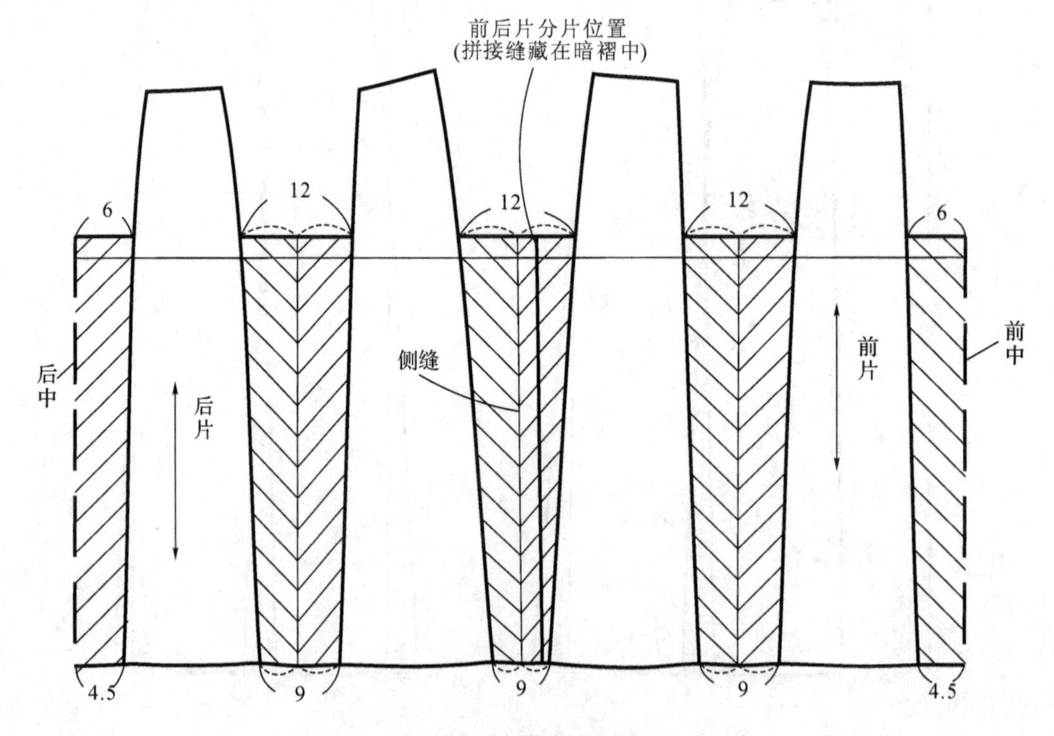


(b)八片暗褶裙展开图

图6-35 八片暗褶裙的款式及展开图

样板,并在剪切线中平行加入所需要的暗褶量。本款式与前一款在样板拉开的方法上没有区别,都是平行展开 12cm,但在设计的裙身轮廓上有变化即要形成上小下大的小 A 造型。这就需通过上下部位所折叠的暗褶量不同来实现。图中所示的阴影部分表示是折叠不可视的面料,这个阴影面积是上大下小呈现倒梯形结构,阴影两侧的粗实线表示的就是熨烫所产生的折痕位置,因此这个暗褶并不是平行折叠,上面折叠量大下摆褶量小,既然折叠量是上大下小那么折叠剩余在外观上的面料自然就是上小下大了,所以就完成了外观上上小下大的小 A 轮廓特征了。在款式腰围到暗褶部位加放缝头,缝制时在面料反面车缝固定好暗褶量,同时用暗线车缝固定封住暗褶褶裥之上口,最后按照设计的褶裥大小扣烫出明折痕和暗折痕。值得注意的是,此暗褶的烫迹折痕处的丝缕并不是直丝方向,有一点斜度,工艺比在直丝上熨烫出折痕要难一些。

**3. 十片鱼尾裙(图 6-36)**

(1)款式设计(图 6-36(a))

本款式有两个特征,十片分割和鱼尾。整个裙身被分割成十片,故被称作十片裙。又由

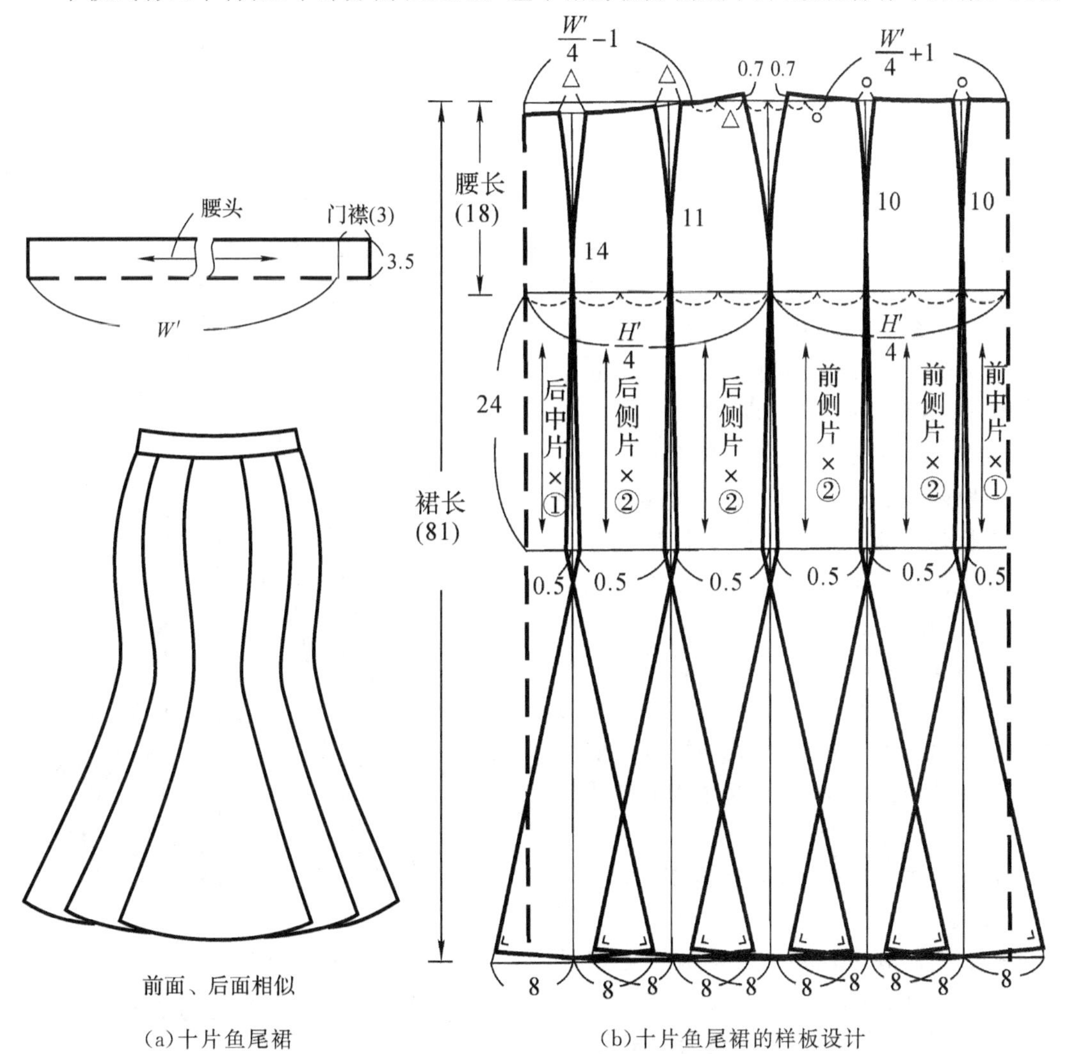


(a)十片鱼尾裙

(b)十片鱼尾裙的样板设计

图 6-36 十片鱼尾裙的款式及样板设计

于其款式在腰臀乃至大腿上部完全包裹,非常合体,而在膝盖上面的某一个部位收紧然后下摆突然放大形成类似于鱼尾的轮廓造型,故又被称作是鱼尾裙。综合起来就是十片鱼尾裙了。

适用面料:此款的面料选择范围较大,不同的面料选择可以呈现出不同的风格特点。如果选用中厚型的面料制作,则适合秋冬套装的下装,适合办公室白领,展现端庄优雅;如果选用柔软的轻薄类面料设计,则适合与紧身上衣搭配,甚至可以作为小礼服出席晚宴等正规场合。

(2)规格设计

表 6-9 是十片鱼尾裙的成品规格设计。

**表 6-9　十片鱼尾裙的成品规格设计**　(单位:cm)

| 号/型 | 部位名称 | 裙长 | 腰长 | 腰围 | 臀围 | 腰头宽 |
|---|---|---|---|---|---|---|
| 160/68A | 测量尺寸 | 设计值 | 18 | $W$:68 | $H$:90 | |
| | 加放尺寸 | / | 0 | 0 | 4 | |
| | 成品尺寸 | 81 | 18 | $W'$:68 | $H'$: 94 | 4 |

(3)样板设计(图 6-36(b))

裙子样板设计的第一步就是考虑腰省的分配,那本款式的腰省仍然是要并入到分割线之中的。研究十片裙的款式特征可知,四分之一裙片有两条分割线,再加上侧缝线就有三根分割线了。所以四分之一裙片以三等分来分解腰臀差量是最合理的选择。前裙片三等分一份记为"○",后裙片三等分的一份记为符号"△",每一条分割线中并入一份作为收腰量。鱼尾最小处选择在臀围线以下 24cm 左右,这个位置既不能太高也不可以太低。太高则鱼尾处尺寸无法收小,与臀围的大小对比也不协调,视觉上没有美感;太低则会影响人体行走。此样板设计中的收窄位置大约在中号女体大腿中段,每一条分割线收小 0.5cm,一整圈已经减小了 10cm。具体尺寸可以根据款式轮廓美观和运动舒适这两个因素的取舍来调整。各个分割线的下摆对称放大以增加下摆的松量,其增加量也取决于款式设计,可大可小。注意两侧下摆适当起翘来顺畅连接各个裁片。

前面、后面相似

图 6-37　十二片插片裙款式图

**4. 十二片插片裙(图 6-37 和图 6-38)**

(1)款式设计(图 6-37)

插片裙是在多片裙的分割线中缝进插片的一类裙子的总称。插片裙的变化非常丰富,变化集中在两点,插片起始的位置和所使用插片的几何形态，这两个变化点的各种组合就可以设计出千变万化的插片裙。插片起始位置可高可低，图 6-37 所展示的插片裙插片位置前中最高，往侧缝依次降低插片的插入点，形成渐变的视觉特征。插片样板的几何形态变化更加丰富，扇形、三角形、拱形、长方形、菱形等不一而足，这些几何形态又会由于顶角角度的大小以及下摆的大小变化形成极其丰富的变化。最后插片裙还可以利用裙身和插片的不同材质组合、不同色彩的组合而发展出各种不同风格特征的裙子款式。

适用面料：插片裙适合采用柔软的、悬垂性优良的轻薄型面料制作，追求飘逸而富有动感的成品效果。

(2)规格设计

表 6-10 是十二片插片裙的成品规格设计表。

**表 6-10　十二片插片裙的成品规格设计**　　(单位：cm)

| 号/型 | 部位名称 | 裙长 | 腰长 | 腰围 | 臀围 | 腰头宽 |
|---|---|---|---|---|---|---|
| 160/68A | 部位代号 | $L$ | | $W$ | $H$ | |
| | 测量尺寸 | 60 | 18 | 68 | 90 | |
| | 加放尺寸 | 0 | 0 | 0 | 3～4 | |
| | 成品尺寸 | 60 | 18 | $W'$：68 | $H'$：93～94 | 4 |

(3)样板设计(图 6-38)

与十片裙比较，十二片裙又增加了前后中线这条分割线，考虑到前后中线是对称线，故采用七等分来分配前后腰省量。由于前后中线是对称线，即使前后中线并入一份，实际上前后中线也有两份的腰省量其余的分割线并入两份。分割线闭合的位置仍然遵从人体臀凸和腹凸的位置来确定。本款式插片采用最常见的扇形插片，扇形的半径取决于插片的高低位置，这里是 a、b、c、d 四种尺寸，下摆取相等，都设计了 20cm。以上这些尺寸都是可以根据具体的款式要求做出变化的。

**5. 百褶裙(图 6-39)**

(1)款式设计(图 6-39(a))

百褶裙并不是说有一百个褶，只意味着很多褶裥的意思。百褶裙中的褶裥是规律褶中的单褶裥。每一个单褶裥都往同一个方向扣倒，所以也称作顺褶。百褶裙的腰臀部位合体，臀围以下呈现 H 型轮廓，在静止站立时与原型裙有类似的效果，但是在人体的活动过程中会展示出褶裥的立体效果，并产生流动的韵律美。百褶裙的褶裥个数可以依据设计而变化，由于臀围大小已经确定，故褶裥数量越多意味着分割线越多，每一个褶裥的宽度越窄，裙子整体呈现出更加精致细腻的美感。

适用面料：适合用薄型羊毛呢类面料，用熨烫定型后稳定性好的聚酯纤维面料会是更好的选择，当然聚酯纤维的混纺面料也是极合适的。

(2)规格设计

表 6-11 为百褶裙的成品规格设计表。

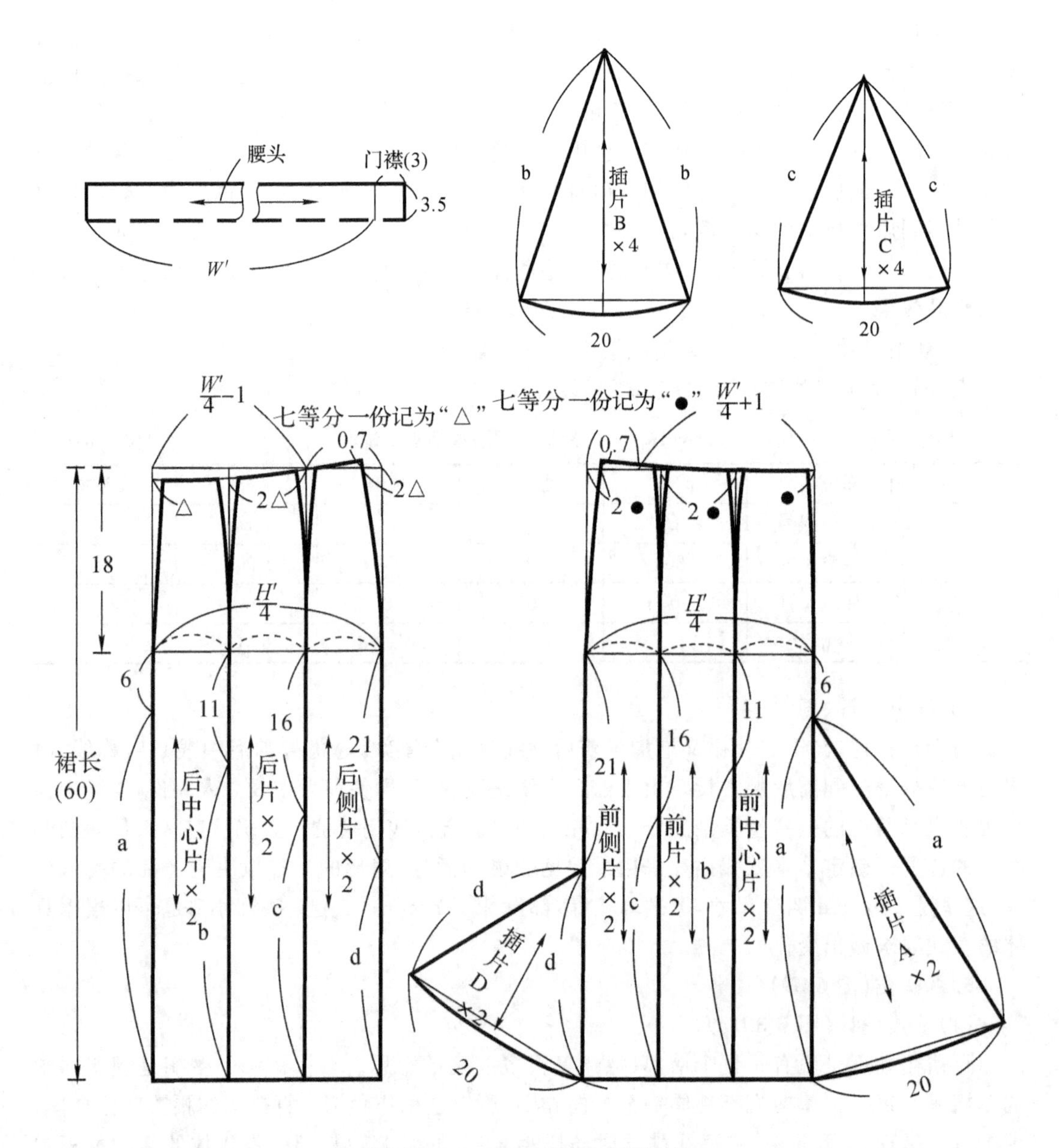


图 6-38　十二片插片裙的样板设计

**表 6-11　百褶裙的成品规格设计**　　(单位:cm)

| 号/型 | 部位名称 | 裙长 | 腰长 | 腰围 | 臀围 | 腰头宽 |
|---|---|---|---|---|---|---|
| 160/68A | 部位代号 | *L* |  | *W* | *H* |  |
|  | 测量尺寸 | 60 | 18 | 68 | 90 |  |
|  | 加放尺寸 | 0 | 0 | 2 | 5～6 |  |
|  | 成品尺寸 | 60 | 18 | *W*′:70 | *H*′:95～96 | 4 |

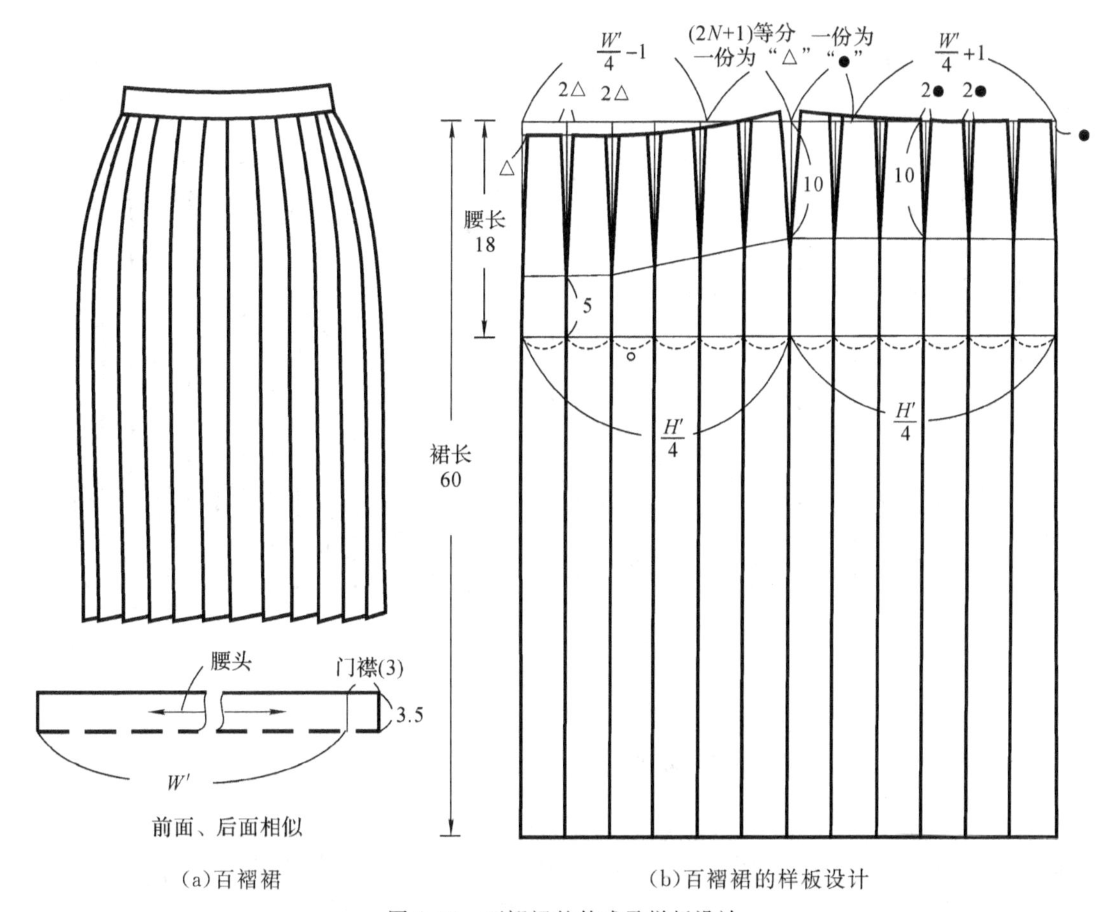


(a)百褶裙　　(b)百褶裙的样板设计

图 6-39　百褶裙的款式及样板设计

(3)样板设计(图 6-39(b)和图 6-40)

百褶裙除了外观上可视部分之外还有两层折叠在里面的不可视面料,因此设计百褶裙样板的成品尺寸时,其腰围和臀围的放松量要适当的大一些,要考虑到三层面料的厚度会占用臀围的围度。如图所示,一整件裙子设计了 24 个单褶,那么四分之一裙片就是六个单褶,即在臀围线上六等分前后裙片,通过每一个等分点画出分割线。每个分割线中分配入腰省量。那腰省量如何来计算呢?假如四分之一裙片的单褶个数设为 $N$,这里 $N=6$,然后将臀围减去腰围的差量等分为$(2N+1)$份,由于前后腰围不同,故后腰省一份记为符号"△",前腰省记为符号"●"。然后前后裙片中的每一条分割线各自分配两份前后腰省量,前后中线处由于对称只能并入一份"△"或"●"的腰省量。百褶裙的暗褶加放量一般是外观上褶裥宽的两倍,即图中表面褶宽为"○",阴影部分的暗褶宽度为 2 个"○",这样烫整完成后的活褶平整,厚薄一致,各处都为三层面料的厚度。注意省尖的位置仍然按照人体的臀凸和腹凸来确定,参见图 6-39(b)中的细实线。为了使百褶裙在腰臀部位之间的合体可以将每一个褶裥的折叠量按照腰省的长短在反面以暗缝车缝固定,即在样板中细实线以上部位的反面车缝固定暗褶。

百褶裙的最后裁剪用样板如图 6-40 所示,图中的阴影细实线表示折叠部位。

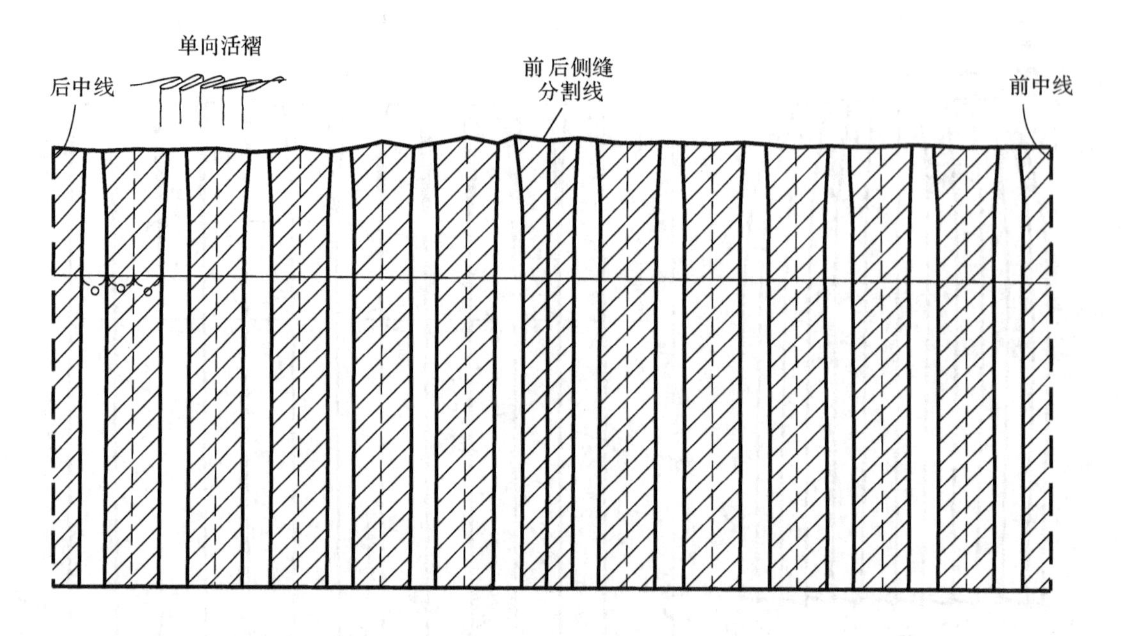


图 6-40　百褶裙之活褶展开图

## 二、裙子的斜向分割线设计

斜向分割能拉长视线,使人穿着后更显修长。同时斜向分割有着更丰富的层次,能产生更多的变化。由于斜向分割线并不规律,也不吻合人体的体型构造,故斜向分割的款式其样板设计一般有较高难度,读者可以根据需要选择学习。

**1. 八片螺旋裙(图 6-41 和图 6-42)**

(1)款式设计(图 6-41)

螺旋裙是斜向分割线形成螺旋结构而得名的。八片螺旋裙正是被分成八个裁片。其款式特征是腰臀部位合体度高,臀围以下慢慢放松形成波浪式下摆,其斜向结构线是其最大特征,没有常见的侧缝线分割。因此样板设计就有一定的难度。理解螺旋裙的结构设计原理对裙子结构的融会贯通有很好的帮助,这正是在本节学习螺旋裙的目的所在。

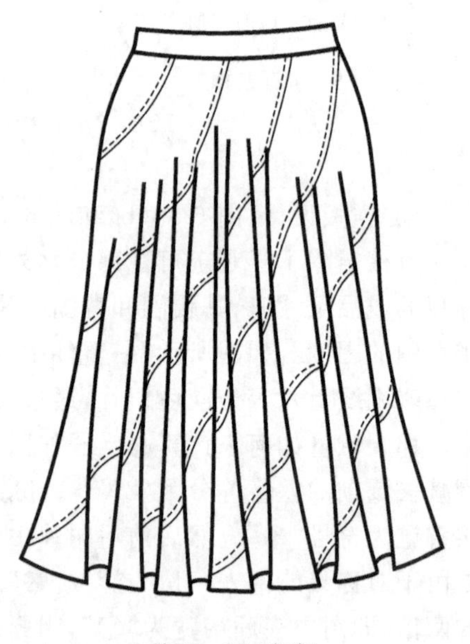

前面、后面相似

图 6-41　八片螺旋裙款式图

适用面料:螺旋裙的适用面料较多,可以参照鱼尾裙来选择。

(2)规格设计

表 6-12 为八片螺旋裙的成品规格设计表。

表 6-12　八片螺旋裙的成品规格设计　　　　(单位:cm)

| 号/型 | 部位名称 | 裙长 | 腰长 | 腰围 | 臀围 | 腰头宽 |
|---|---|---|---|---|---|---|
| 160/68A | 部位代号 | $L$ | | $W$ | $H$ | |
| | 测量尺寸 | 60 | 18 | 68 | 90 | |
| | 加放尺寸 | 0 | 0 | 0 | 3~4 | |
| | 成品尺寸 | 60 | 18 | $W'$:68 | $H'$:93~94 | 4 |

(3)样板设计(图 6-42)

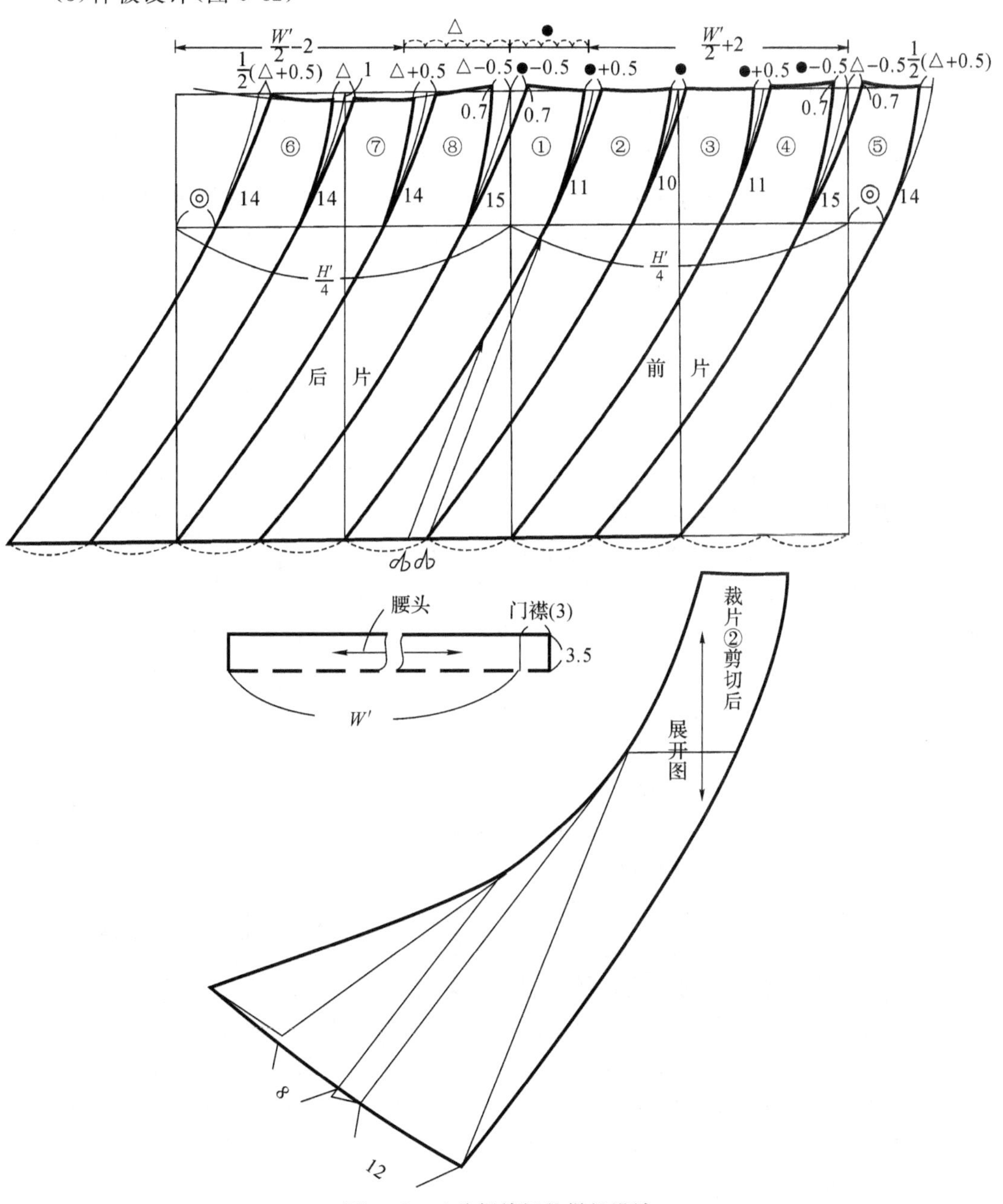


图 6-42　八片螺旋裙的样板设计

基本结构:由于螺旋裙没有侧缝,只有几条斜向的分割线,是典型的非对称结构,故在样板设计的第一步就要把完整的后片和前片都绘制出来,当然基本结构肯定是以前后中线为对称线来完成的。为了便于样板的绘制,把前后侧缝合并在一起完成整个样板的基础结构。

八片裙:在腰围线、臀围线以及下摆辅助线上都进行八等分,根据款式特征,斜向分割是由左右腰侧起始以一定的斜度螺旋转至下摆的,根据这样的款式特征绘制出八条分割线的位置。

腰省:腰省的设计是整个裙子样板的关键。根据前面的学习我们自然会想到要把腰臀的差量分配到每一条斜向分割线中。为了使螺旋裙在腰臀部位能够更加合体,每一条分割线中并入的腰省量就是样板设计的关键思考点。如图所示,在后裙片的腰口线上将样板中的臀腰差量进行五等分,每一份记为"△",考虑到女体后腰臀的立体结构特征,在后中线分配腰省"△",后腰省取"△+0.5",后侧缝腰省"△-0.5"。前裙片的腰省处理与后片类似,只是前腰省量"●"略小于后片的"△"。确定好各分割线的腰省量之后就是省道的长度了,遵循的基本原则是侧缝最长,其次后片,前片省道稍短,可参考裙子的原型省道长度来确定。

裁片切展成完成图:由前面绘制获得的八个裁片形状大体相近,但是由于收省量大小以及省道的长度各不相同还有腰口弧线的变化,其细节也是有区别的,为了不混淆各个样板,给每个样板编号取名字是必要的。根据款式螺旋裙的松量自臀围开始到下摆是逐渐增加的,故还需要从下摆开始剪切每一片样板以加入下摆的波浪褶量。图中以完整的②裁片为例来说明。在②样板的下摆画两条剪切线,这两条剪切线的位置根据款式的波浪褶的位置和指向来确定,尽可能画出指向臀围线的剪切线,然后在每一条剪切线中加入松量。由于剪切线的长度长短不一,长度长的增加松量大,短的增加松量小,这样才能取得平衡的波浪褶效果。

**2. 六片螺旋裙(图 6-43、图 6-44)**

六片螺旋裙和前面的八片螺旋裙非常相似,仅仅是分割片数不一致而已,之所以要收录进教材讲解是为了学习另一种不同的螺旋裙的样板设计方法。由于面料选择和规格设计都完全与八片螺旋裙雷同,故本段主要讲述样板设计中的思路以及绘制要点。款式设计如图 6-43 所示,样板设计如图 6-44 所示。

图 6-43 六片螺旋裙

基本结构:六片螺旋裙的分割线相较于八片少了两条,这意味着省道个数也减少了两个,那么相对来说其在小 A 裙的结构上发展变化出六片螺旋裙会比较方便,因此首先需要绘制完成完整的小 A 裙的前后片。

六片裙:在前后腰围线、臀围线以及下摆辅助线上各自进行三等分,然后根据款式特征绘制出六条斜向分割线,由图可知六片分割之后前后片各获得一个完整的裁片,其余的裁片在前后裙片中都有一部分,仔细甄别各个裁片,并给每个裁片编号,相同裁片编上同一个号码。

腰省:腰省的设计与小 A 裙的一致,但是需要把前后片的腰省并入到斜向分割线中。后腰省取 3cm,前腰省取 2cm,这两个尺寸可以根据具体情况进行适当调整,不会影响裙子的最后成型效果。

拼合裁片:如图可知,前片③和后片⑥在母板上已经是完整的裁片,而其余的①②④⑤

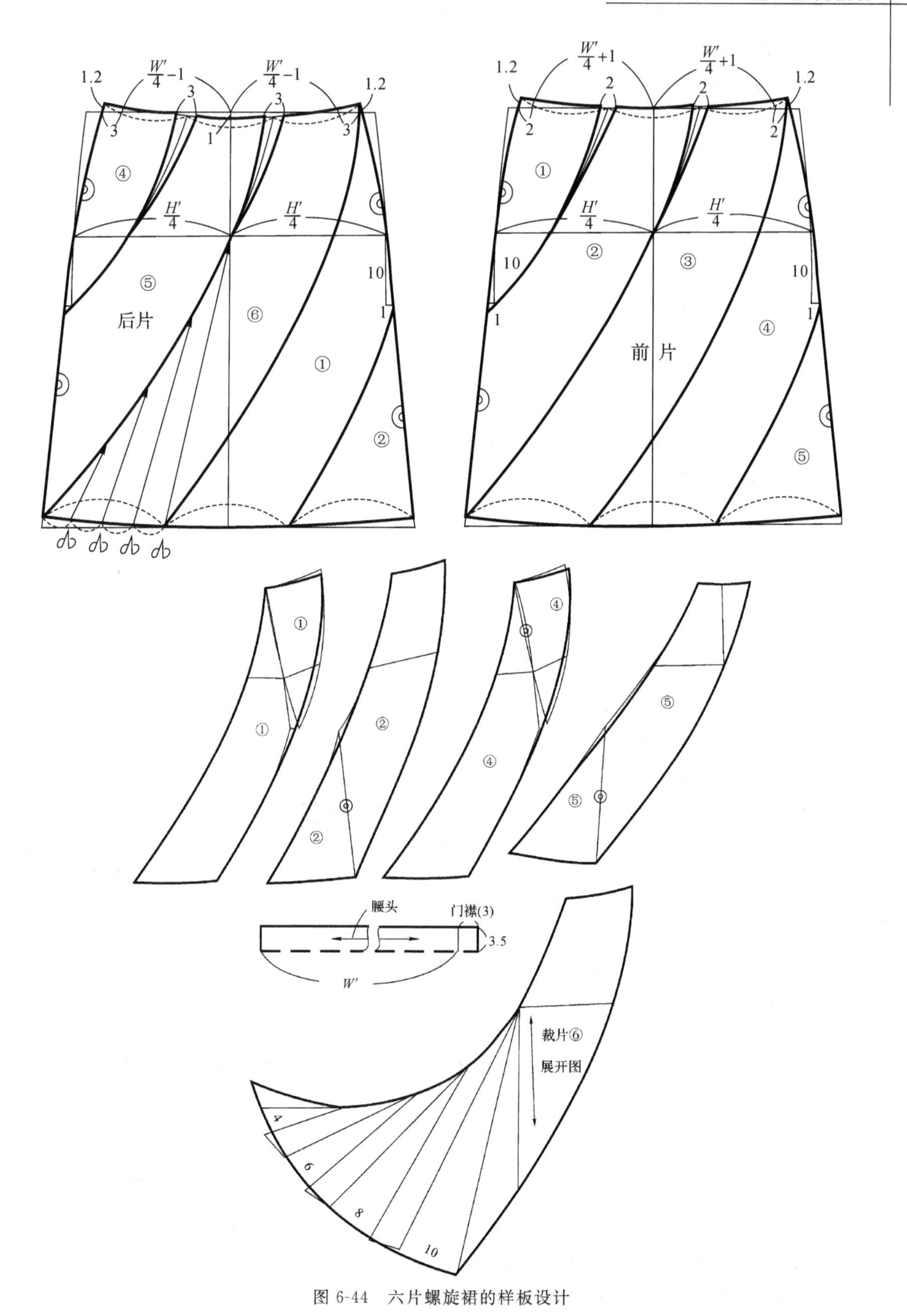


图 6-44　六片螺旋裙的样板设计

四个裁片都需要拼接才能最后形成一片完整的裁片图,其中②⑤裁片的拼接非常简单,因为它们的拼接线都是直线,直接对合然后修圆顺即可。①④裁片的拼接稍稍麻烦,因为它们的拼接线是两条微凸的曲线,无法做到不产生变化的精确拼合。针对①④两个裁片只能尽最大精确度地拼合,然后修正。这是受款式结构本身的局限,没有别的处理手段导致的,是无奈的选择,好在面料有弹性,这样的误差不至于影响螺旋裙的成型效果太多,虽然裙子的合体度会与母板有些许差别,不过这些差别根据面料不同,有时候是可以忽略不计的。

切展成完成图:同八片螺旋裙类似,每一个裁片的下摆还要增加波浪褶量,此款式四等分裁片的下摆,每个等分点即为一条剪切线,按照款式设计在每一条剪切线中加入相应的波浪褶量。图中以裁片⑥为例说明剪切线的方向、位置以及在每个切口中所加的波浪褶量,其余裁片的操作与裁片⑥类似,这里不再重复。

## 三、裙子的综合设计

前面所讲述的是裙子结构相对基础的内容,仔细琢磨研究其结构设计的内在原理与规律,并将之融会贯通,基本上就能解决了所有女裙的样板设计问题了。本节主要是在掌握前面基础知识之上的综合运用实践,只有经过这样的综合实践训练才能进一步深刻理解并巩固裙子的结构设计思考逻辑,从而能够选择恰当的样板设计方法。这样的综合训练对全面掌握裙子样板设计技能是至关重要的。

本小节将着重从分析裙子款式的结构特征出发来阐述样板设计的思路和要点,对裙子的面料选择就不再细述,读者如果需要可以翻看前面部分的相关内容来思考决策。针对裙子的规格设计部分,也做简略处理,如果没有特别说明,本小节样板设计图片中 $W'=68$,$H'=94$,其余部分尺寸比如裙长等看图中标示的具体数值即可,不再单独以表格形式列出。

**1. 低腰牛仔短裙(图 6-45 和图 6-46)**

(1)款式设计(图 6-45)

该款牛仔短裙的最大特点就是借鉴了经典牛仔裤的固定结构设计。前片左右两侧对称的圆弧形插袋,前中门襟,前中还设计了形似平摊时裤子所呈现的档弯结构以及两条形似裤子的内侧缝线。裙子后片设计育克线分割和两个贴袋,以上所有这些设计元素都自然而然地让人联想到牛仔裤。除此之外,此款还采用了牛仔裤带腰头的低腰结构,最后毕竟是裙子,没有裤子的裆部结构,其轮廓特征表现为上面合体下摆稍大的小 A 裙,裙长较短。

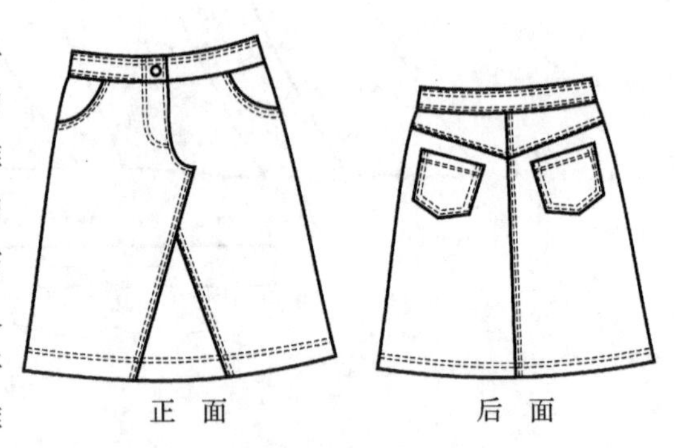

图 6-45 低腰牛仔短裙

(2)样板设计(图 6-46)

基本结构:采用小 A 裙结构来绘制,裙长取 54cm。

腰省:腰省的设计与小 A 裙一致。后腰省取 3cm,长度可以取 13～14cm,最后这个后腰省通过省道转移至育克分割线中。前腰省考虑到款式上没有可视的省缝,而是需要把这个前腰省通过插袋的工艺并入到袋口之中,故不宜取太大,比常用的小 A 裙前腰省小一些,取 1.5cm,这个省量在裙身利用袋口工艺自然消除,在腰头部位的腰省则转移至腰口线之中。

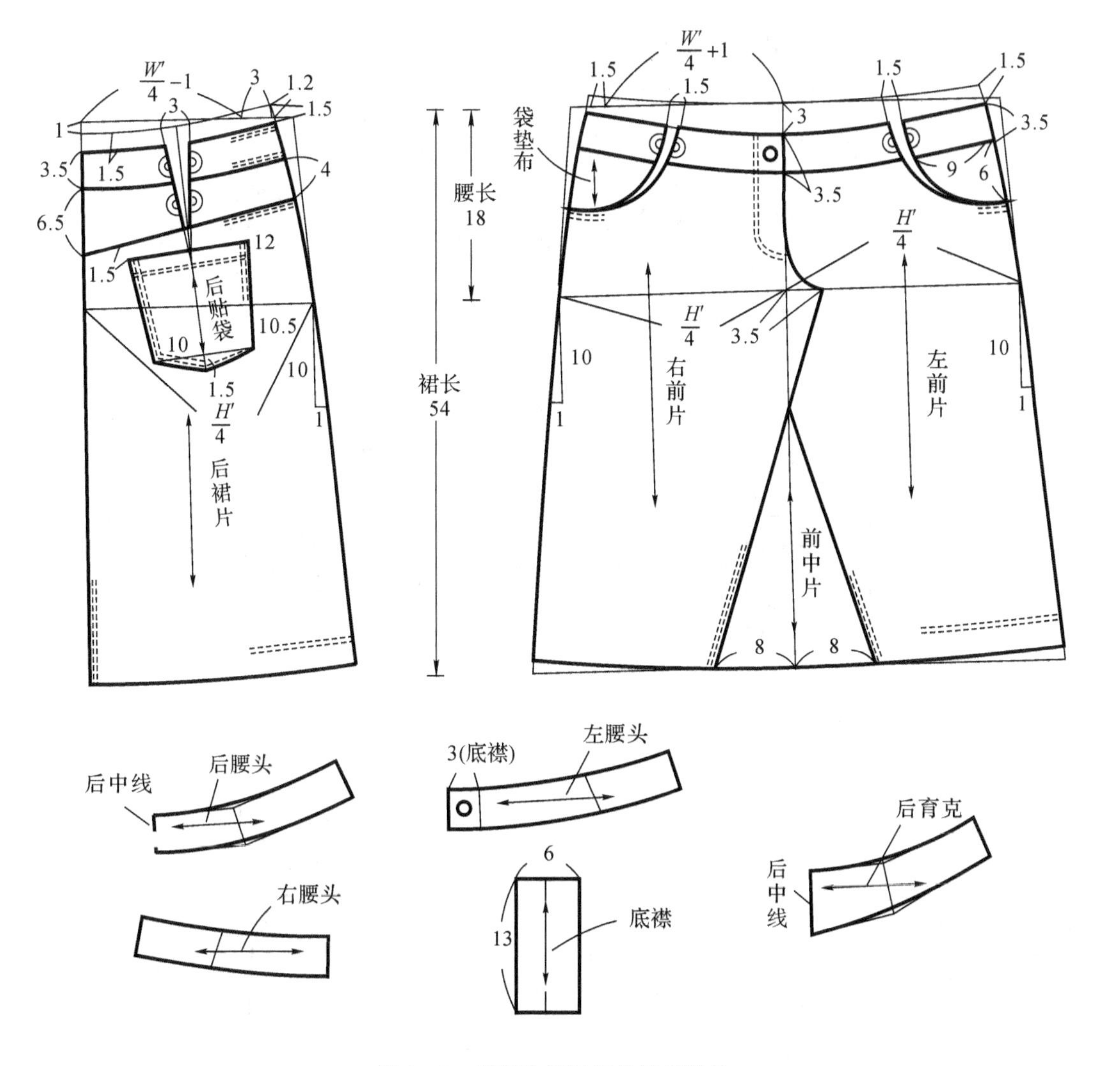


图 6-46 低腰牛仔短裙的样板设计

前后分割线：对前片来说，就是根据牛仔裤平摊时感受到的裆部结构形态绘制出分割线，注意这些分割线纯粹是平面分割线，没有立体造型作用，只起着视觉装饰。类似这样的分割线在拼合左右前片和前中片时工艺难度很大，要缝制出平整的前裙片是需要娴熟的车缝技术以及细心和耐心的，因此一般来讲如果不是款式的特别需要，样板设计时是要尽量避免。

低腰腰头：在正常腰围基础上根据低腰的程度来截取最后的腰头部位是最合理便捷的样板设计方法。此款的腰头还要设计出前低后高的造型，故前中腰口下降 3cm，侧缝和后中腰口都下降 1.5cm，在此基础上绘制出腰头的上口，再根据腰头的宽度取 3.5cm 平行绘制出腰头下口，合并前后腰头部位中的前后腰省量就得到了前后腰头样板。

**2. 连腰型斜向分割波浪褶裙(图 6-47)**

(1)款式设计(图 6-47(a))

腰头是连腰设计，即裙身与腰头没有分割，上下连接在一起的结构，一般来讲连腰设计

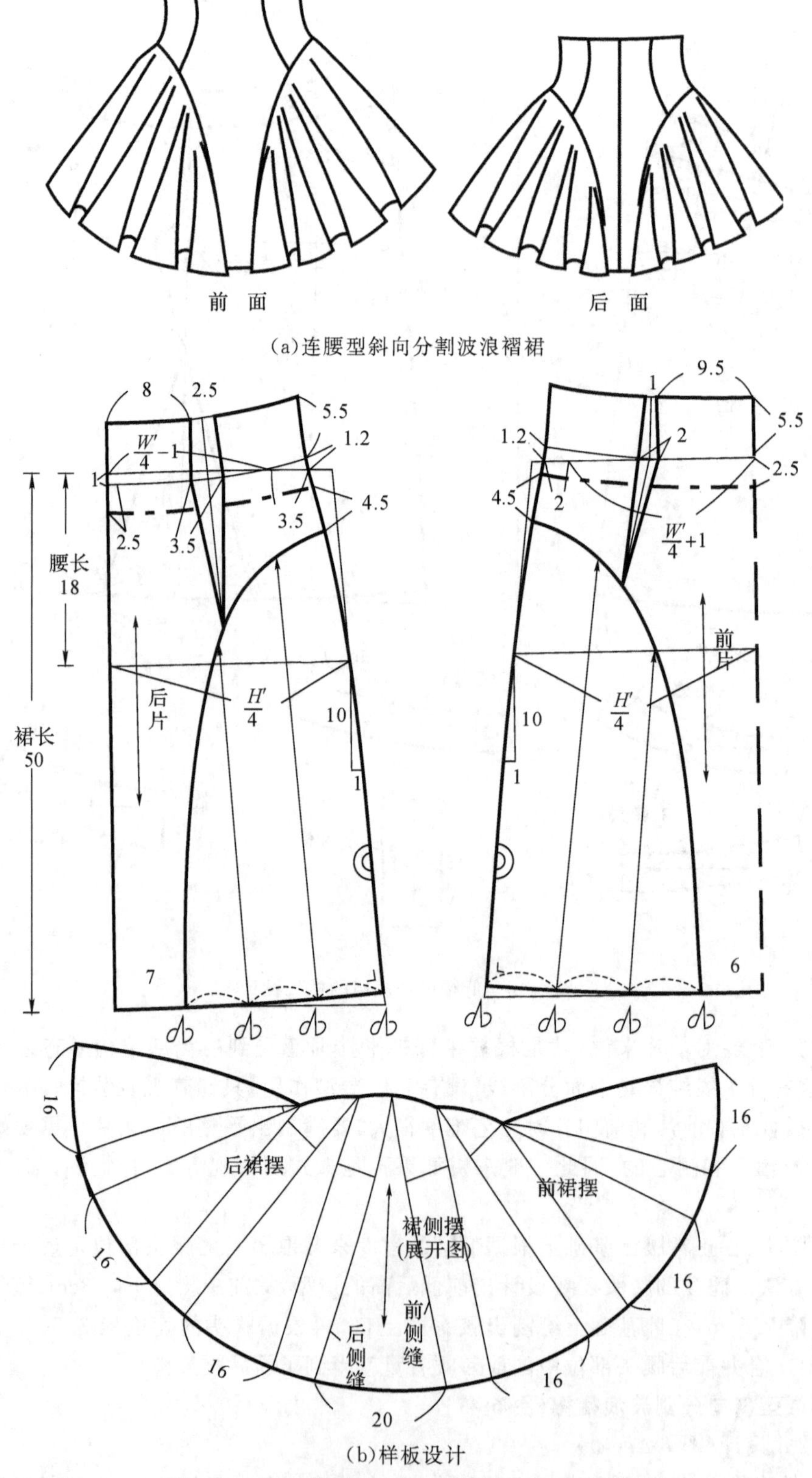


图 6-47 连腰型斜向分割波浪褶裙款式及样板设计

会采用高腰的形式，该款就是这样的连高腰腰头设计。前后各有两个腰省，省道直接与裙身的斜向分割线相接，使得腰省变成了纵向分割线。两侧裙摆是为波浪褶裙。

(2)样板设计(图 6-47(b))

基本结构：采用小 A 裙结构来绘制，裙长取 50cm。

前后分割线：根据款式特征绘制出前后分割线。

连高腰：腰省的设计与小 A 裙的一致。后腰省取 3～3.5cm，省道斜度根据款式特征确定，并与后片的分割线相交。前片省道设计同于后片，根据款式特点，其斜度比一般的前腰省要大一些。高腰腰头取 5.5cm，通过绘制与腰口辅助线平行的结构线获得。连腰的省道注意采用以腰口线为对称线的菱形省结构，这样腰头上口才会有合适的松量，不至于让裙子太过紧身而无法穿用。连高腰里侧应该缝制腰贴来做光腰头上口以及增加腰头的支撑。内腰贴取料方向与大身垂直，取横丝。

波浪褶下摆：本款式下摆两侧的波浪褶比较均匀，则可以采用等分前后裙摆来增加波浪褶量，几等分取决于设计，这里采用三等分。然后将前后裙摆在侧缝处拼合成一个完整的裁片，最后在每一个剪切线中增加波浪褶量，注意侧缝处可以适当多加一些，前后分割线中也可以加入下摆松量的。

**3. 叠门襟斜向活褶裙(图 6-48 和图 6-49)**

(1)款式设计(图 6-48)

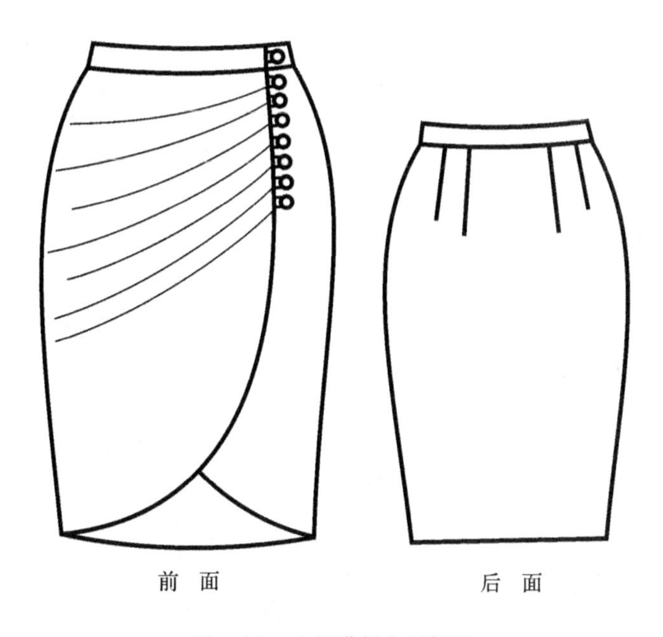


图 6-48 叠门襟斜向活褶裙

门襟结构通常用在上衣款式中，在裙子中较为少见，但是本款裙子就借用了上衣的门襟形式，左右前片对搭，这样不需要拉链也能完成裙子的穿脱。本款门襟整体位于裙身的左方，左片是底襟结构，钉纽扣，右片是门襟结构，设计了六个斜向活褶，扣眼被缝在右止口中的布环所取代。下摆收紧形成上大下小的倒梯形轮廓，并把前下摆设计成圆弧形。裙子整体风格优雅知性，最能展现女性美。

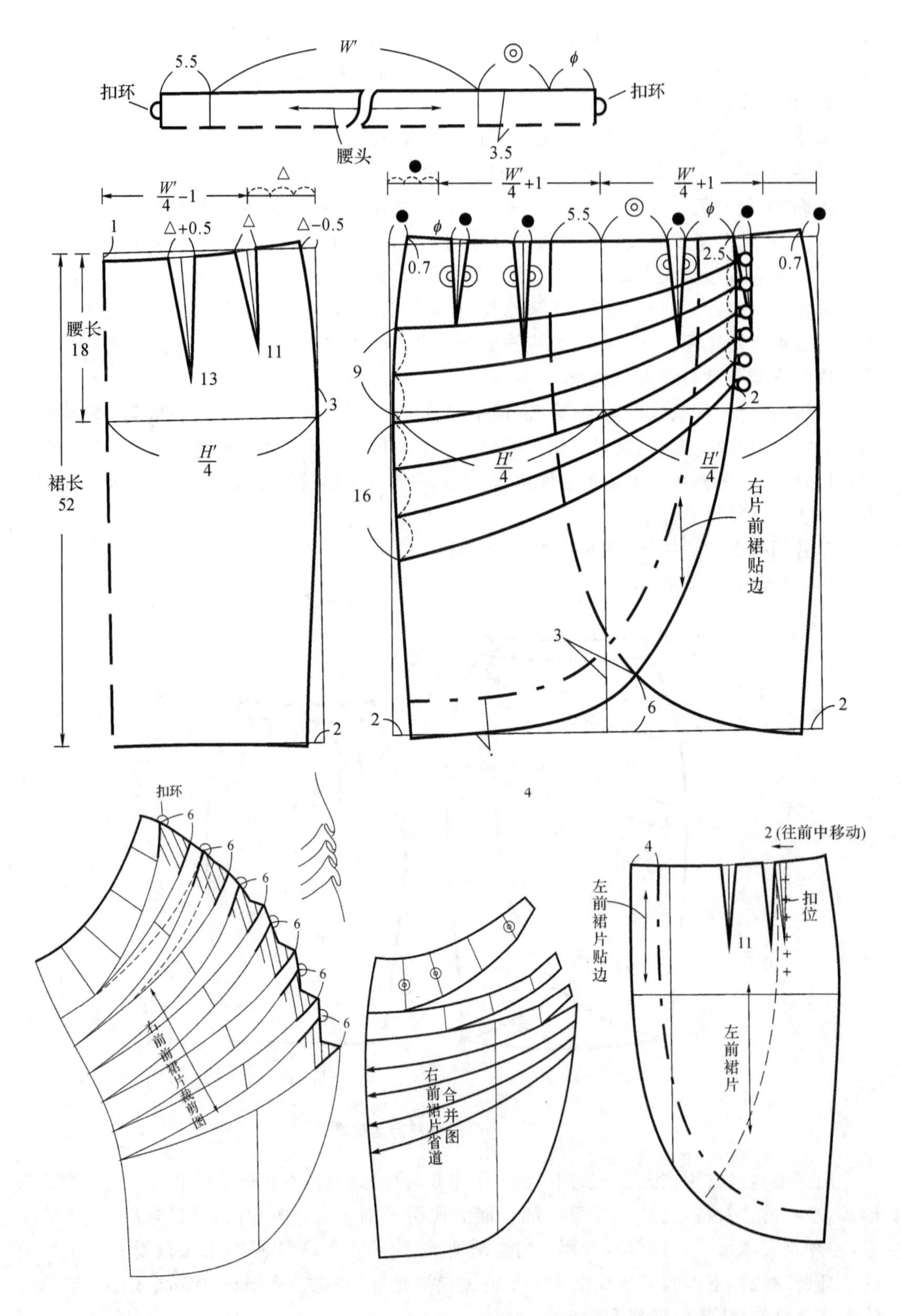


图 6-49　叠门襟斜向活褶裙的样板设计

(2)样板设计(图 6-49)

基本结构:采用原型裙结构来绘制,裙长取 52cm。注意前后下摆在侧缝处收拢 2cm 以形成酒坛的轮廓造型,其余省道设计基本等同于原型裙结构。

右前裙片:前裙片是本款式的重点,因为左右两片非对称,同时又是对搭门襟形式,故首先绘制出完整的左右前裙片样板;然后根据款式的门襟位置和门襟止口的形态走势绘制出前门襟线并与侧缝顺接;再接着根据款式活褶的位置和方向设计出六个活褶的剪切线,最后将前腰省尽量与活褶剪切线相交以方便转移腰省量。如图 6-49 所示,右前裙片的三个前腰省的量转移到门襟止口,但是此步操作获得的松量还远远不能满足折叠六个活褶的褶量,需要继续沿着剪切线剪切右前裙片直至得到预先设计的活褶量。同时之前省道转移得到的三个松量大小相差极大,为了获得均匀的活褶效果,这里对叠褶的止口适当做些调整。剪切完成后的样板如图中所示。

左前裙片:根据款式特征,前裙片的外观上没有省缝,故左前裙片靠近侧缝的腰省往前中稍作移动,以便将此省缝隐藏在门襟之下。

门襟里襟贴边:裙子的下摆是圆弧形,这种款式的止口内侧必须车缝贴边,这是做光门襟、里襟止口的工艺要求。贴边的宽度可以根据需要设计,这里取 4cm。

腰头:腰头需要包含门襟、里襟对搭部分的量,里襟部分的腰头也需要一个布环与右腰头内侧的纽扣扣合。

**4. 低腰非对称斜向分割波浪褶裙(图 6-50 和图 6-51)**

(1)款式设计(图 6-50)

本款式为无腰头的低腰结构,腰围和中臀围之间合体度高,之下慢慢放松形成大的波浪褶。本款式中看似随意的非对称斜向分割线是设计的重点。裙子下摆的波浪褶基本上围绕着前后各两条斜向分割线展开。本款裙子结构非常特别,斜线分割线有流动的美感,与下摆的波浪褶结合得恰到好处,不失为一款优秀女裙设计作品,展现简单又不失丰富,欢快中透着轻松随意,适合活泼可爱的女孩子穿用。

图 6-50 低腰非对称斜向分割波浪褶裙

(2)样板设计(图 6-51)

基本结构:考虑到裙子整体呈现上小下大的 A 型轮廓,故采用小 A 裙结构作为样板设计的基础会相对比较便利。对一个熟练的样板师来说,用什么样的基础结构来发展样板其本质都没有区别，因为所有的样板结构其内在设计机理和变化规律都相互统一没有矛盾，相互之间也是相通并发展转化的。当然这样的相通转化对初学者来说难以企及，只有经过大量的实践练习熟练掌握之后才能理解。此款为短裙，其裙长取 52cm。

前裙片：由于是非对称所以首先就要绘制出完整的前裙片；然后按照款式中两条分割线的形态、比例、走势等感觉，在样板上绘制完成尽可能还原款式分割线的两条线；接着在这两

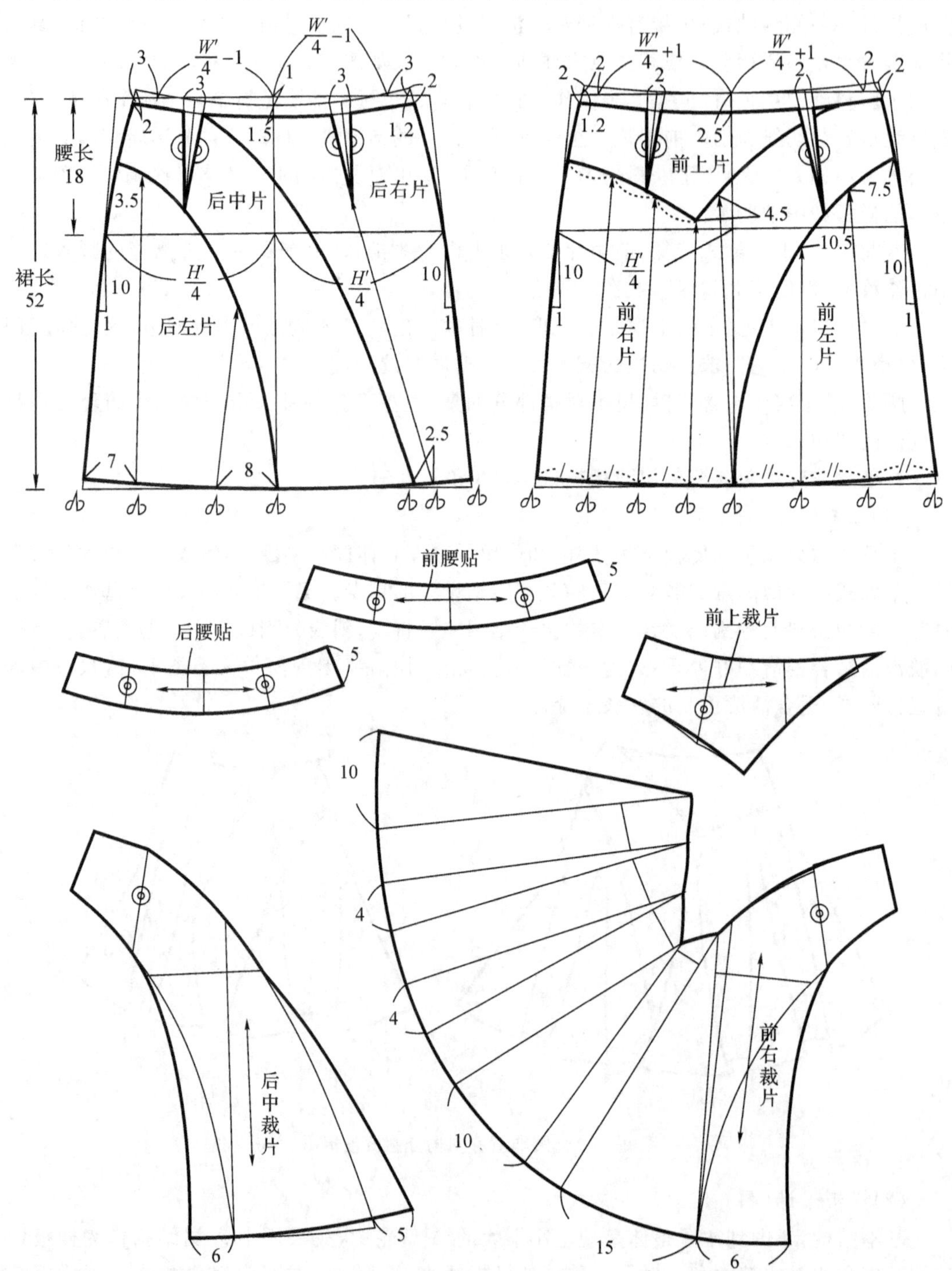

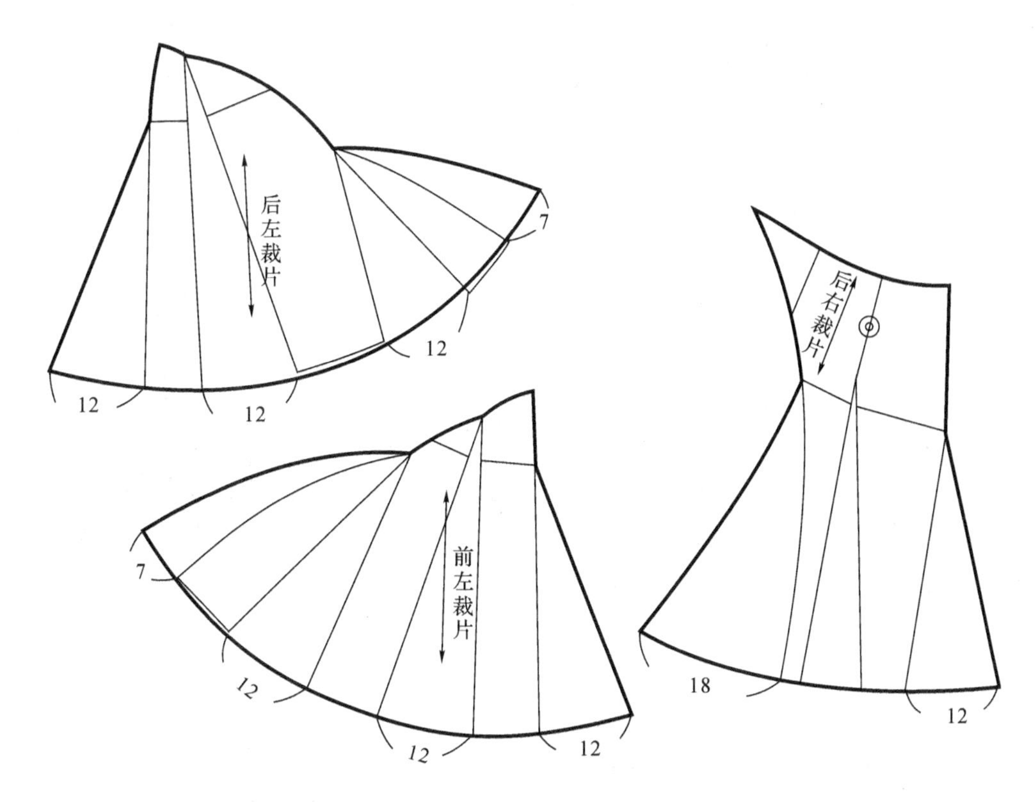


图 6-51　低腰非对称斜向分割波浪褶裙的样板设计

条分割线上找出两个前腰省的合理省尖位置，完成前腰省的设计；最后根据款式中所呈现的波浪褶位置、大小、方向等特征画出波浪褶裥的剪切线；经过以上操作得到了的样板为前片母板，还不能直接用于裁剪。将这些母板经过拼接合并、剪切拉开以增加波浪褶量等一系列处理之后才能得到用于最后裁剪缝制用的样板。如图 6-51 所示，前裙片最后是由三块裁片组成的，注意各个裁片的丝缕选择。

后裙片：与前裙片同样的原理与步骤绘制出后片样板的母板，随后经过处理的母板分解成三块用于裁剪的裁片。

无腰腰贴：无腰结构需要在裙子腰头部位的里侧缝制腰贴，其大小根据需要选择，这里取 5cm 宽度。

**5. 无侧缝之斜向分割短裙(图 6-52 和图 6-53)**

(1)款式设计(图 6-52)

本款式的最大特征是没有侧缝，这样就增加了样板设计的难度，是一个学习如何处理前后侧缝线结构的典型案例，这是教材选编了本款的主要考虑。款式整体左右完全对称，前后中线分割，利用前中的分割线设计了类似裤子的门襟以方便穿脱，除此之外还有几条斜向分割线，其中两条分割线由前裙片经过侧缝一直贯穿至后片的下摆。裙子的下摆使用飘逸的波浪褶来装饰，使裙子摆脱单调沉闷的氛围，显得有点轻松愉快。裙子整体除分割线之外没有看到省道结构，故省道肯定得融合在分割线之中。本款裙子为短裙结构，合体度高，可以选择 3cm 作为臀围放松量，适合选用牛仔、卡其类面料制作。

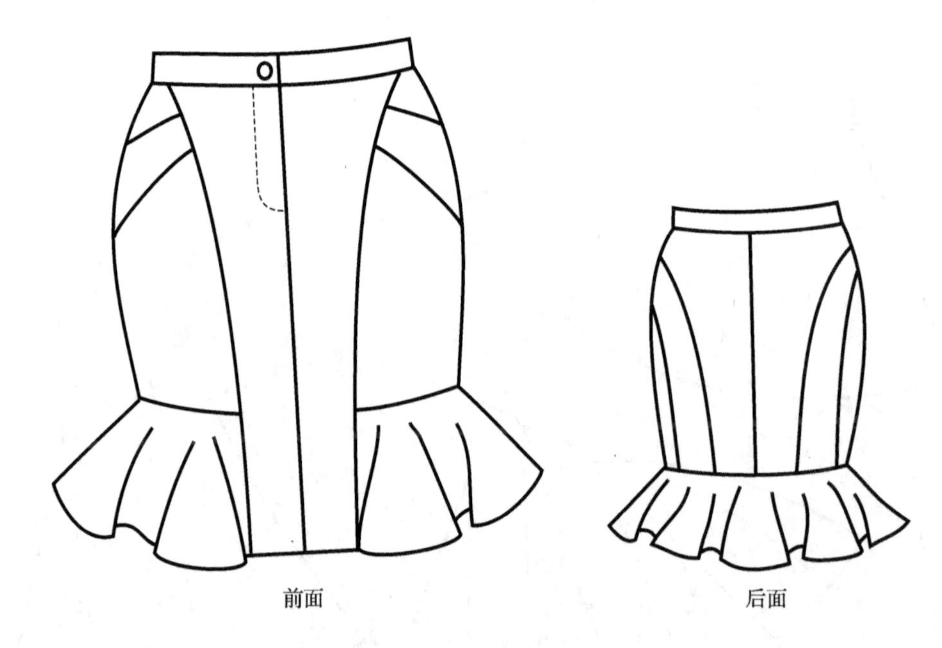


图 6-52　无侧缝之斜向分割短裙

(2)样板设计(图 6-53)

基本结构:采用原型裙结构来绘制,裙长取 50cm。

前后裙片:经过前面的分析可知款式左右对称且没有侧缝,故将前后原型裙子的侧缝线合并在一条线,并由此定位绘制出前后裙片样板。根据款式的分割线形态画好三条分割线,注意其中两条分割线需要由前裙片的上部起始一直穿过侧缝然后终止于后下摆,下摆围度略微收小。根据分割线的位置确定前后腰省的省尖位置。为了分解前后腰省量,前后中线上适当并入一部分腰省量。此时得到的是前后裙片的母板,根据款式特征合并母板中的四个腰省以及侧缝,使裁剪用样板中没有侧缝,标注好对位刀眼。

下摆波浪褶:下摆的波浪褶样板有两种方法获得,一是在母板上均匀画出剪切线,然后在每一条剪切线中加入相同的波浪褶量。通过前面的学习这种方法应该已经掌握得很娴熟了。但其实还有另一种方法,就是直接绘制波浪褶的裁剪板,这种方法简单快捷,效率高。先测量波浪褶的缝合长度,即图中的“$\phi$”长度,然后再根据波浪大小的需要画出相应的圆弧,这里选择直接画个半圆。根据款式这个波浪褶下摆的后中是没有分割线的,缝合在下摆上其实是一整个圆,是这个波浪褶褶量的极限,如果还需要加大下摆的波浪褶,那就只能增加分割线了,分割线设计在后中或者侧缝都是可取的,根据情况来定。

**6. 低腰斜向活褶波浪裙(图 6-54 和图 6-55)**

(1)款式设计(图 6-54)

本款为左右非对称结构,前裙片设计了两个由右往左倾斜的活褶,其斜度较大,并在每条分割线中设计了上小下大的斜向活褶。前裙的右侧有一条类似育克线的横向分割线,此分割线没有侧缝,由前片一直连到后片,在育克线的下方是波浪褶下摆。后裙片的整体风格与前片相似,两个由右往左倾斜的大活褶位于右半身,一个较大的波浪褶则位于左半身。本款结构相对较为复杂,需要仔细分析各个结构线的方向、形态等等要素,再考虑前后腰省量

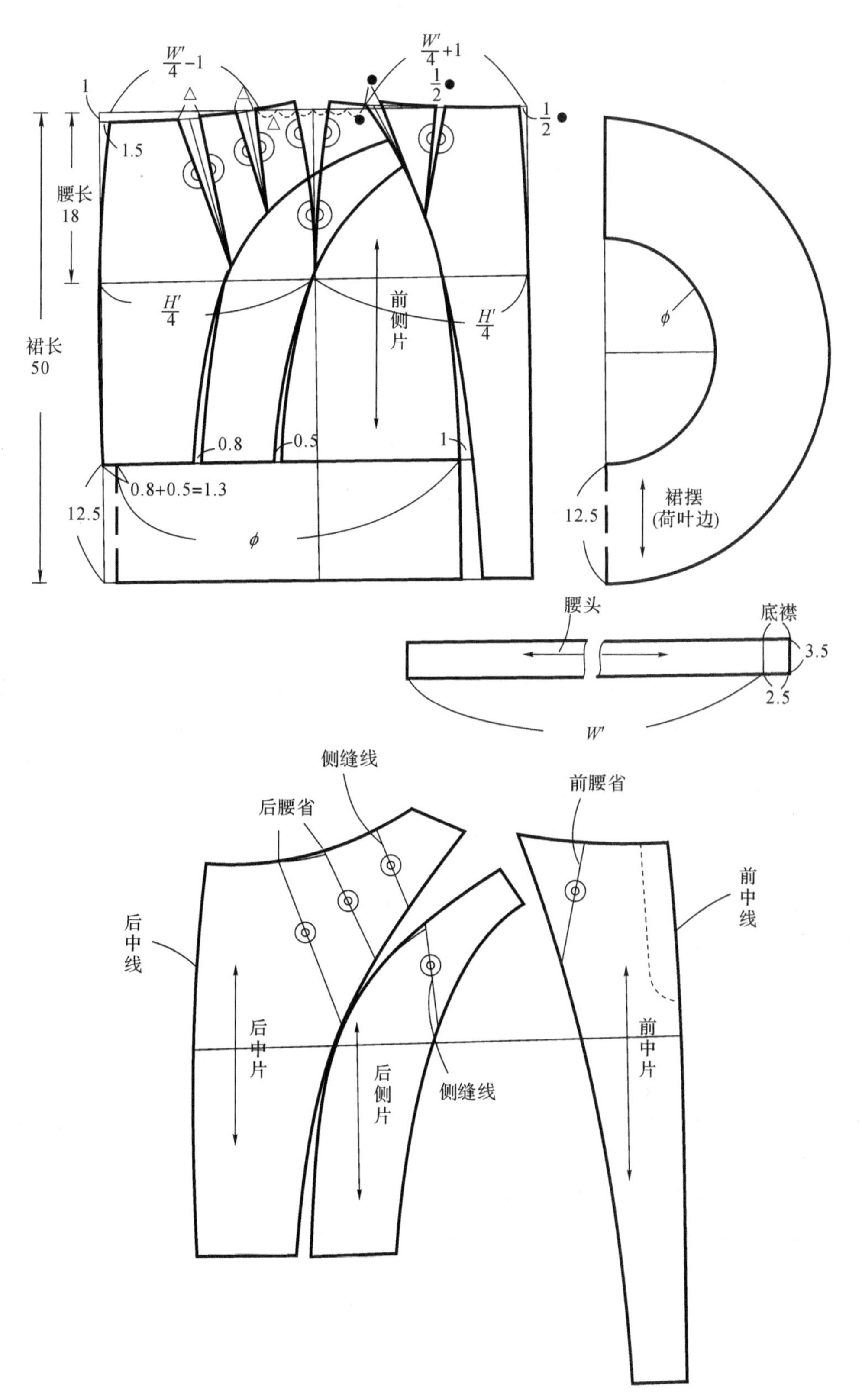


图 6-53　无侧缝之斜向分割短裙的样板设计

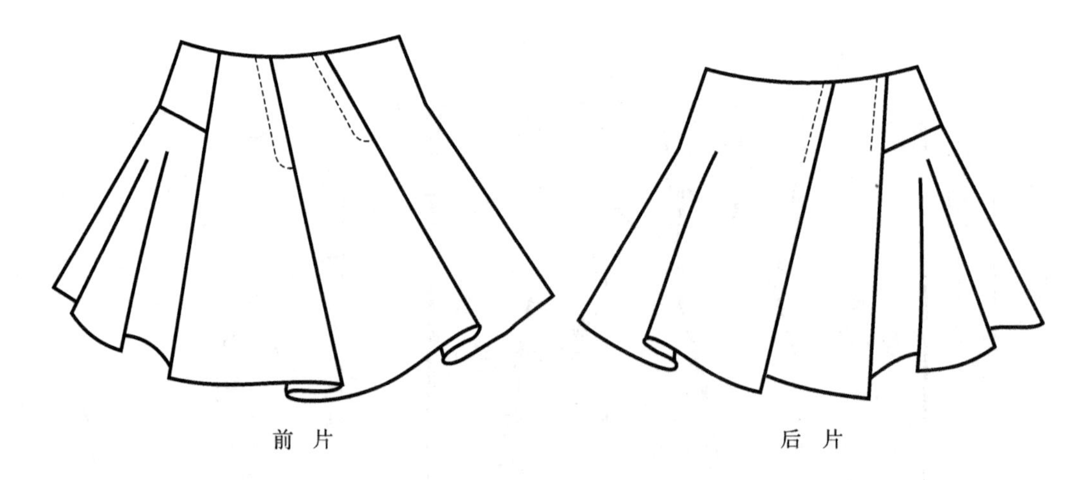


图 6-54 低腰斜向活褶波浪裙

的处理，活褶以及波浪褶的加放等结构处理方法，是思考并理解样板设计原理的好例子。

(2)样板设计(图 6-55)

基本结构：由于款式的整体轮廓是 A 型，故还是采用小 A 裙的样板设计方法来构造母板。裙长取 50cm。

前裙片：首先重合前中线画好完整的前裙片基础线，然后依据裙子轮廓需求在侧缝线的下摆处放松 12cm，再根据款式中三个活褶的形状和走势画出活褶结构线，画出横向育克分割线，再把小 A 裙结构中需要处理的腰省量合理地分配到恰当的位置，最后还要记得降低腰口线以吻合款式的低腰结构。如此就完成了前裙片的母板设计了。最后还需要根据款式特征拼接合并或者剪切相应的样板以得到最后的裁剪用样板，具体结果如图 6-55 所示。图中阴影部分即为活褶结构，活褶依从阴影斜线方向由高到低折叠，活褶上口折叠 6cm，下口折叠量加大，依次为 15cm、20cm、8×2＝16cm。

后裙片：后裙片与前裙片的思路和方法一致，这里不再重复。后裙片的左半身是一个大的波浪褶，这个褶量首先由后腰省的省道转移至下摆提供，但是由于腰省量是受到人体腰臀差量的限制，所能提供的下摆褶量还不能形成大的波浪褶形态，故在此基础上继续剪切直至此剪切线的下摆处产生 16cm 的松量为止，具体如图 6-55 所示。

育克片：合并母板上育克线的两个腰省以及侧缝，修顺某些拼接线配合时产生的误差，得到了完整的育克片，育克片取横丝。

右侧裙片：裙子没有右侧缝，因此要拼合母板中的前后右半身，并根据款式要求剪切样板获得两个大的波浪褶，其与另一个前后裙片拼合时是以活褶的形式出现的，拼合的缝线藏在了活褶的暗褶中，外观上看不到此拼缝。

拉链：左侧缝的分割线中可以装一根隐形拉链以方便穿脱。

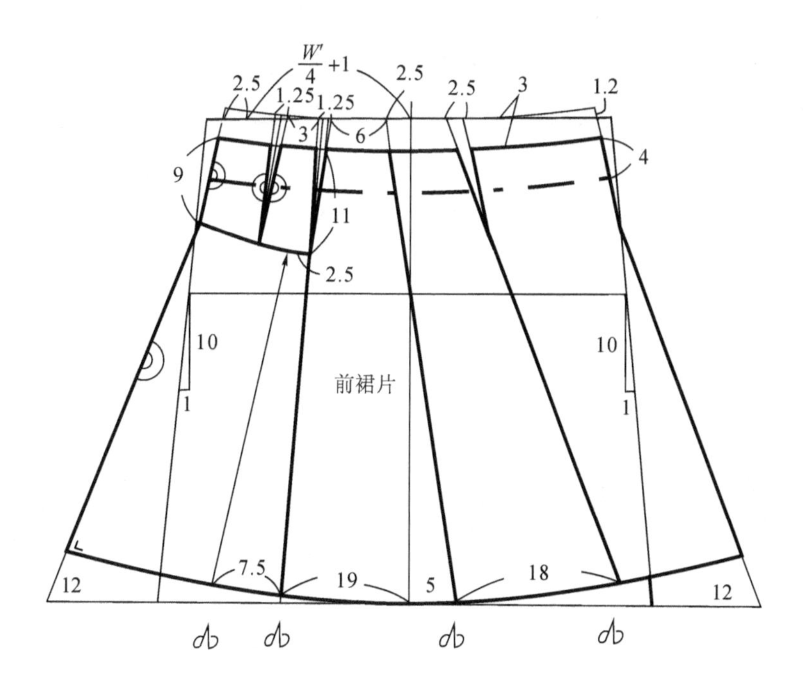

$\frac{W'}{4}+1$
2.5
2.5
1.25
1.25
2.5
3
1.2
3
6
4
9
11
2.5
10
10
前裙片
1
1
7.5
19
5
18
12
12


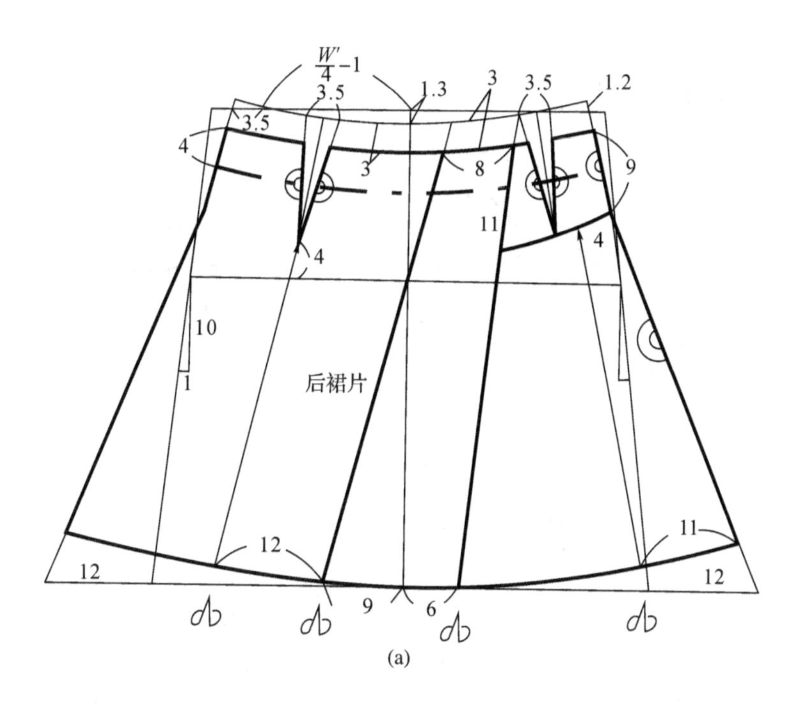

$\frac{W'}{4}-1$
3.5
1.3
3
3.5
1.2
3.5
4
3
8
9
11
4
4
10
后裙片
1
12
11
12
12
9
6


(a)

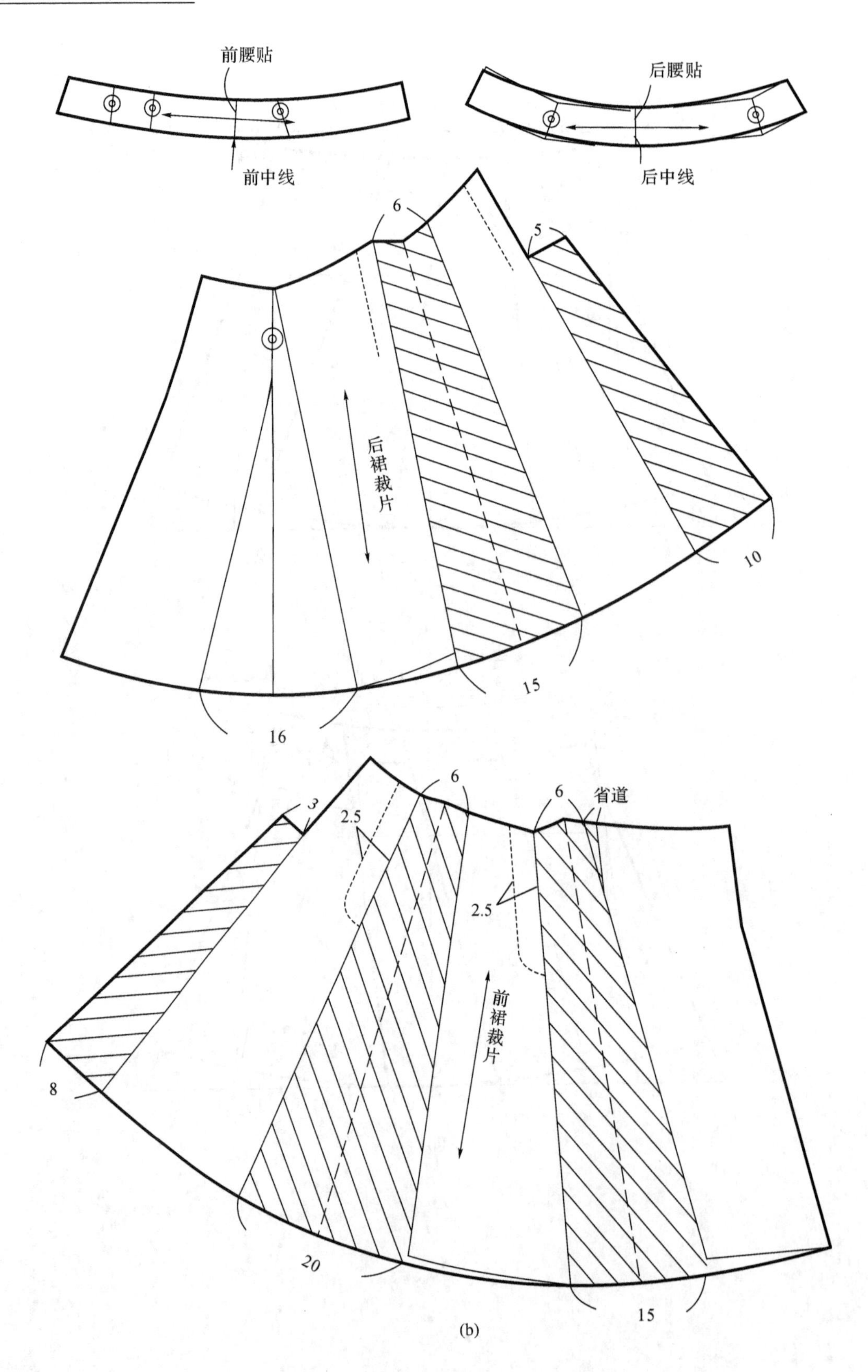


(b)

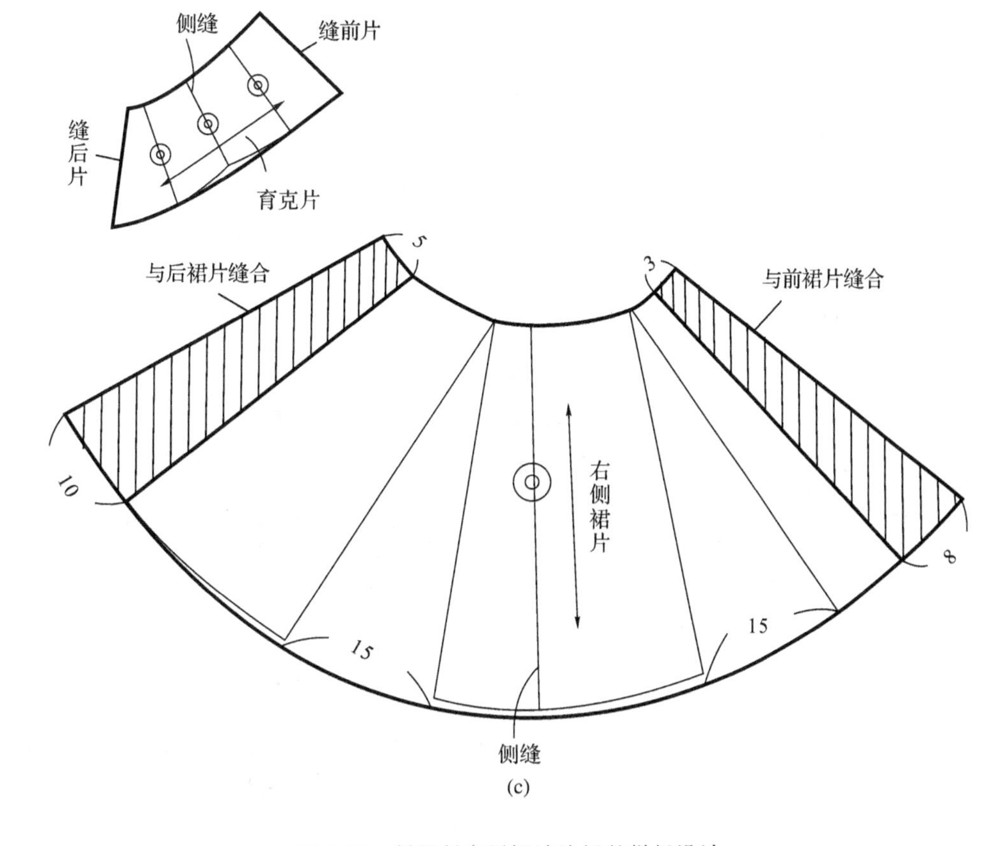


图 6-55 低腰斜向活褶波浪裙的样板设计

# 练习思考题

## 一、简答题

1. 裙子的分类一般有几种？举例说明。
2. 紧身裙样板设计时要考虑哪些实用结构？
3. 斜裙样板设计与半圆裙、整圆裙的异同点，再简单叙述各方法的优劣。
4. 从紧身裙到圆裙在结构上发生了哪些变化？为什么？
5. 裙片一般有哪几种分割？各种分割有何特点？
6. 碎褶、波浪褶以及活褶在结构处理上的不同点。
7. 裙腰一般有哪些变化？各种裙腰在结构设计中要注意什么问题？

## 二、制图题

1. 根据以下各款裙子的着装效果图设计其相应的平面结构图。

(a)
(b)
(c)
(d)
(e)

(f)　　(g)　　(h)

2.结合所学的裙子结构设计原理与技巧设计一款裙子，要求以1∶1的比例制图完成全套净样样板。

## 三、市场调研

课后进行市场调研，认识女裙的流行款式和面料，并能根据具体的尺寸设计女裙款式和样板。

# 第七章　女裤的结构设计

## 第一节　女裤的概述

### 一、女裤的历史沿革

裤子是人类腰部以下穿着的主要服饰，最早是古代东方的波斯、土耳其、中国等地的典型服饰。随着社会的发展，裤子以其实用功能特征，在现代服饰中扮演了十分重要的角色。

现今，人们穿着的裤子基本上由裤腰、裤裆和两个裤脚三部分组成。但中国古人所穿的裤子与现在的裤子概念是大不相同的，古代的裤子种类极为繁多，也有着极为漫长的演变历史。

从出土文物和历史文献来看，中国早期的裤子都为开裆裤。早在春秋战国时期，人们已穿着裤子，它在古代被写作“绔”、“袴”。那时的裤子可不分性别，只有两只裤腿，无腰无裆（也可说是无腰开裆），穿时只套在胫上（膝盖以下的小腿部分），古人又称之为“胫衣”。因其只有两只裤管，所以，裤的计数与鞋袜相同，都以“双”字来计。穿这种裤子，其目的是遮护胫部，尤其是在冬季，可起到保暖的作用。当然，穿着这样的裤子，如果外面不用其他服饰加以遮掩的话，那就有点不文明了。所以，古人在“袴”的外面，往往着有一条似腰裙的服饰，这就是裳。可见，那时古人用于遮羞的并不是裤子，而是衣裳。秦汉之际，裤子也从胫衣发展到可遮裹大腿的长裤了，但裤裆仍不加以缝缀。因为在裤子之外，还有裳裙，开裆既不会不文明，也便于私溺，所以古书上也将这种裤子叫作“溺袴”。

传入中原的满裆长裤，则来自北方少数民族。对于这些长年骑在马上的游牧民族来说，穿裳骑马会很不方便，因此，他们很早就开始穿着满裆的长裤了。直到战国时期赵武灵王推行“胡服骑射”之后，汉族人才开始穿长裤，但最初仅在部队中流行。到了汉代，这种满裆长裤已为汉族百姓所接受。为了与开裆的“袴”区分开来，这种满裆裤多称为“裈”。颜师古在《急就篇》中说：“合裆谓之裈，最亲身者也。”也就是说“裈”是贴身穿着的。裤子有了蔽羞的合裆之后，应该不需要裳了，但当时贵族阶层还是习惯于在外面再穿上裳，只有士兵及地位低贱的奴仆，为活动便捷，才单独穿裤。

魏晋南北朝是裤子最为盛行的时期。由于中外文化交流频繁，受异域民族生活方式的影响，这一时期的士庶多以着裤为时尚。这一时期裤子的特点就是裤脚管特别肥大，人们称之为“大口裤”，类似于20世纪70年代流行的喇叭裤的裤形。与大口裤相配套的则是比较紧身的“褶”,褶与长裤在当时合称“袴褶”,这是当时最为时尚的服装。到了开放的大唐,尤其盛行“胡服”,男女老少皆以穿裤为荣。

到了宋代,经过长期演变之后,裤子又回到了其最初开裆的形制,即以“膝裤”的形式出现。但与先秦时期的胫衣多贴身穿着不同,这种开裆膝裤,多穿在满裆裤之外。

中国人穿裤子,大约始于战国时的“胡服骑射”。但因为女人无须“骑射”,也就不必着“胡服”,于是女人穿裤子的权利一下子就被延宕了2000年。而从上述历史渊源看,女人与裤子之间的关系史,其实就是女人的解放史,就是女人的“去女人化”史。

西洋女性穿裤子主要是从19世纪开始的,那时的女士们风行像男士们那样骑马兜风,于是一种在宽敞的长裙里面穿上用细棉布制作的紧身骑马裤和长筒靴流行开来,这种装束既是女装向富有机能性的男装靠拢的一丝征兆,也是追求浪漫主义风格的又一个侧面。

美国的女权运动先驱阿美丽亚·布尔玛(Amelia Jenks Bloomer)夫人于1851年把东方风格的阿拉伯式宽松灯笼裤引入女装作大胆尝试,灯笼裤选用与上衣完全相同的面料,裤筒宽大,裤脚口在脚踝处束紧。这种引人注目的新型裤装在伦敦的一家啤酒馆作为女服务员的制服,在欧洲极受欢迎,被称布尔玛裤,1895年,美国芝加哥的一位年轻女教师甚至穿着灯笼裤在讲台上授课,一时社会舆论哗然。20世纪初,流行用条纹棉布或格子呢料制作的臀部和大腿部的裤筒较宽大,从小腿部开始渐趋窄小,且裤脚翻边的款式。裤脚翻边,据说起源于一位英国贵族在下雨天去纽约参加一个婚礼的路上,把裤脚卷起,因迟到而忘记放下裤脚,遂成为一种时尚。

1959年,英国的服装设计师玛丽·匡特(Mary Quant)在英国的画报上刊登了一款称为“迷你”的裙子款式,成为20世纪60年代富有个性的无拘束服装中的一个范例,揭开了时装史上的波澜壮阔的新篇章。与“迷你”一起流行的还有长裤、长裤套装和短裤。长裤有两种最常见的款式:一是低腰裤,也称爵士乐迷裤、瘦腿裤,直裆做得很短,多用纯棉斜纹面料制作,再配上镶有发光金属的皮带装饰扣、粗棉布衬衫、小背心、披肩领带、阔边牛仔帽、皮靴等便组成了“西部装”,在以后的20多年里也一再流行;二是牛仔裤的流行,其典型的特点是低腰、包臀、直裤筒、金属铆钉、蓝斜纹布、橘红色缝线以及后腰上的皮标签。除了牛仔裤,还流行牛仔夹克、牛仔套装、牛仔短裤等,这种充满自信和青春感的服装形式广泛地被男女老少穿着。流行的短裤不过是将牛仔长裤裁剪成迷你裙长度的裤子,这类短打与曳地超大的外套配穿,形成时尚。法国前卫派女设计师雅克利娜·雅克布松(Jacqueline Jacobson)在20世纪60年代就曾以设计随便而富有野性风格的短打牛仔裤闻名。

到了20世纪70年代,女裤造型非常丰富多样,有上大下小的锥形裤、马裤;有肥大的灯笼裤、海盗式短裤和灵感来自伊斯兰教妇女的特长立裆的大裆裤;还有喇叭裤、袋装裤、直筒裤、长及膝盖上沿的半截裤、裙裤和采用黑色基调的长裤、风衣的组合穿法等。

可以说,是著名时装设计师伊夫·圣·洛朗(Yves Saint Lanurent)把妇女从裙撑中解放了出来,他大胆地以男装的线条与女装的优雅,为当时的女性创造出了一款以深色为基调的西裤套装。当巴黎的女人们穿着帅气的“YSL”的裤子,潇洒地从家庭步入社会,她们欣喜地发现,穿裤子可以迈开大步走路,可以跑,可以跳,可以随意坐落,双腿交叉时也不必为礼仪而努力抚平裙摆了。伊夫·圣·洛朗认为:“裤子赋予女性特别的魅力和自由。”所以,他创造的不仅是一条裤子,而是一个时代。曾经有人评论说:“如果不是时装天才伊夫·圣·洛朗发明了裤装,所有女人的历史可能还是莲步轻移,而迈不开英姿飒爽的步伐。”

综观上述，在19世纪中叶，裤子是随着体育运动的普及才逐步被西方女子所接受的，到了20世纪20年代，随着女子体育运动热潮的兴起，运动装中又一次流行起长裤、裙裤、短裤、海滩服和泳装等进一步现代化的裤装。二战之后，女裤被认可，二战在女裤的发展历史中地位重要，20世纪五六十年代女裤大流行，裤子套装甚至在晚会中流行，可作为正式服装穿着。

女性身材的好与差，很重要的一点便是看她的穿着。有人说，能将裤子穿出性感与美丽的女性才是真正的好身材，原因是裙子特别能掩盖体型上的缺点，一般体型的女性穿裙子都很好看，而裤子对体型的要求明显高于裙子。由于裤子穿着舒适、方便，它已经成为女性衣橱的必备服装，甚至是最为主要的下装品种。

## 二、种类与功用

### 1. 裤子的种类

裤子即为双腿分别包裹的下装品种，根据不同的功能及长度形态，裤子多达130多种。一般有以下几种分类方式。

(1)按裤子的长度划分(图7-1)：超级迷你短裤(热裤)，迷你裤，短裤，膝上短裤，五分裤(中裤、及膝裤)，膝下裤(六分裤)，骑车裤(七分裤)，九分裤，及踝长裤和长裤等。

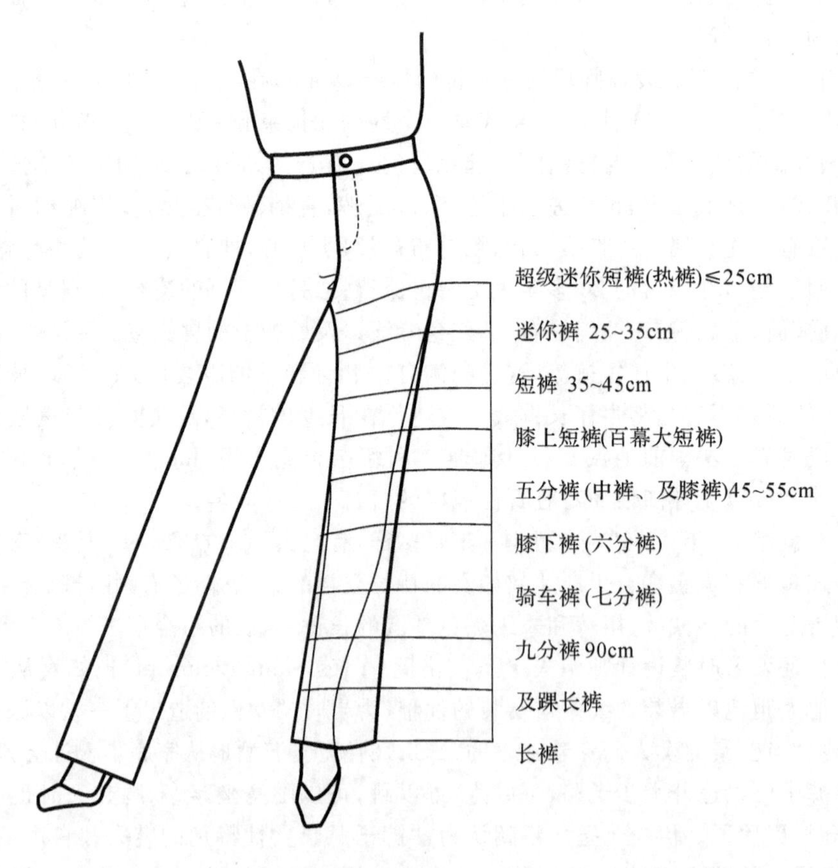


图7-1 按裤子的长度分类

(2)按裤子腰头的高低和工艺特点来划分(图 7-2):与裙子相类似,按照裤子腰头位置的高低分为标准腰头、低腰头以及高腰头三种类型,按照腰头的工艺特点分为有腰头、无腰头、连腰头等等,这里把这些放置在一起介绍。

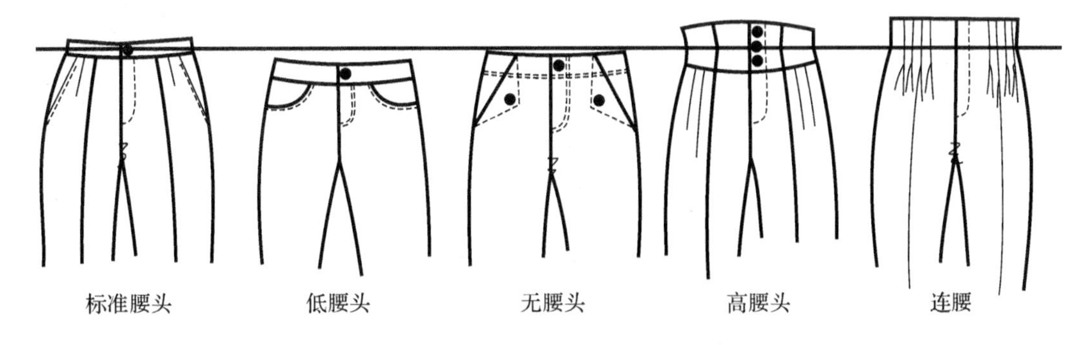


图 7-2　按裤子腰头高低和工艺特点来分类

(3)按裤子轮廓的几何线形外观划分(图 7-3):日常生活中最常见的为图中前边的四种轮廓造型,由紧身到宽松依次是紧身裤、西裤、喇叭裤以及锥形裤。除此之外,后三种的女裤类型,马裤、灯笼裤和裙裤也在一个时期或者特定的场合中有过流行。

(4)按裤子的穿着场合划分:可分西裤、直筒裤、休闲裤、喇叭裤、低腰裤、灯笼裤、裙裤、工作裤、运动裤、猎装裤、牛仔裤、工装裤、背带裤、便裤、睡衣裤、衣连裤装、短裤、女童吊带裤与开裆裤、棉裤、羽绒裤、皮裤、雨裤及有特殊功能的按摩裤等。

此外还可按穿着的季节、时间、环境、年龄、职业、材料、用途、民族等因素来分类命名。

**2. 裤子的功用**

裤子,本来是专指男性的下衣而言,在经历了各个时代发展之后才逐渐被女性采用。女性以第二次世界大战为契机,进入了社会生活,随着外出活动的增多,意识到裤子能带来很大的行动便利。女裤最初出现时,是较为宽大的西裤,后来又从长裤演变到现在不同形态和结构的时尚裤子,成为我们生活中不可缺少的服种之一。

从一开始女性把裤子作为运动装和工作装来穿用,到以后的装饰内衬裤、日常裤装的出现乃至现今时尚裤子的形成,裤子的用途很广,一般作为运动装、休闲装、社交装、职业装和时装来穿用。如今,裤子的种类可谓丰富多彩,裤型、面料、色彩等都有许多种可供选择。除了拥有完美腿型者不必费心考虑裤型外,绝大多数女性都均应按自身的体型来决定裤型,以便既能穿着舒服,又能掩盖缺点,塑造出完美腿型来。

裤子随着社会的不断发展,其在形状、长短等细节的设计上也发生了多种多样的变化,20 世纪 80 年代初期是裤子发展的最高峰。一般女性都倾向于穿着机能性较好、符合生活方式的宽松型裤子。裤子无论是作为日常服或是其他功能的服装,都能有效地运用个性进行服饰搭配。

## 三、裤子样板的结构线名称和作用

在绘制裤子的基本样板前,首先要了解裤子样板的各部位结构线名称和作用,为之后的样板设计学习做好准备,具体见图 7-4。

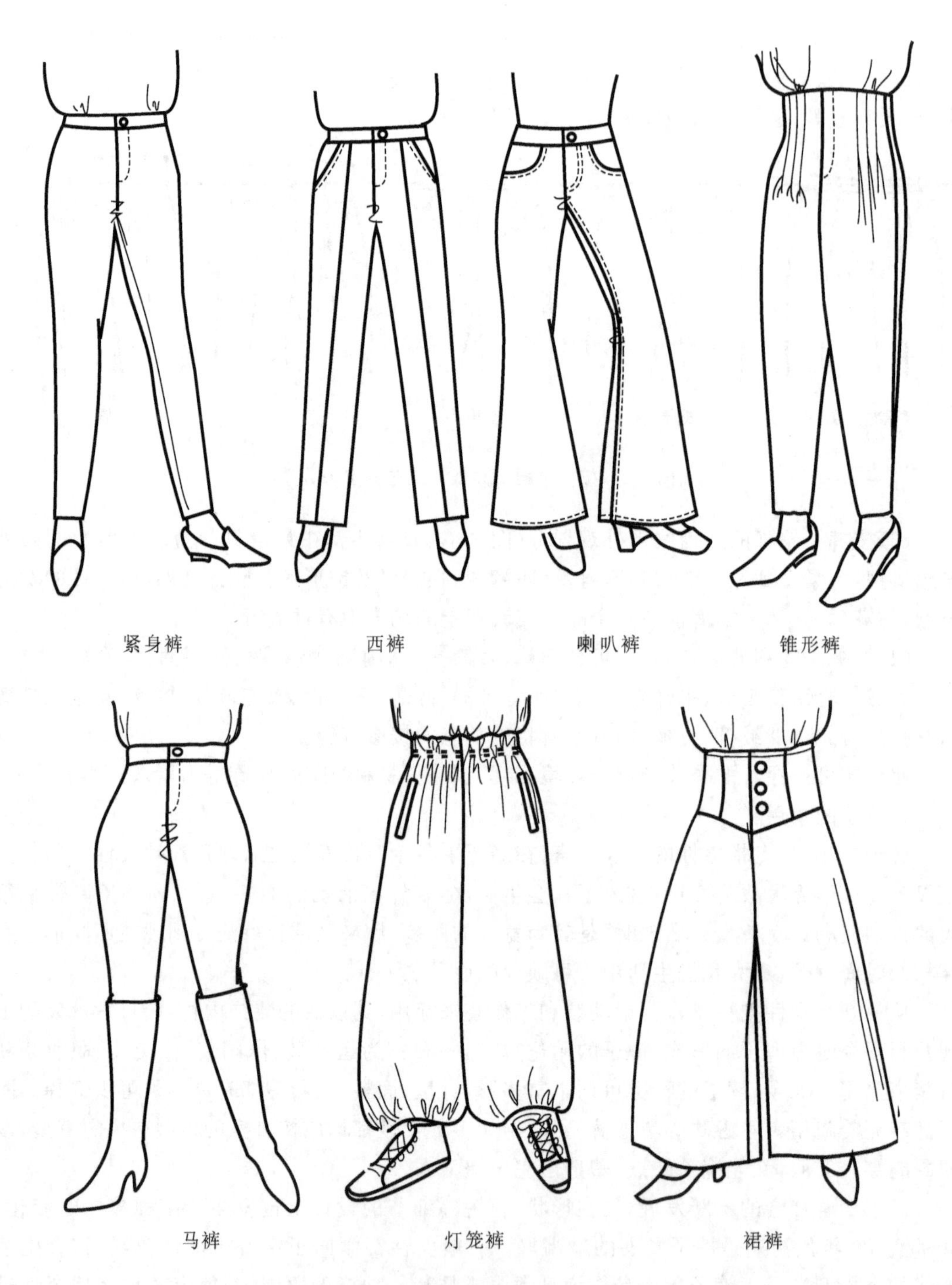


图 7-3 按裤子的轮廓变化来分类

**1. 前、后腰口线**

这是根据它所处的人体的部位而命名的，裤子的腰围线形态与裙子不同，具有前腰稍低、后腰中心起翘成斜线高出水平线的结构特点。

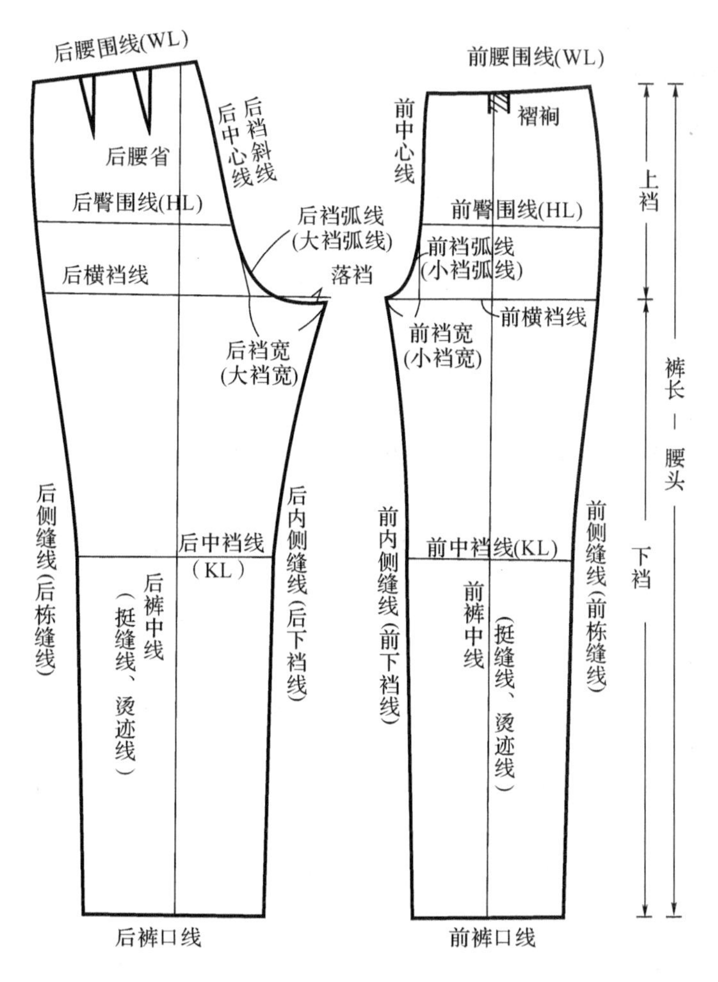


图 7-4 人体尺寸测量及其与裤子的对应部位术语

**2. 前、后臀围线**

通常是从裤前身的横裆线向上取上裆深的三分之一的位置。臀围线除了确定臀围的位置，以控制裤子臀围放松量大小之外，还有决定裤子裆部深度的作用。

**3. 前、后横裆线**

平行于臀围线，并距离腰围辅助线为上裆尺寸的水平线即称为横裆线。在裤子结构设计中横裆线是一条重要的辅助线，它的取值影响了裤子的裆部结构，从而也决定了裤子的功能性和舒适性。

**4. 上裆和下裆**

上裆与下裆是裤子长度方向的尺寸。腰围线和横裆线之间的长度尺寸即为上裆，横裆线和裤口之间的尺寸即为下裆。简而言之，以横裆线为界限，以上是上裆而以下就是下裆，上下裆的命名也来源于其与横裆线的位置关系。与这两个裤子尺寸相对应的人体尺寸是股上和股下。这两个尺寸是裤子样板设计中决定裤型的关键尺寸。

**5. 前、后裆弧线**

前裆弧线是指由腹部往裆底部的一段凹弧结构线，由于人体的腹凸不明显且靠上，所以其凹势小而平缓，亦称“小裆弯”、“前窿门”。后裆弧线是指由臀沟部往裆底部的一段凹弧结构线,由于人体的臀凸较大且靠下,所以其凹势大而陡,亦称"大裆弯"、"后窿门"。前、后裆弧线拼接后,亦称"裤窿门"。

**6. 前、后裤中线**

前、后裤中线是位于前后裤腿片最中心位置的结构线,如果是西裤造型则一般由熨斗沿着此线定型成显著的烫痕,外观上这条烫迹线顺直挺括,所以前、后裤中线也被称为"烫迹线"或者是"挺缝线",前者是根据工艺命名,后者是依视觉效果命名。这两条线在裤子样板绘制时必须与臀围线成垂直,不得歪斜,裁剪时必须保持前、后烫迹线与面料的直丝绺一致性(否则会出现烫迹线歪斜现象),否则会严重影响裤子成品的质量。

**7. 前、后中心线**

位于裤子整体的前、后中心位置的结构线,也称"前、后上裆线"。前中心线由小裆弯和门襟劈势线两部分组成;后中心线由大裆弯和后裆困势线两部分组成。根据人体体型特征,裤子的前、后中心线应符合人体的腰腹部和臀部的形状,以及考虑人体的活动性和舒适性,因此前中心线呈小曲率、短结构线形,而后中心线呈斜长结构线形。

**8. 前、后裤口线**

确定前、后裤口宽的结构线,亦称"前、后脚口线"。在前后裤口线上得到的裤片尺寸即为前后裤口宽。根据人体体型的臀部大于腹部的结构特征,所以裤子的后片结构设计大于前片的结构设计,因此,后裤口宽度必定大于前裤口宽度。

**9. 前、后中裆线**

位于膝盖骨的位置,又称"膝位线"、"髌骨线"。在前后中裆线上得到的裤片尺寸即为前后中裆宽。按裤子轮廓的几何线形外观设计的需要,该结构线可上下移动,其作用是提供裤筒的造型设计,是很关键的一条基准线,另外裤子前后中裆的比例必须与前后裤口的比例保持平衡才能获得良好的裤筒形态。

**10. 前、后内缝线**

作用于下肢内侧所设计的结构线,亦称"前、后下裆线"。由于后内缝线的曲率必大于前内缝线的曲率,应采用吃势、拉伸、归拔的工艺,使两结构线的长度保持一致。

**11. 前、后侧缝线**

作用于髋部和下肢外侧所设计的结构线,亦称"前、后栋缝线"。由于后侧缝线的曲率稍大于前侧缝线的曲率,也应采用吃势、拉伸、归拔的工艺处理,使两结构线的长度保持一致。

**12. 落裆线**

落裆线是指后裆弧线低于前裆弧线的尺寸大小的一条基准线,为裤子的后横裆线,落裆量的作用是使裤子穿着更具适体性。

**13. 前腰省、褶裥**

裤子根据腰臀差量的大小决定设计腰省或者褶裥,位置就在前腰口线上。如果是褶裥通常会放置在烫迹线和侧缝线之间,根据款式设计有一至多个褶裥,有正、反裥之分。

**14. 后腰省**

与前腰省类似,后腰省的大小和个数也取决于腰围和臀围的差值。差值小就设计一个后腰省,大则设计两个后腰省。

**15. 后袋线**

后袋线是裤后身的款式特征,有一条或两条后袋线,在进行有后袋的裤子的结构设计时，通常是先确定袋口线，其次才是省道的绘制。

## 四、裤子的成品规格设计

裤子成品穿着在人体上之后是否合体与美观的关键是准确的规格设计。构成裤子成品规格的控制部位主要有长度方面的裤长、立裆深、下裆长，围度方面的腰围、臀围、裤口、中裆等。裤子的成品规格设计思路与其他服装品种类似，即有三种方式：一是量体采寸；二是成品规格采寸；三是查阅服装号型规格表设计。

### 1. 量体采寸

量体采寸是指在人体的净体尺寸上在各部位加上恰当的放松量的成品规格确定方式。影响量体采寸的规格设计的因素也无外乎人体的净尺寸、款式特征以及面料和工艺几个方面。裤子的结构与人体紧密相关，尤其是围度，合适的放松量设计是体现裤子合体与否的一个关键因素，因此人体净尺寸必然是成品规格的第一个决定因素；其次裤子的放松量还要考虑流行趋势、款式特征等，这个影响在某些部位也是比较重要的；最后服装的规格设计还要考虑面料性能、加工工艺特点、人体活动机能和穿着者的习惯、年龄、体型等因素，这些因素的影响也是不容忽视的，当然确定这样的影响幅度大小以及方向是需要实践经验的，它很难在书本中阐述清楚，需要读者自身在后续的实践中不断地完善。

图 7-5 是裤子样板设计时涉及的下肢各部位名称及其测量方法，同时也给出了人体部位与对应之裤子部位的专业术语及其测量部位示意图。图 7-6 专门图示了人体股上的测量方法，其对应裤装上的上裆尺寸。表 7-1 中提供了利用量体得到人体各部位尺寸之后，再根据日常生活中最常用的四种轮廓裤子的款式特征，其裤子样板设计时关键部位的放松量加放值，仅供参考，具体情况还需具体分析。

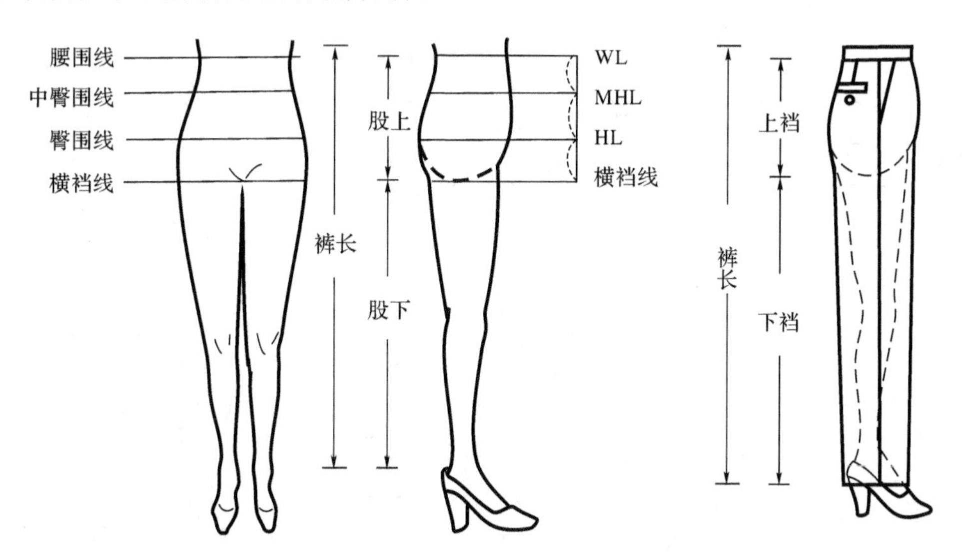


图 7-5　人体尺寸测量及其与裤子的对应部位术语

### 2. 成品规格采寸

通过对成品裤子中主要控制部位的尺寸直接用软尺量取，并根据款式要求进行适当调整、重新设计而获得裤子成品规格的方法称为成品采寸。其优点是简便、直观，所测量的尺

表 7-1 女裤围度放松量参考表 (单位:cm)

| 部位 | 人体净尺寸 | 紧身裤(倒梯形) | 基本款西裤(直筒形) | 喇叭裤(梯形) | 锥形裤(倒梯形) |
| --- | --- | --- | --- | --- | --- |
| 腰围 | 68 | 0～2<br>($W'$=68～70) | 0～2<br>($W'$=68～70) | 0～2<br>($W'$=68～70) | 0～2<br>($W'$=68～70) |
| 臀围 | 90 | 2～4<br>($H'$=92～94) | 4～6<br>($H'$=94～96) | 微弹 0～2、无弹 4<br>($H'$=90～94) | ≥10<br>($H'$≥100) |
| 上裆 | 25<br>(股上) | 0(25) | 0(25) | −2～−4<br>(21～23) | 0～2<br>(25～27) |
| 下裆 | 72<br>(股下) | −2(70) | 0(72) | 4(76) | −4(68) |
| 中裆 | 膝围(屈膝):35 | 0～1(35～36) | 等于或略大于裤口 | ≥膝围+1(松量) | 不需要确定 |
| 裤口 | 脚跟围:28 | 0～1(28～29) | 10～14(38～42) | 20～30(48～58) | 1～3(29～31) |

寸中已加了放松量;缺点是受到成品裤子款式的局限,难以灵活变化。此方法主要适用于来样复制,且会因选择与样衣的面料的材质风格不同而造成裤子成品规格设计的准确性问题。

为了成品规格的准确性,必须将裤子上的紧扣材料连接上,如裤腰头纽扣或裤挂钩、裤门襟拉链等。裤子的成品采寸方法如图 7-7 所示,测量操作时的部位要点如表 7-2 所列。

表 7-2 裤子成衣规格的测量部位与方法

| 部位 | 图中对应的字母 | 测量方法 |
| --- | --- | --- |
| 腰围 | A | 沿着腰围的上边缘测量 |
| 臀围 | B | 在裤裆底部往上约 8cm 的位置测量 |
| 横裆围(脾围) | C | 在裤裆底部往下约 2.5cm 的位置测量 |
| 中裆(膝围) | D | 在裤裆底部往下约 32～33cm 的位置测量 |
| 裤口 | E | 沿着裤口下边缘测量 |
| 前浪 | F | 从前腰中点上缘开始沿着前中缝测量至裤裆底点。纸样设计时要注意该尺寸已经包含了腰头的高度 |
| 后浪 | G | 从后腰中点上缘开始沿着后中缝测量至裤裆底点。纸样设计时要注意该尺寸已经包含了腰头的高度 |
| 裤长 | H | 从腰头开始,沿着裤子的外侧缝测量到裤口 |
| 腰头宽 | K | 垂直腰头长度方向量取宽度尺寸 |

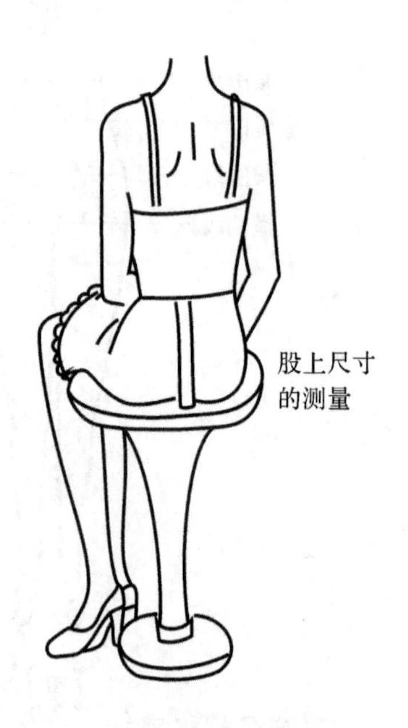


图 7-6 股上尺寸的测量方法

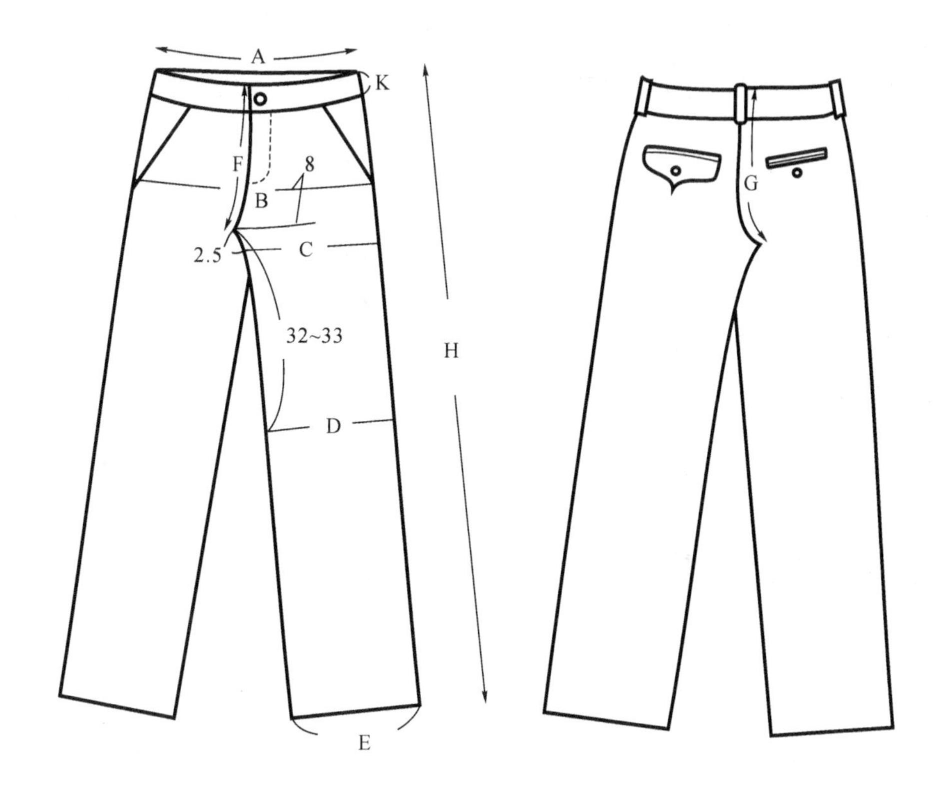


图 7-7　裤子成品规格的测量部位与方法

同时要注意由于服装的加工方式必然造成成品规格的稳定性、准确性存在一定的偏差，故由成品规格、尺寸得到的数据尽量取整，以方便后续的样板设计时的计算。

**3. 查表采寸**

查表采寸与人体采寸其本质是一致的，可以这么理解，就是量体采寸中的量体部分以直接查阅国家颁布的号型标准来取代。在工业化生产中，为了规范服装的规格，国家有关专业机构制订了一系列的服装号型标准规格，这些在第二章都有讲述，这里不再重复。

## 五、女裤的面辅料选择与应用

**1. 裤子面料的选择**

裤子是实用性很强的服饰品种，通常采用的面料在强调穿着舒适的前提下，还应具有一定的抗皱性、牢固度、耐磨性和耐洗涤性，要求面料质地紧密、布面效果相对平整而坚固。以涤、棉、毛以及各种混纺原料织制的中厚型面料为主，如：平整风格的凡立丁；凹凸风格的马裤呢、灯芯绒；光泽风格的皮革、金属涂层；硬挺风格的板司呢；质地厚实的卡其、牛仔布；起毛起绒风格的麂皮绒、绒布或具弹性功能的面料。这些都是不同季节、不同类型裤子经常使用的面料。如夏季常用的是棉质或化纤类轻薄凉爽的面料，追求休闲、飘逸的风格；冬季则多采用呢绒、起毛等厚重一些的面料。

裤子的色彩往往与上衣的设计相呼应，通常以沉着稳重的色彩为主。裤料一般以染色居多，此外是传统的色织条格，代表性的有隐条、细铅笔条、小方格、千鸟格等，但应避免横条织物。

**2. 裤子辅料的选择**

根据服装材料的基本功能和在裤装中的应用，裤装辅料主要包括里料、衬料、拉链、纽扣等。

裤子的里料一般有两种，一种是类似于西装的里衬，需要里衬的裤子工艺常见于高档西裤，其选择思路与西装类似，要更多地从色彩、性能、质量等方面出发考虑与面料的匹配程度。另一种里料是裤子内部的零部件比如裤子口袋，有的裤子甚至是裤腰里、里襟里也采用里料来制作，这种情况一般会采用牢度高、手感舒适的高支纯棉布或者混纺棉布。

裤子上需粘衬的部位有裤腰头、裤脚折边、兜盖、袋口等部位，以不影响裤子面料手感和风格为前提，从而加固裤子的局部平挺、抗皱、宽厚、强度、不易变形和可加工性。

在裤子上使用较多的拉链是一端闭尾的常规拉链。材质有尼龙和金属，金属拉链常见于牛仔裤，而尼龙常用在西裤上。纽扣的使用也与拉链类似。

# 第二节　女裤基本样板的结构设计

人体的体表是一复杂的形体，尤其是腰臀部位。裤装是紧贴人体腰臀部位的下装，同时又有裙子所不考虑的裤裆结构，因此裤装结构较为复杂。要设计出贴体、美观的裤装，局部的一些部位相对要比上装难度高。女裤和裙子在结构设计方面有着相似的特点，如裤子的省道、褶裥和分割线的设计，以及腰、臀差的处理等与裙子的结构原理完全相同，且在围度上也同属 1/4 比例分配结构形式。裤子与裙子的最大不同在于裤子有裆部结构，在横裆线以下还要设计裤腿。这一方面增加了裤子结构的难度，但另一方面也让裤子的结构变化受到了裆部结构的制约，其款式变化的自由发挥空间就大大小于女裙。

裤装结构设计重点在上部，难点在裆部。裤子纸样设计的关键在于：根据款式设计的要求，以准确的放松量把握裤子的前、后腰围线上的褶裥和省道量的分配；裤子后翘的高低以及后裆缝困势的大小和前、后裆的比例选择。

裤装结构的基本样板，其各部位的结构设计都是传统而经典的，是各种其他裤装结构设计变化的基础，亦可作为其余变化裤装之原型。如前所述，样板的设计方法有多种，但在我国，绝大多数的裤子样板采用比例法来设计，因为，裤子的立体裁剪受到人台的限制，很难开展，另外由于裤子的结构相对简单、又受到裤子裆部结构的制约，其变化空间小，在此种情况下，原型法样板设计的优点无法发挥，综合考虑比例结构设计法来设计裤子样板既简便又有效率。本教材亦不例外，采用比例分配法来设计裤子的基本样板。

## 一、款式设计

女裤基本样板一般采用直筒轮廓的西裤样板，之所以被称作西裤是其常常与西服成套出现，是西服套装之下装。该款式特征合体、庄重，展现最传统经典的基本裤型，基本样板一般都是采用此裤型(图 7-8)。西裤整体呈现直筒型，裤口略小于横裆和臀围，主要由两片前裤片、两片后裤片和一腰头构成。通常，裤子的前腰口线处各有两个倒向两侧缝的单褶，合体度高时可以是省道。前片一般设计斜插袋，后裤片可以设计挖袋，后片挖袋结构是男西裤固定结构，但是对于绝大部分女裤而言已经省略了后挖袋。同样，正统的女西裤，前裤片会

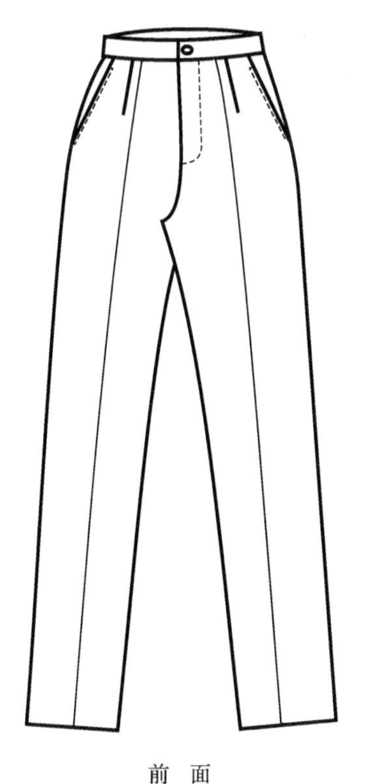

前　面

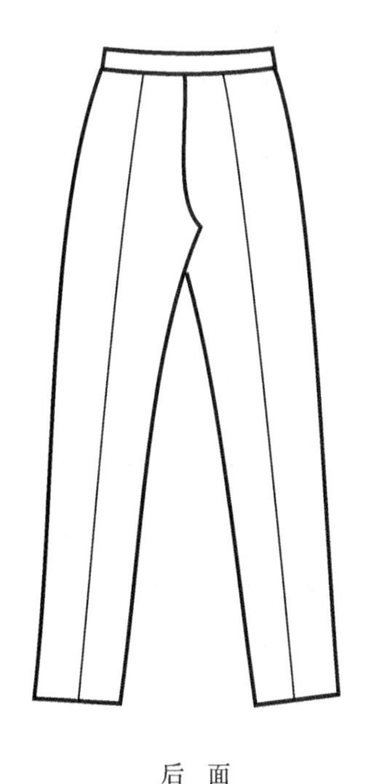

后　面

图 7-8　女裤基本款

设计内衬里子(亦称“护膝绸”,分半膝绸和整膝绸),现在大部分也被省略了,只是出于更加实用、更简化工艺、更节约材料的目的。

适用面料:面料范围较广,选用化纤类、棉布类、呢绒类等都较常见。

## 二、规格设计

表 7-3 是女西裤成品规格设计表。在此表中所列的各部位尺寸遵从表 7-1 中所列的各轮廓裤装之规格设计的指导原则,注意表中具体数据是以 M 号为例的,这是绝大多数服装生产企业的母板号型。表中的尺寸不含其他任何影响成品规格的因素,如缩水率、缝缩烫缩等。另外表中的裤长尺寸包含腰头宽,而上裆尺寸则不包含腰头宽。后续各类裤子的规格设计表中各部位尺寸如果没有特别说明,是与此例一致的。

**表 7-3　女西裤成品规格设计**　(单位:cm)

| 号/型 | 部位名称 | 裤长 | 上裆 | 腰围 | 臀围 | 下裆 | 裤口 | 腰头 |
|---|---|---|---|---|---|---|---|---|
| 160/68A | 人体尺寸 | 100 | 25 | $W$: 68 | $H$ :90 | 72 | 28 | |
| | 加放尺寸 | 1 | 0 | 0～2 | 4～6 | 0 | 12 | |
| | 成品尺寸 | 101 | 25 | $W'$:68～70 | $H'$:94～96 | 72 | 40 | 4 |

## 三、样板设计(如图 7-9～图 7-11)

在学习裤子基本样板的设计方法之前,先把整体的步骤了解清楚,即首先绘制前后裤片的基础线(图 7-9),即整个裤子的框架结构,然后再勾勒出前后裤片的轮廓线以得到裁剪用前后裤片样板(图 7-10),最后根据前后裤片的结构配置零部件(图 7-11)。

在具体实践中裤子的绘制过程大约是在类似于直角坐标系的第三象限中展开的,故请安排好制图的大致空间布局。

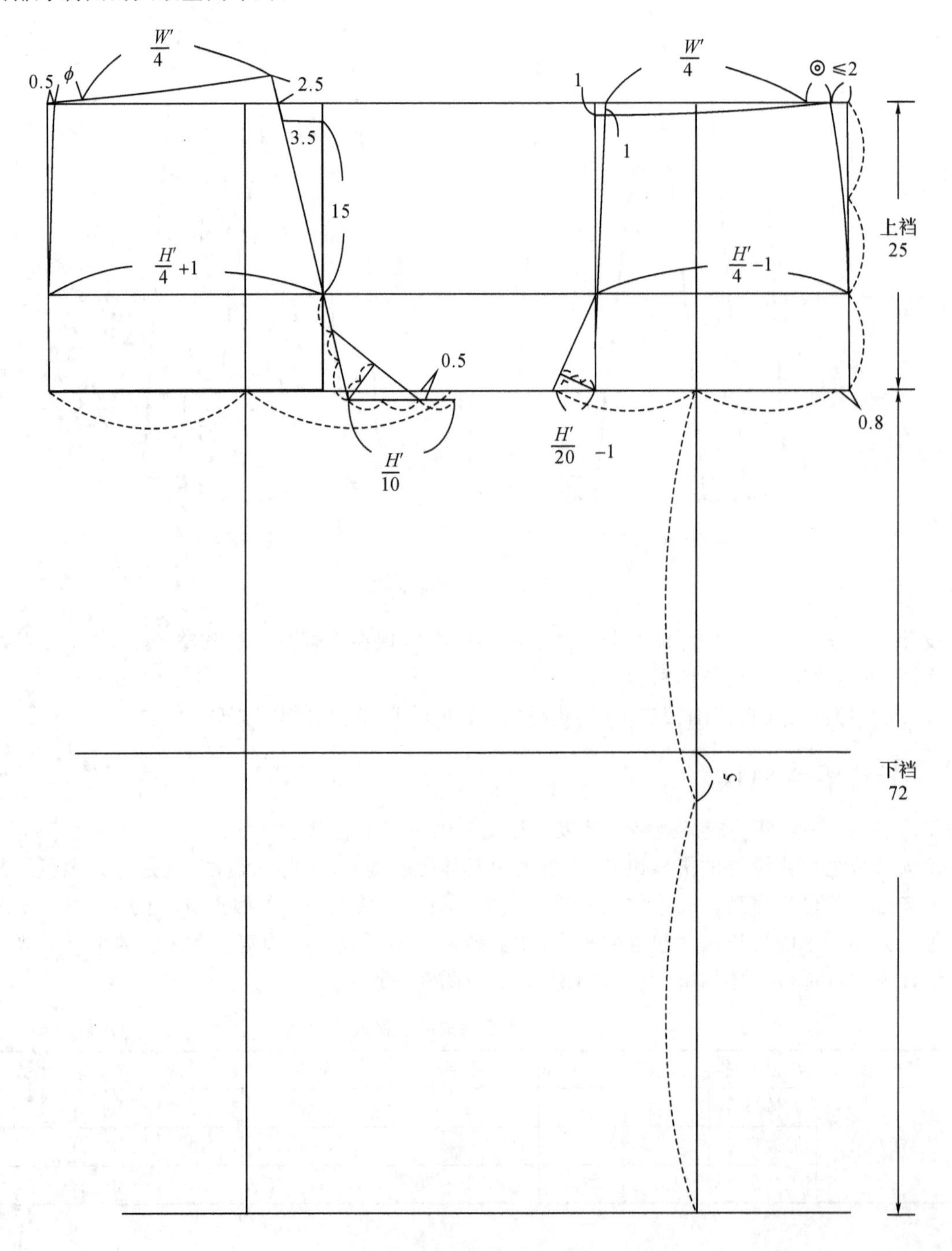


图 7-9 女裤基本款的基础线

**1. 前裤片基础线的绘制(图 7-9)**

① 前侧缝辅助线:在空白纸张的右下角从右往左画一小段水平线,此线段长度取上裆尺寸 25cm。

② 腰围辅助线:过刚画的水平线右端点向上作一条竖直线即得到腰围辅助线。

③ 横裆辅助线:过刚画的水平线左端点向上作一条竖直线即得到横裆辅助线。

④ 臀围辅助线:三等分上裆尺寸,过靠近横裆线之等分点向上作一条竖直线即为臀围辅助线。

⑤ 取前臀围:在臀围辅助线上,按照公式 $H'/4-1$(22.5cm)画出前中心辅助线。

⑥ 取前裆宽:在横裆线上,离开前中心线向上取 $H'/20-1$(3.7cm)作为前小裆宽。

⑦ 前裤片中线:在横裆线上,离开前侧缝辅助的下平线往上取 0.8cm 作为辅助点,此辅助点与前小裆宽端点之间的尺寸即为前裤片的横裆宽度,二等分此前横裆宽得到一中点,过此中点作一条水平线就为前裤片中线。

⑧ 前裤口线:距离臀围从右往左取下裆尺寸 72cm,然后画一条垂直于裤片中线的直线即为裤口辅助线。

⑨ 前中裆线:二等分下裆尺寸,并将此等分线往臀围方向移动 5cm 得到一点,过此点仍作一竖直线即为中裆辅助线。

⑩ 前腰口弧线:前中心劈势 1cm,前侧缝线劈势取 2cm(一般建议≤2cm),前腰中点下凹 1cm 所画的前凹弧线即为前腰口弧线。

**2. 后裤片基础线的绘制(图 7-9)**

由现有的前腰口线、臀围线、横裆线、中裆线以及裤口线等辅助线往上延长一段即得到后裤片相应部位的辅助线。

① 后侧缝辅助线:为了让前后裤片的样板都有足够展示空间,不至于前后裤片相互重叠,距离前裤片的下平线大约 70cm 处画一小段位于腰围线和横裆线之间的水平线,此线即为后裤片的侧缝辅助线。

② 取后臀围:在臀围辅助线上,按照公式 $H'/4+1$(24.5cm)画出出后中心辅助线。

③ 作后上裆斜线:在后中心辅助线上,以臀围线为起点,取比值为 15∶3.5,作后上裆斜线,沿斜线向腰围外延长 2.5cm 为后腰翘势。

④ 取后裆宽:在后横裆线上,以后上裆斜线为起点,沿横裆线向下取 $H'/10$(9.4cm)即为后大裆宽度。

⑤ 落裆:往裤口方向距离后横裆线 0.5cm 画的一小段竖线即为落裆。

⑥ 后裤片中线:在横裆线上,二等分后大裆宽端点与后侧缝辅助线之间的距离,并过此等分点作一条水平线就为后裤片中线,此水平的裤中线与裤口线和裤中裆线自然相交。

⑦ 后腰口线:后侧缝劈势 0.5cm,用直线连接此点与后上裆斜线延长 2.5cm 的点所得的直线即为后腰口线。

**3. 前裤片轮廓线的绘制(图 7-10)**

① 前裤口宽:根据公式“裤口/2-2cm”在裤口辅助线上截取,注意裤中线左右两侧的裤口尺寸必须相等。

② 前中裆宽:在前横裆线上,距前小裆端点 2cm 取一辅助点,以直线连接此辅助点与前裤口辅助线上的内缝点,此直线与中裆辅助线有且仅有一个交点,量取此交点与前裤中线的

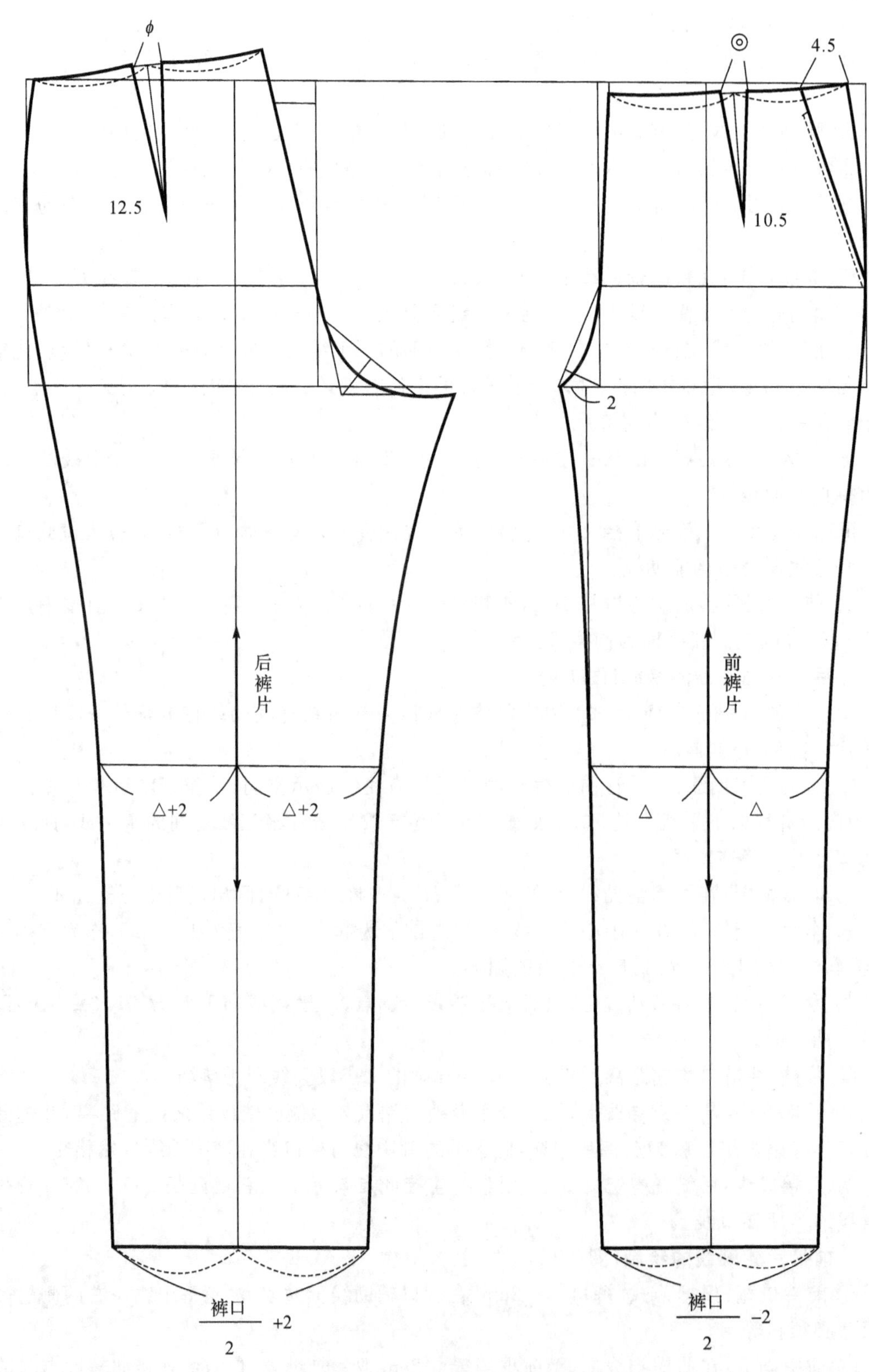


图 7-10 女裤基本款的轮廓线

距离，其尺寸记为符号“△”。在中裆线上的裤中线另一侧也取“△”的距离。前裤片的中裆宽度就是2“△”。

③ 前小裆弧线：结合图7-9，三等分前裆部位的直角三角形的高，取靠近斜边的等分点为辅助点，最后过此辅助点以凹弧线从前小裆端点圆顺接至前中心线。

④ 前内缝线：中裆至裤口必须是直线，中裆至横裆是微微的凹弧。

⑤ 前侧缝线：中裆以下必须是直线，中裆与横裆之间是略有凹凸感的自然顺接曲线，横裆线以上画与裙子侧缝相似的凸弧线。

⑥ 前腰省：见图7-9，在前腰辅助线上根据公式“$W'/4$”(17cm)截取成品所需的前腰围量，剩余量则利用省道或者褶裥处理直至与腰头尺寸吻合。这里的剩余量记为符号“◎”(此图约2.5cm)，可以设计成一个前腰省。剩余量的大小取决于成品规格设计中腰围和臀围的差量，如果量小则直接在前腰中点做一个与裙子相似的前腰省(本例中的处理方法)，如果此量较大则设计一个活褶。

⑦ 前斜插袋：插袋上口距离前腰侧缝4.5cm，袋口下口止点可以选择在臀围线处，用直线连接这两点即得斜插袋袋口。西裤袋口常常取直线形，袋口大小根据号型大小取14～15cm。

⑧ 作丝缕符号：平行于前裤中线的方向是面料的直丝方向，不能有一丝丝的偏斜，尤其是对于西裤而言。

**4. 后裤片轮廓线的绘制(图7-10)**

① 后裤口：根据公式“裤口/2＋2cm”在裤口辅助线上截取，注意裤中线左右两侧的裤口尺寸必须相等。

② 后中裆宽：在裤子的结构设计中，为了获得平顺挺直的裤腿外观，中裆与裤口之间的结构不仅要左右完全对称，而且前后裤片的长度和丝缕也必须完全一致。这意味着前后裤片在裤口位置的差值在中裆位置仍然要保持。反映在此裤片结构设计中，前后裤口的差值是4cm，以裤中线为对称左右分列，一半即是2cm，因此后裤片的中裆尺寸在后裤中线左右必须各取“△＋2cm”，只有这样才能保证裤腿的前后平衡。

③ 后大裆弧线：结合图7-9，二等分后裆部位的三角形底边高，过此等分点以凹弧线从大裆的落裆端点圆顺接至后上裆斜线。

④ 后内缝线：中裆至裤口必须是直线，中裆至横裆是微微的凹弧。

⑤ 后侧缝线：中裆以下必须是直线，中裆与横裆之间是略有凹凸感的自然顺接曲线，横裆线以上是凸弧线。

⑥ 后腰省：见图7-9，在后腰辅助线上根据公式“$W'/4$”(17cm)截取裤子成品的后腰围，其与侧缝之间的剩余量“$\Phi$”(此图约2.5cm)即为后腰省的量。与前裤片的道理相同，此量小于3cm就在后腰中点设计一个后腰省，如果此量较大则设计两个后腰省。

⑦ 作丝缕符号：平行于后裤中线的方向是面料的直丝方向，不能有一丝丝的偏斜。

**5. 零部件的制图(图7-11)**

此基本款各个零部件的净样制图方法如图7-11所示。

① 腰头：采用长条形结构，其上口可以连裁也可以断开，如果是连裁只需要裁剪一块腰头裁片，如果是断开就有腰面和腰里两个裁片。注意腰头上预留的底襟宽尺寸要与裤子的里襟宽度相等。腰头取横丝。

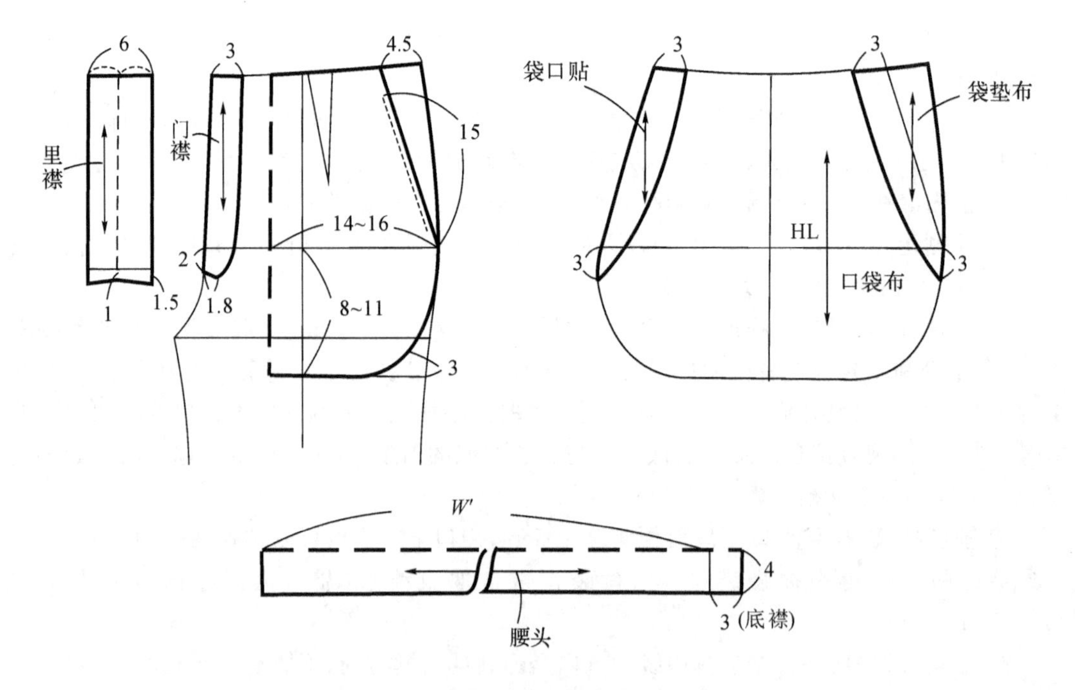


图 7-11　女裤基本款的零部件样板设计

② 门襟:门襟样板是在前裤片基础上绘制的,沿着前中心线画出门襟,门襟宽度可取3cm左右,下口一般需要超出臀围线2cm左右。

③ 里襟:里襟宽度与门襟没有关系,但是与腰头的长度是密切相关的。成衣后翻看裤子里面可知里襟缝在门襟外面,因此里襟的长度可取略长于门襟,以盖住门襟下缘。

④ 袋贴布:做光斜插袋袋口的内贴边,注意丝缕方向。

⑤ 袋垫布:袋口下面外观上可视的部分,是前裤片的一部分,用面料裁剪,其丝缕应与裤片大身一致。

⑥ 口袋布:口袋布可大可小,具体根据裤子款式和需要确定。其结构因为斜插袋而无法完全对称,其一侧与袋口缝合而另一侧与侧缝缝合。口袋布一般采用高支棉的细平布织物或混纺平纹细布裁剪制作,其丝缕与大身一致。

## 四、基本样板结构分析

裤子与裙子在结构上既有共性也有特性。共性是它们都属于下装,包裹的人体部位一致,在对人体体型结构的理解和分析的内在逻辑是一致的,同时裤子和裙子一样都是采用比例裁剪中的四分之一片来分配。但是裤子和裙子又有根本的区别,那就是裤子有裆部结构,其横裆以下结构必须要考虑到两条腿的事实,而不是像裙子一样仅仅将臀围以下结构模糊成一个圆台的立体。下面将详细分析裤子的结构与女性体型的关系以及这样的关系又是如何影响着裤子的结构设计的。

**1. 腰围线的位置、腰围放松量和腰围线的形态**

① 腰围线的位置、腰围放松量:与裙子类似,同为下装的裤子,腰围是作为裤子的支撑位置而存在的,其稳定的腰围线位置以及腰围放松量的选择皆与前一章中裙子部分的相关

内容一致。

② 前后腰围线的形态：裤子样板中腰围线的结构却与裙子有很大不同。由于裤子具有裆部结构，故在设计腰围线时不仅要考虑到人体腰臀部位的立体构造，同时还要考虑人体的运动。具体来说，裤子的前腰线为中间低侧面稍高的凹弧线，后腰线则为后中高侧面低的斜线，后翘取 2cm 或 2.5cm 为常见。这个后翘量主要是为人体坐、弯腰时后臀部的伸展活动而设计的，保证人体穿着裤装时能够进行正常活动。

**2. 臀围线位置和臀围放松量**

① 臀围线位置：裤子的臀围线不同于裙子的臀围线。裙子的臀围线仅用来确定臀围的位置以及决定臀围的放松量。裤子的臀围线除具有以上功能之外，还制约着前后裆弯的深度，因而对裤子外观美和运动功能都有更深刻的影响，正确选择臀围线位置至关重要。裤子臀围线的确定一般有两种方法：一是按照距离横裆线为三分之一上裆尺寸来确定臀围线，这种方法的优点是简明扼要，不需计算，给样板设计带来极大的方便；缺点是臀围线会依不同裤型上裆尺寸取值的不同而有所变化，这就与人体臀围线不会随着裤子款式的变化而变化，它是固定不变的事实不符。另一种方法是根据人体的净臀围尺寸来推算出臀围线的位置，即臀围线用距离横裆线 $H/12$ 计算得到的数值画出，这种方法的理论依据是人体的臀围位置与自身的臀围大小有一定的比例关系，即臀围大，臀围线的位置就高，反之就低。本教材裤子原型的臀围线采用第一种方法来确定，没有任何问题，在后面的不同款式的应用中也充分考虑到臀围线不能随着上裆尺寸改变的事实，做了样板设计上的变通，具体参见后面的范例。

② 臀围放松量：臀围的放松量首先取决于裤子的轮廓造型，其次也必然受到着装者的年龄、面料、工艺以及其他一些因素的影响。与裙子比较，同为下装的裤子，虽说其臀围放松量的内限值也是 4cm，但是由于裤子有裆弯结构，在人体的活动过程中，裆弯的存在必然要影响人体腰臀部位的伸展活动，故同为 4cm 的基本放松量，裤子较裙子的穿着感觉要紧一些，有一定的束缚感。这也是裙子基本原型的臀围松量建议取 3～4cm，而裤子原型一般取 4～6cm 的原因所在。

一般来讲紧身牛仔裤臀围放松量可以取 0～2cm，合体的无褶裤或者是休闲裤可以参照裤子原型 4～6cm 适当增减来选择。在真正实践中人们更趋向于选择小一些的放松量，这是因为现代女性身心都得到极大解放，尤其年轻女性越来越喜爱合体紧身的服饰。越贴身合体的裤子越能体现出女性腰臀部位的比例，甚至是大长腿的优美线条，这也是近十几年来铅笔裤、紧身裤、牛仔裤等更紧身的裤子比西裤更流行、经久不衰的原因。如果西裤的款式在前裤腰口处设计了褶裥，则需要设计 6～8cm，甚至是 10cm 的臀围放松量，10cm 以上的臀围松量常见于锥形裤等宽松造型中，此时的臀围松量设计可以根据需要自由发挥。

**3. 横裆线、上裆尺寸、下裆尺寸及裤长**

① 横裆线：裤子的横裆线在人体着装时处于人体躯干与下肢的分叉处，即股点附近，与水平的围度线相互平行。横裆线位置主要考虑人体的上裆尺寸，它的采寸大小直接影响裤子的外观上的合体度与穿着舒适性。横裆线高，裆底接近股点，裤子的裆部合体度高，如合体的牛仔裤；反之裆底与股点之间有空隙，裆部宽松，穿着舒适，如宽松的锥形裤。

② 上裆：上裆又称“直裆”、“立裆”，是指裤片结构中腰围线与横裆线之间的垂直距离，与人体测量中获得的股上尺寸相对应。股上尺寸（见图 7-6）是上裆尺寸设计的基础，两者

之间的差量即是上裆的松量,由裤子的款式特点决定。上裆尺寸较小时,裤子裆底合体度高,紧贴人体腰臀部位,展现出人体的优美线条,适合紧身裤类;反之上裆尺寸较大时,裤子裆底不附体,穿着舒适,但是外形相对松垮,多出现在宽松休闲的裤子造型中。当然,上裆尺寸过短或过长都不合适,如果太短会出现勒裆,太长又反而会阻碍下肢的活动。总之,上裆是裤子的主要成品规格之一,其比例设计直接影响到裤子的美观、舒适以及运动性能,一定要与裤子臀围、裤长的成品规格一起通盘考虑。

确定上裆数值大致有测量和计算两种方法,其中测量法具体参照第三章人体测量一节中的相关内容。由于人体测量对测量者的素质要求较高,再加上股上尺寸本来就相对难以把握,可能几次测量结果相互之间的误差较大,导致样板设计者无所适从,因此不少样板师也喜欢使用比例法来推算上裆尺寸。当然用于推算的比例公式五花八门,各种类型都有,这里就介绍相对计算简单便捷的臀围推算法($H/4+2$)来获取上裆尺寸。对于形体欠标准者,用此方法推算上裆,裤子可能会出现不合体的状况,建议还是采用量体采寸比较可靠。

③ 下裆:下裆尺寸是指裤子结构中横裆线与裤口线之间的垂直距离,直观来说就是横裆线以下裤腿的长度(图 7-5)。下裆与人体测量中获得的股下尺寸相对应,但在实际操作中,股下尺寸并不容易通过直接测量得到,常通过计算来间接获得,总体把握就是侧面测量得到的腰围高尺寸减去股上尺寸,但是要特别注意开始测量的腰围线起始位置是否相同,以及是否包含腰头。这个不难理解,得到精确的数据肯定要求测量起点在同一水平高度,否则测量本身带来的误差足以污染测量结果。

在裤子的样板设计中下裆的计算相对简单,就是裤长减去上裆再减去腰头宽,本质上下裆尺寸决定了裤子的长短。

④ 裤长:裤长是裤子样板设计中的一个重要尺寸,一般可以从腰头开始沿着人体的外侧测量至所需要的裤子长度。需要强调的是裤长是一个设计值,它要根据款式而变化。有下裆尺寸人为拉长的拖地喇叭裤,也有超级迷你短裤,中间更是各种长短,林林总总,这些都丰富了裤子品种。另外,一般情况下裤长尺寸中是包含腰头高的,当然也会有例外,仅指裤片长度,但这种情况极少发生,在具体案例中要注意加以甄别。

**5. 前后裤中线**

前后裤中线是决定和判断裤子造型及产品质量的重要依据。它作为裤装的纵向中轴,决定裤装内侧和外侧的松量分配,从而决定立体造型。在中裆至裤口的区域内,裤中线两侧的面积应该呈现全等图形。另外,绘制样板时应严格使裤中线与臀围线、横裆线成垂直,否则倾斜的裤中线会导致裤腿的偏斜;裁剪时应该使裤中线与面料的经纱方向一致,否则会由于合缝时裤片前后侧缝线、前后内缝线纹路的差异而导致脚口扭曲,从而影响产品质量。

在传统西裤的工艺中,裤子的前后中线有更加重要的意义,因为它需要把此线烫成一条挺直的折缝,故通常老师傅都叫裤中线为烫迹线或者挺缝线。在确保前、后裤片的烫迹线在排料时为直丝缕的前提下,前裤片烫迹线的位置总是在前横裆线的二等分点位置,延长此线决定前横裆、中裆、裤口规格数值的对称,称为三对称前裤片。而后裤片烫迹线并不完全是三对称结构线(中裆线、裤口线对称,横裆不一定),具体会根据裤子款式和工艺制作方法的不同有所变化。主要有以下三种情形,具体采用哪种会依裤子品种和所用的面料而定。基本款样板采用下述②的情况。

① 后裤片烫迹线位于三对称位置,这种结构形式的裤子在制作时不需归拔的工艺,裤

后片烫迹线呈直线形状。

② 后裤片烫迹线位于后横裆线二等分点向侧缝方向偏 0.5～1cm 的位置，这种结构形式的裤子在制作时稍作归拔工艺的处理，来达到三对称结构，裤后身片烫迹线呈微弯曲形状。

③ 后裤片烫迹线位于后横裆线二等分点向侧缝方向偏 1～1.5cm 的位置，这种结构形式的裤子在制作时必须进行归拔工艺的处理，来达到三对称结构，裤后身片烫迹线呈合体的曲线形状。注意并不是所有的面料都能通过归拔工艺达到面料本身的形变最终塑造成复曲面立体的，只有那些在热湿状态下有良好形变能力并能在形变后保持的面料才能发挥归拔工艺的优势，纯毛或者混纺织物相对来说具有这样的能力。

**6. 前后裤口线与裤口围度**

裤口的大小与横裆紧密相关，由于后片横裆宽度大于前片，为了保证裤片前后内外侧缝线的平衡，前裤口应小于后裤口。设计原则是：若前后片在臀围位置是相等的，则前裤口取裤口/2－1cm，后裤口取裤口/2＋1cm，两者的绝对值相差 2cm；若前裤片在臀围位置比后裤片小 2cm，则前裤口取裤口/2－2cm，后裤口取裤口/2＋2cm，两者的绝对值相差 4cm。本教材中图 7-10所示的裤子基本样板就是采用了上面第二种裤口的分配形式。

裤口的大小最主要取决于款式特征，比如喇叭裤要塑造出上小下大的喇叭轮廓，其裤口尺寸要取得夸张，同为喇叭裤也会根据流行的不同有很多种尺寸，在服装的流行史上确实也出现过各种裤口大小的喇叭裤。另外人体体型也会影响裤口的选择，比如腿粗的女子，裤口可以适当选择大一些，这样可以避免显露体型缺陷。如果没有经验来确定裤口大小，则可以按照公式 $0.22H$ 计算裤口宽，然后求整即可。

**7. 前后中裆线与膝围**

中裆线与人体上的膝盖骨位置相对应，又称膝围线。中裆线是裤腿造型的主要辅助线。在设计裤子样板时，为使穿着者的小腿显得修长，通常人为地提高中裆线的位置，所以中裆线的位置可以按股下尺寸的中点上提 4～7cm 来确定，基本样板中取 5cm。中裆线也可以按臀围线和裤口线的中点来确定。由此可见中裆线作为辅助线，其位置并不是完全固定的，会根据造型的需要而上下移动，但合体和紧身的造型，中裆线变动幅度不大，其位置要尽可能地遵从人体膝盖的原始位置，膝盖位置如果有一定的松量则可以适当地提高以产生更加修长的小腿部位。利用这种方法确定中裆位置，注意选择中裆位置还要考虑到下裆尺寸在不同裤子款式中的变化。

**8. 前小裆弯、后大裆弯弧线**

前小裆弯是指裤片前中线由臀围线起始一直到横裆线的弯弧线，此段弧线曲率小、长度短；后大裆弯是指裤片后中线由臀围线起始一直到大裆宽点的弯弧线，此线弯度急而深、长度长，故称之为大裆弯。裤子的大、小裆弯结构是区别于裙子结构的本质所在，也是影响裤子造型的重要因素之一。裤子的裆弯结构与人体臀部特征以及下肢连接处所形成的结构特征关系密切。从人体的侧面观察，如图 7-12(a)，臀部像一个前倾的椭圆形，以耻骨联合作垂线，把前倾的椭圆分为前后两个部分，前一半的凸点在中腰围线上为腹凸，靠下较平缓的弧线正是小裆弯，后一半的凸点在臀围线上，位置靠下为臀凸，靠下较弯急的弧线正是大裆弯。大裆弯要大于小裆弯可以从体型和运动两个方面来理解：一是观察比较前后人体，后臀部的突出要大于前面腹部的突出，故从人体本身构造特征来说就要求后片的大裆弯大于前片的小裆弯；另一方面,从人体臀部屈大于伸的活动规律来看,后片的大裆弯要增加必要的活动松量。

由图7-12(b)可知,决定裤子大、小裆弯的人体部位主要有两个方面:第一,人体臀部的厚度决定了大小裆弯的水平方向的宽度,即通常所说的大小裆宽;第二,人体臀围线至大腿根部的纵向距离决定了大小裆弯竖直方向的深度。显然人体的臀部越厚,其大小裆宽之和即裤笼门应该越大,反之瘦弱的体型臀部扁平,则其裤笼门应该适当减小才能达到合体的要求。综上所述,大小裆弯的设计关键取决于大小裆宽,而大小裆宽与人体臀部厚度有着怎样的关系呢?如图7-12(b)和(c)所示,设中号女性的臀部厚度☆=20cm,则$\frac{2}{3}$☆即13.3cm,为裤子的大小裆宽之和即前面所说的裤笼门宽,这个数据跟基本样板中的大小裆宽之和基本相等,剩下的$\frac{1}{3}$☆大约6.7cm则分配到前后裤中心线的劈势当中了。鉴于人体臀部厚度尺寸无法在众多号型系列的国家标准中找到,显然利用人体臀围来推算裤片的大小裆宽更具有现实意义,事实上这样的公式也确实有很多,但前面的基本样板设计中是选取了计算最简单,同时裤子成型效果优美的一套公式,即前小裆宽$=H'/20-1$,后大裆宽$=H'/10$。当然这套公式也不是一成不变的,在实际运用中需要根据裤子造型的不同做适当的增减,以完成更理想的裤子样板。后面一节的具体裤子样板案例中有涉及。

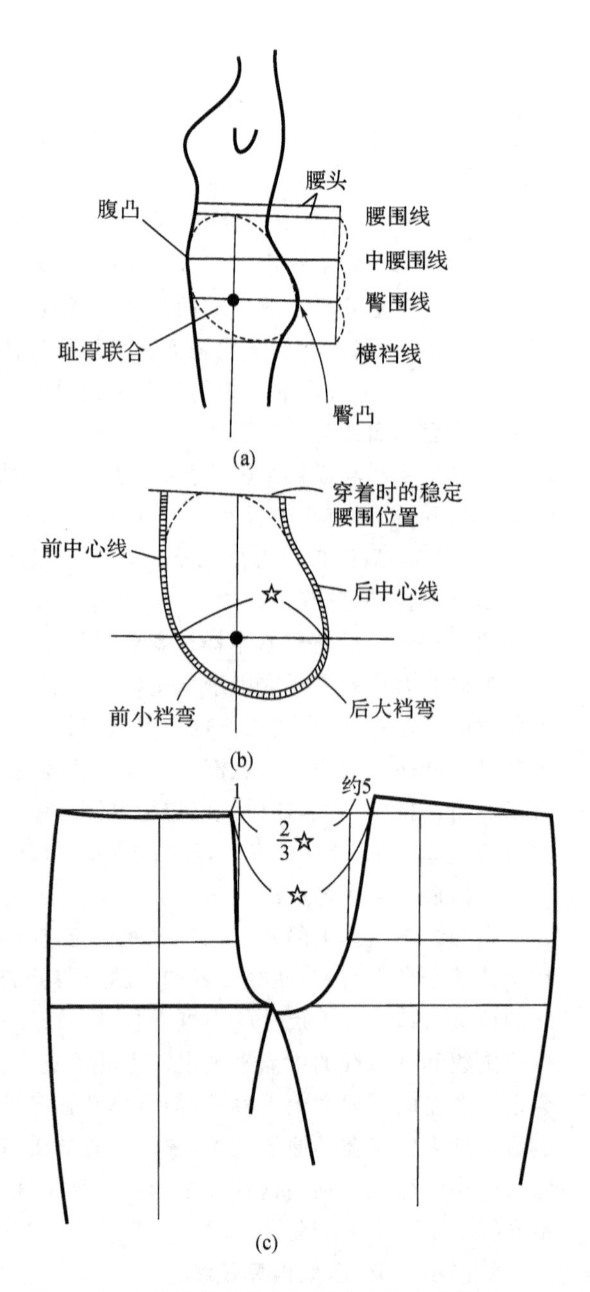


图7-12 人体裆部结构与裤子大小裆弯的关系

图7-9中裤子基本样板的裆弯设计能满足合体和运动的一般要求,是合体性和运动性能兼顾并保持平衡的最佳设计。当缩小大小裆宽的时候,服装对人体的压力将增加,会产生束缚感,这就需要增加材料的弹性来释放这种服装压。因此当用针织物、牛仔布、皮革等弹性材料设计合体、紧身裤时可以适当地减少大小裆宽量。相反,当我们要增加横裆量的时候,要注意无论大小裆宽增幅多少,都应保持小裆宽与大裆宽的比例关系;并且在增加大小裆宽的同时,也要相应地增加臀部的放松量,使整体造型趋向于平衡。总之,裤子的大小裆

宽是影响裤子前后部位造型的关键，其值较小时，裤子贴合人体，能展现人体臀部的优美轮廓；其值较大时，裤片不贴合人体，会影响臀部造型。

**9. 后翘与后裆斜线**

后翘和后裆斜线是裤子仅有的结构形式，其目的就是为了增加裤子后中线也即后浪的长度。如图 7-12(a)所示，女体前面的腹凸小，而后面的臀凸大，而人体的腰围作为裤子的支撑部位是一前高后低的接近水平的断面，也即意味着穿着裤子后，其前后腰口基本处于同一水平面，因此必然要求裤片的后裆斜线与后裆弧线之和大于前中线与前裆弧线之和，同时裤片的前后侧缝线又必须等长，因此后中线形成一定斜度并适当上翘的后腰口线就成了必然的选择；另外考虑到人体腰、臀部位的运动特点，人体腰、臀部位的运动大都是往前运动，往前的运动机会多，幅度大，当臀部前屈时，后臀部位的人体皮肤伸长，自然要求裤子后翘增加。

既然后翘和后裆斜线都是为了增加裤子后浪的长度，那影响其取值的因素有哪些呢？显然人体腰臀部位的生理结构特征是最关键的影响因素。对比观察人体的臀部构造与裤后片的结构后可知，后裆斜线的设计是为了吻合人体臀大肌的凸出与后腰部位形成一定的坡度的生理特征，因而后裆斜线的斜度取决于臀大肌的凸出程度，它们之间成正比的关系。臀大肌的凸出越大，其裤片的后裆斜线越斜，后裆弯就自然越宽，同时后翘也应越大；反之，臀大肌的凸出小，其后裆斜度就应越小，后翘也越小以适合臀部扁平的人体，具体的样板变化可以由图 7-13 给出答案。

**10. 落裆**

落裆是指后裤片横裆线低于前裤片横裆线的结构方式。产生落裆有体型与运动方面的考虑，亦有工艺方面的需要。

从图 7-12(a)中腰臀部的构造特征来看，人体后裆弯的最低点要低于前裆弯的最低点，另外如前所述，人体向前屈运动的机会和幅度都要远远大于后伸，落裆量的增加可以使后裆弯伸长，也增加了整个裆弯尺寸。

最后从裤子的缝制工艺来说，合缝的前后裤片内缝应该等长，由于后裤片大裆宽取值大于前裤片的小裆宽，裤中线的位置以及前后裤口与中裆大小三对关系使得后裤片内侧缝的长度长于前裤片内侧缝线。为了使合缝线等长，就需要后裤片落裆。落裆量的大小与前后裤片的内侧缝的长度差异有关，差值大落裆量大，反之差值小落裆量小。例如短裤的内侧缝由于后裆点的角度很小，内侧缝的斜度很大，为了裤口的顺接，裤口要下翘一定的量，这就造成了其后内侧缝大于前内侧缝。为了与前裤片平衡，就只能加大后片的落裆量，常见为 2～3cm，如图 7-14 所示。裤口越小，则后片的内侧缝线斜度越大，后裤片的落裆量就会越大。

**11. 腰省、褶裥的设计**

人体的构造一般都是腰围小于臀围，为了使裤子在腰臀部位合体就必须在腰部收小，其方法通常是省道或褶裥及前后外侧缝腰线的劈势，具体要根据腰臀差量及裤子的款式特征来确定。作为与裙子一样都是穿越人体下肢腰臀部位的服装品种，裤子省道的大小是由臀腰差量决定的，图 7-15 清楚显示了人体的臀腰差值与省道位置以及结构的关系。由图可见，臀腰差量显示了人体的立体程度，正常体型外侧缝的造型基本稳定；前后腰围和臀围的分配比例直接影响省道量。从图 7-12(a)所示的人体纵面形态可知腰围断面相对靠前，臀围水平断面相对靠后，这导致了腰围断面以下的躯干向后倾斜，恰好与腰围以上躯干的倾斜方向相反，由此可知人体的腰围与臀围水平断面的中心并不处在同一条纵轴上，这一点结合观

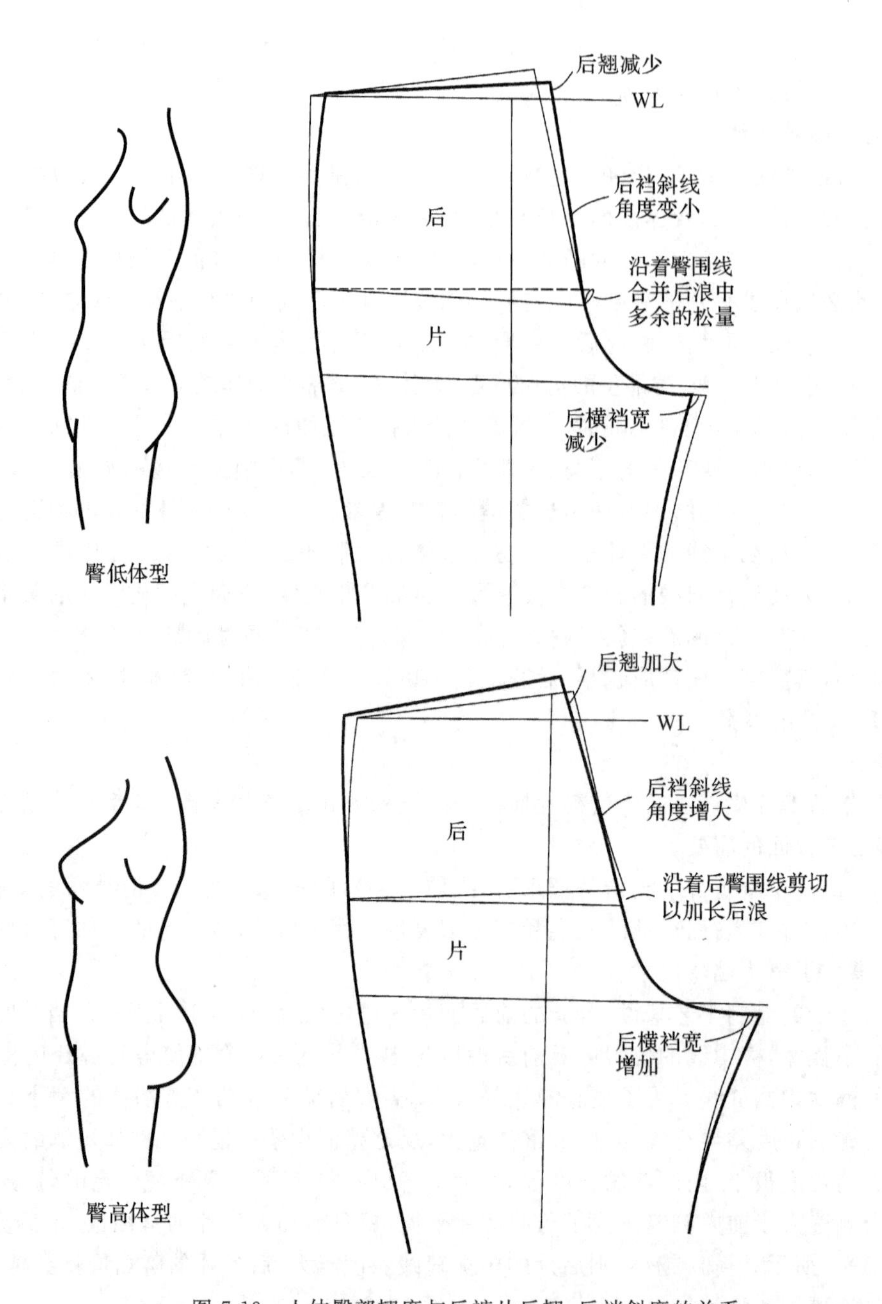


图 7-13　人体臀部翘度与后裤片后翘、后裆斜度的关系

察研究图 7-12 和图 7-15 可以更加清楚理解。这些在第六章的裙子原型结构分析一节中已经有较为详细的叙述。

基于以上分析可知，为了确保侧缝的顺直自然，外侧缝在腰线的劈势基本不受臀腰差影响，比较确定；前后臀围与腰围的取值规律是，在成品中后裤片臀围比前裤片臀围取值大 2cm 的前提下，那么腰围的成品尺寸应该取前后片相等。

图 7-16 总结了各种款式裤子在前腰口线上处理腰臀差量的方法。由无省、省道转移到袋口线、活褶乃至多个活褶的设计都已经囊括。在一些特殊板型设计中，如紧身中低腰牛仔

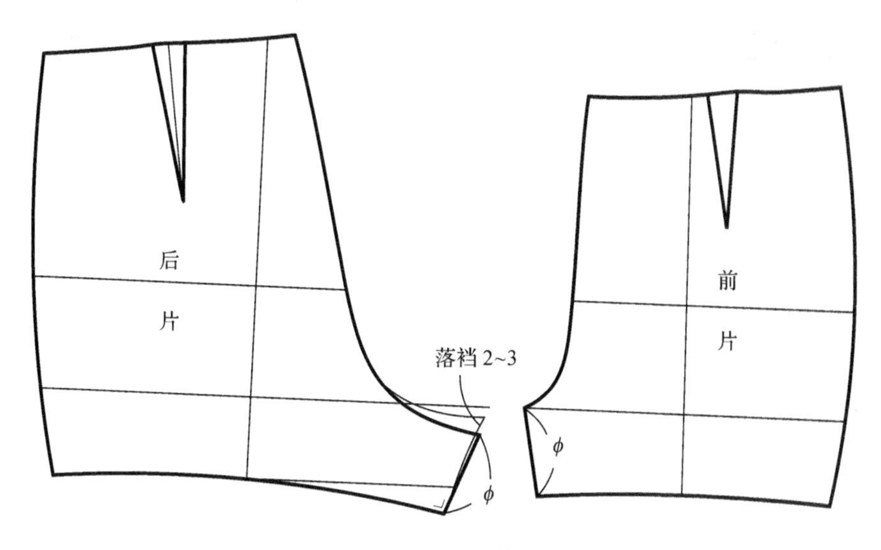


图 7-14 短裤的落裆量

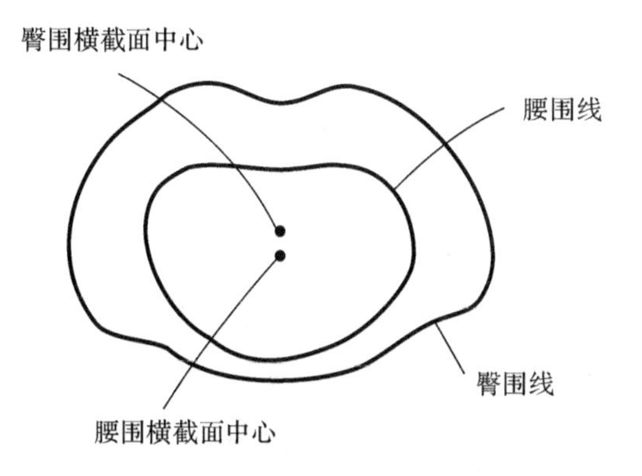


图 7-15 腰围和臀部横截面的位置重合图

裤造型，由于臀围的放松量减少，腰围加大，使得腰臀差量变小，前腰围往往就不需要设计省道了，较少的腰臀差量在前中和侧缝两个部位就可以解决。当然撇去的量不能过大，最好小于2.5cm，否则前中撇得过多会使腹部急剧收小不合体，穿着不舒适；侧缝撇得太多也会由于侧缝弧线过于突出而穿着时形成鼓包，俗称"起耳朵"。相反，在宽松造型中，由于裤子的臀围松量大大地增加，使得腰臀差量加大，此时前腰口只能通过设计褶裥的方法解决臀腰差。褶裥的数量可以根据差值的大小来决定，差值大，褶裥自然也多，注意控制每个褶裥大约在 3～4cm。在裤子上应用的褶裥形式主要是单褶，分正褶和反褶两种，注意褶裥的折叠方法顺着图 7-16 中示意的斜向阴影，由高往低折叠。常见的是正褶形式，如果是非常宽松的锥形裤那一般要在前腰口设计 3～4 个正褶才能处理妥臀腰差量。图 7-16 中的(e)、(f)阐述了多个褶裥的设计方法，靠近前中心位置的褶裥并入到前挺缝线当中，其余的一个或者两个则折烫垂直于前腰口线并使褶量消失于横裆线。裤子后片腰臀差量多以省道的形式出现，根据腰臀差量的大小可以设计一个或两个省道，单个省道量一般控制在 3cm 以内。一个省道时省中心位置就在后腰口线的二等分处；两个省道时省道设计在腰线三等分的两个等分点上，且根据人体臀部的体型特征，靠后中的省道较长，取 12～13cm，而靠侧缝的省道

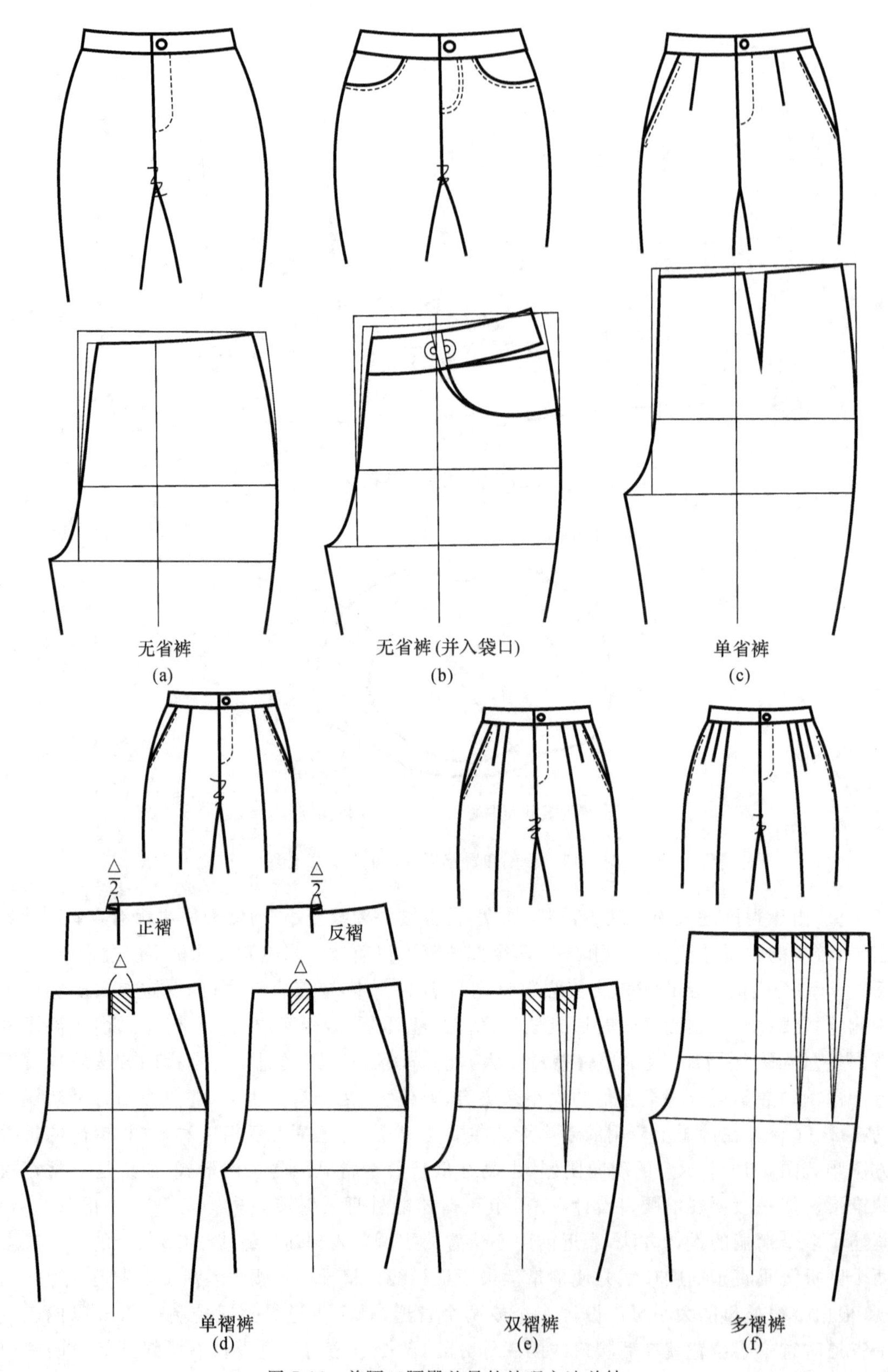


图 7-16　前腰口腰臀差量的处理方法总结

较短，取 9～10cm。牛仔裤的后片虽然视觉上是看不到省道的，但事实上是将后腰省转移到了横向的育克分割线中，样板设计时也是要先确定并画好省道，然后再进行省道的转移合并操作。

**12. 前腰袋设计**

现代女性一般都随身带包包，包已经成了女性衣着时尚的有机组成部分，日常生活中必须依据服装、场合、功能等的不同搭配合适的各种不同类型的包包，因此服装口袋的功能性日渐式微，逐渐成为装饰的一部分了。为了简化工艺并节约材料，现在市面上很多女裤并不设计口袋，当然也还有很多裤子设计有口袋，这主要也是受款式固定结构的影响，牛仔裤的口袋设计就是典型的例子。图 7-17 展示了裤子前片口袋设计的常见类型：无口袋、直插袋、斜插袋、横插袋以及月牙袋。袋口大小以能顺利插入手掌为宜，常见取 13～15cm。这里值得注意的是直插袋不宜设计在紧身和合体裤中，因为这些裤子的臀围放松量相对较小，穿着时直插袋的袋口要咧开翘出，严重影响裤子的外观。

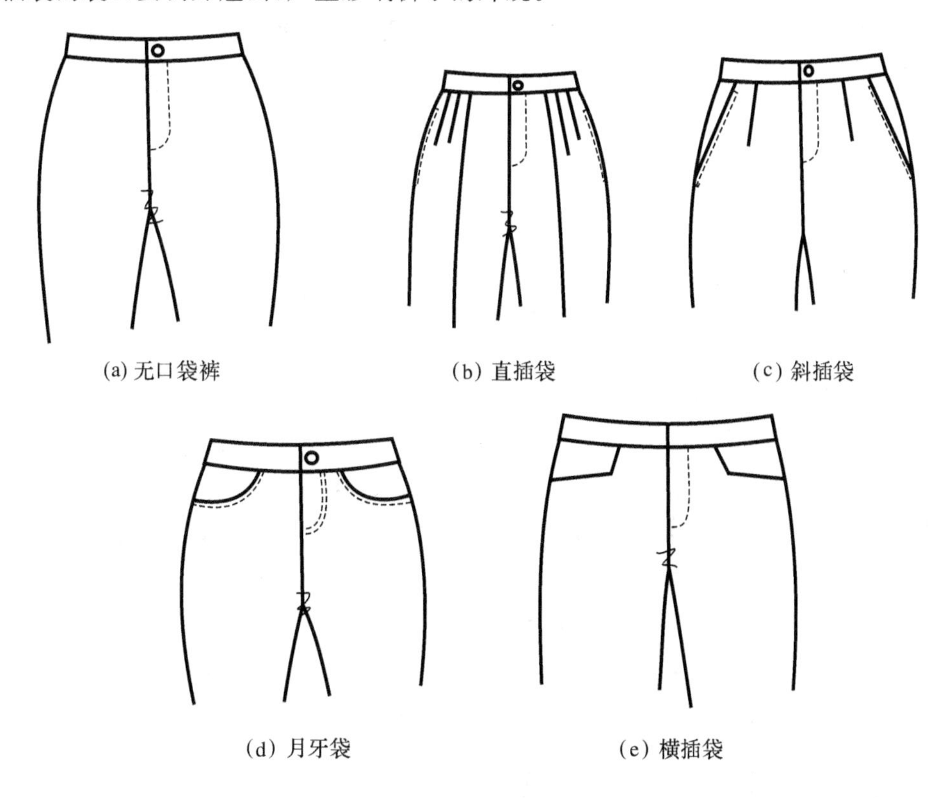


图 7-17 裤子前片口袋设计的常见类型

**13. 腰头设计**

裤子分有腰头和无腰头两种。常见裤子一般设计腰头，腰头的宽度同裙子。常见的可取 3～4cm 之间，当取值为 5～8cm 之间时，就属于宽腰头了。腰头的长度以腰围尺寸加上松量再加上 3cm 的底襟量而定。与裙子类似，大部分裤子的腰头样板是长方形结构，但在中腰或低腰裤设计中，为了使腰头贴体，通常采用弧形腰头设计，具体设计参见后面的牛仔低腰裤。无论是哪种结构形态的腰头，其围度方向丝缕都应该取直丝。无腰头则应该在裤子的里侧缝制腰贴，其样板设计和取料与裙子腰头处理相同。

# 第三节 各类女裤的结构设计

本节主要通过所挑选的不同裤子类型来讲解裤子的样板设计原理。在教材编排时,既强调款式的普适性,即日常生活中常见的款式,但是又注重在样板结构方面要具有代表性,通过尽可能少的案例就能够说明其余一些无法在这里涉及的裤子类型。

## 一、低腰牛仔喇叭裤(图 7-18 和图 7-19)

### 1. 款式设计(图 7-18)

喇叭裤是指通过展宽裤脚以形成上窄下宽的帐篷形轮廓特征的裤子总称,既实用又有使人体下身修长的美感。喇叭裤对体型是比较挑剔的,穿着者的臀部不能过大,大腿不能太粗,否则只会令缺点更加明显,而只要粗细适中的腿型哪怕穿上小喇叭裤都能勾勒出美丽的线条。穿略带弹性的纯棉微型喇叭裤,能很好地体现女性腰臀部位和腿部的曲线美,让腿看起来又直又长,故喇叭裤特别为广大的年轻女性所喜爱。

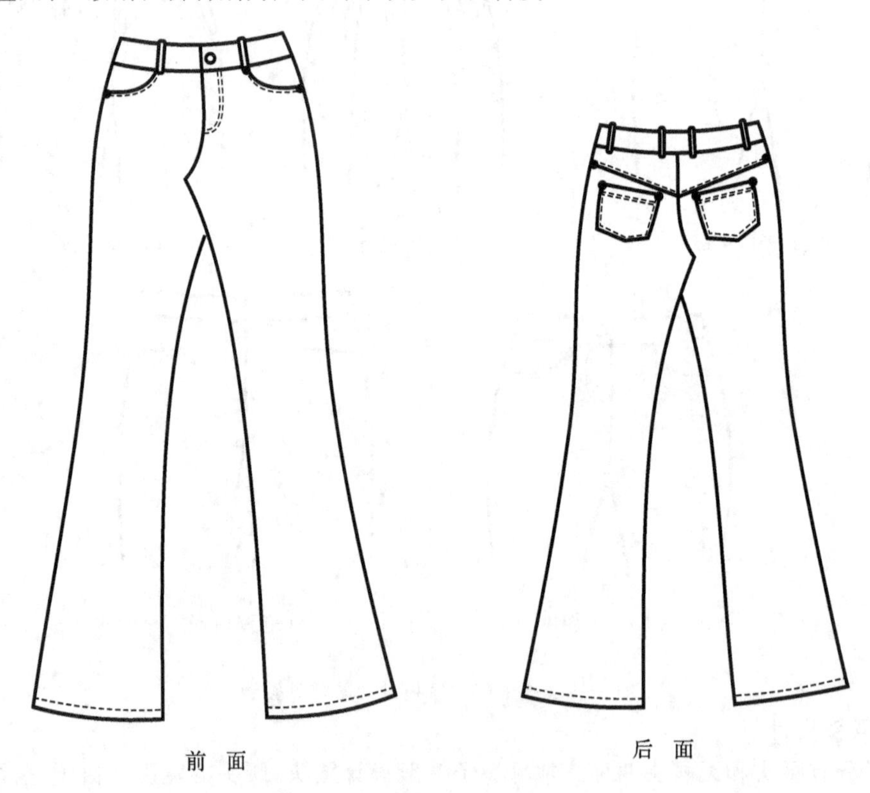


图 7-18 低腰牛仔喇叭裤

喇叭裤的结构特点是从膝盖到裤脚逐渐张开,形成喇叭造型,裤脚的宽窄决定喇叭的大小,也使喇叭裤有多种不同的类型。裤口相对较小,具有温和轮廓的被称为温和喇叭裤;从腰头到膝盖都比较贴身,而从膝下起始到裤脚设计成吊钟般展宽轮廓的被称为钟底形喇叭裤;从臀围位置就开始宽展的被称为水兵裤;极端展宽的是被称为钟状形裤,别称梯形轮廓线喇叭裤。喇叭裤的穿用范围很广,多作为时装和日常装来穿用,搭配随意。喇叭裤的轮廓造型的设计变化是通过移动中裆线位置的高低以及展宽裤子裤口的大小来实现的。

图 7-18 所示的喇叭裤属于低腰的小喇叭裤造型。裤子的直裆较浅,腰头稍低于标准的腰节位置,腰头是吻合人体腰臀部位结构特点的凹弧形状。裤子的裤腿细长,在中裆微微收小,整体呈现出上紧下松、上短下长、上窄下宽的喇叭状造型。由于裤口与中裆的尺寸相差不大,所以可被视为小喇叭的典型案例。裤子前片设计了在牛仔裤造型中最常见的凹弧线形插袋。裤子后片有横向育克线分割,并有两个压双明线的贴袋,贴袋的形状也是常见用于牛仔裤后片的带宝剑头的方形。本款简洁大方,其设计元素常见于牛仔裤中,如前裤片的插袋、后片的贴袋、育克,还有双明线装饰等都是牛仔裤中最常见的程式化设计,与牛仔裤这个服装品种紧密相连。

适用面料:此款最佳选择肯定是各种厚薄的牛仔布,当然选择与牛仔布非常接近的全棉斜纹布、卡其棉布也是可行的。

**2. 规格设计(表 7-4)**

根据前面已经阐述过的各种类型裤子各部位的放松度设计原则,再考虑到此微喇裤装的设计特点,以女装中码净身尺寸为例(160/84A,$W$:68cm,$H$:90cm,裤长:101cm)设计该裤装的成品规格和纸样尺寸,如表 7-4 所示。

**表 7-4 低腰牛仔喇叭裤成品规格设计** (单位:cm)

| 号/型 | 部位名称 | 裤长 | 上裆 | 腰围 | 臀围 | 下裆 | 裤口 | 中裆 | 腰头 |
|---|---|---|---|---|---|---|---|---|---|
| 160/68A | 人体尺寸 | | 25 | $W$:68 | $H$:90 | 72 | 28 | 35 | |
| | 加放尺寸 | | −6 | 0~2 | 2 | 4 | 30 | 5 | |
| | 成品尺寸 | 99 | 19 | $W'$:70 | $H'$:92 | 76 | 48 | 40 | 4 |

**3. 样板设计(图 7-19)**

(1)上裆和下裆

本款式为低腰设计,裤子的上裆较短。在进行低腰裤的样板设计时一般分三种情况,它们需要区别对待:一是新款式有样衣,这种情况比较简单,只要测量样衣上的上裆深浅以及腰围的大小就可以复制出样板;二是事先根据经验确定好裤子各个部位的尺寸,绘制样板时需要做的就是将提供的尺寸按一定的比例分配到各个部位中;第三种情况是只有款式图,而没有尺寸表,需要样板设计者来设计各个规格尺寸。第三种情况在纸样设计的学习中为多见,此时,低腰到底低到怎样的位置和此位置的人体腹围是多少都是难以决断的,也没有现成的国标可查,这时最科学合理的样板设计方法还是先按照常规的裤子上裆来绘制样板,根据人体腰围的尺寸先设计好前后裤片的省道个数与大小,然后再以裤子基本样板中的上裆为标准,考虑降低腰头位置直至与款式特征相符。实际操作中就是先把基本上裆作为辅助基准,然后减去多余的上裆部分即可。本款式中的上裆就是在基本裤子样板中降低了 6cm 得到的。这是利用已知部位尺寸间接控制未知部位尺寸的典型例子,这样的样板设计思维在服装样板设计中很常见,在前面的裙子样板设计中亦有涉及。

(2)臀围

本款女裤很合体,放松量仅取 2cm,如果采用有一定弹性的面料设计制作,则在放松量

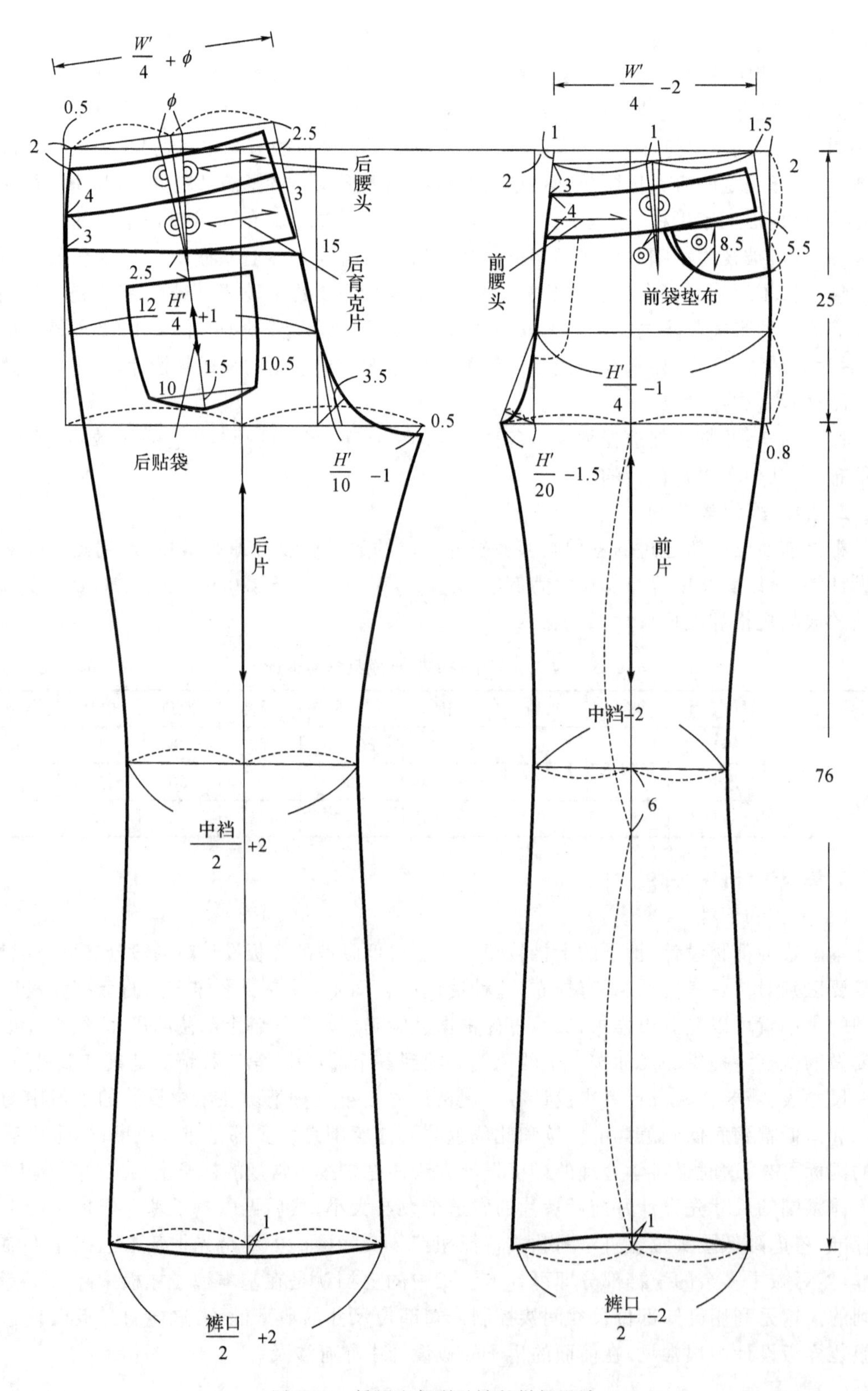


图 7-19 低腰牛仔喇叭裤的样板设计

的设计上还可以再少一些，比如0甚至是减2～3cm，这些当然要根据所选面料的弹性大小来定。在前后裤片大小分配时，前片采用$H'/4-1$cm，后片采用$H'/4+1$cm的公式推算，总的来说后片比前片大了2cm。

(3)前后裆宽

本款裤子的臀围放松量少，是紧身的轮廓造型，故裤片的前后裆宽也要相应地减少，以使之与其他部位的紧身结构相匹配并达到平衡。前裆宽的计算公式为$H'/20-1.5$cm，比基本样板中的前裆宽减少了0.5cm；后裆宽的计算公式为$H'/10-1$cm，比基本样板的后裆宽减少了1cm。

(4)下裆

喇叭裤的下裆一般都要人为地拉长以强调下肢的修长，穿着时搭配高跟鞋。此款下裆长取76cm，比人体股下的长度要长4cm，增加的量就是在服装中特意增加的修饰量。这长于人体本身的下裆尺寸正是喇叭裤深受女性欢迎的主要原因。

(5)中裆线

喇叭裤的中裆线不仅是中裆的辅助线，它还是喇叭裤裤腿最小围度的辅助线，决定了喇叭裤由大变小以及由小变大的分界位置，是喇叭形增大的起始点。这个位置的高低直接影响了喇叭形状的大小，一般喇叭裤裤口越大，中裆线的位置可以选择越高；反之可以适当选择低一些，稍高于人体的膝盖位置即可，根据以上思路设计出来的裤子整体协调平衡。

(6)裤口与中裆

由于是喇叭裤造型，裤口尺寸会大于中裆尺寸，这里裤口48cm，中裆40cm，两者相差8cm，这些尺寸要根据款式的特征来灵活变化。裤口的尺寸设计没有极限要求，但中裆最小尺寸应该满足人体活动中上楼、下蹲等动作时的膝围尺寸，而不是以人体直立时的膝围作为标准，显然屈膝时的膝围尺寸要大于直立时。裤口与中裆的前后比例分配与基本样板一致，前裤口比后裤口小4cm，故前中裆也比后中裆小4cm。喇叭裤的下裆一般都设计得较长，要求搭配高跟鞋穿着，展现女性双腿挺拔修长的美。由于裤长太长，为配合脚背与鞋跟的构造，可以将裤口设计成前凹后凸的形状，这样就可以在同一裤腿中既减短了前裤长又增加了后裤长。

(7)前后腰围线

由于牛仔裤结构中前片是没有腰省设计的，那么前裤片的臀腰差量何去何从呢？分析裤子前腰结构可知，只有前中线、前插袋袋口、前侧缝三个部位能处理这个臀腰差量。一般来说前插袋受到袋口工艺的限制，处理的腰省量以不超过1cm为宜，那么剩下部分在其余两根结构线中撇去，如何分配可以有多种选择，成型结果相差不大。图7-19中侧缝撇去1.5cm，剩余的大约2cm的量就在前中撇去了。如果腰臀差量较大，样板的前腰口线中需要处理的省量较大，那只能将前中心缝和外侧缝的劈势都适当加大一些，而前插袋袋口的腰省量还保持在1cm以内为宜。

(8)落裆量

落裆了0.5cm，与基本样板取相等的数值。

(9)后裆斜线与后翘

利用比例15∶3来确定后裆斜线的斜度，这意味着牛仔裤这类合体度高的裤子，在前后裆宽减少的同时需降低后裆斜线的斜度以适当减少后浪长度，只有这样才能获得样板中各部位结构的平衡。

(10)后育克

紧接在后片的腰头之下取育克分割线，育克线的设计没有一定的标准，但一般是中间低侧面高，这里后中取6.5cm，侧缝取3cm。后腰口根据腰围大小设计出省量，一个省道安排在后腰口的中点，省尖点就设计在育克线上。最后育克片还需要合并省道并将合并时产生的尖角修圆顺才能成为最后的完成样板。育克片通常取横丝，但部分也会取直丝，这没有严格的规定。

(11)腰头

腰头在上裆基础上往回根据所设计的腰头宽度获得，这里腰头宽是4cm，即实际上是在基本样板的腰围线上平行降低了2cm得到了腰头的上边缘线。最后合并前后腰省，合并后的腰头纸样为上小下大的凹弧形，一定是平面几何中的扇形结构，经过这样操作的裤子既能降低腰头，又能使低腰裤的腰臀部位够贴合人体。注意与门襟缝合的右腰头以前中线为止口，而与底襟缝合的左腰头还需要加上底襟的宽度，这些都是绘制零部件的常识。为简便计在图中没有绘制门襟、底襟以及左腰头样板，读者可以参见前面零部件设计部分学习体会。

(12)口袋

前袋为一微凹的插袋，中高侧低，袋口大小以能伸进一个手掌为宜。后口袋为贴袋，位置在后裤片的中心，袋口一般要求与后腰口线平行。

## 二、连腰高腰锥形裤(图7-20和图7-21)

### 1. 款式设计(图7-20)

追溯裤子的发展，锥形裤最早在1977年秋冬的巴黎时装发布会中出现，1978年春夏大流行，超长尺寸的上衣与锥形裤组合穿用是当时的风尚。锥形裤是指裤子臀围放松量较大，裤口收小，呈现上大下小的锥形特征，这种上大下小的特征也跟胡萝卜非常形似，故也被称为萝卜裤。由于此类裤型的臀围放松量往往极大，其臀腰差量也变得很多，前裤片的省道结

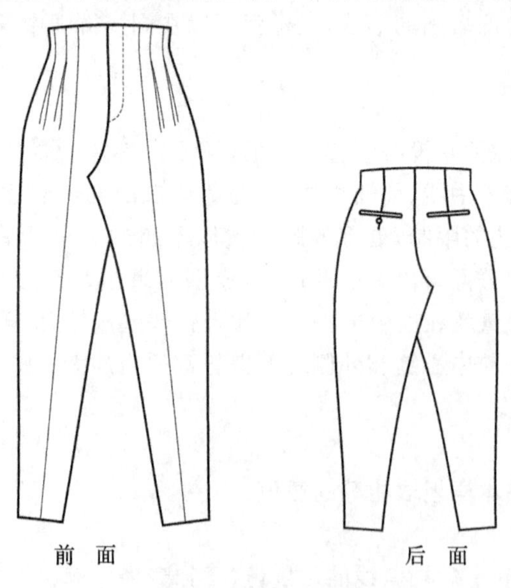


图7-20 连腰高腰锥形裤

构完全不能处理这些差量，故锥形裤的前腰只能采用褶裥结构。褶裥的个数依臀围的大小来定，常见的是2～3个正褶褶裥。为了营造锥形裤夸张的臀部造型，一般其上裆相比较前面的西裤与低腰牛仔喇叭裤的上裆都要深一些，还有就是腰头设计成连腰、高腰结构以增加裤子横裆以上躯干部位面积。锥形裤的下裆又较常见的短一些，裤口设计在脚踝位置，与九分裤的长度一致，而且常常搭配平底鞋穿着。由上所述，可以想象锥形裤是体现随意、休闲风格的最佳裤子品种。锥形裤的后裤片采用省道结构，两个后挖袋的袋口也给后裤片带来一丝视觉上的变化，增加了臀部的重量感，搭配上高连腰造型更加塑造出女性丰满的臀部特征，进一步强调了锥形轮廓。锥形裤的裤口收小，但当裤口小于足围的尺寸时，为了方便裤子的穿脱宜在裤口设计开衩或者加装拉链。

适用面料：本款女裤适合面料较多，轻薄型悬垂性优良的面料是最合适的选择，当然稍微厚一些的面料也未尝不可，不同的面料会表现出不同的造型风格。如果选择麻纱、雪纺、甚至是丝织物的双绉等轻薄面料时，其臀围放松量可以大一些，在腰臀部位营造出多个褶裥的折叠效果。如果选择牛仔布、斜纹棉布、平纹或者是灯芯绒的这类中厚型面料，则要注意臀围放松量不宜过多，避免成型后出现臃肿的外观。

**2. 规格设计(表7-5)**

表7-5中臀围尺寸 $H'$ 只是表示制图时采用的臀围计算值，由于在样板设计过程中存在剪切拉展前裤片增加腰围臀围量以形成前腰部位的褶裥，故锥形裤成品的臀围放松量远大于表中所示的98cm，达到106cm左右。

**表7-5　连腰高腰锥形裤成品规格设计**　　(单位：cm)

| 号/型 | 部位名称 | 裤长 | 上裆 | 腰围 | 臀围 | 下裆 | 裤口 | 中裆 | 腰头 |
|---|---|---|---|---|---|---|---|---|---|
| 160/68A | 人体尺寸 | | 25 | $W$：68 | $H$：90 | 72 | 28 | 35 | |
| | 加放尺寸 | | 2 | 2 | 8 | －6 | 2 | | 连腰 |
| | 成品尺寸 | 98 | 27 | $W'$：70 | $H'$：98 | 66 | 30 | | 5 |

**3. 样板设计(图7-21)**

(1)上裆和下裆

适当增加上裆量以强调裤子在人体躯干部位的面积，下裆减少，裤口位置设计在人体的脚踝处。

(2)臀围

虽然锥形裤的臀围放松量很大，大于10cm以上才能营造出上大下小的锥形轮廓，但是如果绘制样板时一味地采用极大的 $H'$ 来设计，则会给臀腰差的处理带来困难，尤其是只能采用省道结构的后裤片。仔细观察锥形裤的特点可知，其大量臀围松量只是隐藏在前片的褶裥当中，后裤片臀围处也具有相当的合体度。故我们在做锥形裤样板设计时可以分两个步骤，第一步根据臀围的基本松量来设计锥形裤的母板，第二步剪切前裤片的母板以增加臀围放松量直至满足款式设计的要求。

(3)前后裆宽

锥形裤的上裆和 $H'$ 两个尺寸都加大了，导致裤笼门过大，而人体的厚度并没有变化，因此如果想取得相对合体的后裤片结构，建议适当减少后大裆宽至 $H'/10-1.5$cm，前片可以保持不变。

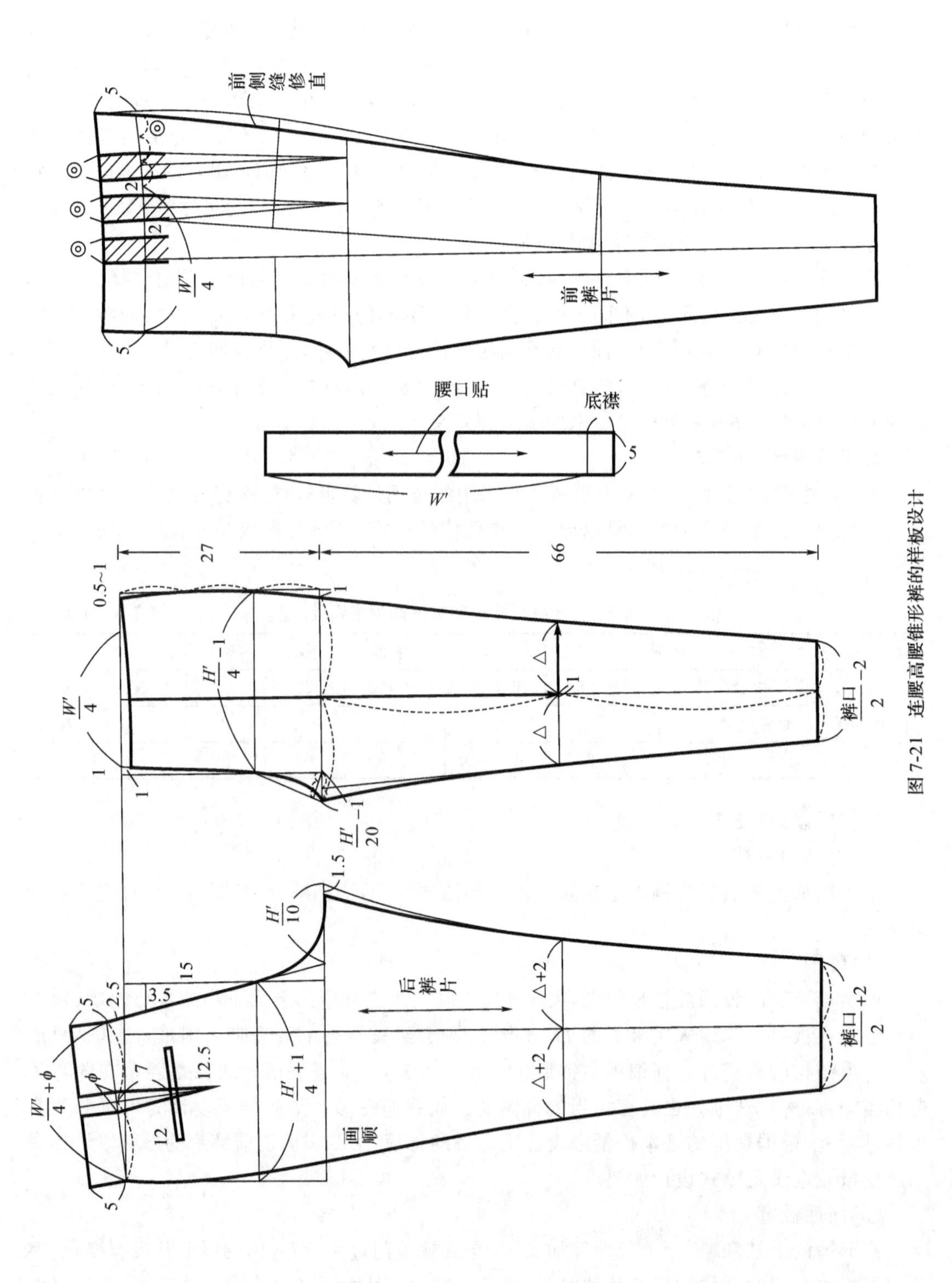


图 7-21　连腰高腰锥形裤的样板设计

(4)中裆

锥形裤在中裆部位非常宽松，大大削弱了中裆线的辅助作用，其位置和大小都只能依横裆和裤口来间接确定，重点是要保证前后内外侧缝线四条曲线顺畅自然。这里以前小裆宽的二等分点与裤口的连线来确定前中裆的大小，图中记为符号“△”。后中裆仍然按照“△+2cm”取值。

(5)前后腰围线

锥形裤的前腰口有三个活褶设计，如图7-21中所示，如果仅仅以第一步制图时的 $H'$ 尺寸来确定臀腰差量，则前腰口的剩下活褶量较少，不能满足设计三个正褶。那如何使前腰口多出三个活褶量呢？这就需要在裤前片的母板上进一步操作，即沿着前裤中线剪切前裤片母板，直至中裆辅助线，然后再沿着中裆辅助线剪切至外侧缝处，以便拉开母板。假设前腰口的三个活褶，每个活褶的大小是“◎”(设计量，图中◎=3cm)，则拉开后的样板位置要满足前腰口线的总长度是“$W'/4+3*$◎”为止。前裤口靠前中线的第一个正褶熨烫后并入挺缝线，第二个和第三个活褶烫后指向并消失于横裆线。图中画斜线的阴影部分表示需要在反面固定的活褶位置与大小，每个活褶间距设计成2cm。最后重新修顺前裤片的侧缝线，一般来说宽松服装的结构线要尽可能趋向于直线，凹凸变化的线条在宽松服装样板中尽量避免，纯粹是画蛇添足。

(6)落裆量

宽松款式没有必要落裆。

(7)腰头

裤子是连腰头的高腰结构，其样板直接在前后腰口线基础上绘制。高腰是由腰头宽取5cm来体现，连腰是指往腰围线上方延长前后裤中心线和前后侧缝线，注意后裤片的省道采用以腰围线为对称线的菱形省结构，前腰口线的三个活褶直接顺延即可。连腰需要在腰头里侧缝合腰贴，腰贴设计与腰头完全一致，注意内腰贴是否留有与底襟缝合的量，要视工艺不同区别对待。

(8)口袋

如果需要，与锥形裤搭配的口袋一般是直插袋。

## 三、低腰修身小脚裤(图7-22和图7-23)

### 1.款式设计(图7-22)

修身小脚裤又称为紧身裤。紧身裤是细窄而紧身的一类裤子，其臀围放松量很小，以贴身轮廓线如管状为其特征。1978年春夏，在西欧国家，人们喜爱在宽敞的衣裳底下组合细长紧身裤子，这是当时的一种时尚装束。与紧身裤相似的款式有像香烟般细长之感的香烟裤，但不是指密贴于腿部的纤细型，而是以宽幅型、八分裤长为主，如今成为流行款式。还有一种全身细长、密贴于腿肚子的、裤长齐小腿肚的紧身裤，服装史上称其为海盗裤，现按长度称其为七分裤，是年轻的女子作为度假用或便装用的裤子。紧身裤更适合纤瘦的细腿姑娘穿着，而会暴露腿粗女性的腿部缺点。

图7-22所示的修身小脚裤从腰围起始一直到裤口都紧贴着人体腰臀部位以及下肢，不仅能最大限度地展现女性的优美曲线，而且也极易与上装的搭配形成别致的组合，或宽松或紧身或者合体，总之与上衣的配搭非常随意自由，因此近十年以来受到年轻女性追捧，经久

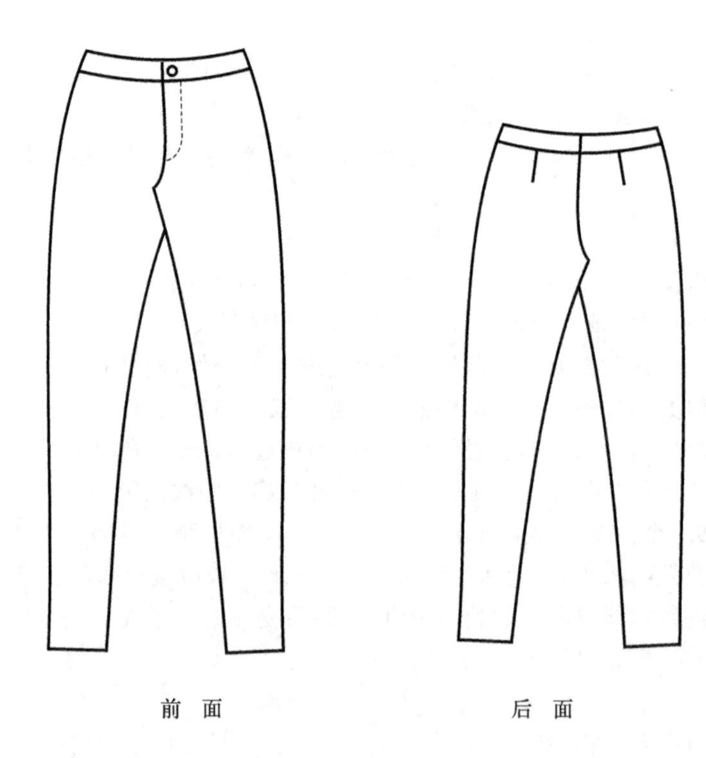


图 7-22 低腰修身小脚裤

不衰。裤子前腰口为无省道结构,后腰口保留一个较短的省道,这是由于低腰的缘故。款式全身不设计口袋,整体简洁干练。

适用面料:紧身裤适宜选用斜纹、棉布、灯芯绒、粗天鹅绒、帆布等纯棉面料,棉质或弹力质地的面料最适合紧身裤的风格。

**2. 规格设计(表 7-6)**

**表 7-6 低腰修身小脚裤成品规格设计** (单位:cm)

| 号/型 | 部位名称 | 裤长 | 上裆 | 腰围 | 臀围 | 下裆 | 裤口 | 中裆 | 腰头 |
|---|---|---|---|---|---|---|---|---|---|
| 160/68A | 人体尺寸 | | 25 | $W$:68 | $H$:90 | 72 | 28 | 35 | |
| | 加放尺寸 | | −4 | 2 | 2 | −4 | 1 | | |
| | 成品尺寸 | 92 | 21 | $W'$:70 | $H'$:92 | 68 | 29 | | 3 |

**3. 样板设计(图 7-23)**

正如前面所述,本款式的结构特征是牛仔裤上裆与锥形裤下裆的结合,故其样板设计也与之前的两个款式多有相似之处,这里不再做详细解释,只再强调一些不同的点。前腰口线的省道量大小是"◎"。腰头部位含有的"◎"省量合并转移至腰头下口;在前裤片腰口线处剩余的量已经很小,不足 0.5cm,则直接作为绱前腰头时的腰口吃势处理即可,当然也可以在前中心线或者前侧缝线中撇去。腰头的高低取决于款式设计,这里前腰中心线下落 2cm,侧缝下落 1cm 取值,形成前中稍低,侧面稍高的腰口造型,这种前低后高的低腰造型在第六章的裙子中也常常使用,穿着的舒适性较好。

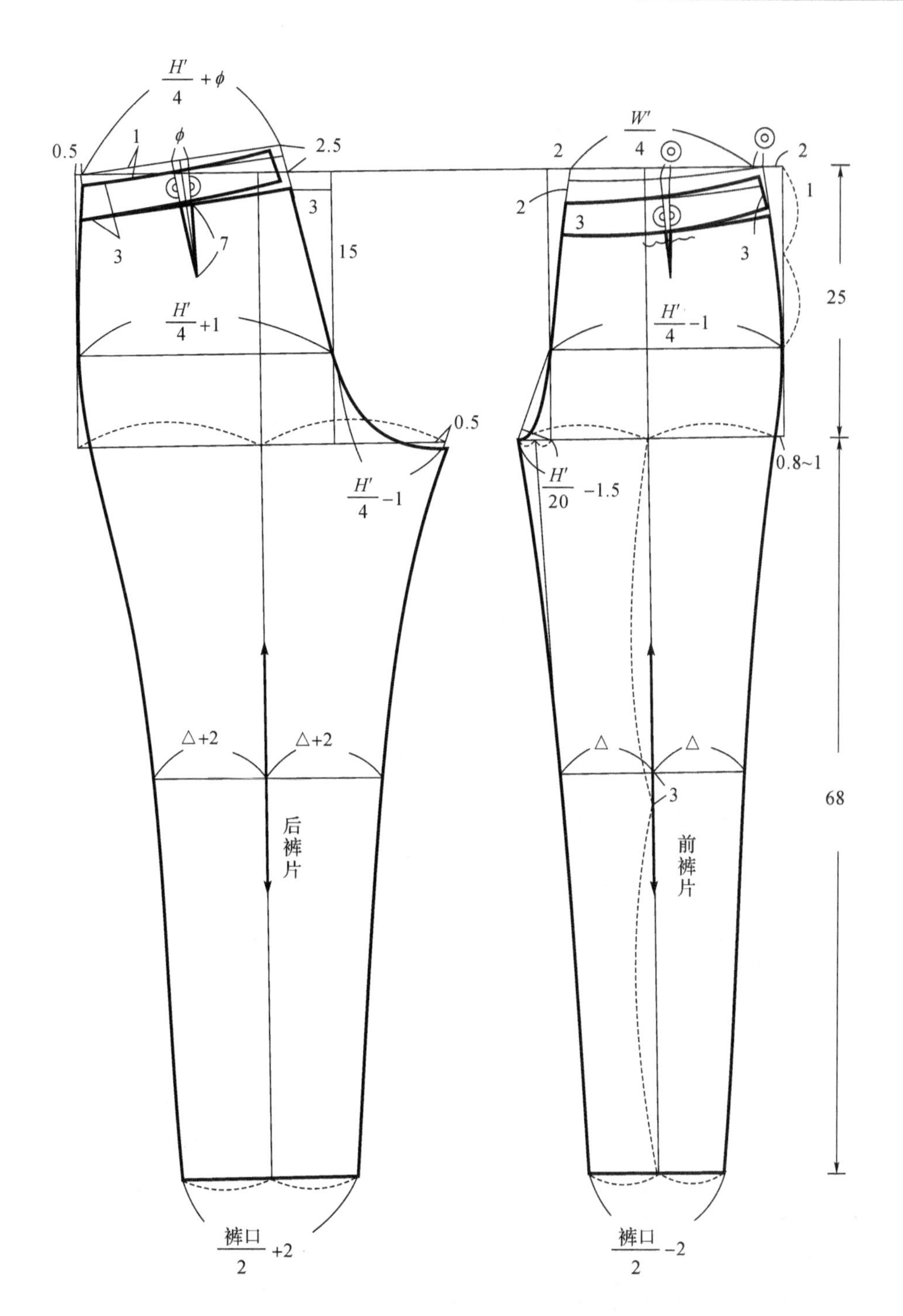


图 7-23　低腰修身小脚裤的样板设计

## 四、低腰阔腿裤(图 7-24 和图 7-25)

### 1. 款式设计(图 7-24)

图中的低腰阔腿裤的轮廓介于直筒裤和喇叭裤之间,其臀部放松量为 4cm,是属于合体型的裤子。本款式在视觉上裤口与臀围大小相仿,在中裆处稍稍收小,形成不太明显的喇叭裤造型。阔腿裤的裤腿变化也可以往直筒裤方向发展,即适当减小裤口尺寸,同时让中裆与裤口相等或者略大于裤口,这样的变化其最后成型效果还是属于阔腿裤的范畴,具体可以根据个人喜好自由选择。

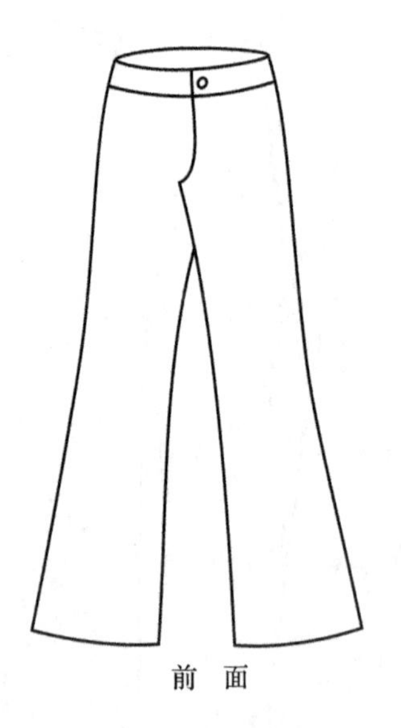


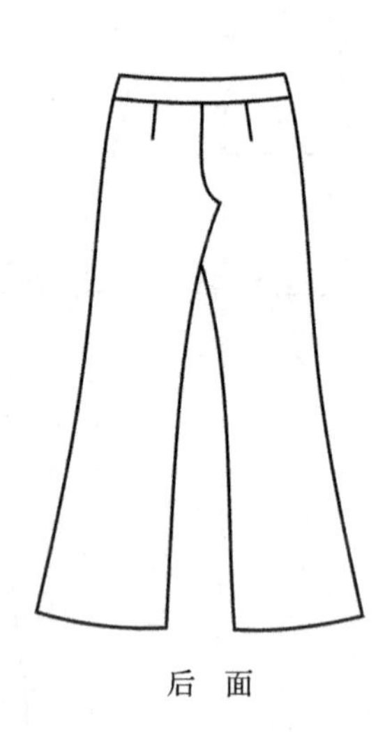


图 7-24 低腰阔腿裤

阔腿裤最适合胯部偏大、大腿粗壮的女性。而低腰的阔腿裤能让腰与胯的弧度降低,减少胯部的突出感,令双腿看起来匀称修长。竖条纹的直筒裤更是掩盖腿部粗壮的好选择,因为竖条纹能从视线上将腿部的线条拉长。臀部设计得不合体,宽松或过于紧身都会显得胯部偏大、大腿粗壮,是女性着装的大忌,那样只会显露体型上的缺陷。

适用面料:悬垂感的化纤类、棉布类、呢绒类等。

**2. 规格设计(表 7-7)**

**表 7-7 低腰阔腿裤成品规格设计** (单位:cm)

| 号/型 | 部位名称 | 裤长 | 上裆 | 腰围 | 臀围 | 下裆 | 裤口 | 中裆 | 腰头 |
|---|---|---|---|---|---|---|---|---|---|
| 160/68A | 人体尺寸 | | 25 | $W$:68 | $H$:90 | 72 | 28 | 35 | |
| | 加放尺寸 | | −4 | 2 | 4 | 0 | 24 | 13 | |
| | 成品尺寸 | 97 | 21 | $W'$:70 | $H'$:94 | 72 | 52 | 48 | 4 |

**3. 样板设计(图 7-25)**

此裤子与前一个低腰修身小脚裤的样板设计类似,前腰口线的省道量大小是“◎”。腰头部位含有的“◎”合并转移至腰头下口;在前裤片腰口线处剩余的量这里记为“△”,这个“△”的量有两种处理方式:一是如果此量不大,比如 0.5cm 以内,则作为与腰头缝合时的吃势处理;二是选择在前中心线和前侧缝线中各撇去“△/2”。后裆斜线依 15∶4 取斜度,同时考虑到斜度稍有增加,后大裆宽按照“$H'/10-1$”的公式重新取得平衡。

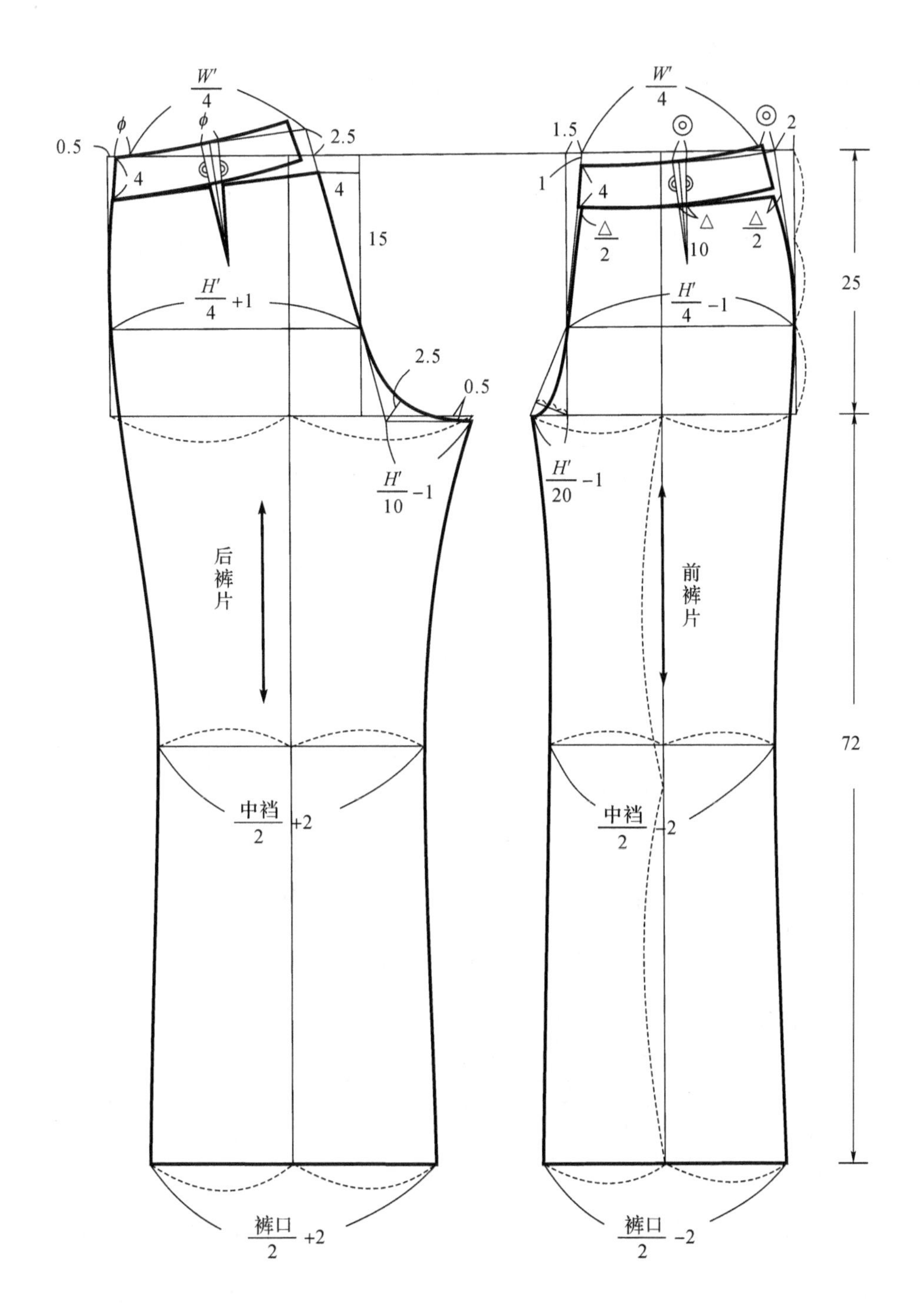


图 7-25 低腰阔腿裤的样板设计

## 五、斜向分割线挂臀裤(图 7-26 和图 7-27)

### 1. 款式设计(图 7-26)

本款式为低腰的直筒裤造型,裤子的上裆较浅,松量少,合体度高,下裆部分为较宽大的直筒造型。具体细节有腰头低落露出肚脐,是为超低腰结构。这种裤子由于腰口较低、产生裤子就是挂在臀围的感觉,故又被称为挂臀裤。本款式的另一重要特征为裤子常规的内缝线和侧缝线都被纵向的分割线所取代。外缝线是由臀围开始斜向分割至后裤口,内侧缝则从裆底开始也斜向旋转至后裤口,这两条分割线使得前裤片的样板与之前熟悉的前后裤片的形态很不一致。除以上的款式要点之外本款式的前、后裤片不设计腰省,省道需要转移到腰头的缝合线中,同时后片设计育克片来处理后腰省。此款挂臀裤的腰头较宽,门襟处钉了两颗纽扣。由于前后裤片的侧缝分割与众不同,其外侧缝从前向后偏转,并不在常规的侧缝线上,故全款采用许多明线加以装饰与强调。

适用面料:本款女裤适合选用中型厚度的素色面料,如水洗布、斜纹棉布、平纹的卡其布等。

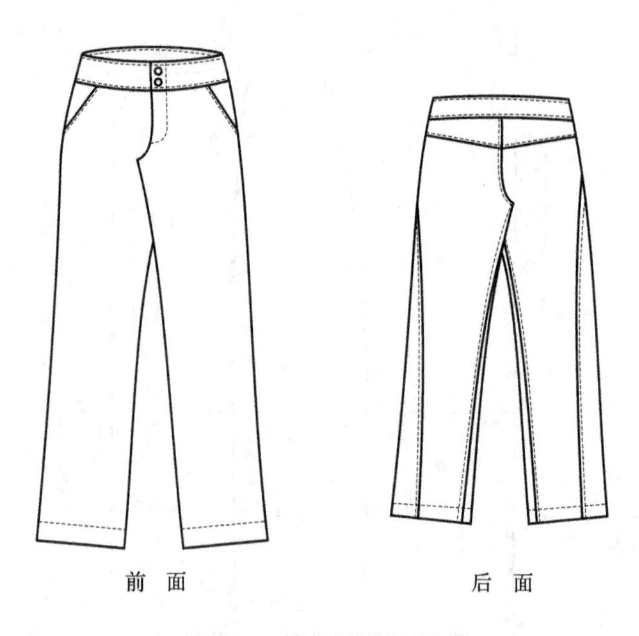


图 7-26 斜向分割线挂臀裤

**2. 规格设计(表 7-8)**

**表 7-8 斜向分割线挂臀裤成品规格设计** (单位:cm)

| 号/型 | 部位名称 | 裤长 | 上裆 | 腰围 | 臀围 | 下裆 | 裤口 | 中裆 | 腰头 |
|---|---|---|---|---|---|---|---|---|---|
| 160/68A | 人体尺寸 | | 25 | $W$:68 | $H$:90 | 72 | 28 | 35 | |
| | 加放尺寸 | | −6.5 | 2 | 2 | 4 | 16 | 9 | |
| | 成品尺寸 | 98.5 | 18.5 | $W'$:70 | $H'$:92 | 76 | 44 | 44 | 4 |

**3. 样板设计(图 7-27)**

本款式的样板设计的重点在裤腿,而裤腿又有两点值得注意:

(1)裤口与中裆

裤腿是直筒造型,即裤口大小与中裆相等或是基本接近,这里采用了相等,都取 44cm,中裆与裤口的制图方法与前面的一致,只不过是尺寸上有一些区别而已。

(2)裤侧缝线与内缝线

裤子的外侧缝分割线不在常见的人体侧面,而是前裤片借了后裤片的一部分,从前臀围

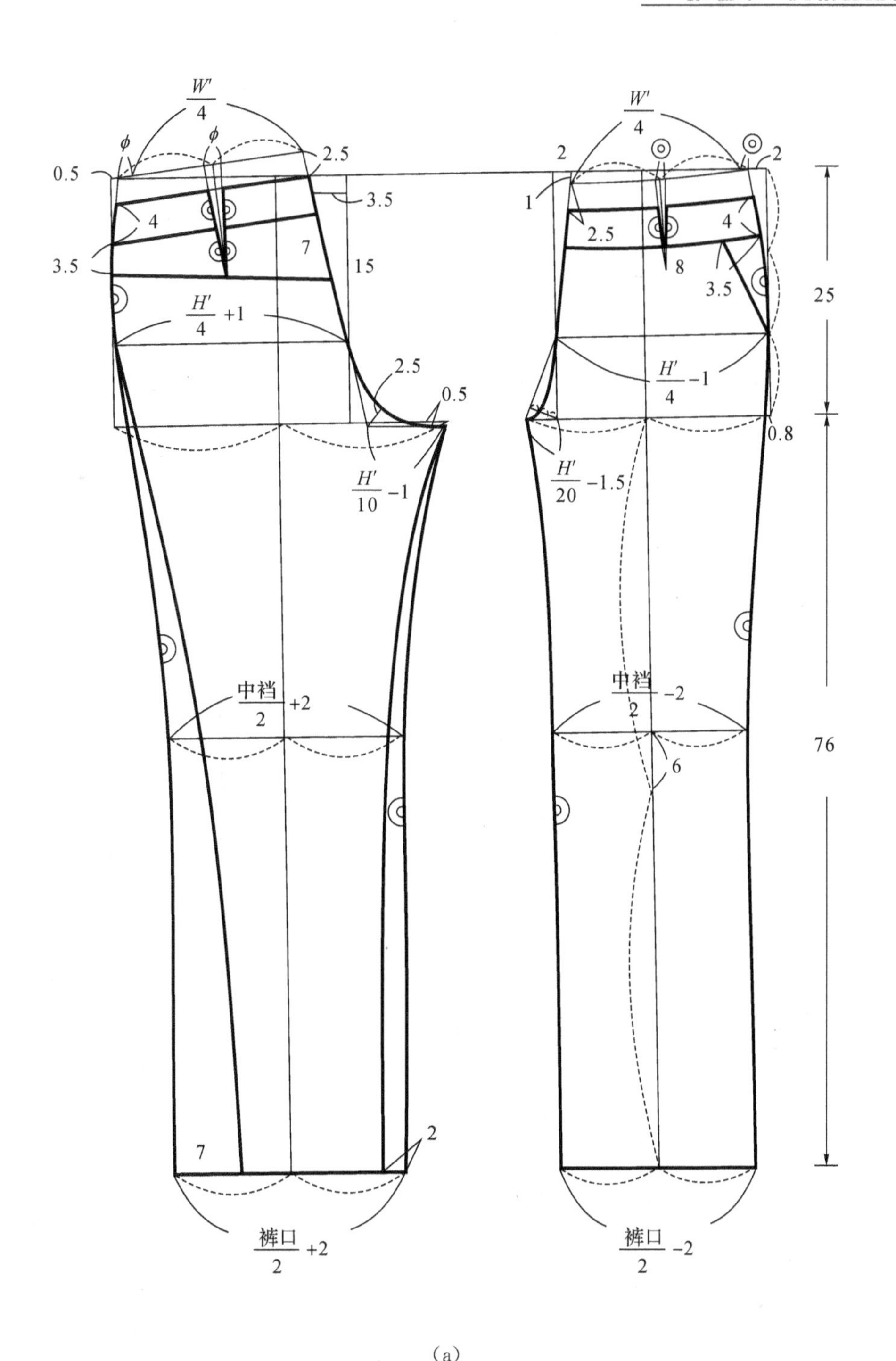


(a)

图 7-27 斜向分割线挂臀裤的样板设计

线开始往后裤片偏转。内侧缝线则从裆底开始也往后裤口偏转。分割线的位置及形状设计取决于样板师对款式设计的理解,没有标准答案。一般来讲这种与常见款式结构相差较多的款式在进行样板设计都要分两步走:第一步是绘制出母板,第二步利用或剪切或拼合等手段来处理母板,在此基础上发展变化出最后的裁剪用样板。此款的第一步就是按照常规的

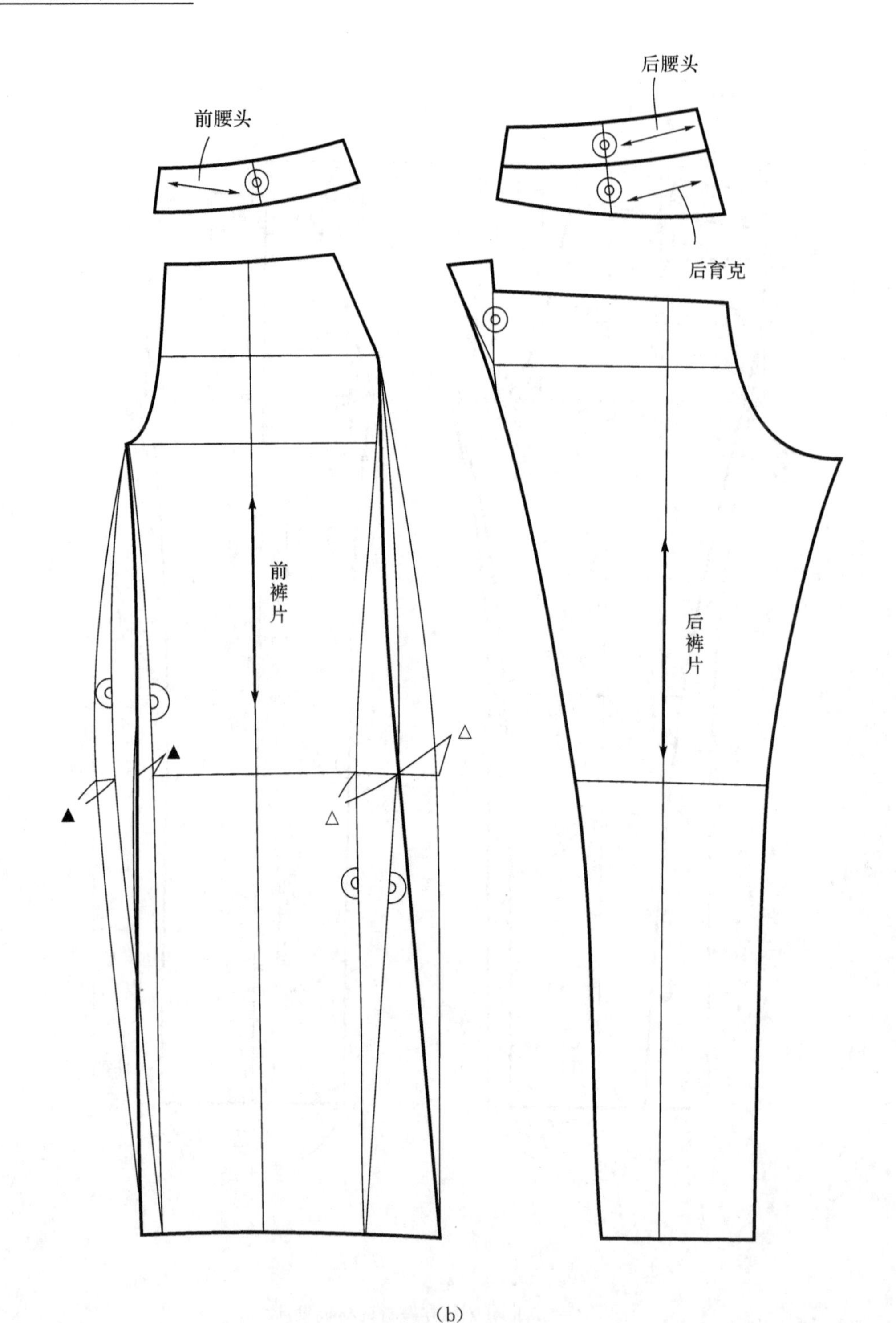


(b)

图 7-27　斜向分割线挂臀裤的样板设计

有内缝线和外缝线的裤子样板设计方法绘制出符合表 7-7 中设计的成品规格尺寸的母板，第二步根据款式斜向分割线的斜度、比例、角度等特征在母板上画出这两条分割线，再把两块由分割线分离出来的后裤片样板的一部分拼合到前片。由于裤子的外侧缝线和内缝线都是一条微凹的曲线，之前省道转移的知识告诉我们，曲线与曲线之间是无法进行完全的天衣无缝的拼合。但是如果理解拼合的原理就明白，拼合前后最重要的是样板的尺寸不能发生改变。具体到这个款式的裤子，就是无论怎么拼合其臀围、横裆、中裆、裤口以及各个围度的尺寸大小不能发生改变，那如何实现呢？其实很简单，就是利用横向尺寸不变的原则找辅助线来修正尺寸即可。图中以中裆线为例，内缝线处的中裆增加"▲"的量，外侧缝线的中裆线则增加"△"的量，这样的拼合虽说不能完全与之前的样板吻合，但是好在面料的形变能力完全可以弥补拼合带来的误差，对制品的最终质量不会有大的影响。

## 六、可收拢裤口的几何分割长裤（图 7-28 和图 7-29）

### 1. 款式设计（图 7-28）

本款式轮廓为直筒造型，裤腿较大，裤口设计抽带，根据需要可以收拢裤口，此时呈现出椭圆形轮廓特征，类似灯笼裤。款式整体腰臀部是合体甚至是紧身设计，体现在上裆很浅的低腰结构，裤子下裆部分的裤腿整体宽大，裤口与中裆大小相等。本款式的一个明显特征是三条相交的分割线将前裤片分割成四个几何裁片，这些分割线并不经过人体的凹凸点，无法处理裤子中的省道量，是为平面分割线，仅仅起着设计中的装饰作用，为了强调这样的装饰效果，沿着分割线缝压了三道明线。除了分割线之外，本款式的六个对称大口袋设计也是无法忽略的点。靠近前腰口线的斜插袋位置有两个袋盖，后裤片有两个贴袋，最为特别的是两个裤腿中部的外侧缝上装饰了两个大的立体贴袋，立体贴袋设计了两个对称的活褶，这样的

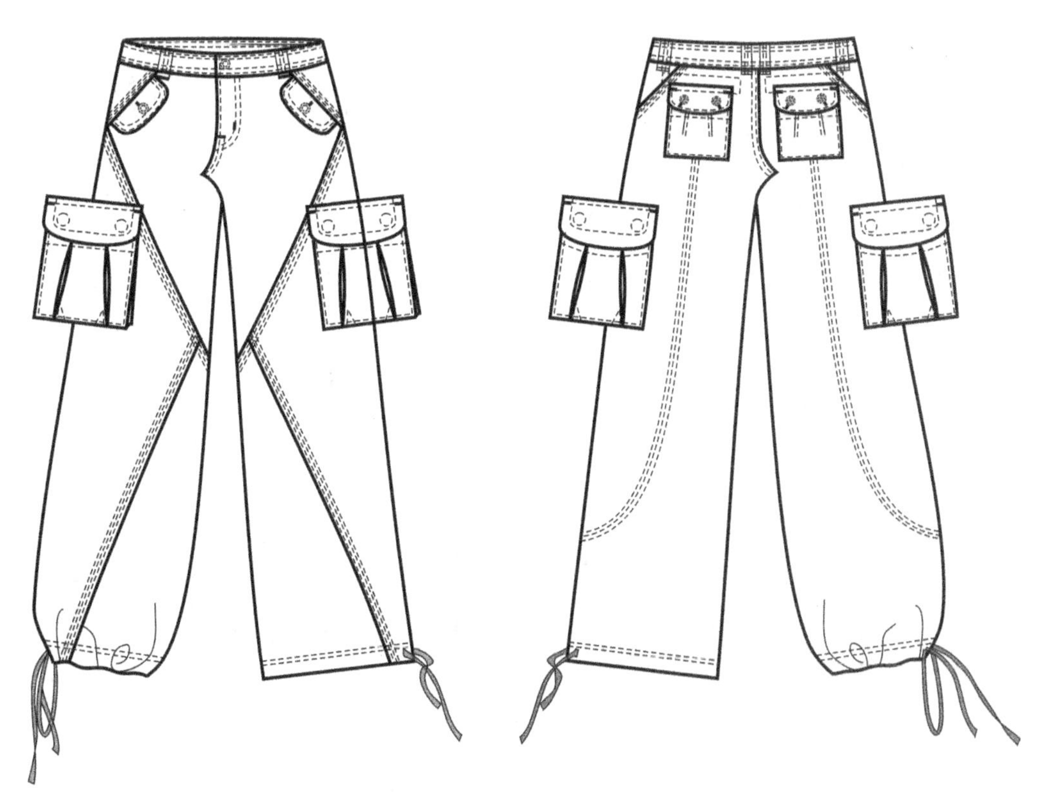

图 7-28　可收拢裤口的几何分割长裤

贴袋很具有功能性，再加上裤口的抽带可以在必要时抽紧以防水防爬虫等。此款裤子风格休闲，不失为户外活动，如旅游、徒步、爬山等活动时的理想选择。

适用面料：水洗布、户外专用的防水涂层面料、全棉斜纹布等。

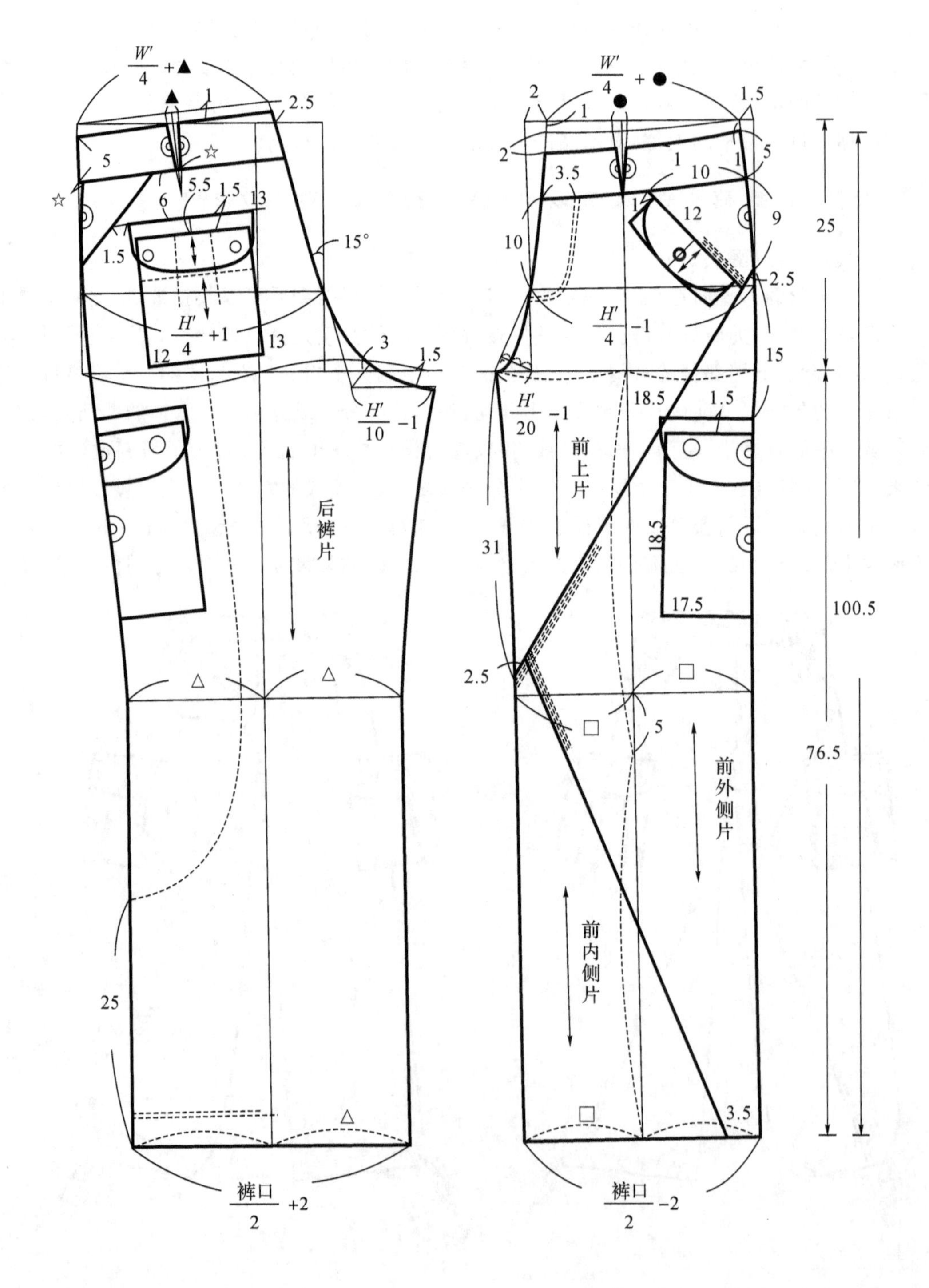

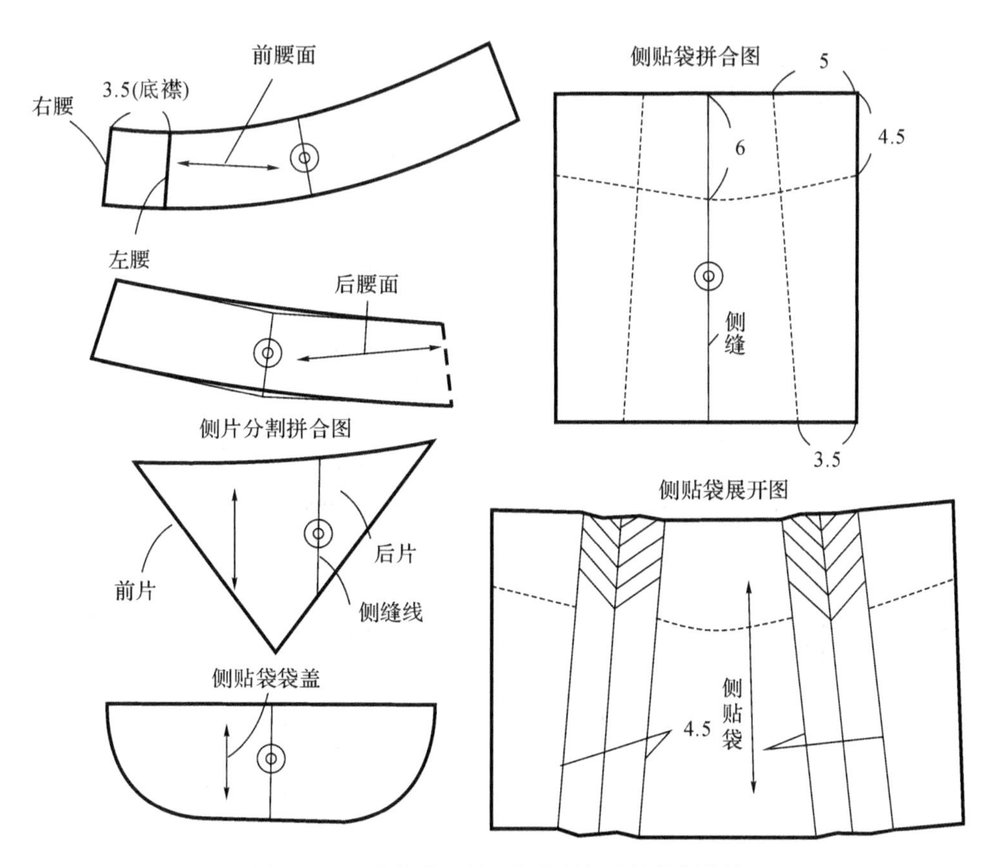


图 7-29 可收拢裤口的几何分割长裤的样板设计

**2. 规格设计(表 7-9)**

**表 7-9 可收拢裤口的几何分割长裤成品规格设计** (单位:cm)

| 号/型 | 部位名称 | 裤长 | 上裆 | 腰围 | 臀围 | 下裆 | 裤口 | 中裆 | 腰头 |
|---|---|---|---|---|---|---|---|---|---|
| 160/68A | 人体尺寸 | | 25 | W:68 | H:90 | 72 | 28 | 35 | |
| | 加放尺寸 | | −6 | 2 | 4 | 0 | 24 | 17 | |
| | 成品尺寸 | 100.5 | 19 | W′:70 | H′:94 | 76.5 | 52 | 52 | 5 |

**3. 样板设计(图 7-29)**

(1)前后腰省

根据需要降低腰头位置成为前低后高的低腰结构。在腰围辅助线上根据 W′尺寸计算得到前后的腰省大小。前腰省量仅在腰头中保留,图中前腰省是“●”,此量最后转移至腰口线中;后腰省是“▲”,长度较长,除了部分在腰头中,还在后裤片中剩余“☆”的量,这个在外侧缝中撇去。

(2)后裆斜线

后裆斜度可以按照 15°取值,比基本样板的斜度要大一些。

(3)后口袋

袋口距离腰头下口 6cm,袋口一般与腰头平行,此时穿着状态是水平的。

(4)裤腿侧立体口袋

裤子存在外侧缝,但是口袋前后是一个整体,不能进行分割,因此先在裤腿上确定好口袋的前后位置，然后再拼合在一起形成整体，最后拉开样板在两侧对称加放活褶量，这里取4.5cm，活褶是两侧往中间对叠的暗褶褶裥。

## 七、裤口可翻折短裤(图 7-30 和图 7-31)

### 1. 款式设计(图 7-30)

裤口在膝上任何位置的裤子都可称为短裤，其中又由于裤口的高低而分为：在大腿根部的热裤、迷你裤或超短裤；裤口在大腿中部的牙买加短裤；裤口在膝盖部以上的百慕大短裤；裤口在膝盖部的甲板短裤或五分裤、中裤。女性最早接触的短裤基本都是穿在和运动有关的场合，所以即使加入了时尚元素，短裤所能代表的首先还是运动风格，以及便于运动的概念。

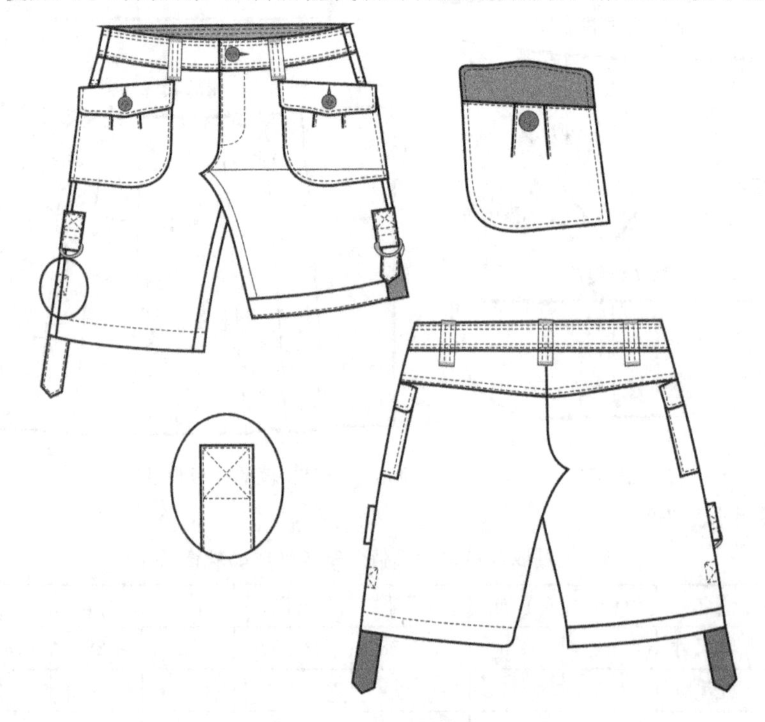

图 7-30　裤口可翻折短裤

短裤有限的"面积"决定了它简洁的特点，即使有装饰物也集中在腰部或短短的裤脚边。本款短裤裤口在膝盖以上，属于五分裤范畴。裤子低腰，合体度高，前面有两个带袋盖的大贴袋。裤口可以根据需要翻折，裤口内侧的贴边面料可以选择格子或者与裤大身面料形成对比的素色，比如白色裤身与绿色、红色翻折裤口等。翻折边通过侧面的吊带扣住固定。

适用面料：选用斜纹布、卡其、格子面料类等。

### 2. 规格设计(表 7-10)

表 7-10　裤口可翻折短裤成品规格设计　　(单位：cm)

| 号/型 | 部位名称 | 裤长 | 上裆 | 腰围 | 臀围 | 下裆 | 裤口 | 中裆 | 腰头 |
|---|---|---|---|---|---|---|---|---|---|
| 160/68A | 人体尺寸 | | 25 | $W$：68 | $H$：90 | | | | |
| | 加放尺寸 | | −6.5 | 2 | 2.5 | | | | |
| | 成品尺寸 | 48 | 18.5 | $W'$：70 | $H'$：92.5 | 25 | 54 | | 4.5 |

**3. 样板设计(图 7-31)**

(1)裤口

如前学习可知,一般短裤的落裆量较大,本款式为了使后裤片的落裆量少一些,特意让后裤口稍稍借用前裤口来处理,即前裤口按照公式"裤口/2－3"取值,而后裤口则取"裤口/2＋3",这样的结果是使裤子的前后内侧缝斜度接近。

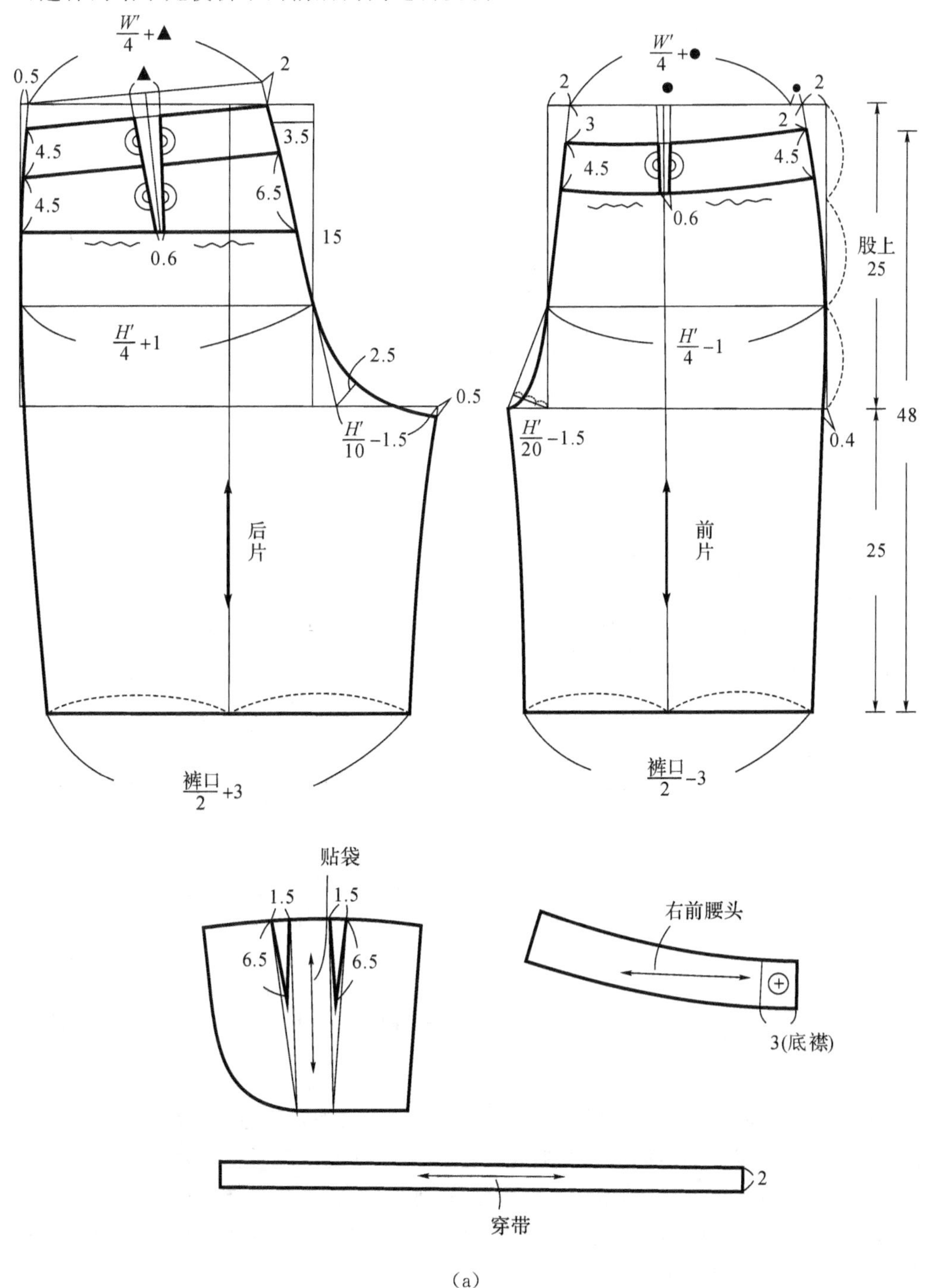


(a)

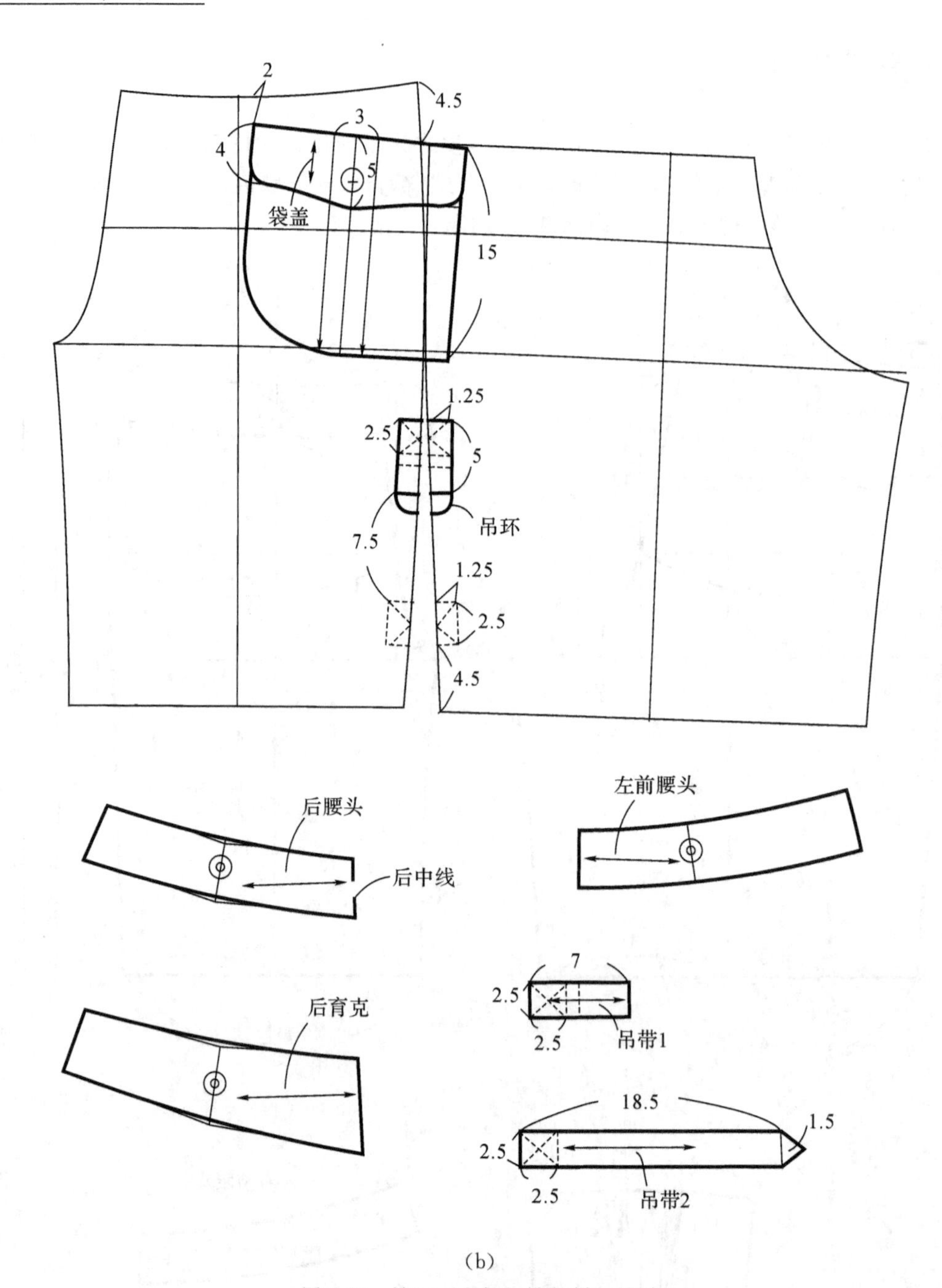


(b)

图 7-31 裤口可翻折短裤的样板设计

(2)口袋

前身的大口袋转过侧缝至后裤片,制图时可以将前后裤片沿着外缝线对合在一起之后再根据款式特征来设计贴袋的位置和形状。注意口袋口设计在后育克片之下,否则袋口处的缝份太厚,影响制品的加工质量。口袋母板完成之后,还需要在袋口剪切两刀,并在每一个切口中加入 1.5cm 的松量,工艺时将此量像缝省道般缝去,则在省尖处留下微微的凸起,这样就做出有立体感的贴袋了。

(3)吊带

吊带缝在侧缝裤口处,采用两种面料,与裤口内贴形成呼应。吊带1缝合固定在侧缝上方,同时也把金属吊环固定不动,吊带2可以根据需要自由抽拉来调节吊带的收拢量。

## 八、无腰热裤(图7-32和图7-33)

### 1.款式设计(图7-32)

热裤是美国人对一种紧身超短裤的叫法。热裤发展至今逐渐分为两种风格:安全版和迷你版。安全版既凉爽又安全,板型以合身为宜,主要特点是正常腰线、适当包臀、宽松裤腿。这类热裤的口袋是设计中比较常见的装饰,带有别致的立体口袋或是突出臀部的明线装饰是设计时的重要参考。迷你版超短性感短裤贴身而低腰,将臀部与大腿之间的诱人曲线表露无遗。热裤面料的弹性是选择时首先要考虑的,质地以牛仔、纯棉及针织面料为主,面料不宜过薄,否则会给人不雅的感觉。热裤是非常挑身材的单品,要把热裤穿出年轻有活力、热辣吸引眼球还是非常不易的,对体型的要求近乎苛刻了。只有身材匀称、双腿形态笔直修长、臀部浑圆微翘、不胖不瘦的美女才可以大胆尝试热裤。过胖、身材不够高或小腿较粗的人最好不要冒险尝试;同样,过瘦、腿型跟麻杆鸡脚一般的除了给人以病态感之外也没有美感可言。如果是O形、X形腿,扁平臀部的女孩那就更是把自己的体型缺陷一览无余地展现出来了。

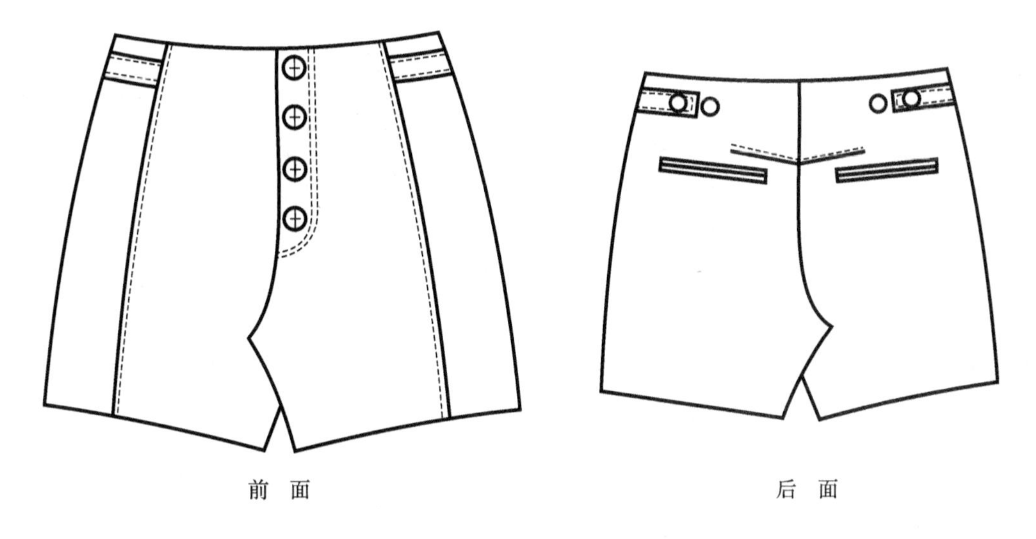


图7-32　无腰热裤

图7-32所示的款式特征是无腰头,正常腰线,裤子贴身,裤长极短。前裤片在靠近侧缝线处各作一条竖向分割线,在分割线中并入前腰省,并利用分割线夹入腰袢,腰袢转至后腰口,利用钉在后腰口上的两个金属纽来灵活调节裤子腰围的大小。前中心开门襟,门襟处锁四个扣眼,而里襟相应的钉四粒金属工字纽。后腰省被转移到后裆斜线上,视觉上可见一横省的结构形式。后裤片的臀围位置左右对称设计了两个双嵌线挖袋。

适用面料:选用印花帆布等。

**2. 规格设计(表 7-11)**

**表 7-11　无腰热裤成品规格设计**　　　　(单位:cm)

| 号/型 | 部位名称 | 裤长 | 上裆 | 腰围 | 臀围 | 下裆 | 裤口 | 中裆 | 腰头 |
|---|---|---|---|---|---|---|---|---|---|
| 160/68A | 人体尺寸 | | 25 | $W$:68 | $H$:90 | | | | |
| | 加放尺寸 | | 0 | 2 | 2 | | | | |
| | 成品尺寸 | 34 | 25 | $W'$:70 | $H'$:92 | 9 | 52 | | |

**3. 样板设计(图 7-33)**

(1)前腰省

前腰省大小为"◎",此量直接并入到前面纵向分割线中,注意即使是分割线也要考虑省道长度大约在 9cm 的位置。

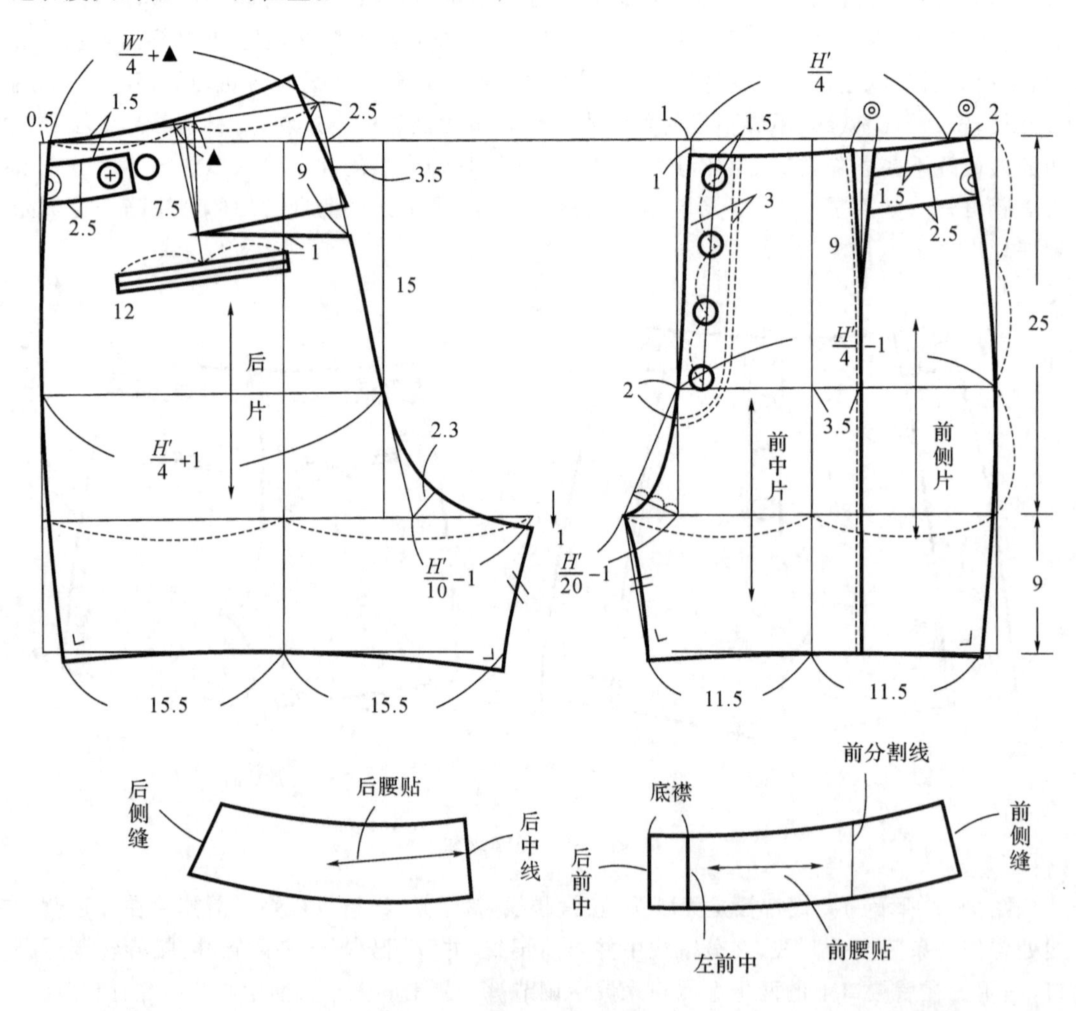


图 7-33　无腰热裤的样板设计

(2)后腰省

款式特征决定了后腰省不能过大,因为后挖袋具有功能时,其袋口的位置不能过高和过低,一般可以在腰口线下方 8～9cm 左右设计。而由款式特征可知这个转移到后中心线的横向省道还要高于袋口位置，故受此制约，后腰省应尽量设计得小一些。这里的后腰省大小是用"▲"，建议这个"▲"应小于2cm。

## 第四节 裙裤的结构设计

裙裤是对具有裤子的裆部结构、但外观视觉上更类似于裙子风格的一类服装品种的称谓，其特征就是将裤与裙的结构综合在一起的应用，是裙和裤的结合体。裙裤可以在任意裙长范围内变化，并且可以在任何场合中穿着。从结构上来看，横裆线以上裙裤的造型与裤更加接近，但裆部的宽度要比裤子大一些，裙裤下摆的设计则更加接近裙子，其大小可以根据设计需要确定。任何一款裙子都可通过增加前后裆部的结构而转化为裙裤，因此，在任何一款裙子的基础上都可以设计发展出裙裤。

对于有着大方开朗个性的女孩，裙裤是个好选择，宽松的裤腿把裙装的蓬松和裤装的便利综合起来，穿着更加舒适，展现出女性的娇柔和较好运动性，但是裙裤这个品种并不是女装中的主要品种，在大多数服装流行时期内，裙裤都被人们遗忘，仅偶然在某些时刻被设计师想起，然后风靡一阵，没多久又会重归寂寥。

在学习了裙子和裤子的结构设计之后，裙裤的结构设计相对比较简单，涉及的内容有限，所以就不再单开一章来讲述，仅以一节内容接在裤子后面作为补充。

### 一、类小A裙裙裤（图7-34和图7-35）

**1. 款式设计（图7-34）**

款式在外观效果上就是一小A裙轮廓特征，只有在人体走动时才可见与裙子不同之处，原来还有裤裆结构。外观上与前一章所学的小A裙无异，前后腰口都有一个腰省，腰围到臀围部位合体，下摆微微放大。

前 面

后 面

图7-34 类小A裙裙裤

适用面料：面料选用可以参考小 A 裙。

**2. 规格设计(表 7-12)**

表 7-12　类小 A 裙裙裤的成品规格设计　　(单位：cm)

| 号/型 | 部位名称 | 裙长 | 腰长 | 腰围 | 臀围 | 腰头宽 |
|---|---|---|---|---|---|---|
| 160/68A | 测量尺寸 | 设计值 | 18 | $W$：68 | $H$：90 | |
| | 加放尺寸 | / | 0 | 0 | 4 | |
| | 成品尺寸 | 60 | 18 | $W'$：68 | $H'$：94 | 4 |

**3. 样板设计(图 7-35)**

虽说裙裤的样板设计既可以在裙子样板上发展，也可以在裤子样板上发展，但是由于裙

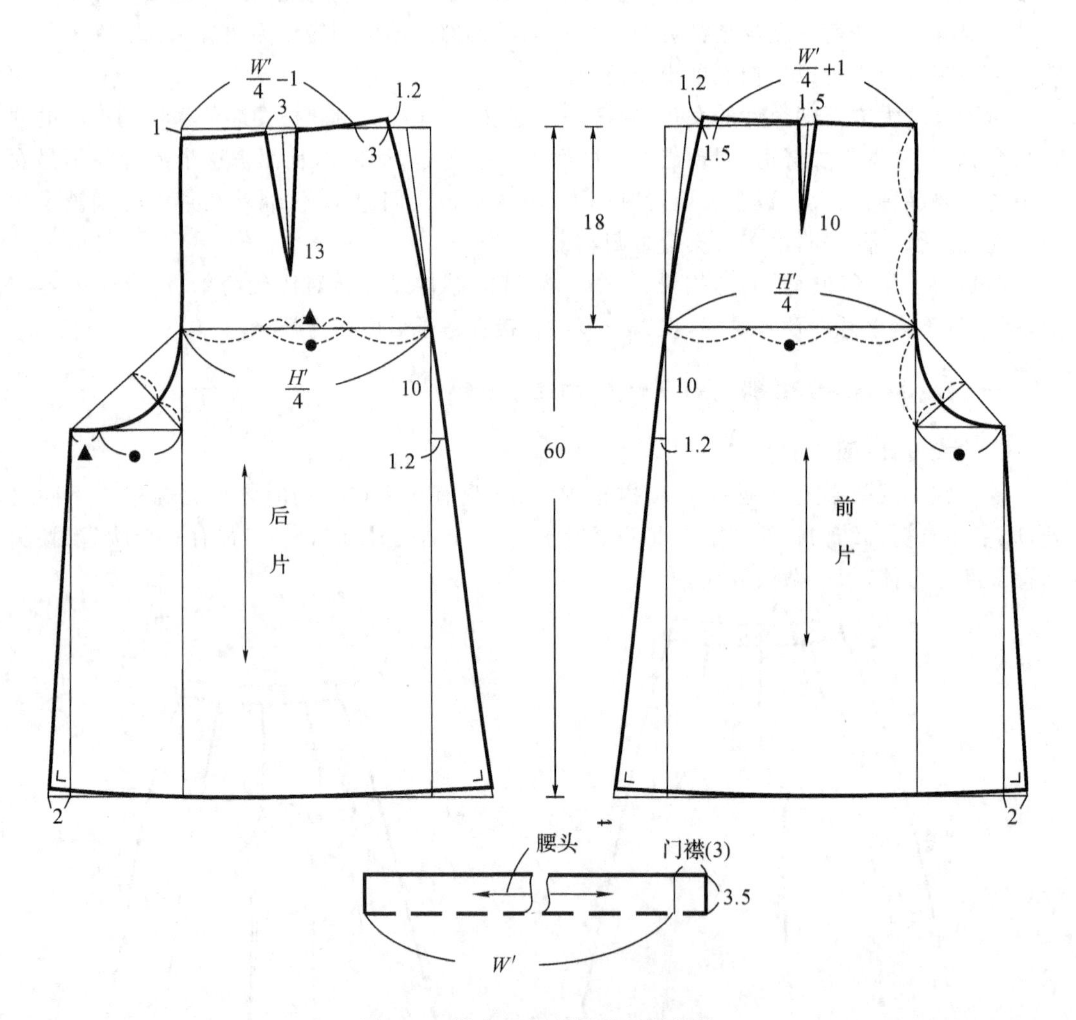


图 7-35　类小 A 裙裙裤的样板设计

裤的外观效果与裙子更加接近，因此相对来说在裙子样板上来设计会更加的简单便捷，是第一考虑方向。简单来说，只要在某一裙子的前后中线上加上前后裆就成了外观上与此款式接近的裙裤。只要理解了这一要点，裙裤的样板就变得非常简单，其本质还是回归到解决裙子的样板设计问题。

(1)小 A 裙

根据之前所学的小 A 裙样板设计方法，绘制出前后裙片。

(2)横裆辅助线

裤子的臀围线位置在上裆的三分之一处，这里根据裙子的臀围位置反推可知，沿着前后中线往裙摆方向找二分之一腰长尺寸即为裙裤的横裆辅助线位置，当然此位置相较裤子横裆线略低，即裙裤的上裆稍深一些，多出来的量刚好是裙裤的裆部松量，这是裙裤结构中所需要的松量。

(3)前裆宽

三等分前裙片的臀围量，三分之一份记为符号"●"(实际上就是 $H'/12$)，此量即为裙裤的前裆宽大小。为了与小 A 裙下摆增大的轮廓相匹配，加了前裆宽之后的前内缝线也要适当放松，这里取 2cm。

(4)后裆宽

三等分"●"的大小，一个等份记为符号"▲"(实际上就是 $H'/36$)，后裆宽尺寸即为"●＋▲"。同理后内缝线下摆放松 2cm。

## 二、类喇叭裙裙裤(图 7-36 和图 7-37)

**1.款式设计(图 7-36)**

整体感觉就是一条大下摆的喇叭裙，可以采用四片结构。

适用面料：面料选用可以参考喇叭裙的选料。

前　面

后　面

图 7-36　类喇叭裙裙裤

**2. 规格设计(表 7-13)**

表 7-13 类喇叭裙裙裤的成品规格设计 (单位:cm)

| 号/型 | 部位名称 | 裙长 | 腰长 | 腰围 | 臀围 | 腰头宽 |
|---|---|---|---|---|---|---|
| 160/68A | 测量尺寸 | 设计值 | 18 | $W$:68 | $H$:90 | |
| | 加放尺寸 | / | 0 | 0 | / | |
| | 成品尺寸 | 60 | 18 | $W'$:68 | / | 4 |

**3. 样板设计(图 7-37)**

根据第六章所学的斜裙样板设计方法画出喇叭裙样板。为了制图的便捷,采用斜裙方法绘制,同时把前后片重叠放在一起,注意采用四片喇叭裙结构。考虑到此喇叭裙的下摆大,波浪褶多,那斜裙的起翘量就得取大一些,这里以 8cm 作为斜裙样板设计时的起翘量,完成喇叭裙的样板之后,再在前后中线上画出前后裆宽即可,图中的前后裆宽量直接按照公式标出,即前裆宽取“$H'/12$”,后裆宽取“$H'/12+H'/36$”。

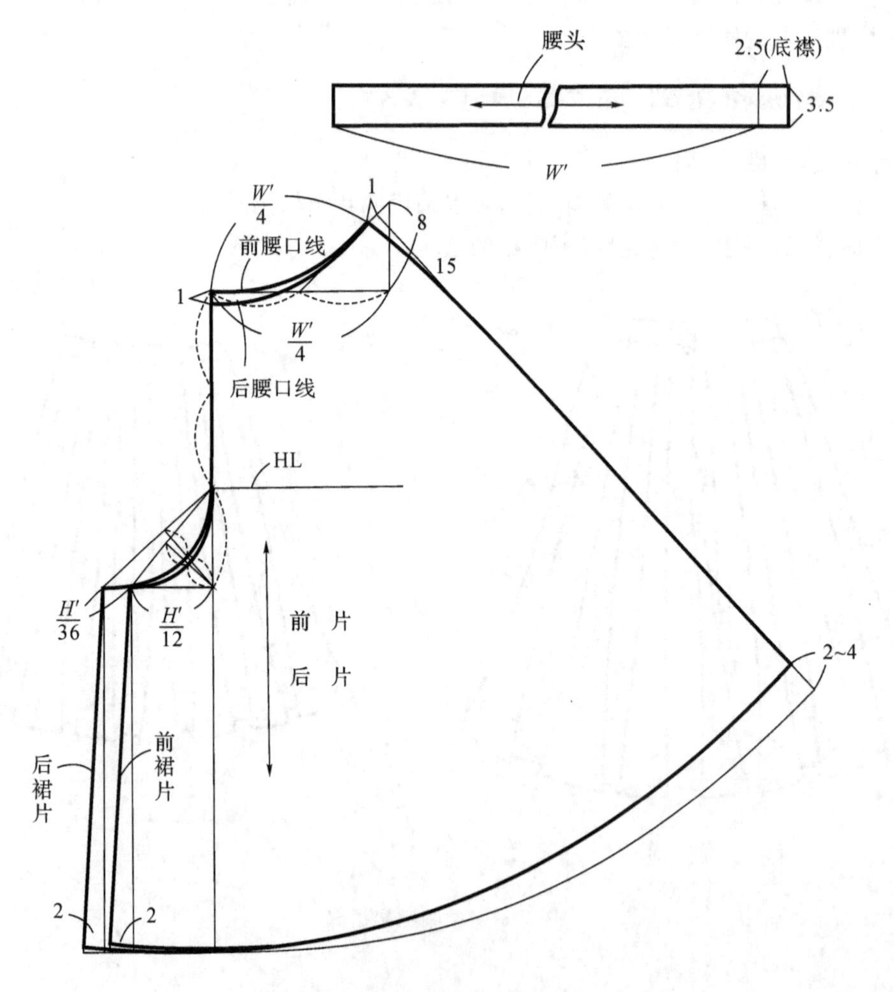


图 7-37 类喇叭裙裙裤的样板设计

# 练习思考题

## 一、简答题

1.简述裤子的分类与面辅料的选择。

2.试述构成裤子成品规格的几个主要控制部位。

3.简述女裤的结构设计与女人体的关系。

4.试述短裤的落裆量为何要大于长裤的落裆量。

5.试述裤子结构设计的臀围、腰围、前后裆宽与裤口的比例分配公式。

## 二、制图题

1.复习课程内容,选择教材中的6～8款裤子,分别按1∶1的比例进行绘制。

2.结合所学的裤子结构设计原理与技巧,为自己设计一款裤子,要求在所学的各种裤子款型中变化设计成衣类裤子,并根据自己的体型设计成品规格,用1∶1的比例来绘制裤子结构设计图,完成全套纸样的净样样板。

## 三、市场调研

课后进行市场调研,认识女裤的流行款式与面辅料;查阅资讯并了解有关裤子的流行款式图片及号型规格、结构设计和工艺制作方面的知识。